国家出版基金资助项目
Projects Supported by the National Publishing Fund

钢铁工业协同创新关键共性技术丛书

主编 王国栋

先进冷轧带钢工艺与装备技术

Advanced Technology of Processing and Equipment for Cold Rolled Strips

李建平 花福安 等著

（彩图资源）

U0352430

北 京

冶 金 工 业 出 版 社

2021

内 容 提 要

本书围绕冷轧高强钢、高硅电工钢等难变形薄带材料在冷-温加工过程中的材料变形机理，论述了新一代冷温轧制、快速热处理、先进涂镀工艺与装备等关键技术和产品开发方面的最新研究成果，同时介绍了中试实验装备研发与应用。具体内容包括先进冷轧工艺与装备技术、高精度冷轧板形与边降控制技术、高性能冷轧汽车用差厚板制备技术及应用、先进连续退火工艺与装备技术、先进涂镀工艺和技术、冷轧高强钢典型产品开发、难变形材料温轧工艺与技术、高精度冷轧带钢自动化控制与数据传输技术、轧制工艺模拟和中试实验装备技术等。

本书可供从事先进钢铁材料生产技术开发的科研人员和相关专业院校师生阅读。

图书在版编目(CIP)数据

先进冷轧带钢工艺与装备技术/李建平，花福安等著 . —北京：冶金工业出版社，2021.5

（钢铁工业协同创新关键共性技术丛书）

ISBN 978-7-5024-8982-3

Ⅰ.①先… Ⅱ.①李… ②花… Ⅲ.①冷轧—带钢—生产工艺 ②带钢轧机 Ⅳ.①TG335.5 ②TG333.7

中国版本图书馆 CIP 数据核字(2021)第 237905 号

先进冷轧带钢工艺与装备技术

出版发行　冶金工业出版社　　　　　　　　　电　话　(010)64027926
地　　址　北京市东城区嵩祝院北巷 39 号　　邮　编　100009
网　　址　www.mip1953.com　　　　　　　　电子信箱　service@mip1953.com

责任编辑　卢　敏　姜恺宁　美术编辑　彭子赫　版式设计　孙跃红
责任校对　郑　娟　责任印制　李玉山
北京捷迅佳彩印刷有限公司印刷
2021 年 5 月第 1 版，2021 年 5 月第 1 次印刷
710mm×1000mm　1/16；25 印张；483 千字；380 页
定价 116.00 元

投稿电话　(010)64027932　投稿信箱　tougao@cnmip.com.cn
营销中心电话　(010)64044283
冶金工业出版社天猫旗舰店　yjgycbs.tmall.com
(本书如有印装质量问题，本社营销中心负责退换)

《钢铁工业协同创新关键共性技术丛书》
总　　序

　　钢铁工业作为重要的原材料工业，担任着"供给侧"的重要任务。钢铁工业努力以最低的资源、能源消耗，以最低的环境、生态负荷，以最高的效率和劳动生产率向社会提供足够数量且质量优良的高性能钢铁产品，满足社会发展、国家安全、人民生活的需求。

　　改革开放初期，我国钢铁工业处于跟跑阶段，主要依赖于从国外引进产线和技术。经过40多年的改革、创新与发展，我国已经具有10多亿吨的产钢能力，产量超过世界钢产量的一半，钢铁工业发展迅速。我国钢铁工业技术水平不断提高，在激烈的国际竞争中，目前处于"跟跑、并跑、领跑"三跑并行的局面。但是，我国钢铁工业技术发展当前仍然面临以下四大问题。一是钢铁生产资源、能源消耗巨大，污染物排放严重，环境不堪重负，迫切需要实现工艺绿色化。二是生产装备的稳定性、均匀性、一致性差，生产效率低。实现装备智能化，达到信息深度感知、协调精准控制、智能优化决策、自主学习提升，是钢铁行业迫在眉睫的任务。三是产品质量不够高，产品结构失衡，高性能产品、自主创新产品供给能力不足，产品优质化需求强烈。四是我国钢铁行业供给侧发展质量不够高，服务不到位。必须以提高发展质量和效益为中心，以支撑供给侧结构性改革为主线，把提高供给体系质量作为主攻方向，建设服务型钢铁行业，实现供给服务化。

　　我国钢铁工业在经历了快速发展后，近年来，进入了调整结构、转型发展的阶段。钢铁企业必须转变发展方式、优化经济结构、转换增长动力，坚持质量第一、效益优先，以供给侧结构性改革为主线，推动经济发展质量变革、效率变革、动力变革，提高全要素生产率，使中国钢铁工业成为"工艺绿色化、装备智能化、产品高质化、供给服务化"的全球领跑者，将中国钢铁建设成世界领先的钢铁工业集群。

2014 年 10 月，以东北大学和北京科技大学两所冶金特色高校为核心，联合企业、研究院所、其他高等院校共同组建的钢铁共性技术协同创新中心通过教育部、财政部认定，正式开始运行。

自 2014 年 10 月通过国家认定至 2018 年年底，钢铁共性技术协同创新中心运行 4 年。工艺与装备研发平台围绕钢铁行业关键共性工艺与装备技术，根据平台顶层设计总体发展思路，以及各研究方向拟定的任务和指标，通过产学研深度融合和协同创新，在采矿与选矿、冶炼、热轧、短流程、冷轧、信息化智能化等六个研究方向上，开发出了新一代钢包底喷粉精炼工艺与装备技术、高品质连铸坯生产工艺与装备技术、炼铸轧一体化组织性能控制、极限规格热轧板带钢产品热处理工艺与装备、薄板坯无头/半无头轧制+无酸洗涂镀工艺技术、薄带连铸制备高性能硅钢的成套工艺技术与装备、高精度板形平直度与边部减薄控制技术与装备、先进退火和涂镀技术与装备、复杂难选铁矿预富集-悬浮焙烧-磁选（PSRM）新技术、超级铁精矿与洁净钢基料短流程绿色制备、长型材智能制造、扁平材智能制造等钢铁行业急需的关键共性技术。这些关键共性技术中的绝大部分属于我国科技工作者的原创技术，有落实的企业和产线，并已经在我国的钢铁企业得到了成功的推广和应用，促进了我国钢铁行业的绿色转型发展，多数技术整体达到了国际领先水平，为我国钢铁行业从"跟跑"到"领跑"的角色转换，实现"工艺绿色化、装备智能化、产品高质化、供给服务化"的奋斗目标，做出了重要贡献。

习近平总书记在 2014 年两院院士大会上的讲话中指出，"要加强统筹协调，大力开展协同创新，集中力量办大事，形成推进自主创新的强大合力"。回顾 2 年多的凝炼、申报和 4 年多艰苦奋战的研究、开发历程，我们正是在这一思想的指导下开展的工作。钢铁企业领导、工人对我国原创技术的期盼，冲击着我们的心灵，激励我们把协同创新的成果整理出来，推广出去，让它们成为广大钢铁企业技术人员手中攻坚克难、夺取新胜利的锐利武器。于是，我们萌生了撰写一部系列丛书的愿望。这套系列丛书将基于钢铁共性技术协同创新中心系列创新成果，以全流程、绿色化工艺、装备与工程化、产业化为主线，结合钢铁工业生产线上实际运行的工程项目和生产的优质钢材实例，系统汇集产学研协同创新基础与应用基础研究进展和关键共性技术、前沿引领技术、现代工程技术创新，为企业技术改造、转型升级、高质量发展、规划未来发展蓝图提供参考。这一想法得到了企业广大同仁的积极响应，全力支持及密切配合。冶金工业出版社的领导和编辑同志特地来到学校，热心指导，提出建议，商量出版等具体事宜。

国家的需求和钢铁工业的期望牵动我们的心，鼓舞我们努力前行；行业同仁、出版社领导和编辑的支持与指导给了我们强大的信心。协同创新中心的各位首席和学术骨干及我们在企业和科研单位里的亲密战友立即行动起来，挥毫泼墨，大展宏图。我们相信，通过产学研各方和出版社同志的共同努力，我们会向钢铁界的同仁们、正在成长的学生们奉献出一套有表、有里、有分量、有影响的系列丛书，作为我们向广大企业同仁鼎力支持的回报。同时，在新中国成立70周年之际，向我们伟大祖国70岁生日献上用辛勤、汗水、创新、赤子之心铸就的一份礼物。

中国工程院院士 王国栋

2019 年 7 月

前　言

近年来，随着汽车、家电、建筑等行业的快速发展，冷轧板带市场需求不断增加，这极大地促进了我国钢铁行业冷轧卷板产能的扩张以及生产技术和装备的进步。然而，据有关统计资料显示，在我国所有钢材品种中，冷轧薄宽带钢、涂层板、冷轧薄板、电工钢等品种仍然是国内市场自给率和占有率最低的产品，虽然冷轧薄钢板带国内总产能已经过剩，但在一些高端品种上尚不能满足需求而需要进口。为了解决上述问题，开展高品质冷轧产品关键共性技术的研究和工业化应用是关键。

随着汽车、电力和家电行业对冷轧产品性能和质量的日益提高，给高端冷轧产品的研发与生产带来了挑战，对轧制技术、工艺装备和自动化控制提出了严格的要求。目前，我国高端冷轧产品的产量占比不及发达国家的一半，先进高强钢（AHSS）、高质量硅钢、冷轧薄宽带等产品进口比率高，自给率低；在冷轧产品质量和高端产品生产技术等方面与发达国家存在较大差距。开发先进的冷轧工艺、装备和产品，促进产品结构调整和技术升级是冷轧金属材料生产领域的关键共性技术。

温轧是针对常温下难变形金属或脆性材料，在冷轧设备基础上，采用特殊的加热手段对带材在线加热同时施加微张力进行轧制的一种先进制备技术。由于温轧时材料的塑性变形能力明显提高，与冷轧相比，材料容易变形，边裂或龟裂问题减少，同时在降低轧制道次、提高生产效率应用方面具有显著作用，在难变形金属以及脆性较大的超高强度钢、高硅电工钢以及镁合金等金属材料的轧制过程中具有重要的作用，具有其他材料成型过程无法比拟的工艺技术优势。本书将介绍基于难变形材料加工的温轧工艺技术及应用。

退火热处理是调控冷轧带钢组织性能的重要手段，涂镀是提高带钢耐蚀性的主要方法，先进的退火和涂镀技术是生产高品质冷轧产品的核心和关键，受到钢铁生产企业和材料、工艺和设备研发机构的高度重视。目前，退火和涂镀技术与装备的发展方向是高性能、高质量、高柔性、低成本、低消耗和环境友好。为了实现上述目标，需要开发先进的连续退火和涂镀工艺、技术和装备。本书将介绍在快速加热和快速冷却连续退火工艺装备技术和热镀锌工艺制备关键共性技术的研究成果，同时介绍利用该技术在高性能冷轧汽车用钢开发方面取得的研究进展。

现代钢铁生产过程对冶炼、轧制、后续热处理的工艺装备和产品的研发提出了严格的要求，工业化的中试实验研究平台可以满足这一需求。将巨大的冶金生产流程浓缩到中试研究平台上，可以真实地反映和提供最接近于生产现场的环境，研究结果可直接指导生产，大大节省实验量、缩短研究周期、加速科研进程，从而可以快速实现成果转化、提升企业的核心竞争力。本书将介绍中试实验装备研发与应用，以及在科学研究、促进科技成果转化以及解决我国高端冷轧板带钢生产工艺和产品制备领域问题所发挥的重要作用。

钢铁生产过程要综合考虑整个生产链的协同，这一过程所需信息量庞大、信息处理模式复杂。传统生产过程中的以太网、现场总线和传感器的连接方式均为有线连接，网络结构繁杂，难以适应智能化生产技术的升级、拓展和灵活调试的需求。工业无线网络的应用不仅能降低投资成本，减少使用和维护成本，覆盖到有线不可达的区域，而且能够跨越生产链上不同生产等级的直接连接。对钢铁生产过程多工艺区域进行无线互联，不但能够增强系统的灵活性和应用范围，按照需要任意增加和减少网络节点，实现区域化、网络化的传感设备无线数据传输信息网络化，而且可以简化各工艺区数据互联和共享，便于生产数据的智能化管理。本书将介绍钢铁生产过程中无线网络的设计及无线网络下生产数据信息交换处理平台的开发等研究成果与应用，对生产过程的大数据管理和过程自动化系统模型开发提供有效支撑。

本书可以作为材料加工工程和自动化控制专业研究人员和相关工程技术人员的参考书，以期为金属材料轧制成形技术领域的科学研究与工业化生产实际应用提供参考。

本书共分9章，其中第1章由李建平编写；第2章由孙杰编写；第3章由胡贤磊、支颖编写；第4章由花福安、徐建忠编写；第5章由李建平、高扬、崔青玲编写；第6章由易红亮、许云波、蓝慧芳编写；第7章由李建平、孙涛、矫志杰编写；第8章由孙杰、何纯玉编写；第9章由李建平、高扬、花福安、孙涛、杨红、王贵桥等编写。全书由李建平、蓝慧芳统稿。

本书在编写的过程中，特别是书中所述各项研究课题在理论与实际实施过程中，得到了材料与冶金领域专家、轧制技术及连轧自动化国家重点实验室（RAL）领导、专家和相关老师给予的指导和帮助，衷心感谢中国工程院王国栋院士对先进冷轧带钢工艺与装备技术研究工作取得的进展给予的帮助、鼓励和具体指导。感谢RAL重点实验室所提供的科学研究平台，感谢在上述科学研究与工业化实践工作中，宝武中央研究院、河钢集团、鞍钢技术中心等多家钢铁企业的领导和工程技术人员给予的帮助和支持。还要感谢RAL实验室相关老师及工程技术人员多年来的务实工作，他们是：高扬、许云波、易红亮、徐建忠、王君、矫志杰、何纯玉、崔青玲、杨红、牛文勇、甄立东、王贵桥、张洪瑞等，在此一并表示衷心的感谢。

由于编者水平所限，书中不妥之处，恳请并希望广大读者给予批评指正。

作　者
2021年2月

目　录

1 概述 ·········· 1

1.1 高性能冷轧带钢的发展概况 ·········· 1

1.2 高强度冷轧带钢轧制工艺与装备技术 ·········· 3

　1.2.1 冷轧工艺与装备技术特点和发展 ·········· 4

　1.2.2 高精度冷轧板形和边部减薄控制技术 ·········· 4

　1.2.3 难变形材料等温轧制工艺与装备技术 ·········· 6

　1.2.4 高强带钢快速热处理工艺与装备技术 ·········· 7

　1.2.5 冷轧带钢热镀锌质量控制技术 ·········· 8

1.3 高性能冷轧汽车用钢研究与开发 ·········· 9

　1.3.1 新一代高强塑积淬火配分钢的研究进展 ·········· 9

　1.3.2 热轧-冷轧-连续退火一体化工艺下高性能低合金钢研发 ·········· 10

　1.3.3 热轧-冷轧-连续退火一体化工艺下的高成型性双相钢研发 ·········· 10

1.4 现代轧制技术中试实验装备开发与应用技术 ·········· 11

1.5 冷轧带钢自动化控制与数据传输技术 ·········· 12

　参考文献 ·········· 14

2 先进冷轧工艺与装备技术 ·········· 16

2.1 板带材冷轧生产工艺 ·········· 16

2.2 冷轧工艺与装备 ·········· 18

　2.2.1 可逆式冷轧机组 ·········· 18

　2.2.2 酸洗-冷连轧机组 ·········· 19

2.3 高精度板形检测与控制技术 ·········· 22

　2.3.1 常见的板形检测装置 ·········· 22

　2.3.2 板形控制的方式 ·········· 29

2.4 冷轧硅钢边部减薄工艺与控制技术 …………………… 31

2.4.1 边部减薄短行程控制技术方案 ………………… 31

2.4.2 工作辊辊形曲线设计 …………………………… 33

2.4.3 边部减薄反馈控制 ……………………………… 35

参考文献 …………………………………………………… 38

3 高性能冷轧汽车用差厚板制备技术及应用 …………… 40

3.1 冷轧差厚板发展现状和轧制理论基础 ………………… 40

3.1.1 冷轧差厚板发展现状 …………………………… 40

3.1.2 冷轧差厚板轧制理论基础 ……………………… 42

3.2 冷轧差厚板的尺寸特征标准 …………………………… 61

3.3 冷轧差厚板力学性能规律 ……………………………… 62

3.3.1 罩式退火工艺下的力学性能 …………………… 65

3.3.2 连续退火工艺下的力学性能 …………………… 70

3.3.3 成型性能 ………………………………………… 74

3.4 热成型钢差厚板制备工艺技术 ………………………… 76

3.4.1 热成型钢差厚板的制备技术 …………………… 76

3.4.2 Al-Si 镀层热成型钢差厚板的开发 …………… 78

3.5 冷轧差厚板成型特性分析 ……………………………… 89

3.5.1 轧制差厚板盒形件拉深成型性能 ……………… 89

3.5.2 差厚板 U 形件弯曲回弹行为 …………………… 93

3.5.3 轧制差厚板吸能盒压溃特性行为 ……………… 98

参考文献 …………………………………………………… 108

4 连续退火和热镀锌先进加热和冷却技术 ……………… 111

4.1 连续退火和热浸镀锌加热和冷却技术概述 …………… 111

4.1.1 连续退火（热镀锌退火）加热和冷却技术 …… 111

4.1.2 传统加热和冷却技术存在的不足 ……………… 113

4.2 快速（超快速）加热技术 ……………………………… 113

4.2.1 感应加热技术 …………………………………… 114

4.2.2　直接火焰冲击加热技术 ……………………………………… 150

4.3　无氧化快速冷却技术 …………………………………………… 155

4.3.1　无氧化快速冷却技术原理及优势 …………………………… 155

4.3.2　无氧化快速冷却技术国内外研究概况 ……………………… 156

4.3.3　无氧化快速冷却技术的实验研究 …………………………… 157

4.4　超快速退火下钢铁材料组织性能转变 ………………………… 160

4.4.1　研究背景及发展现状 ………………………………………… 160

4.4.2　超快速退火对再结晶和相变组织的影响 …………………… 161

4.4.3　超快速退火对再结晶织构的影响 …………………………… 164

4.4.4　超快速退火对最终组织和力学性能的影响 ………………… 168

参考文献 ………………………………………………………………… 171

5　金属材料先进涂镀工艺和技术 ………………………………… 174

5.1　先进高强钢热镀锌选择性氧化 ………………………………… 174

5.1.1　热镀锌先进高强钢面临的问题 ……………………………… 174

5.1.2　先进高强钢的选择性氧化 …………………………………… 174

5.1.3　高强钢板热镀锌 ……………………………………………… 176

5.1.4　先进高强钢选择性氧化及可镀性研究实例 ………………… 179

5.2　热基镀锌板表面质量控制技术 ………………………………… 186

5.2.1　热基镀锌板表面质量缺陷 …………………………………… 186

5.2.2　热基镀锌板锌花控制装置及应用效果 ……………………… 194

5.2.3　热基镀锌镀层凝固线预测与控制 …………………………… 196

5.3　镀锡板无铬钝化技术 …………………………………………… 202

5.3.1　镀锡板无铬钝化工艺流程及主要设备 ……………………… 203

5.3.2　镀锡板无铬钝化先进涂覆技术 ……………………………… 207

5.3.3　镀锡板无铬钝化工艺实验与性能分析 ……………………… 211

参考文献 ………………………………………………………………… 216

6　先进冷轧高强钢的研究与开发 ………………………………… 220

6.1　高强塑积汽车钢的研究与开发 ………………………………… 220

   6.1.1　新一代冷轧先进高强钢的研究背景 ················ 220

   6.1.2　高强度淬火配分钢的研究与开发 ················· 221

   6.1.3　高强度 Mn-TRIP 钢的研究与开发 ················ 226

  6.2　高强度热成型钢产品开发 ······················ 230

   6.2.1　引言 ································· 230

   6.2.2　汽车轻量化对热冲压钢强度与伸长率及断裂应变的要求 ··· 232

   6.2.3　1.8~2.0GPa 强度级别的热冲压钢 ················ 234

   6.2.4　高伸长率热冲压钢 ························· 237

   6.2.5　高断裂抗力的 Al-Si 镀层热冲压成型钢 ············ 243

   6.2.6　结论与展望 ···························· 248

  6.3　高局部成型性能汽车用双相钢的研究与开发 ············ 249

   6.3.1　高强度双相钢的局部成型问题 ················· 249

   6.3.2　高强度双相钢的组织遗传性与均匀性 ·············· 250

   6.3.3　双相钢的力学性能与成型性能控制 ··············· 254

  参考文献 ······························· 259

7　难变形金属带材温轧工艺与技术 ················· 269

  7.1　难变形金属温轧工艺概述 ····················· 269

   7.1.1　温轧工艺 ····························· 269

   7.1.2　温轧技术的发展现状 ······················ 270

   7.1.3　难变形金属塑性加工 ······················ 272

  7.2　薄带温轧工艺装备及关键技术 ··················· 275

   7.2.1　可连续生产的温轧工艺装备 ·················· 275

   7.2.2　关键温轧技术 ·························· 279

  7.3　薄带温轧数学模型 ························· 287

   7.3.1　轧制规程设定模型 ························ 287

   7.3.2　温度计算模型 ·························· 292

   7.3.3　变形区温度预测模型 ······················ 295

  参考文献 ······························· 299

8　酸洗冷连轧自动化 ·········· 302

　8.1　酸轧机组控制系统概述 ·········· 302

　8.2　酸洗自动化控制系统 ·········· 305

　　8.2.1　过程自动化控制系统 ·········· 305

　　8.2.2　基础自动控制系统 ·········· 308

　8.3　冷连轧自动化控制系统 ·········· 311

　　8.3.1　过程自动化控制系统 ·········· 311

　　8.3.2　基础自动化控制系统 ·········· 316

　参考文献 ·········· 325

9　轧制工艺模拟和中试实验装备技术 ·········· 327

　9.1　轧制过程工艺模拟和中试实验技术概述 ·········· 327

　　9.1.1　实验研究平台创新与发展 ·········· 328

　　9.1.2　中试实验设备功能定位 ·········· 330

　9.2　热轧实验技术和装备简介 ·········· 330

　　9.2.1　热轧实验工艺流程 ·········· 331

　　9.2.2　高刚度热轧实验轧机 ·········· 333

　　9.2.3　轧后组合式控制冷却系统 ·········· 335

　9.3　冷-温轧制实验装备与技术 ·········· 338

　　9.3.1　冷-温轧实验轧机 ·········· 338

　　9.3.2　温轧实验装备技术创新 ·········· 340

　　9.3.3　代表性温轧实验 ·········· 353

　9.4　连续退火模拟实验技术和装备 ·········· 354

　　9.4.1　连续退火模拟实验机研发背景 ·········· 354

　　9.4.2　单片试样加热和冷却计算 ·········· 355

　　9.4.3　带钢连续退火模拟实验机设备 ·········· 359

　　9.4.4　硅钢连续退火中试实验线 ·········· 362

　9.5　中试实验研究平台信息管理系统 ·········· 367

　　9.5.1　建立信息管理系统的重要意义 ·········· 367

　　9.5.2　信息管理系统的总体设计 ·········· 369

　　9.5.3　信息管理系统的应用 ·········· 374

　参考文献 ·········· 376

索引 ·········· 379

1 概　　述

1.1　高性能冷轧带钢的发展概况

钢铁工业是国民经济建设的基础产业。钢铁材料是应用最广泛、产量最大的结构功能性材料，具有性能可塑、可循环使用的优点，是国民经济建设不可替代的基础工业原料和重要战略物资。目前我国钢产量占世界总产量的一半。钢铁工业的飞速发展支撑了国民经济的腾飞与繁荣。然而，伴随我国钢铁工业的高速发展，在满足国民经济急需的过程中，资源、能源及环境的限制问题也逐渐凸显出来，生产过程的减量化、低碳化、智能化是现代钢铁工业绿色生态化技术体系，矿石、合金元素等资源大量依赖进口，高污染、高排放等环境问题已严重危及社会发展和人民生活，钢铁生产过程的减少排放、环境友好、易于循环，钢铁产品的低成本、高质量、高性能是人们追求的目标。钢铁新材料设计、生产工艺与装备开发，特别是高端金属材料研发和产品技术升级换代迫在眉睫。

现代钢铁生产过程最基本的成型技术特征就是轧制成型。金属经过冶炼由矿石到铁水再到钢水，经过连铸制坯后，有90%以上的坯料要经过轧制工艺才能成为可用的钢材。轧制是钢铁行业的成材工序，是大批量生产钢铁材料的工艺过程，是最主要的钢铁材料成型方法。轧制过程中的工艺、装备、控制及其产品直接面对国民经济的各个行业，与汽车、建筑、能源、交通、机械制造等国民经济支柱产业密切相关，也与人民的生活紧密相连。当前，钢铁工业向智能化、绿色化、高效化、高质化方向发展，现代轧制技术更是围绕着"高精度成型、高性能成性、减量化成分设计、减排放清洁工艺"开展工艺、装备和产品创新性研究，解决生产过程中的前沿性、颠覆性、战略性的关键、共性技术问题。

随着汽车工业的快速发展，先进高强钢（AHSS）和超高强钢（UHSS）在汽车制造中用量逐年提高，以交通工业领域的安全、环保、节能为代表的轻量化制造，已经成为当前汽车制造业发展的主题。以乘用车为列，采用高强度钢板制造的车身不仅可以有效减轻车身重量，降低油耗，还可以提高汽车的安全性和舒适性，是同时实现车体轻量化和提高碰撞安全性的最佳途径。

汽车产业的飞速发展，在丰富人们物质文化生活的同时，也带来了能源的大量消耗以及环境的持续恶化。汽车的生产和消费涉及能源、环境、安全等诸多领域，这些领域所暴露出来的问题逐步对汽车产业的发展形成了制约。从汽车设计与制造的角度来看，在保证车身强度与安全性的前提下，通过优化材料来实现汽车轻量化是满足交通领域绿色发展要求的重要途径。随着汽车工业对冷轧薄板性能需要的不断发展，安全、环保、节能成为当前汽车制造业发展的主题，过去用于汽车制造的传统的钢铁材料已经不能满足车辆轻量化的要求，采用高强度钢板制造的车身不仅可以有效减轻车身质量，降低油耗，还可以提高汽车的安全性和舒适性，是实现车体轻量化和提高碰撞安全性的最佳途径，这就是已经大量生产的先进高强钢（Advanced High Strength Steel，AHSS）。先进高强钢的应用，通过轻量化可有效提高能源利用率，提高续航里程，因此，在不断严苛的排放法规和新能源汽车提高续航里程的迫切需求的影响下，人们对高强度汽车用钢产品的数量和质量提出了更高的要求。

近年来，汽车用钢从成分设计、冶炼技术、轧制技术和冷热成型生产工艺的不断发展变化，不同组织结构、性能指标的高强度钢的研发应用，有效提升了汽车轻量化的水平。先进高强钢按照其组织结构的不同（强塑积的大小）与时间先后的发展过程分为三代级别的变化，可分为第一代汽车钢、第二代汽车钢和第三代汽车钢。第一代汽车钢室温组织以 BCC 结构为主，抗拉强度为 600~700MPa，强塑积为 10~20GPa·%，如：MART 钢、DP 钢、TRIP 钢、CP 钢。第二代汽车钢室温组织以 FCC 结构为主，抗拉强度为 700~1000MPa，强塑积为 50~70GPa·%，如：孪晶诱发塑性的 TWIP 钢。第二代汽车用钢综合力学性能远远超过第一代汽车用钢，但添加的 Cr、Ni、Mo、Mn 等合金元素总含量高达 25%，这导致生产成本偏高、工艺适应性差和冶炼工艺复杂等弊端。因此，第三代汽车用钢主要基于 TRIP 效应，抗拉强度为 1200~2000MPa 的高强塑积新材料，其设计思路是将稳定化的奥氏体与超细晶铁素体、贝氏体或者马氏体结合起来，倡导在低成本的前提下同时提高钢种的强度和塑性。如基于热处理工艺命名的 Q&P 钢、基于合金元素命名的中 Mn-TRIP 钢等。东北大学易洪亮教授开发出抗拉强度达到 1800~2000MPa 的超高强度钢已经在本钢实现产业化示范。

然而，随着汽车用钢强度的提高，塑性变形范围变窄，冲压力增大，零件成形回弹严重，尺寸和形状稳定性变差，导致常规冷冲压成型非常困难。热成型钢的开发和热成型工艺与装备技术的成功研发应用，有效解决了这个问题。热成型技术是通过将超高强钢室温成型性能变差的冷成型性工艺转化为高温状态良好的热加工性能，解决了复杂零件的冲压开裂、回弹严重及尺寸精度差等问题。

近年来，以 1500MPa 级的 22MnPa5 级和 1800MPa 级的 30MnPa5 级 Mn-B 系列热成型高强钢已经工业化稳定生产，其热成型冲压工艺设备和设备成套性以及热成型标准已经具有成熟的工业化制造体系。热成型钢在乘用车上应用的比例较高，国内一些汽车厂家热成型钢的利用率一般在 10%~20%，2017 年瑞典沃尔沃 XC60 和 XC90 两款 SUV 汽车车身大量采用热成型零部件，占车身钢件质量 35%

以上。研究表明，使用抗拉强度 1500MPa 级别的热成型钢取代 700MPa 级钢，可实现汽车车身 20% 以上的减重；而采用抗拉强度 2000MPa 级别的热成型钢可实现汽车车身 40% 以上的减重。随着车身轻量化对钢铁材料减薄的需求，适度高强塑积的冷成型高强钢和抗拉强度在 2000MPa 级以上的更高强度热成型钢，特别是具有较低的制备成本和较高强塑积优势的高强度汽车用钢新材料，将成为国内外以汽车为代表的交通用钢领域的研究重点。

本书围绕东北大学钢铁共性技术协同创新中心绿色化工艺与装备技术和高性能金属材料研发等创新性工作，结合国内外金属材料领域的发展趋势，开展高校-科研院所-钢铁企业之间具有成效的应用基础研究和多学科跨界合作，立足在先进轧制工艺与装备技术和新材料制备的难点上寻求突破。重点针对先进高强钢、新型汽车用高强度钢在冷轧、连续退火和涂镀工艺装备技术以及新产品研发领域的创新技术与新材料研发，特别是在超高强度汽车用钢、高硅电工钢等难变形材料的高精度板形控制技术、冷-温轧制工艺技术、连续退火快速热处理技术和热镀锌板质量控制技术以及在冷轧产线高水平自动化控制领域的创新性工作，并对这些创新性工艺装备技术在高性能冷轧汽车用钢等新产品研发技术领域开展的应用研究工作进行介绍。在本书的后面还介绍的东北大学中试课题组近年来在中试实验装备研发领域的最新研究进展以及在钢铁企业科院院所的推广应用情况，展望了现代轧制技术的前沿性、探索性、战略性的工艺、装备、产品科研与产业化应用的发展趋势，以期为钢铁冶金领域科学研究与工业化生产实际应用提供参考。

1.2 高强度冷轧带钢轧制工艺与装备技术

伴随着汽车、家电、建材制造等行业的快速发展，相关行业对冷轧带材的产品质量和品种要求日趋严格，也给冷轧工艺与设备的发展带来了机遇及挑战。冷轧带钢来料是由热轧黑皮钢成卷薄带材，经过酸洗除锈后采用冷轧方式生产出的具有较高性能和优良品质的板带产品，冷轧带钢不仅表面质量和尺寸精度高，而且可以获得很好的组织和性能。

近年来，超高强度钢板带材的大量使用，为汽车轻量化带来了最经济并且行之有效的方法。但是，超高强度钢板带材生产工艺过程与常规冷轧板生产工艺具有明显的区别，常规的酸-轧机组和原设计连续退火生产设备大多不具备轧制超高强度钢的生产能力，超高强度钢具有材料强度高、塑性差等特点，轧制难度与普通钢种相比更大，酸轧机组轧制时易发生带钢跑偏断带而造成轧线停机；由于超高强度钢材质超硬，造成机架间张力不稳定、波动大，经常发生跳跃断带；变形量控制超高强度钢轧制时，酸-轧机组常处于生产能力极限状态。特别是 1.0mm 厚度以下的超高强钢，要通过合理分配轧机各道次变形量，适当加大各机架间张力等方法，保证机架内的带钢处于轧制受控状态。

1.2.1 冷轧工艺与装备技术特点和发展

20 世纪 70 年代末，武钢引进 1700mm 冷连轧机和连退、涂镀设备。80 年代后，宝钢等大型企业相继从奥钢联、新日铁等国外公司引进大型冷连轧机 1420mm、1550mm、2030mm 等具有全线 AGC 厚度控制和板形控制功能的冷连轧机组，采用了厚度控制、板形控制、轧制润滑、交流数字传动等国际上先进的冷轧工艺与控制技术，冷轧机组的布置方式也由离线酸洗、单机架可逆轧制和罩式炉退火等单卷轧制与退火热处理分开生产形式，逐步过渡到无头轧机、酸轧联机、连续退火与涂镀质量控制一体化高效连续冷轧生产工艺过程。

带钢冷轧机，按照工艺设备布局主要分为单机架和多机架单向轧制冷连轧机组，按机架排列方式可分为单机架单向卷取式和单机架可逆式冷轧机，也有双机架双侧卷取形式的往复可逆式冷轧机，比如：双机架平整机等。往复可逆式冷轧机一般适用于多品种、小批量或合金钢产品比例大的冷轧工艺环境，如：不锈钢、高硅电工钢及其他特殊金属材料的生产工艺，都采用往复可逆式冷轧机，这类冷轧机大多采用四辊、六辊、十二辊和二十辊等多辊系轧机，这类冷轧机一般轧制速度都不是太高。而连续式冷轧机轧制速度高，其生产效率很高，它承担着薄板、成卷带材的主要生产任务。相对来说，当产品品种较为单一或者变动不大时，连轧机最能发挥其高效生产的优越性。近年来，多机架冷连轧机工艺设备发展比较快，由无头轧制向全连续冷轧机组、酸洗-冷轧联合机组方向发展，使冷轧带钢生产的产量、质量、稳定性、成材率和劳动生产率大幅提高，生产周期和成本大幅度降低，目前，酸洗-冷连轧联合机组 CDCM 已成为高精度冷轧板带和热镀锌板带材料产能的主力。

我国宝钢、武钢、鞍钢等大型冶金企业先进装备的投产，在自动控制和检测仪表上都达到了国际先进水平。国内高校和相关科研单位与宝钢、鞍钢等钢铁企业合作开发的板形测量设备和高精度冷轧板形控制技术先后在国内外新建具有 CVC、HC、UC、VC、UCM、UCMW、DSR 横向移动和工作辊串辊等的冷轧机型上得以应用，鞍钢与国内科研单位合作研发成功 1780mm 酸洗-冷连轧机组，实现首条国产化的酸轧机组自主开发建设。鞍钢与东北大学 RAL 国家重点实验室合作开发完成的高精度冷轧板形控制系统在鞍钢冷轧连退线 1250mm 冷轧机应用，其冷轧板带厚度精度达到 $\pm 4 \sim 61 \mu m$，板形控制精度达到 6~7I。

1.2.2 高精度冷轧板形和边部减薄控制技术

冷轧板形平直度控制技术，是冷轧产品最重要的质量指标，也是轧钢技术领域里最复杂的控制技术之一。高精度冷轧机板形控制核心技术是轧制工艺、轧制理论、测量系统、控制系统、过程控制数学模型与工业应用的集成化技术，是冶金领域高端控制技术的代表。轧辊倾斜控制、工作辊弯辊控制、中间辊弯辊控制和工作辊分段冷却控制是实现高精度板形控制关键技术。冷轧板形控制系统具有典型的多变量、多控制回路、非线性、强耦合、时变性强的特征，是最复杂的控制系统之一，是冷轧板形控制的核心技术。

在冷轧薄带平整过程中，带钢受到较大的张力作用，很多情况下，虽然轧制时显示的板形良好，但带钢成卷后内部应力不均造成的成品后板形会变差，因此，在带钢生产过程中就需要准确测出带钢潜在板形缺陷并加以控制。目前，绝大多数冷轧生产线采用 ABB、BFI 公司生产的接触式板形测量辊，国内燕山大学与鞍钢合作开发的板形辊采用了先进的数字信号处理技术 DSP 和无线通信技术，也取得了良好的应用效果。在板形控制理论与控制模型方面，国际上广泛使用的是基于正交分解板形控制原理。国内各钢铁研究单位也开展过板形平直度控制的相关研究，主要集中在板形检测系统仪表和数据信号处理分析，其中东北大学、燕山大学与鞍钢等大型钢铁企业合作，在板形检测和高精度板形控制技术领域取得了重大进展。北京科技大学等科研院所对板形控制方法也做了很多理论和应用研究。

东北大学与鞍钢合作开发的高精度冷轧平直度板形控制系统核心技术在冷连轧机生产线推广应用。板形检测系统和板形控制系统是基于无线通信方式的 DSP 信号处理系统，实现了冷轧平整板形信号处理计算与板形控制计算机系统无线数据连接，采用分布式计算机控制系统对冷轧带钢平直度进行实时在线控制；基于板形平直度优化控制模式识别技术，建立了冷轧板形控制目标线性模型；针对执行器影响效率函数控制模型，开发出高平整度板形调控效率自适应学习模型，实现轧辊倾斜、工作辊弯辊等板形控制多执行器的协同工作，提高平整板形高精度控制能力。该技术对全面提高我国轧制产品质量，打破国外技术垄断，节约设备投资具有重要意义。

冷轧硅钢薄带边部减薄控制技术，也是冷轧产品最重要的质量指标。电工钢是国民经济建设不可缺少的重要原材料之一，是大型变压器、电子、电机及军工等行业的重要核心材料。冷轧硅钢产品用于电机或变压器制造时，同板厚差导致叠片系数减小、磁通密度小、空气隙增大、磁感应强度降低、激励电流大，电气设备的电磁转换效能低。为了提高冷轧产品的同板差，减小切边量，提高产品的成材率，国外钢铁工业发达国家开发了边部减薄控制技术，这是冷轧带钢生产中继厚度控制和板形控制之后的又一重要的技术进步，成为冷轧硅钢生产不可或缺的核心技术。

冷轧板带边部减薄控制机理。边部减薄是带钢轧制过程轧辊弹性变形与带钢金属发生三维塑性变形共同作用的结果，产生原因：轧制过程中工作辊发生弹性压扁，边部金属有较大的延伸趋势，引起轧件边部厚度发生较大的变化，带钢边部支撑辊对工作辊产生一个有害的弯矩，带钢边部金属和内部金属在变形过程中的流动规律产生差异，从而造成带钢边部厚度相对中部的减薄。

工作辊窜辊工艺与辊形设计，是解决带钢边部减薄的重要方法，其原理就是通过改变轧机工作辊的机械结构，增加工作辊窜辊液压缸，使得工作辊能够沿着自身轴向自由移动。同时，通过优化工作辊的辊形曲线，降低带钢的边部减薄，提高轧后带钢的横向厚度精度。辊形设计即在工作辊边部磨出一段锥形辊形，辊形段包括直线段与曲线段，曲线段的一部分宽度为实际工作段。在单锥度辊形的作用下，必然会形成边部局部增厚。在不同机架，带钢的厚度、宽度、压下率、变形抗力、摩擦系数各不相同，则在带钢边部形成边降区的幅值、宽度范围不相同，而同时锥度辊形对边降区产生边部局部增厚以及对出口带钢边部应力分布的影响关系也不相同。因此，在各个机架进行合理的工作辊边部辊形设计，辊形锥度弧长与辊形重合范围均应从上游机架由大到小设置，可以从理论上完全消除边降区。锥度辊形抵消宽幅边降的有效性：在上游机架产生的宽幅边部增厚，不但抵消了该机架发生的宽幅边降而且能够弥补下游机架将要产生的边降。工作辊辊形锥度越大，边部增厚也越大，从而边降控制效果越好。但是当锥度超过一定限度时，下游机架边降控制改善将不明显，即辊形抵消宽幅边降的有效性存在临界值。

1.2.3 难变形材料等温轧制工艺与装备技术

超高强钢、高硅电工钢和镁合金等材料均属于难变形金属或脆性金属材料，这些材料在常温下冷轧极易产生龟裂、边裂问题，其成型性极差。针对超高强钢、高磁感硅钢以及高强钛合金、镁合金等多种脆性金属在常温环境下难以轧制变形等技术难题，东北大学 RAL 实验室中试课题组在冷轧机设备基础上，开发出轧辊、轧件同时在线预热和加热的特殊方法，使轧件在轧辊变形区内的温度能够恒定控制。同时，针对在线加热的带材实际温度值施加微张力控制可实现各道次间的等温轧制。等温轧过程工艺就是将带钢加热温度通常低于材料的再结晶温度，通过动态应变时效（dynamic strain ageing，DSA）的变形行为影响晶内剪切带的生成，强化恒温剪切变形作用，为材料变形过程中的性能控制提供温度时效条件，实现脆性材料在变形过程中组织性能控制。由于温轧时材料的塑性变形能力明显提高，与冷轧相比，材料容易变形，减少轧制道次，有效地解决了脆性材料在大变形轧制过程中的边裂或龟裂问题。一些特殊的难变形材料按照轧制道次变化，随着轧件厚度递减，各道次轧制温度也将随之减低，在同一卷带钢上进行轧制道次间的温度梯度控制形成的温轧-冷轧变形工艺技术。这项温-冷轧独特功能在高质量带钢材料强韧性能控制中发挥重要作用，这种温轧变形工艺技术为高强钛合金、镁合金等常温下难变形金属以及脆性材料的可轧性提供了有效的解决方案。

目前，东北大学 RAL 实验室开发的温-冷轧实验轧机，采用内置式热油轧辊加热技术，其辊面温度控制范围 50~260℃任意温度，辊面横向温度达到±10℃，采用液压张力控制技术可对单片带钢试样施加张力，同时对试样进行大电流在线加热，其试样加热温度范围 100~800℃任意温度。

1.2.4 高强带钢快速热处理工艺与装备技术

退火热处理是调控冷轧带钢组织性能的重要手段。涂镀是提高带钢耐蚀性的主要方法。先进的退火和涂镀技术是生产高品质冷轧产品的关键，受到钢铁生产企业和研发机构的高度重视。超强带钢制备过程需要先进的连续退火和涂镀工艺、技术和装备技术支撑。本节主要针对高强钢、涂镀板等高端冷轧产品在连续退火热处理和热镀锌工艺制备开展关键共性技术的研究，重点围绕冷轧板快速加热和快速冷却连续退火工艺与装备技术，实现工业化应用。

（1）快速加热技术。所谓快速加热就是其加热速率要远远高于常规电阻加热、感应加热和燃气加热炉的加热提温速率。感应加热作为金属材料快速退火核心技术，目前，主要有两种感应加热带材的方式，即纵向磁通法和横向磁通法。以金属板带材为被加热对象，在纵向磁通感应加热情况下，由于感应电流的趋肤效应，当带材厚度降低到 2.5 倍的趋肤深度以下时，由于作用在带材的磁通量的减少，导致纵向磁通加热效率降低，加热的经济性也非常差。对于铁磁性材料，当被加热到居里温度点（770℃）以上时，相对磁导率为 1，电阻率增大，导致趋肤深度急剧增加，此时采用纵向磁通再加热，需要极高的频率和功率，电效率和经济性比较低。因此，纵向磁通高效率感应加热的最高加热温度一般不超过居里温度。

直燃火焰快速加热技术与工业化应用。可燃气体采用乙炔、天然气或氢气燃烧加热，前两者由特殊设计的烧嘴由氧气助燃完成加热，而后者氢气属于还原性气体，在确保安全控制的条件下可直接通过喷嘴进行带材加热，火焰加热的优点是：加热速率快、温度均匀且易控制、热源利用率高、功率损失小，更适用于宽带钢极薄带材在线快速加热。

（2）快速冷却技术。连续退火的冷却过程是对高温、高速运动的带钢喷射冷却介质，使带钢温度降到工艺要求的温度。目前先进的连续退火生产线，带钢运行速度高达 450m/min，开冷温度可达 700~800℃，终冷温度可到室温，一些先进高强钢材料冷却速率要求高达 250℃/s。同时，还要保证带钢横向温度均匀，变形小，避免带钢抖动和表面氧化等，因此，现代连续退火生产对冷却技术提出了极高的要求。

（3）先进气雾冷却技术。碳氢化合物喷雾冷却技术在连续退火生产线上的应用具有多方面的优势，前景广阔，但相关研究较少，且出于保密原因，无法获得更多的技术数据。因此，在国外超级干冷技术和碳氢化合物传热传质规律研究的基础上，深入研究戊烷、己烷、庚烷、辛烷等介质冷却高温、高速运动带钢过程中出现的传热传质机理问题和冷却工艺问题，丰富和发展传热学研究内容和范围，开发具有自主知识产权的干式快速冷却技术，促进这项先进技术在我国钢铁行业的应用，改造技术落后生产线，减少合金用量，降低生产成本，对提高我国连续退火技术水平和产品质量具有重要意义。

针对气雾冷却的换热机理，膜沸腾换热、核沸腾换热机制，冷却介质的热物性、液滴尺寸、气液比例、流量压力等参数对换热系数的影响开展基础性研究工作。探讨新型液态冷却介质，如碳氢化合物等用于气雾冷却的可行性，研究它们的冷却效率及表面氧化问题，获得新型冷却介质，即能提高冷却速率，也可减少带钢表面氧化。东北大学 RAL 重点实验室成功研发了高冷却速率的在线喷氢冷却技术。这种高速喷氢冷却技术的冷却速率可达 150℃/s（1mm 厚带钢），通过高强带钢中试实验验证并且效果良好，解决喷气冷却生产高强钢冷却能力不足以及水淬冷却存在的问题。

1.2.5　冷轧带钢热镀锌质量控制技术

冷轧镀锌带钢是锌与钢板相结合的复合材料，被广泛用于汽车、建筑、电器、交通、能源等许多行业。带钢中锌层依附在钢板表面具有防腐性能，钢板又具有一定的力学性能，可以大幅度提高冷轧钢板的使用寿命。因此在冷轧镀锌带钢生产规模和产量日益扩大的同时，其镀层厚度、表面质量、可镀性及镀锌带钢力学性能等综合性质量控制成为镀锌带钢生产的核心技术。同时，降低有色金属消耗、减少环境影响等越来越受到人们的重视。

（1）镀锌板连退工艺模型控制技术。退火热处理是调控冷轧带钢组织性能的重要手段，涂镀是提高带钢耐蚀性的主要方法，先进的退火和涂镀技术是生产高品质冷轧产品的核心和关键。国外一些知名的工业炉公司（如 DREVER、STEIN 等）经过多年的技术积累及实际应用，在立式炉过程控制领域取得了领先优势。特别是连续退火热处理工艺数学模型的应用，已成为这些公司的核心技术，并带来了可观的经济效益。

（2）带钢热镀锌质量控制技术。要实现镀锌带钢表面质量控制，镀锌缺陷识别技术显得尤为重要。镀锌带钢基板（如镀锌、镀铝锌、有锌花、无锌花）背景特点以及对应表面缺陷在不同光照、明暗场条件下，所折射出的金属表面区别很大，所以，要根据不同金属材料性能和表面质量特征，进行镀锌带钢表面缺陷特征分析与多金属材料种类分类器的设计。近年来，东北大学与鞍钢研究院针对热镀锌质量控制进行联合攻关，在镀锌带钢表面质量检测、锌层厚度均匀性控制以及在线镀锌缺陷识别等技术领域取得了突破性进展，研发出多项具有自主知识产权热镀锌质量控制技术。鞍钢研究院新近开发的机械吸泡与消泡技术及生产设备，在鞍钢冷轧热镀锌生产线应用并取得良好效果。带钢在镀锌前清洗过程中，清洗液不均匀地附着在带钢表面而影响镀锌质量。机械吸泡及消泡过程，就是把气体与液态动力学理论与生产制备技术相结合，通过对气液分离装置、消泡管道、消泡环流场、速度场、压力场的理论与实践，打碎和吸取带钢清洗过程产生的多余泡沫，将打碎的泡沫进行快速气液分离，气体排出，液体回流，大大降低了清洗液在带钢表面的不均匀附着程度，清洗效果明显提升，最终提高镀锌带钢的涂镀质量。

1.3 高性能冷轧汽车用钢研究与开发

先进超高强钢的应用能够在减轻汽车质量的同时，保证汽车碰撞安全性能。因此，高强度钢板的使用可以兼顾成本及性能，满足车体轻量化、提高撞击安全性的需求。近年来，东北大学 RAL 实验室依托先进冷-温轧制及快速热处理技术优势，深入开展高强塑积先进汽车用钢的研发；同时针对高强度汽车用钢局部成型性能、力学性能稳定性等问题，开展了热轧-冷轧-连续退火一体化工艺控制研究，并进行了工业推广应用。

1.3.1 新一代高强塑积淬火配分钢的研究进展

就汽车结构用钢而言，Q&P 钢以其高强度高塑性的综合性能可大大减轻汽车车体质量，同时增强汽车抗撞击能力，提高汽车安全系数。由此可见 Q&P 钢的应用前景广阔，其研究意义重大。本研究依托某钢铁企业项目"新一代高强塑积汽车用钢的开发"，分别对冷轧连续退火 Q&P 工艺以及热轧在线直接淬火配分（Hot-rolling Direct Quenching and Partitioning，HDQ&P）进行系统研究，特别是采用低 Si、低 C 成分体系在国内率先开发了可镀可焊的新型超高强 Q&P 钢工艺与技术。获得了屈服强度 500～1000MPa、抗拉强度 900～1500MPa、延伸率 14%～45%的一系列性能级别的 Q&P 钢。总结出了一套满足不同性能级别需求的集成分设计熔炼、相变行为研究、热处理工艺设计、微观表征和组织性能关系为一体的 Q&P 钢研究发策略，其研究效果如下：

（1）研究了不同配分工艺下的碳从马氏体向奥氏体富集的动力学行为，揭示了奥氏体的稳定化与材料抗拉强度、均匀伸长率等力学性能之间的相互关系。

（2）将 Q&P 理论引入热轧，提出一种非等温（连续冷却）过程中实现碳配分动态配分概念，在此基础上开发了热轧直接淬火配分（HDQ&P）钢的工业化原型技术。

（3）研究了一步配分与两步配分对 Q&P 钢组织性能的影响规律，首次基于传统工业化连续退火（≤40℃/s 冷速+一步配分）技术开发出强度 980MPa 级以上 CCA-Q&P（Conventional Continuous Annealing-Quenching and Partitioning）钢。

（4）采用小于 3.0Mn（质量分数,%）和两步临界区热处理方法，开发了"铁素体+残余奥氏体（25%~35%）"双相、高强塑积 Mn-Al 系 TRIP 钢的原型钢。

1.3.2　热轧-冷轧-连续退火一体化工艺下高性能低合金钢研发

冷轧高强度低合金钢工艺与产品制备技术。高强度低合金钢在汽车结构件、加强件中用量较大，需要依靠析出强化和细晶强化手段来提高屈服强度。由于对微合金元素有严格的用量限制，加之连退过程中在微合金元素析出的控制上存在难度，实际生产中往往出现屈服强度偏低的问题。此外，为了提高强度，往往连退过程中再结晶不充分，造成组织均匀性差，从而容易造成折弯开裂等成型问题以及力学性能稳定性差等问题。

为解决上述问题，提出采用热轧-冷轧-连续退火一体化的工艺控制思路。通过热轧工艺，控制热轧冷却过程中的相变及析出行为。在冷轧后的连退过程中，调控铁素体再结晶、奥氏体相变及微合金元素析出行为，提高最终产品组织均匀性，并通过控制连退过程中微合金元素的析出行为，获得良好的析出强化效果，从而保证强度、塑性和成型性能的良好匹配。

目前，热轧-冷轧-连续退火一体化控制技术推广应用取得突破，与某企业合作，利用该技术，在实现低成本低合金钢批量生产的基础上，强塑性匹配、力学性能稳定性大幅提高，其应用效果如下：

（1）实现了低合金高强钢的强度升级：H260LA 升级 H300LA，H300LA 升级 H340LA，H340LA 升级 H380LA，H380LA 升级 H420LA。

（2）Mn、Nb 含量降低：以 H340LA 为例，吨钢合金成本降低 60 元以上。

（3）加热能耗成本降低：均热温度降低至少 40℃，亦有利于提高表面质量。

（4）强塑性匹配提高：对铁素体再结晶与析出粒子尺寸进行控制，有效提高屈服强度的同时，提高塑性。以 H380LA 为例，屈服强度提高的同时，伸长率提高 1%以上。

（5）力学性能稳定性高：以 H340LA 为例，不同卷力学性能波动：屈服强度波动±5MPa 以内，抗拉强度波动±5MPa 以内；以 H380LA 为例，通卷头中尾性能波动±5MPa 以内。

1.3.3　热轧-冷轧-连续退火一体化工艺下的高成型性双相钢研发

双相钢在汽车用冷轧高强度钢板中的用量最大。欧洲超轻型钢制车体的设计中，双相钢所占比例最大超过70%，但随着双相钢强度提高、用量增加，其局部成型过程中的开裂等问题日益突出。折弯开裂等问题成为困扰高强汽车钢推广应用的一个重要的制约因素。

为解决上述难题，采用热轧-冷轧-连续退火一体化的工艺控制思路，通过热轧工艺，控制热轧冷却过程中的相变行为，在冷轧后的连退过程中，调控铁素体再结晶及奥氏体相变行为，提高双相组织中马氏体分布均匀性，获得强度、塑性和成型性能的良好匹配。通过对不同工艺条件下铁素体再结晶规律，弄清了热轧-冷轧-连续退火一体化控制条件下双相钢的组织均匀性控制机理。

以DP780为例，通过一体化控制工艺可以消除退火组织中的带状马氏体，铁素体和马氏体分布均匀。与国外先进DP780相比，一体化控制工艺开发的双相钢力学性能相当，但对于局部成型性能，所开发的双相钢在 $R = 0.5t$ 弯曲条件下，180°弯曲不开裂，局部成型性能远优于传统工艺。目前，一体化控制双相钢正在进行工业试制。

1.4 现代轧制技术中试实验装备开发与应用技术

这些年，我国的钢铁工业通过技术引进，生产装备已经实现现代化，但是，针对先进高强钢、超高强度汽车用钢以及高硅电工钢等一大批市场急需的高端金属材料制品，在新生产工艺、新品种技术自主研发领域一直是制约企业科技创新与发展的瓶颈问题。而缺少中试研究装备、高水平的检化验测试能力、特别是以助推企业发展高水平科技人才为先导的产学研用科学研究体制的建立，是我国钢铁行业存在的一个共性问题，制约了企业科研成果的应用和创新能力的提升，在一定程度上拖了钢铁工业科技进步的后腿。这也是由于长期以来我国钢铁行业粗放式发展积累下来的深层次矛盾，使得钢铁行业面临国际技术飞速进步和市场环境发生深刻变化时，急需注重行业科技进步的投入，以科技创新为驱动的转型发展成为钢铁行业发展唯一的突围之路。

造成上述问题的一个重要原因是钢铁企业的自主研发能力薄弱，创新能力不强，尤其是用于工艺、装备研究和产品开发的实验设备非常落后，严重制约了企业的自主研发能力，缺少实验研究设备是我国钢铁行业的共性问题。由于缺少实验设备，企业为了开发新钢种、新工艺，不得不在生产线上开展研究工作，这不仅影响生产，而且由于生产线设备复杂，工艺参数调整不灵活，实验条件控制困难，实验准备周期长，用料量大，故研发工作效率低、周期长、成本高。为此，人们期望用几十公斤的试样代替几十吨重的实际板坯，将庞大、复杂的生产装备浓缩到几个实验设备上，在实验设备严格控制的实验条件下，模拟实际工业生产过程，从而获得可直接转化为生产的研究成果。这种研发方式必然大幅提高研究水平、缩短研发周期、降低研发成本，迅速提升企业的核心竞争力。

由于实验条件和工艺模拟设备在轧制技术研发中的重要性，欧洲、日本和韩国的著名钢铁公司和研究机构很早就建立了各自的实验研究设备。但是，由于这些实验设备建设较早，限于当时的生产条件和控制水平，多数已难以满足今天技术和产品开发的要求。近年来欧洲在研究工作中采用板坯镶嵌试样的方法在工业轧机上进行热轧实验，反映出发达国家在实验研究手段方面所处的窘境。我国轧制实验研究装备的建设起步较晚，在 20 世纪只有少数钢铁企业有一点初级的实验设备，多数企业在实验研究设备方面处于空白，而研究机构和高校的实验设备则更加落后。

正是在这样的背景下，东北大学 RAL 国家重点实验室于 20 世纪 90 年代末提出了轧制技术实验研究装备开发这一课题，通过与国内钢铁企业合作和近二十年的创新性工作，开发完成了轧制技术、装备和产品研发创新平台，为解决我国钢铁行业自主研发能力薄弱，研究手段匮乏，实验设备落后等共性问题走出了一条新路。

轧制技术、装备和产品研发创新平台的主要中试实验装备：具有控轧控冷能力的高刚度热轧实验轧机、液压张力冷-温轧实验轧机、带钢连续退火实验机、硅钢连续退火实验机和连续热镀锌模拟实验机等系列化中试试验设备；平台的工艺模拟能力覆盖热轧、轧后冷却和在线热处理、冷-温轧制、连续退火和热浸镀锌等钢铁生产全部轧制工艺流程。轧制技术研发平台将复杂、庞大的钢铁生产过程分解、浓缩到一系列实验装备上，具有下列特点：

（1）平台的主要工艺模拟设备和各个设备的工艺参数范围涵盖现有实际轧制过程，通过工艺模拟实验能够全面准确地反映现场生产过程中材料的变形和组织性能演变规律，所获得的实验结果可以直接用于指导生产工艺改进与产品质量的提高。

（2）平台设备的功能和工艺参数范围超越现有生产装备，只有这样，才能在这个平台上研发出超越实际生产水平的新技术，为工艺、装备和产品创新提供空间。

（3）平台的设备和功能是模块化、组合式的，不同的设备和功能可以柔性组合形成新的技术路线，实现技术、装备和产品的创新。

（4）平台的实验装备配备高精度、工业化的计算机控制系统和数据采集处理系统，可以灵活地设定实验条件，精确地实现预设的过程参数，精准地获取实验信息，从而保障实验结果的可控性和可靠性。

（5）平台的设备和功能根据轧制技术的发展和研究的需要不断地进行更新和改造，设备具有更新改造的余地，功能定位具有前瞻性。

1.5　冷轧带钢自动化控制与数据传输技术

钢铁产线流程中，高水平的自动化控制系统极其重要，以酸洗-冷轧机组为例，其酸洗、连轧、热处理化涂镀产线以及相关生产配套系统，拥有一个快速、精准、稳定的自动化控制系统，对于最终生产出高精度冷轧带钢产品具有非常重要的作用。高水平的自动化控制系统能确保酸洗-冷轧机组始终处在最佳生产状态，提高钢材产品的工艺和产品质量和生产效率。一般酸洗-冷轧联机生产机组的自动化控制系统的运行标准分为四级控制层级，主要控制功能包括入口段控制、带钢张力、带钢速度、带钢跟踪工艺段与出口段的控制。在保证轧线机组快速良好的控制性能的同时，还要提高生产效率，降低工作人员的劳动强度，对生产活动提供全面保障。

（1）自动化控制系统的组成。冷轧酸洗机组自动化控制系统由 L0~L3 个自动化控制层级基础自动化系统、HMI 系统和网络系统构成。其中过程控制系统包括一套单独的 HMI 系统。L0 级系统包括传动系统和仪表检测系统。HMI 包括服务器和 HMI 客户机。自动化系统使用 4 级控制；现场控制级（L0 级），基础自动化级（L1 级），过程自动化控制级（L2）级和生产执行控制级（L3）级控制。

（2）基础自动化控制系统。入口段技术控制，包括运输钢卷控制、酸洗入口顺序控制和入口活套控制，酸洗入口的顺序包括开卷机、带头自动完成导板穿带、带头自动剪切、带尾自动剪切、带尾自动甩尾到焊机、带钢焊接等。

（3）带钢张力控制系统。包括操作张力的控制、穿带张力的控制和临时停车张力的控制，其中操作张力的控制可以手动或自动分别设定操作，临时停车张力的控制要保持临时停车张力是额定张力的三成与穿带张力相同。

（4）带钢速度控制。包括酸洗入口段速度控制、酸洗工艺段速度控制和酸洗出口段速度控制。入口段速度预设定控制、酸性工艺段的速度设定控制、连续轧机设备的各段速度控制、带钢卷取微张力控制以及卷径变化恒张力控制技术。

（5）带钢跟踪技术控制。包括活套套量、跟踪焊缝和跟踪钢卷，活套位置监视与套量状态监控，带钢头尾激光焊接与焊缝跟踪处理等数据信息。

（6）工艺段和出口段的技术控制，包括拉矫机的控制、圆盘剪段的控制、两个出口活套的控制，带钢在各工艺段的张力、伸长率计算功能投入，冷轧机组机架间速度控制、秒流量微张力控制，出口活套位置和张力控制等。

综上所述，酸洗-冷轧机组在轧钢生产过程中，高水平的自动化控制系统起到了非常重要的作用，不但可以提高产品质量和产量，还可以为企业降低生产成本。随着计算机设备和应用软件的快速更新换代，酸洗-冷轧机组产线也会依据用户对高端产品的需求，正在由机组自动化控制向钢铁生产券连续生产的智能化和信息网络化方向发展。

未来工业化信息控制是计算机网络、现场总线通讯和自动控制信息相集成的信息数据网络通信系统，它是在现场总线技术的基础上发展形成的。工业控制网络是将多个分散在生产现场，具有数字通讯能力的测量仪表作为网络节点，采用公开、规范的通讯协议,将现场控制设备连接成可以相互沟通信息,共同完成自动控制任务的网络系统与控制系统。

　　钢铁生产过程要综合考虑整个产业链的协同,这一过程所需信息量庞大、信息处理模式复杂。传统生产过程中的以太网、现场总线和传感器的连接方式均为有线连接,网络结构繁杂,难以适应智能化生产技术的升级、拓展和灵活调试的需求。工业无线网络的应用不仅能降低投资成本,减少使用和维护成本,覆盖到有线不可达的区域,而且能够跨越生产链上不同生产等级的直接连接。对钢铁生产过程多工艺区域进行无线互联,不但能够增强系统的灵活性和应用范围,按照需要任意增加和减少网络节点,实现区域化、网络化的传感设备无线数据传输信息网络化,而且可以简化各工艺区数据互联和共享,便于生产数据的智能化管理。

　　基于东北大学 RAL 实验室薄带铸轧实验示范线,建立传感器与基础自动化控制无线数据传输和薄带连铸+炉卷温轧制备高硅钢工艺全流程的过程控制计算机全区域化无线网络数据传输,建立工业化数据传输、控制和管理信息平台。无线网络和信息处理平台的研制聚焦钢铁生产过程无线网络的组建、设计和安全性等方面的技术,开展对钢铁生产过程无线仪表的智能感测、工业通讯的无线化及网络数据的融合等关键技术的现场应用研究,设计钢铁生产过程的无线网络,开发无线网络下生产数据信息交换处理平台,对生产过程的大数据管理和过程自动化系统模型开发提供有效支撑。

　　现代化工业生产过程中一些移动设备或在特殊环境下的控制对无线网络有着迫切的需求,随着无线工业以太网技术被引入生产控制领域,无线通讯技术可以低产线控制设备成本,特别是 PROFINET 总线技术可以很方便的通过 WLAN 802.11 主流无线技术传输。WLAN(无线局域网)标准运行在 ISO/OSI 参考模型的物理层,意味着 PROFINET RT 帧可以通过这个透明的协议进行传输。PROFNET 是在 100Mbps 全双工通讯、有线交换居于网络技术基础上设计的,目前,随着基于优先级协议 WLAN 802.11e 标准的制定,在通讯方式上具有了增强型分布式协调功能,在网络数据传输过程中可以定义不同优先级的信息种类,每一种信息都依照不同的优先级进行处理。这样,在自动化控制过程中基于轮流检测的混合协调功能会分配给自动化设备固定的通讯时间段,保证了较短的、并且确切的响应时间,实现了同一控制网络中多个设备的快速无线通讯。

参 考 文 献

[1] 王国栋. 钢铁行业技术创新和发展方向 [J]. 钢铁, 2015, 50 (9): 1~10.

［2］赵征志，陈伟建，高鹏飞，等．先进高强度汽车用钢研究进展及展望［J］.钢铁研究学报，2020，32（12）：1059～1076.

［3］王凯，张贵杰，周满春．冷轧高强钢热处理工艺技术的发展［J］.综述发展，2009，（4）：52～57.

［4］王国栋．轧制技术的创新与发展［M］.北京：冶金工业出版社，2014.

［5］易红亮，常智渊，才贺龙，等．热冲压成形钢的强度与塑性与断裂应变［J］.金属学报，2020，56（4）：429～443.

［6］Chang Z Y, Li Y J, Wu D. Enhanced ductility and toughness in 2000MPa grade press hardening steels by auto-tempering［J］. Materials Science and Engineering A，2020，784：1～5.

［7］中华人民共和国科学技术部．车用高韧性热冲压钢研制取得突破［Z/OL］.科技部网站，［2017-10-24］. http：//www. most. gov. cn/kibgz/201710/t20171023_ 135604. html.

［8］Gu X L, Xu Y B, Peng F, et al, Role of martensite/austenite constituents in vovel ultra-high stength TRIP-assisted steels subjected to non-isothermal annealing［J］. Materials Science and Engineering：A，2019（754）：318～329.

［9］Pen F, Xu Y B, Han D T, et al. Significance of epitaxial ferrite formation on phase transformation kinetics in quenching and partitioning steels：modeling and experiment［J］, J Mater Sci，54，2019（18）：12116～12130.

［10］Peng F, Xu Y B, Li J Y, et al. Interaction of martensite and bainite transformations and its dependence on quenching temperature in intercritical quenching and partitioning steels［J］. Materials & Design，181，2019：107921.

［11］蓝慧芳，杜林秀，王国栋，等．一种屈服强度500MPa级冷级轧钢板及其制备方法：中国，11139263.6［P］. 2018-10-23.

［12］蓝慧芳，杜林秀，王国栋，等．一种屈服强度420MPa级冷轧钢板及其制备方法：中国，11138928.1［P］. 2018-06-26.

［13］Lan H F, Tang S, Du L X, et al. Effect of the initial microstructure and thermal path on the final microstructure and bendability of a high strength ferrite-martensite dual phase steel［J］. ISIJ International，2021，61（5）：1650～1659.

［14］陈涛，吴林．冷轧酸洗机组自动化控制系统探讨［J］.自动化应用，2017，（11）：47～48.

［15］陶勇，周万良，应建斌．酸轧机组生产超高强度钢产品的实践［J］.机械制造，2020，58（12）：53～54，69.

2 先进冷轧工艺与装备技术

冷轧板带材属于高附加值金属产品,其尺寸精度、表面质量、力学性能及工艺性能均优于热轧板带钢,是机械制造、汽车、建筑、电子仪表、家电、食品等行业所必不可少的原材料。工业发达国家在金属行业结构上的一个明显变化是在保持板带比持续提高的前提下,高附加值的深加工冷轧板带产品显著增加[1]。发达国家热轧板带材转化为冷轧板带材和涂镀层板的比例高达90%以上。

随着我国经济发展以及产业结构逐步升级,制造业产能迅速扩张,国内市场对冷轧板带产品的需求量巨大,并将长期保持一个增长的态势。在冷轧板带产量增加的同时,下游行业对板带质量提出了越来越高的要求。为了提高板带材冷轧产品的质量,对冷轧生产设备,特别是自动化控制系统提出了越来越高的要求[2~4]。

2.1 板带材冷轧生产工艺

板带材冷轧生产具有以下工艺特点[5,6]:

(1) 加工硬化。由于冷轧是在金属的再结晶温度以下进行且冷轧过程中产生较大的累积变形,故在冷轧过程中会产生加工硬化,使材料的变形抗力增大、塑性降低。加工硬化超过一定程度后,轧件将因过分硬脆而不适于继续冷轧。因此板带材经冷轧一定道次后,往往要经软化处理(再结晶退火、固溶处理等),使轧件恢复塑性,降低变形抗力,以便继续轧薄,或进行冲压、折弯或拉伸等其他深加工。

(2) 工艺冷却和润滑。冷轧过程中产生的剧烈变形热和摩擦热使轧件和轧辊温度升高,这将影响到板带材的表面质量和轧辊寿命;同时轧辊温度过高也会使油膜破裂,使冷轧不能顺利进行。因此,为了保证冷轧的正常进行,对轧辊及轧件应采取有效的冷却措施。通常情况下,冷轧时采用乳化液作为冷却剂。此外,乳化液还起到工艺润滑的作用。冷轧中使用工艺润滑的主要作用是减小金属的变形抗力,这不但有助于保证在已有的设备能力条件下实现更大的压下,而且还可使轧机能够经济可行的生产厚度更小的产品。在轧制某些品种时,采用工艺润滑还可以起到防止金属黏辊的作用,改善带钢的表面质量。

(3) 大张力轧制。在冷轧过程中,较大的张力可以改变金属在变形区的主应力状态，能减小单位压力，便于轧制更薄的产品和降低能耗。同时，张力能防止带钢在轧制过程中跑偏，使带钢能准确地进入轧辊和卷取，保证带钢的平直度。另外，张力还起到调整冷轧机主电机负荷的作用，从而提高轧机的生产效率。

随着冷轧生产技术的发展，带材冷轧已淘汰了过去的单张或半成卷生产方法，取而代之的是成卷生产方法。以带钢为例，冷轧板带钢的生产流程主要由酸洗、冷轧、脱脂、退火、平整、精整和涂镀等工艺组成。具有代表性的冷轧板带钢产品是金属镀层薄板（包括镀锡板、镀锌板等）、深冲钢板等，各种冷轧产品生产流程如图2-1所示。

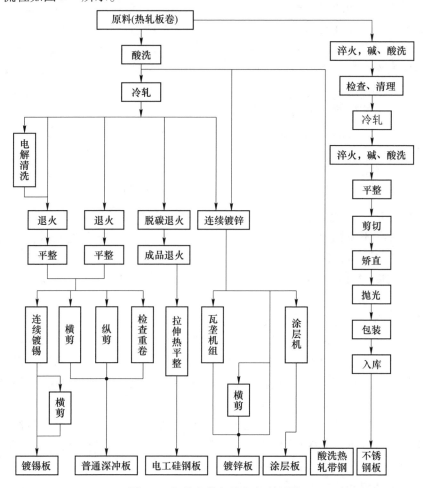

图2-1 各种冷轧产品生产流程图

冷轧板带材最初是以可逆轧制方式进行生产的，但该类轧机速度低，生产过程中需要频繁停车、穿带、启车等，导致产量低。为了大规模、高效率地生产优质冷轧板带材产品，开始采用多机架连续式轧制方式的冷连轧机进行生产。但可逆式冷轧机的生产方式灵活，且产品规格跨度大，使得该类轧机无法被替代。目前，板带材冷轧是在可逆式冷轧机和冷连轧机这两类轧机上进行生产的[7]。

2.2　冷轧工艺与装备

2.2.1　可逆式冷轧机组

可逆式轧制是指轧件在轧机上往复进行多道次的压下变形，最终获得成品厚度的轧制过程。可逆式冷轧机的设备组成较简单，是由钢卷运送及开卷设备、轧机、前后卷取机和卸卷装置所组成。有的轧机根据工艺要求在轧制前或轧制后增设重卷卷取机。20世纪60年代之前，冷连轧生产能力尚未形成规模时，世界各国偏重于发展可逆轧制而大量建造可逆式冷轧机。为了追求产量，在1962年以后，各国的冷连轧生产得到了迅速的发展。但是，实践证明可逆式冷轧机的生产方式灵活，其作用是冷连轧机不能替代的。因此，与连轧机一样，可逆轧机仍是现代板带材冷轧生产的重要组成部分。

可逆式冷轧机的形式是多种多样的，常见的配置形式是单机架可逆式冷轧机和双机架可逆式冷轧机，其轧机形式有四辊式、六辊式、MKW型八辊式和森吉米尔二十辊式等，可根据轧制品种和规格进行选用。

四辊或六辊可逆式冷轧机是一种通用性很强的冷轧机，因而在冷轧生产中占有较大的比重。其轧制品种十分广泛，除了冲压用冷轧板外，还可轧制镀锡原板、硅钢片、不锈钢板、高强合金钢板、各类铜、铝和钛等有色金属合金板带，产品厚度为0.15~3.5mm，宽度为600~1550mm，年生产能力一般为10万~30万吨。下面以国内某1700mm单机架可逆式冷轧机为例说明可逆式轧机的生产工艺。

冷轧原料由半连轧或连轧热轧机组供给，热轧钢卷单卷质量较小。钢卷可在拼卷机组上切去头尾进行焊接拼卷，以提高冷轧工序的生产能力。热轧带钢在冷轧前必须经过酸洗，目的在于去除带钢表面的氧化铁皮，使冷轧带钢表面光洁，并保证轧制生产顺利进行。热轧带钢经酸洗后在可逆式轧机上进行奇数道次的可逆轧制，获得所需厚度的冷轧带钢卷[8]。

图2-2是某1700mm单机架可逆式冷轧机的机组组成示意图。机组设备由链式输送机、开卷机、勾头机、三辊矫直机、轧机、前后卷取机、卸卷小车和卸卷斜坡道等组成。轧机由机架、支撑辊及油膜轴承、工作辊及滚动轴承、液压平衡装置、压下装置和传动主电机等组成。

经酸洗的热轧钢卷由中间库吊放到链式输送机的鞍座上，运输链把钢卷顺序运送到开卷位置上进行开卷。开卷机为双推头胀缩式，锥头下方的液压升降台上升托起钢卷并使其孔径对准合拢的两个锥头，锥头插入内径后胀开并向前转动。

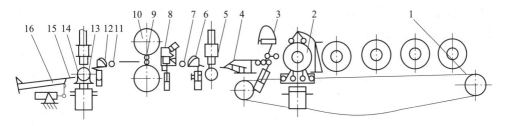

图 2-2 某 1700mm 单机架可逆式冷轧机的设备组成
1—链式输送机；2—开卷机；3—伸直机；4—活动导板；5—右卷取机；6—机前导板；
7—机前游动辊；8—压板台；9—工作辊；10—支撑辊；11—机后游动辊；12—机后导板；
13—左卷取机；14—卸卷小车；15—卸卷翻钢机；16—卸卷斜坡道

伸出的带头被下落的钩头机引入到三辊矫直机经过活动导板送入辊缝。钩头机有钳夹式和电磁式两种。带头通过抬高或闭合的辊缝到达出口侧卷取机，插入卷筒的钳口中被咬紧，根据带钢厚度缠绕数圈后调整好辊缝和张力，然后压下轧前压力导板，喷射乳化液，起动轧机，根据轧制情况升速到正常速度进行第一道次轧制。当钢卷即将轧完时，轧机减速停车，使带尾在入口侧卷取机卷筒上停位。卷筒钳口咬住带尾后，操作工依照轧制规程分配第二道次辊缝和张力等，喷射乳化液，轧机进行换向轧制。

根据钢种和规格，每个轧程进行 3~7 道的往复轧制。当往复轧制到奇数道次并达到成品厚度时，根据带尾质量情况辊缝抬高或闭合并进行甩尾。在卷取机卷筒上将钢卷用捆带扎牢，由卸卷小车把钢卷托运出卷筒，然后倾翻到钢卷收集槽上，标写卷号规格，即可吊运到下面工序继续生产。

在该轧机上采用浓度为 4%~10% 的乳化液，经过滤冷却可循环使用。生产操作中通过调节乳化液的浓度、温度和流量以及轧辊粗糙度，来保证轧制过程的良好润滑和冷却条件。

2.2.2 酸洗-冷连轧机组

单机架可逆式轧机由于轧制速度低（最高轧制速度仅为 10~12m/s）、轧制道次多、生产能力低，只适于小批量、多品种及特殊钢材的轧制。因此，当产品品种规格较为单一、年产量高时，宜选用生产效率与轧制速度都高的多机架连续式冷轧方式。目前，无论是在我国还是在其他发达国家，冷连轧机已承担起了薄板带材的主要生产任务[9~11]。

一般来说，板带材冷连轧机组的机架数目，根据成品带钢厚度不同而异，由 3~6 个机架组成。当生产厚度 1.0~1.5mm 的冷轧汽车板时，常选用三或四机架冷连轧机组；对于厚度为 0.25~0.4mm 的带钢产品，一般采用五机架冷连轧机（四机架只能轧制 0.4~1.0mm 的板、带产品）；若成品带钢厚度小于 0.18mm

时，则采用六机架冷连轧机组，但一般最多不超过六个机架。目前，5 机架冷连轧机已经成为主流机种，所有新建的冷连轧机组几乎全部采用 5 个机架。

为了使冷轧生产达到高产、优质、低成本，在冷轧机的设计制造和操作上做了极大努力，并取得了很大的成就。到目前为止，按照冷轧带材生产工序及联合的特点，冷连轧机主要可分为以下两类：

（1）单一全连续轧机。该类型轧机是在常规冷连轧机的前面，设置焊机、活套等机电设备，使冷轧带钢不间断地轧制。这种单一轧制工序的连续化，称为单一全连续轧制，世界上最早实现这种生产的厂家是日本钢管福山钢厂，于 1971年 6 月投产。川崎千叶钢厂将四机架常规冷连轧改造成单一全连续轧机，该机组于 1988 年投产，改造后生产效率得到大幅提高。

（2）联合式全连续轧机。将单一全连续轧机再与其他生产工序的机组联合，称为联合式全连续轧机，若单一全连续轧机与后面的连续退火机组联合，即为退火联合式全连续轧机；全连续轧机与前面的酸洗机组联合，即为酸洗联合式全连续轧机，这种轧机最早是在 1982 年新日铁广畑厂投产的，目前世界上酸洗联合式全连续轧机较多，发展较快，是全连续的一个发展方向。

目前，在带钢冷连轧生产中，最常采用的联合式全连轧机组是酸洗-冷连轧机组，即将热轧钢卷在酸洗入口首尾焊接，使带钢以"无头"形式连续通过酸洗-冷连轧，在轧机出口处进行剪切，获得冷连轧带钢产品。

（1）酸洗。由于热轧卷终轧温度高达 800~900℃，因此其表面生成的氧化铁皮层必须在冷轧前去除。目前冷连轧机组都配有连续酸洗机组。连续式酸洗有塔式和卧式两类，指的是机组中部酸洗段是垂直还是水平布置，机组入口和出口段则基本相同[12,13]。

塔式的酸洗效率高但容易断带和跑偏，并且厂房太高（21~45m 以上），因此目前还是以卧式为主。

以某 1450mm 酸洗冷连轧机组的酸洗段设备为例，典型酸洗机组的设备组成如图 2-3 所示。酸洗机组的设备主要包括：入口段设备，工艺段设备，出口段设备。

入口段设备主要包括：开卷机、直头机、入口双层剪、转向夹送辊、激光焊机和张力辊等。工艺段设备主要包括：焊缝检测仪、纠偏辊、活套、转向辊、张力辊、破鳞拉矫机、酸洗槽及漂洗槽和带钢烘干装置等。出口段设备主要包括：纠偏辊、转向辊、焊缝检测仪、月牙剪、圆盘剪、张力辊和活套等。

（2）冷连轧。图 2-4 为典型酸洗-冷连轧机组的冷轧段设备组成，冷轧段设备包括：张力辊、纠偏辊、入口剪、焊缝检测仪、5 个六辊轧机、机架间设备（穿带导板、防缠导板和张力辊等）、飞剪、夹送辊和卡罗塞尔卷取机等。

经过酸洗处理后的热轧带卷连续进入冷轧段，轧机以低速加速至稳定轧制速

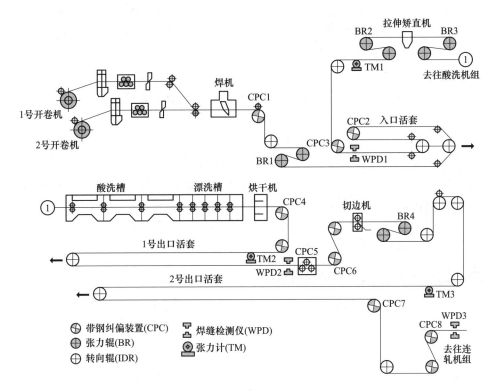

图 2-3 典型酸洗-冷连轧机组的酸洗段设备组成

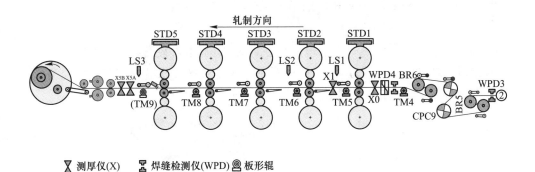

图 2-4 典型酸洗-冷连轧机组的冷轧段设备组成

度（20~35m/s），稳定轧制段占整个轧制过程的95%以上，在带钢即将轧完时轧机自动开始减速以使焊缝能以低速（2~3m/s）进入各个机架以避免损坏轧辊。当焊缝到达轧机出口飞剪处飞剪进行剪切，卸卷小车上升，卷筒收缩以便卸卷小车将钢卷卸出并送往输出步进梁，最终由吊车吊至下一工序。

有些冷连轧机组不是和酸洗串联在一起的，而是以单独的冷连轧机形式存在。这类机组为了实现"无头"轧制，在冷连轧机前后增加了许多设备，包括：两套开卷机和入口活套（以保证连续供料）、夹送辊、矫直辊、剪切机、焊机和张力辊等，这与前面所述的酸洗机组入口段设备相类似。此外，为了连接入口段和冷连轧机组还需加上一些导向辊、纠偏辊、张力辊及 S 辊等。为了实现全连续轧制还需在冷连轧机组出口段加上夹送辊，飞剪及两台张力卷取机（或卡罗塞尔卷取机）。

冷连轧过程中需要注意：焊缝进入各机架时机组要适当减速以免焊缝磕伤轧辊；连续式冷连轧或酸洗-轧机联合机组都需要增加动态变规格的功能以及适用于存在带钢情况下的快速换辊装置；冷连轧采用大张力方式轧制，并对工艺润滑给予特别的注意以保证具有稳定而且较小的摩擦力（轧辊与轧件间），这可以使轧制力减小，保证足够大的压下率。

2.3　高精度板形检测与控制技术

2.3.1　常见的板形检测装置

2.3.1.1　压磁式板形辊结构与检测原理

压磁传感器板形辊的生产厂家以瑞典 ABB 公司为典型代表，经过多年的实验和改进推广，其产品已经成熟地应用于工业生产。国内某些科研机构也初步开发出了压磁式板形辊，并应用到了国内一些冷轧生产线上[14~17]。

A　压磁式板形辊的结构

ABB 公司生产的压磁式板形辊由实心的钢质芯轴和经硬化处理后的热压配合钢环组成，芯轴沿其圆周方向 90° 的位置刻有 4 个凹槽，凹槽内安装有压力测量传感器。板形辊的结构和主要组件如图 2-5 所示。

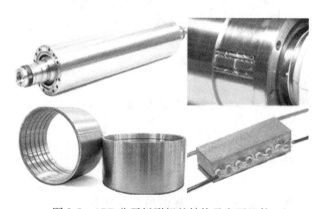

图 2-5　ABB 公司板形辊的结构及主要组件

位于板形辊圆周对称凹槽内的两个测量元件用作一对，当其中一个位于上部时，另一个恰好位于下部，这样就可以补偿钢环、辊体以及外部磁场的干扰。每个分段的钢环标准宽度为 26mm 或者 52mm，称为一个测量段。测量段的宽度对测量的精确性有较大影响，一般测量段越窄，测量精度就越高。在带材边部区域，由于带材板形变化梯度较大，为有利于精确测量，测量段宽度为 26mm。中部区域带材板形波动不大，测量段宽度一般为 52mm。板形辊的辊径一般为313mm，具体辊身长度根据覆盖最大带材宽度所需的测量段数及测量段宽度而定。板形辊的测量传感器为磁弹性压力传感器，可测量最小为 3N 的径向压力。钢环质硬耐磨，具有足够的弹性以传递带材所施加的径向作用力。为保证各测量段的测量互不影响，各环间留有很小的间隙。

为了满足各种不同的冷轧生产条件和测量精度的要求，ABB 公司在标准分段式板形辊的基础上开发了高灵敏度板形辊和表面无缝式板形辊，如图 2-6 所示。

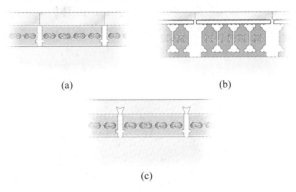

(a)　　　　　　　　(b)

(c)

图 2-6　ABB 公司板形辊的种类
(a) 标准分段式；(b) 高灵敏度式；(c) 表面无缝式

在这三种结构的 ABB 板形辊中，标准分段式板形辊一般用于对带材表面质量要求不高、灵敏度要求一般的普通冷轧带材生产线上。高灵敏度板形辊适用于薄材轧制、超薄带材轧制等对板形辊灵敏度有较高要求的生产线上。表面无缝式板形辊主要应用于对轧材表面要求较高的轧制生产线上。

B　压磁式板形辊的板形检测原理

压磁传感器由硅钢片叠加而成，其上缠绕有两组线圈，一组为初级线圈，另一组为次级线圈。初级线圈中有正弦交变电流，在它的周围产生交变的磁场，如果没有受到外力作用，磁感方向与次级线圈平行，不会产生感应电流；当硅钢片绕组受到压力时，会导致磁感方向与次级线圈产生夹角，次级线圈上就会产生感应电压，通过检测该感应电压来确定机械压力大小，如图 2-7 所示。

轧制过程中，带材与板形辊相接处，由于带材是张紧的，因而会对板形辊产生一个径向压力，通过板形辊身上安装的压磁式传感器可测得该径向压力大小。

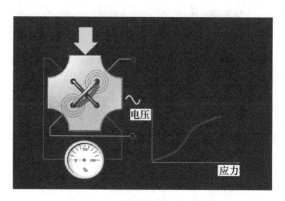

图 2-7　压磁式传感器的工作原理

由于 ABB 板形辊的传感器被辊环覆盖，因此传感器所测的径向力并不是带材作用在板形辊上的实际径向力值。实际径向力中的一部分转化成了导致辊环发生弹性变形的作用力，被辊环变形所吸收，剩余的部分才是传感器所测的径向力。如果通过板形辊包角和径向力测量值计算带材张应力分布，则需要进行复杂的辊环弹性变形计算。为此，引入出口带材总张力，再根据带材的宽度、厚度即可求解各测量段对应的带材张应力，即：

$$\Delta\sigma(i) = \frac{f(i) - \dfrac{1}{n}\sum_{i=1}^{n}f(i)}{\dfrac{1}{n}\sum_{i=1}^{n}f(i)} \times \frac{T}{wh} \tag{2-1}$$

式中　$\Delta\sigma(i)$ ——各测量段的带材张应力，N/m^2；

　　　$f(i)$ ——各测量段测量的径向压力，N；

　　　T ——带材总张力，N；

　　　w ——带材宽度，m；

　　　h ——带材厚度，m；

　　　i，n ——测量段序号和总的测量段数。

根据伸长率与张应力的关系可得各测量段对应的带材板形值为：

$$\lambda(i) = \frac{\Delta L(i)}{L} \times 10^5 = \frac{-\Delta\sigma(i)}{E} \times 10^5 \tag{2-2}$$

式（2-1）中求解张应力分布的方法不需要知道板形辊包角，但需要得到出口带材的总张力数据。

2.3.1.2　压电式板形辊结构与检测原理

压电石英传感器板形辊最早由德国钢铁研究所（BFI）研制成功，这类板形辊也称为 BFI 板形辊。这类板形辊具有较好的精度与响应速度，在轧制领域有着广泛的应用。

A 压电式板形辊结构

压电式板形辊主要由实心辊体、压电石英传感器、电荷放大器、传感器信号线集管以及信号传输单元组成。在辊体上挖出一些小孔，在小孔中埋入压电石英传感器，并用螺栓固定，螺栓对传感器施加预应力使其处于线性变化范围内。所有这些孔中的传感器信号线通过实心辊的中心孔道与板形辊一端的放大器相连接。外部用一圆形金属盖覆盖保护着传感器，保护盖和辊体之间有 $10 \sim 30 \mu m$ 的间隙，间隙的密封采用的是 Viton-O-环。由于传感器盖与辊体之间存在缝隙，因此相当于带材的径向压力直接作用在了传感器上。压电式板形辊的结构如图 2-8 所示。

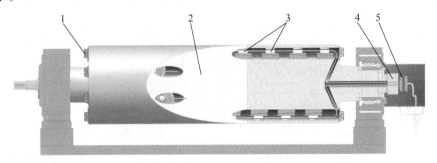

图 2-8 压电式板形辊的结构

1—传感器信号线集管；2—实心辊体；3—压电石英传感器；4—电荷放大器；5—信号传输单元

板形辊上的每个传感器对应一个测量段，测量段的宽度有 26mm 和 52mm 两种规格。传感器沿辊身分布状况是中间疏、两边密，这是因为边部带材板形梯度较大，中间部分带材板形梯度较小。为了节省信号传输通道，这些压电石英传感器沿辊身的分布并不是直线排列的，而是互相错开一定的角度，这样在板形辊旋转过程中不在同一个角度上的若干个传感器就可以共用一个通道传递测量信号。由于传感器彼此交错排列，因此发送的信号也是彼此错开的。例如，若沿板形辊圆周方向划分为 9 个角度区，每个角度区对应的传感器数目最大为 12 个，因此板形辊只需要有 12 个信号传输通道就可以同时传输一个角度区上各个传感器所测得的板形测量值，如图 2-9 所示。

B 压电式板形辊的检测原理

一些离子型晶体的电介质（如石英、酒石酸钾纳、钛酸钡等）在机械力的作用下，会产生极化现象，即在这些电介质的一定方向上施加机械力使其变形时，就会引起它内部正负电荷中心相对转移而产生电的极化，从而导致其两个相对表面，即极化面上出现大小相等、符号相反的束缚电荷，且其电位移与外加的

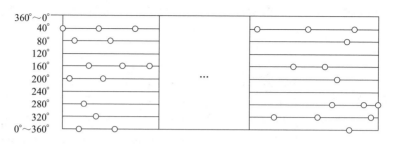

图 2-9 压电式板形辊传感器沿辊面分布展开

机械力成正比。当外力消失时，又恢复原来不带电的状态。当外力变向时，电荷极性随之改变。这种现象称为正压电效应，或简称为压电效应。压电式板形辊采用的就是具有压电效应的传感器进行板形测量的。压电式板形辊的传感器如图 2-10 所示。

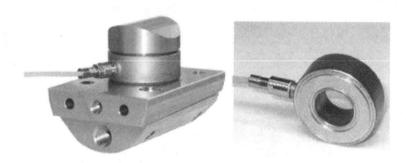

图 2-10   压电式板形辊上的压电石英传感器

　　压电石英传感器在带材径向压力作用下产生电荷信号，这些电荷信号经过电荷放大器转变为电压信号，通过测量该电压信号的值就可以换算出带材在板形辊上施加的径向压力。与 ABB 板形辊不同的是，由于压电式板形辊不存在辊环，因此压电石英传感器所测径向压力值就是带材作用在传感器受力区域上的实际径向压力大小。因此，压电式板形辊测量值的计算无需引入出口张力，只需要进行简单的板形辊受力分析即可根据径向力测量值、板形辊包角、各测量段对应的带材宽度、厚度等参数即可计算每个测量段处的带材板形值，详细的板形测量值计算模型将在后面进行详细描述。另外，如果轧机出口安装有高精度的张力计，也可以通过引入出口带材总张力按照式（2-1）计算张应力分布。

2.3.1.3 两种板形辊板形信号之间差异

　　目前，在冷轧带材板形检测设备中，压磁式板形辊和压电式板形辊的使用量是最大的。因此，研究它们在板形信号处理上的不同特点可以帮助我们有针对性地开发精确的板形测量模型，提高板形测量精度。

A 信号传输环节之间差异

以 ABB 公司为代表生产的压磁式板形辊在信号传输环节采用的是滑环配合碳刷的方式，传感器测得的板形信号首先进入集流装置，然后通过滑环与电刷之间的配合进行传输，如图 2-11 所示。

图 2-11 压磁式板形辊的信号传输方式

这种传输方式的优点是输出信号大、过载能力强、寿命长、抗干扰性能好、结构简单及测量精度较高，传感器在压力的作用下产生相应的电压信号，电压信号直接通过滑环传输到控制系统的 A/D 模板，减少了在信号传输环节的失真与信号转换误差。但是，这种传输方式也存在着缺点，因为信号传输通过电刷完成，容易在铜环和电刷之间产生磨损，长时间运行后产生摩擦颗粒附着在铜环与碳刷之间，使板形测量信号失真。

BFI 类型的板形辊分为固定端和转动端，在信号传输环节采用无线传输模式，如图 2-12 所示。

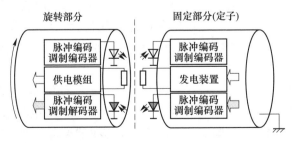

图 2-12 压电式板形辊的信号传输方式

压电式板形辊的信号无线传输具有通道少、测量精度高的优点，同时也避免了由滑环和电刷的磨损造成的信号失真。但是，压电式板形辊的板形信号处理流程较长，增大了信号处理难度，需要在每个处理环节上都要制定完善的方案，保证每个环节的信号精度。压电石英传感器在带材径向压力作用下产生电荷信号，这些电荷信号经过电荷放大器转变为电压信号，再经滤波、A/D 转换、编码，然后通过红外传送将测量信号由旋转的辊体中传递到固定的接收器上，再经解码后传送给板形计算机，压电式板形辊的信号处理过程如图 2-13 所示。

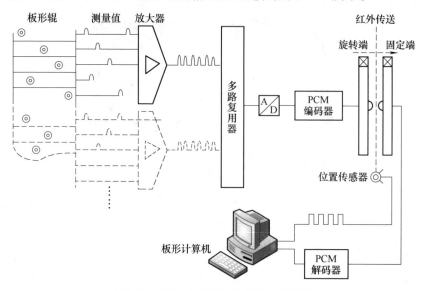

图 2-13　压电式板形辊的信号处理过程

B　信号处理方式的区别

由于压磁式板形辊上传感器沿辊身的分布与压电式板形辊不同，因此它们所测量的板形信号的形式也是不一样的。压磁式板形辊的传感器沿辊身周向分布，每隔 90°沿周向有一排传感器，因此它测量的带材板形是实时的带材横断面板形分布。压磁式板形辊的传感器分布与板形测量信号分布对应关系如图 2-14 所示。

对于压电式板形辊而言，由于压电石英传感器沿辊身是互相错开一个角度分布的，因此板形信号并不是实时带材横断面的板形分布。压电式板形辊的传感器分布与板形测量信号分布的对应关系如图 2-15 所示。

压磁式板形辊的传感器沿辊身为直线分布，优点是可以保证在同一时刻测到的板形是同一个断面上的，但它的缺点是不能将其他时刻的板形信息考虑进来，容易漏掉局部离散的板形缺陷。压电式板形辊传感器沿辊身是互相错开一定的角度，可以将其他时刻的板形信息考虑到本周期的板形测量中，但是不能准确测得同一断面在同一时刻的板形分布，而需要在信号处理系统中进行数学回归，增加了信号处理难度。

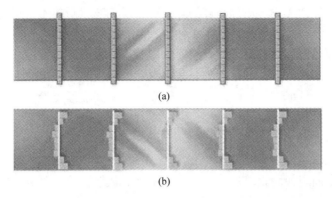

图 2-14 压磁式传感器沿辊身表面的展开图分布与板形信号分布的对应关系
（a）沿带宽方向的传感器布置方式；（b）沿带宽方向的板形信号分布

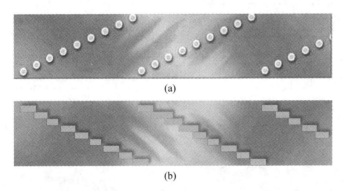

图 2-15 压电式传感器沿辊身表面的展开图分布与板形信号分布的对应关系
（a）沿带宽方向的传感器布置方式；（b）沿带宽方向的板形信号分布

2.3.2 板形控制的方式

对于大多数冷轧板形控制机型而言，板形控制的核心思想就是使在线辊缝形状与带钢相貌保持一致，使沿带钢宽度方向上的各个纵条具有相同的延伸，否则就会产生变形不均匀，导致板形缺陷的产生[18~20]。控制带钢板形的过程，实质上就是通过各种调节方法使承载辊缝形貌与带钢形貌保持一致。对于冷轧板形控制轧机而言，最主要的板形控制方法还是轧辊的辊形设计、液压弯辊、轧辊横移、轧辊倾斜、工作辊分段冷却控制等。

2.3.2.1 原始辊型设计

欲获得良好的板形，必须使轧机的工作辊缝与来料带钢的断面形貌相匹配。而影响轧机工作辊缝的因素主要是轧辊的弹性压扁、弹性挠曲、轧辊的不均匀热

变形和磨损。然而无论采用什么样的新设备、新工艺、新技术，正确合理的原始
辊型设计仍是获得良好板形的基本条件[21~24]。

同时，原始辊型设计也是一种重要的、有效的板形调节手段，合理的辊型设
计可以缓解辊间接触压力的不均匀分布状况，减少轧制过程中的磨损或者使其均
匀磨损，直接降低成本，同时减少不良产品率，提高板形质量。

2.3.2.2　液压弯辊法

液压弯辊法是通过液压弯辊系统对工作辊或中间辊端部附加一可变的弯曲
力，使轧辊弯曲来控制辊缝形状，以矫正带钢的板形，液压弯辊的形式如图 2-16
所示。

液压弯辊法可使工作辊缝在一定范围内迅速的变化，且能连续调整，有利于
实现板形控制的自动化，故在现代带钢冷轧机上广泛采用。无论是新建或者改建
的轧机，只要条件允许，都设置液压弯辊装置。

2.3.2.3　轧辊倾斜控制

轧辊的压下倾斜控制是借助轧机两侧压下机构差动地进行轧辊位置控制，使
两侧压下位置不同，从而使辊缝一侧的轧制压力增大，另一侧的轧制压力降低，
形成一个楔形辊缝，如图 2-17 所示。这样，带钢在轧制过程中出现的"单边浪"
"镰刀弯"等板形缺陷将得到控制。

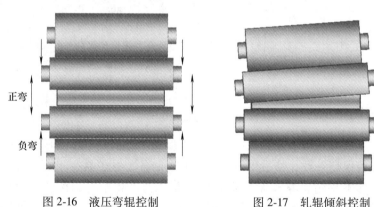

图 2-16　液压弯辊控制　　　　　图 2-17　轧辊倾斜控制

轧辊倾斜控制对带钢单侧浪形具有很强的纠正能力，尤其适用于来料楔形的
带钢，是板形自动控制系统中必不可少的执行机构。

2.3.2.4　轧辊横移法

轧辊横移控制是通过横移液压缸使一对轧辊沿轴向相对移动一段位移，如图
2-18 所示。通过轧辊横移控制，可以使辊间的接触区长度与带钢宽度相适应，消

除带钢与轧辊接触区以外的有害接触区，提高
了辊缝刚度，改善了边部减薄的状况。

　　轧辊横移控制对于板形的改善有十分显著
的功效，同时，还能够使轧辊的磨损变得均匀。
对于四辊轧机而言，采用的是工作辊横移控制
的方法；对于六辊轧机而言，一般采用中间辊
横移的方法。

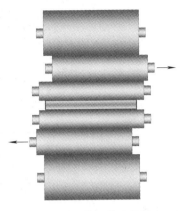

2.3.2.5　工作辊分段冷却控制

　　工作辊分段冷却控制是通过控制工作辊热
凸度实现板形控制的方法。将冷却系统沿工作

图 2-18　轧辊横移控制

辊轴向划分为与板形测量辊测量段相对应的若干区域，每个区域安装若干个冷却
液喷嘴。控制各个区域冷却液喷嘴打开和关闭的数量和时间，调节沿辊身长度冷
却液流量的分布来改变轧辊温度的分布，从而调节热凸度的大小和分布，达到控
制板形的目的。工作辊分段冷却控制的方式如图 2-19 所示。

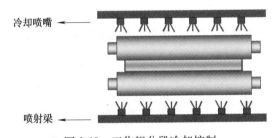

图 2-19　工作辊分段冷却控制

　　当带钢中部产生浪形时，冷却系统中部区域的冷却喷嘴被打开，降低该区域
的工作辊热凸度；当带钢两边产生波浪时，冷却系统的边部区域冷却喷嘴打开，
降低该区域的工作辊热凸度，实现板形的控制[25,26]。

2.4　冷轧硅钢边部减薄工艺与控制技术

2.4.1　边部减薄短行程控制技术方案

　　在边部减薄控制方法中，目前世界上使用最广泛的是锥形工作辊横移轧机。
该轧机采用两个单锥度的工作辊，通过带钢在锥形段有效工作长度来控制金属边
部的横向流动，补偿工作辊压扁引起的边部金属变形，减少边部减薄的发生，如
图 2-20 所示[27,28]。这种控制方法比较容易实现，设备加工制造成本低，控制效
果明显，且四辊或六辊轧机都可以使用。

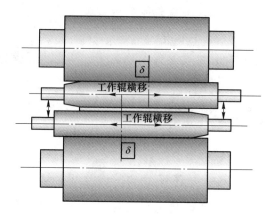

图 2-20　锥形工作辊横移轧机

　　锥形工作辊横移技术是用工作辊锥形部分在带钢边部的定位来有效地控制带钢边部减薄。锥形工作辊横移边部减薄控制技术的锥形工作辊的锥形部分长度为 EH，以斜率 S（锥高锥长比）修磨，带钢边缘与轧辊锥形区开始点之间的距离定为插入深度 EL，如图 2-21 所示。当轧辊轴向移动时，插入深度发生变化，带钢边部各点的初始辊缝开度随之变化，达到对边部各点边部减薄的控制。因此，参数 S 是表征辊形的基本参数，参数 EL 是边部减薄的控制参数，它们直接决定了带钢边部各点的初始辊缝开度。

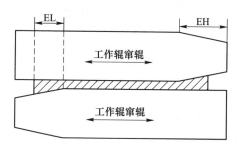

图 2-21　Taper 工作辊

　　根据带钢的不同宽度规格，通过调整锥形工作辊锥形段插入带钢边部的有效工作长度 EL，来改变边部金属的横向流动，使带钢在轧制过程中边部增厚，减少切边量，提高成材率。通过工作辊横移可以改变工作辊和中间辊的接触长度，减少轧辊有害弯矩的影响，从而达到降低边部减薄的目的[29,30]。锥形工作辊横移轧机具有很强的边部减薄控制能力及稳定的工作特性。

　　对于改造轧机由于受到机械空间的限制，通常无法将工作辊的弯辊缸块设计成随工作辊窜动的随动形式，因此改造轧机的工作辊窜动行程远远小于传统形式的锥形工作辊横移轧机。

2.4.2 工作辊辊形曲线设计

在轧机机型确定的情况下，轧辊辊形是控制带钢板形控制最直接、最有效的手段。对于6辊全窜辊轧机，以锥形辊为基础的锥形工作辊横移技术具有较好的边部减薄控制效果，但在实际运用中若辊形设计不合理，在轧辊横移过程中会出现轧辊辊间接触压力分布不均匀，在平辊段和边部减薄控制段接合处出现局部应力集中，形成接触压力尖峰等问题，极易导致轧辊出现不同程度的掉肩和掉肉现象，造成辊面剥落，严重时会造成带钢的剪边。这样，既增加轧辊辊耗，又影响带钢质量，同时影响生产作业率。

锥形工作辊横移轧机工作辊端部辊形直接影响着边部减薄调控功效，因此对端部辊形进行优化，设计出最有利于边部减薄控制的辊形曲线非常关键。根据在生产实际中存在的问题，确定辊形设计原则如下：（1）曲线表达式应简单、直观易懂，能表达多种形式的辊形曲线，有利于辊形的优化设计，并方便磨床加工；（2）提高板形调节手段的调节能力，优化轧机的板形控制性能；（3）均匀辊间接触压力，减小接触压力尖峰，从而降低辊耗，避免辊面剥落。

2.4.2.1 平辊段设计

轧辊辊身长度是依据产品大纲设计的，以极限带钢的宽度为轧辊辊身长度极限。锥度工作辊的设计需要考虑轧辊对极限宽度规格的控制能力。根据锥度工作辊设计原则，选取平辊段和锥形段两段接合处与带钢边缘相对应，即当轧辊到达负窜极限位置时，保证带钢具有100mm锥形段插入的调控能力，此时轧辊再无负方向窜辊能力，保证最窄带钢能够实现有效的边部减薄控制。为了解决这一问题，锥辊锥形段的设计需要保证能在带钢的边部减薄控制，若锥辊段有效边部减薄控制长度为 L_{use}，最小可轧宽度对应工作辊负向机械窜辊位置及最大的有效锥形段插入量，如图2-22所示。最大可轧段对应工作辊正向机械窜辊位置，同时要保证最大宽度带钢具备平辊轧制功能，如图2-23所示。

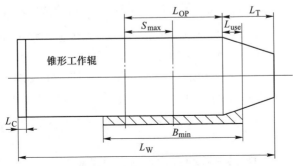

图2-22 负窜极限位置对应最小带钢宽

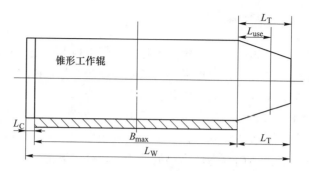

图 2-23　平辊段最大长度对应最大带钢宽

平辊段最小长度为：

$$L_P \geqslant B_{min} - L_{use} + L_C \tag{2-3}$$

式中　B_{min}——最窄带钢宽度；

L_{use}——锥形段最大有效插入量；

L_C——平辊段附加长度。

平辊段最大长度为：

$$L_P \leqslant L_C + B_{max} \tag{2-4}$$

式中　B_{max}——最大带钢宽度。

2.4.2.2　边部减薄控制段设计

A　长度 L_T 的设计

边部减薄控制段长度 L_{use} 设计时考虑因素包括带钢最大允许插入量，带钢最大允许跑偏量 R_{Dmax} 和安全距离 S_S，那么：

$$L_T = L_{use} + R_{Dmax} + S_S \tag{2-5}$$

生产实践表明，带钢超厚分边部减薄区内超厚和边部减薄区外超厚两种情况。当辊形锥度进入带钢量超过一定范围就易出现边部减薄区外超厚，且进入量越大超厚越明显。其原因是冷轧硅钢边部减薄区长度为 40~50mm，这一区域之外带钢厚差很小；当插入量大于 50mm 之后，距带钢边部 50~70mm 原来非边部减薄区的带钢因进入边部减薄控制段而得到增厚，超厚量随进入量增大而增大，这样非边部减薄区厚度增大会引起局部的边浪、起筋等板形问题。L_{use} 的大小与各个机架的轧制带钢厚度有关，对于轧制厚度较大的机架使用锥辊其 L_{use} 也较大。因此，其值随着连轧机各机架轧制厚度的减小而减小，一般可取 $L_{use} = 50 \sim 100mm$。

带钢跑偏也是对边部减薄控制有重要影响的因素之一。跑偏会给边部减薄控制带来两个不利的后果：一是使带钢穿出边部减薄控制段，造成剪边、断带停机，严重影响生产；二是带钢两侧边部减薄控制不对称，一侧进入量过大造成超厚，边部减薄被控制到很小，另一侧进入量不足，边部减薄依然较大。对于带钢跑偏要进行严格控制。在跑偏存在的条件下，设计边部减薄控制段长度之前需要对带钢跑偏量进行考察，统计最大跑偏量作为设计参数。

安全距离 S_S 是为了防止带钢跑偏突然增大，轧制钢种更新出现最大带钢宽度增加等因素而增加的边部减薄控制段长度，作为一个应急缓冲。其具体数值根据生产情况确定，可取 20~30mm。

综上所述，边部减薄控制段长度 L_T 通常取 155mm 即可完全满足边部减薄控制要求。

B 辊形锥度 T 的设计

根据一般的经验，可以确定单锥度辊辊形锥度的取值范围为 [1/450，1/200]，在这一范围内的辊形锥度既可以满足边部减薄控制要求，又能满足辊形加工精度的要求。

确定取值范围之后，再来考虑其他影响条件。如果带钢跑偏严重，那么就要选择较小辊形锥度值，以防带钢两侧边部减薄差过大；而且带钢跑偏严重，带钢超厚也就容易出现，因此要选择较小辊形锥度值。如果热轧来料边部减薄较小，边部减薄区厚度变化平缓，那么就要选择较小辊形锥度，反之选择较大辊形锥度。如果热轧来料边部减薄波动较大，需要较大动态补偿量，为了保证控制实时性，需选取较大辊形锥度值。

来料边部减薄通常在几微米至几十微米，波动幅度较大。根据硅钢厂实际情况，为确保对各种边部减薄的来料带钢都能保证成品带钢的边部减薄质量，实际应用中单锥度辊辊形锥度选取 1/400。

C 辊形曲线的设计

目前，单锥度工作辊端部辊形多采用圆弧形或抛物线形，而实际上这两种辊形曲线相差很小，可以认为其辊形是完全一样的。根据鞍钢硅钢 A-EDC 轧机实际情况，采用正弦函数端部辊形曲线，具体曲线形式为：

$$y = L_T T \sin\left(\frac{360}{4 \times 155}x\right) \tag{2-6}$$

式中　L_T——锥形段长度 mm；

　　　T——整个锥形段的锥度。

2.4.3 边部减薄反馈控制

为获得最佳的板形控制效果，边部减薄控制的基本策略为：

(1) 将来料热轧带钢的凸度情况用于工作辊的前馈设定计算中。

(2) 将出口的成品边部减薄情况反馈实现闭环反馈控制。

（3）根据工作辊窜动位置的变化给予工作辊弯辊的补偿控制。

边部减薄控制策略如图 2-24 所示。其数学模型包括三个主要部分：前馈预设定控制模型、闭环反馈控制模型和弯辊补偿模型[31,32]。

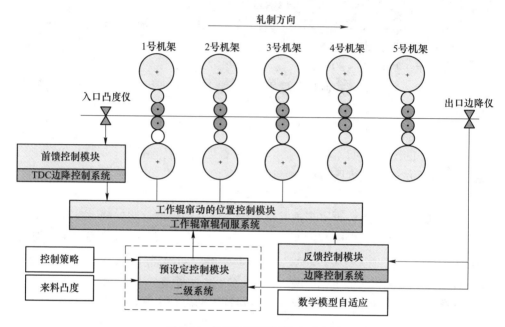

图 2-24　边部减薄控制策略示意图

边部减薄反馈控制程序是边部减薄控制系统的核心程序，其控制模式分为 1号~3 号机架的控制模式和 1 号机架单独控制模式。两种控制模式都是由边部减薄实际值检测、边部减薄状况评价、边部减薄修正量计算、工作辊轴向位移反馈修正量计算和工作辊轴向位置校核与修正四个基本模块组成。

（1）边部减薄实际值检测。根据边降仪的各种反馈信号判断边降仪是否在测量过程中，检测操作侧和传动侧的测量值是否存在并判断边降仪的测量值是否正常。采集距带钢边部 3 个特征点和 1 个标准点处的边降仪的实际检测数据，如果都在设定厚度的±30%偏差以内则认定此数据有效，否则不进行边部减薄控制输入此处边部减薄厚度的目标值。同时对 3 个特征点和 1 个标准点处边部减薄厚度进行滤波处理。

（2）边部减薄状况评价。控制系统对边部减薄的评价是多点的综合评价，且对操作侧和驱动侧进行分别评价。考虑在程序中完成实际值向拟合值的平滑处理，当所有被评价点都达到了程序所规定的范围内时，边部减薄状况才是优良的，可以不进行闭环反馈控制。要求边降仪同时提供实际值和拟合值，两侧取 19.25mm、24.75mm、41.25mm 作为特征点和 122.5mm 作为标准点。

边部减薄数据死区判断，在得到边部减薄特征点实测信号后，将其与边部减薄标准点相减，得到边部减薄值信号，再与边部减薄设定值计算边部减薄偏差值，然后判断偏差量是否在死区范围内（≤2μm）。如果超过死区范围则进行调节，死区判断采用偏差的最大值是否超过死区限幅来确定，如图 2-25 所示。

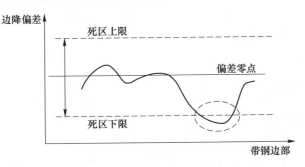

图 2-25　边部减薄偏差信号死区判断

（3）边部减薄修正量计算。边升控制中，判断边部所有检测点的边部减薄厚度，如果 50 次检测值边升偏差都超过+3μm，则 1 号~3 号机架窜辊调节量直接+10mm，并置为边升控制启动标志，给窜辊同向控制。边部减薄的窜辊值计算中，在边部减薄评价结束后，若边部某点或某些点的边部减薄实际值不能达标，就必须计算边部减薄的修正量，以确定反馈控制的修正方向。程序模型针对无取向硅钢而制定，边部减薄修正量以边部减薄实际值与固定目标值的差值决定。

定义三个特征位置点 a_1、a_2、a_3 分别为距边部 19.25mm、24.75mm、41.25mm，标准点位置距边部 122.5mm。

通过求解方程组，计算各机架窜辊插入量调节量：

$$\begin{cases} \Delta S_{W1,WS}K_{SW1,a1} + \Delta S_{W1,WS}K_{SW2,a1} + \Delta S_{W1,WS}K_{SW3,a1} = \Delta ED_{a1,WS} \\ \Delta S_{W2,WS}K_{SW1,a2} + \Delta S_{W2,WS}K_{SW2,a2} + \Delta S_{W2,WS}K_{SW3,a2} = \Delta ED_{a2,WS} \\ \Delta S_{W3,WS}K_{SW1,a3} + \Delta S_{W3,WS}K_{SW2,a3} + \Delta S_{W3,WS}K_{SW3,a3} = \Delta ED_{a3,WS} \end{cases} \quad (2-7)$$

$$\begin{cases} \Delta S_{W1,DS}K_{SW1,a1} + \Delta S_{W1,DS}K_{SW2,a1} + \Delta S_{W1,DS}K_{SW3,a1} = \Delta ED_{a1,DS} \\ \Delta S_{W2,DS}K_{SW1,a2} + \Delta S_{W2,DS}K_{SW2,a2} + \Delta S_{W2,DS}K_{SW3,a2} = \Delta ED_{a2,DS} \\ \Delta S_{W3,DS}K_{SW1,a3} + \Delta S_{W3,DS}K_{SW2,a3} + \Delta S_{W3,DS}K_{SW3,a3} = \Delta ED_{a3,DS} \end{cases} \quad (2-8)$$

$$\Delta S_{Wi,WS} = \Delta S_{Wi,WS}G_{SW,i} \quad (2-9)$$

$$\Delta S_{Wi,DS} = \Delta S_{Wi,DS}G_{SW,i} \quad (2-10)$$

式中　$K_{SWi,a1}$——第 i 机架窜辊边部减薄调控功效系数在边部 a_1 点位置的值；

　　　$G_{SW,i}$——窜辊调节增益系数。

简化方程：

$$\begin{cases} \delta S_{W1} K_{SW1,E90} = \delta E_{90} \\ \delta S_{W2} K_{SW2,E60} = \delta E_{60} - \delta S_{W2} K_{SW1,E60} \\ \delta S_{W3} K_{SW3,E20} = \delta E_{20} - \delta S_{W3} K_{SW1,E20} - \delta S_{W3} K_{SW2,E20} \end{cases} \tag{2-11}$$

依据各机架调控特性有差别，对各机架窜辊调节范围进行区分，例如，S_{W1} 调节范围为 60~120mm，S_{W2} 调节范围 30~80mm，S_{W3} 调节范围 0~60mm。如果下游机架窜辊量过大，则一方面边部增厚控制效果不明显，另一方面会产生起浪或起筋。

边部楔形控制中，判断边部所有检测点的边部减薄厚度。如果 100 次检测值边升偏差都超过出口厚度的 1%，并且 1 号~3 号机架边部减薄窜辊调节量为 0，楔形控制输出给窜辊调节量。

计算边部楔形：

$$\text{Wedge} = (h_{a1,DS} + h_{115,DS})/2 - (h_{a1,WS} + h_{115,WS})/2 \tag{2-12}$$

判断楔形存在，连续多执行周期出现边部楔形，则进行窜辊调节。

（4）工作辊窜辊值的校核与修正。工作辊轴向位移的范围是由冷轧边部减薄区的长度和锥辊的工作长度确定的，反馈控制中，对上下辊轴向移动范围以及上下辊位差都做了限制。其中，上下工作辊的插入量范围为 5~80mm；上下工作辊位差限幅±40mm。

当工作辊轴向移动操作量超过限定范围时，就会对反馈量进行修正，原则是优先保证相对减薄一侧的控制。如果 1 号~3 号机架的工作辊轴移量处于上下范围内，反馈修正量计算结束标志置"ON"，控制周期为 5s；如果有一个机架工作辊轴移量超出上下限，计算结束标志置位"OFF"，本处理结束。

参 考 文 献

[1] 中国金属学会轧钢学会冷轧板带学术委员会. 中国冷轧板带大全 [M]. 北京：冶金工业出版社，2005.

[2] 丁修堃. 轧制过程自动化 [M]. 北京：冶金工业出版社，2005.

[3] 许石民，孙登月. 板带材生产工艺及设备 [M]. 北京：冶金工业出版社，2008.

[4] 白金兰，钟凯. 冷连轧生产关键技术及应用 [J]. 重型机械科技，2005（4）：27~30.

[5] 傅作宝. 冷轧薄钢板生产 [M]. 北京：冶金工业出版社，2005.

[6] 王国栋，刘相华，王军生. 冷连轧生产工艺的进展 [J]. 轧钢，2003（1）：37~41.

[7] 肖白. 我国冷轧（宽）板带生产现状及发展趋势 [J]. 中国冶金，2004（4）：14~18.

[8] 刘玠. 冷轧生产自动化技术 [M]. 北京：冶金工业出版社，2008.

[9] 唐谋凤. 现代带钢冷连轧机的自动化 [M]. 北京：冶金工业出版社，1995.

[10] 镰田正诚. 板带连续轧制—追求世界一流技术的记录 [M]. 李伏桃，陈岿，康永林，译. 北京：冶金工业出版社，2002.

[11] 金兹伯格. 高精度板带材轧制理论与实践 [M]. 姜明东, 王国栋, 等译. 北京: 冶金工业出版社, 2000.

[12] 戚娜. 冷轧酸洗技术的发展与应用 [J]. 梅山科技, 2011 (2): 15~17.

[13] 王海燕, 梁振威, 时海涛, 等. 唐钢冷轧薄板厂酸洗工艺与设备优化 [J]. 河北冶金, 2007, 24 (5): 35~37.

[14] Montastier J G, Morel M, Brenot M A. CLECIM shapemeter roll [J]. Iron and Steel Engineer, 1983, 60 (12): 27~29.

[15] 胡国栋, 王琦. 磁弹变压器差动输出式冷轧带材板形仪 [J]. 钢铁, 1994, 29 (4): 56~59.

[16] Ginzburg V B. High-Quality Steel Rolling Theory and Practice [M]. New York: Marcel Deker Inc., 1993: 591~605.

[17] 刘浩. ABB 板形测量系统在宝钢 1800mm 冷连轧机组的应用 [J]. 冶金自动化, 2006, 30 (1): 61~62.

[18] 许健勇. 薄板冷轧厚度与板形高精度控制技术 [J]. 钢铁, 2002 (1): 73~77.

[19] 王国栋. 板形控制和板形理论 [M]. 北京: 冶金工业出版社, 1986.

[20] 刘立文, 韩静涛, 贺毓辛. 冷轧板形控制理论的发展 [J]. 钢铁研究学报, 1997, 9 (6): 51~54.

[21] 何云飞, 何磊, 侯俊达, 等. UCM 系列和 CVC 系列六辊冷轧机特点的初步分析 [J]. 工程与技术, 2008 (1): 38.

[22] 徐利璞, 周骏, 彭艳. PC 轧机轧制过程轧制力三维有限元模拟 [J]. 燕山大学学报, 2010, 34 (1): 13~17.

[23] 张清东, 何安瑞, 周晓敏, 等. 冷轧 CVC 和 DSR 板形控制技术比较 [J]. 北京科技大学学报, 2002, 24 (3): 291~294.

[24] 白振华, 连家创. VC 轧机板形控制关键技术的开发与研究 [J]. 中国机械工程, 2003, 14 (15): 1287~1290.

[25] 李爱东, 郭雄飞, 高英, 等. 冷轧机高精度板形控制技术 [J]. 世界有色金属, 2005 (4): 35~37.

[26] 梁勋国. 六辊冷连轧机板形控制模型优化的研究 [D]. 沈阳: 东北大学, 2008.

[27] 常安, 邸洪双, 佟强, 等. 工作辊横移对带钢边部减薄的影响 [J]. 东北大学学报 (自然科学版), 2008, 29 (1): 85~88.

[28] 侯瑞强. 冷轧带钢边降控制方法研究与应用 [D]. 哈尔滨工业大学, 2017.

[29] 胡强, 王晓晨, 杨荃. 六辊冷连轧机边降自动控制系统设计及应用 [J]. 冶金自动化, 2016, 40 (1): 34~39, 44.

[30] Kitamura K, Nakanishi T, Yarita I, et al. Edge-drop control of hot and cold rolled strip by tapered-crown work roll shifting mill [J]. Iron Steel Eng., 1995, 72 (2): 27~32.

[31] 陈建华, 何绪铃, 范正军, 等. UCMW 冷连轧机板形控制模型的研究与应用 [J]. 轧钢, 2015, 32 (3): 32~35.

[32] 杨忠杰, 岳军, 侯瑞强, 等. 冷轧硅钢 EVC 辊形设计及边降控制模型研究与应用 [J]. 冶金自动化, 2020, 44 (1): 60~66.

3 高性能冷轧汽车用差厚板
制备技术及应用

3.1 冷轧差厚板发展现状和轧制理论基础

3.1.1 冷轧差厚板发展现状

冷轧差厚板[1]是通过变厚度轧制技术在同一张板料上轧制出不同的厚度，在节材降重的同时实现承载能力的合理分布[2]。20世纪90年代末期，R. Kopp[3]提出了"柔性轧制"的概念，并介绍了IBF（Institute of Metal Forming）柔性轧制系统的原理，包含了轧制力测量、辊缝测量、速度测量、参数监控和过程工艺自动控制系统。Gerhard. Hirt[4]介绍了冷轧差厚板的优缺点和纵向变厚度轧制的控制逻辑，并采用一种集成算法对所需的板厚进行闭环控制，通过在线实时调整轧辊之间的间隙实现厚度的变化。与此同时介绍了如图3-1所示的生产工艺并对冷轧轧制差厚板的拉深弯曲成型过程中的起皱预防和回弹补偿也做了系统性研究。

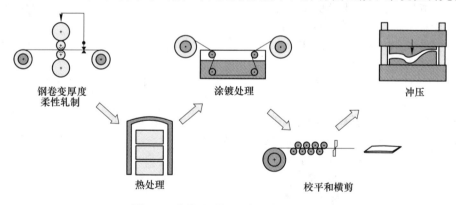

图 3-1　冷轧差厚板的全生产工艺流程

M. Kleiner[5]研究了液压胀型技术和冷轧差厚板技术的结合问题，并以某车身结构件为例证明了该项技术的可行性。R. Kopp，C. Wiedner 等[6]则分析了冷轧差厚板产品在汽车领域的应用，强调了轧制差厚板与激光拼焊板相比，具有表面质量好、力学性能佳、承载能力可设计、金属流动平滑和经济性好等优势。K. Putten 等[7]利用有限元模拟技术分析了冷轧差厚板在液压胀型过程中的变化，提出冷成型差厚板力学性能调整的方法。为了实现各个区域的完全再结晶和性能要求，需保证各区域的变形量超过 54%。Cornel Abratis 等[8]研究了折弯技术和轧制差厚板技术相结合的问题，采用特殊的模具安排布置来解决不同厚度区域的回弹差异问题。C. H. Chuang 等[9]提出轧制差厚板的连续厚度变化不仅可以提供汽车轻量化的方案，也可以利用多学科设计优化手段将其应用于汽车降噪方面的设计。Philip Beiter[10]则研究了轧制差厚板的辊压成型方法，认为采用传统的辊压生产线和工艺会导致差厚板不同区域的成型后状态不同，需要增加成型辊的调整装置来减小回弹的差异性。

国内方面，施志刚、王宏雁[11]介绍了几类不同的变截面薄板技术在车身轻量化方面的应用，并提出了将激光拼焊板和冷轧差厚板组合的改进工艺设想。兰凤崇等[12]针对汽车 B 柱的轻量化设计进行了分析，采用侧碰仿真并建立了质量最小和性能最优两种差厚板 B 柱设计方案，认为在汽车零部件设计中引入纵向轧制差厚板技术是一种可行的方法。朱玉强、王金轮[13]对某 SUV 用差厚板保险杠进行了分析研究，结果表明差厚板保险杠可以实现更高的刚度和抵抗变形的能力，并能够减少焊点，提高整车安全性。霍孝波[14]给出了车门内板的差厚板设计方法，并给出了某车型的车门各个位置的厚度以及过渡区的设计参数。马军伟，张渝等[15]分析了差厚板在汽车前纵梁轻量化设计中的应用。王光等[16]对车顶横梁应用冷轧差厚板技术进行了研究，验证了差厚板成型工艺和对应的模具设计方法的有效性。刘洪杰[17]利用 CAE 对仪表盘横梁进行了优化设计，通过参数迭代优化和模态分析，最终可将仪表盘横梁的设计整体质量减少 9.65%。卢日环等[18]研究了激光拼焊板和轧制差厚板制成的防撞吸能盒部件的变形模式和吸能效果，表明差厚板吸能盒较激光拼焊板方案效果提高了 11.58%。吴志强等[19]开发了周期性变厚度轧制控制系统并进行了实际的轧制实验，实现了产品的精确位置跟踪和尺寸保证。田野等[20~22]以实际应用的 CR340LA 轧制差厚板为例，采用实验和模拟的方法研究了轧制差厚板的退火热处理工艺，为冷成型用轧制差厚板的应用奠定了基础。邓仁眩[23]建立了双相钢差厚板冲压过程的有限元模型。吴志强等[24]设计了纵向轧制差厚板的剪切工艺流程。

与此同时，国内关于冷轧差厚板的成型性能的研究也十分深入。张华伟等[25~27]研究了差厚板盒形件的成型性能，并给出了其拉深成型过冲中形成起皱缺陷的原因。杨艳明[28]对变厚度圆管辊弯成型过程进行了有限元模拟，得出了差厚板圆管成型过程中等效应力、应变及变形规律，认为过渡区在辊压成型过程中存在应力集中。夏元峰[29]研究了轧制差厚板的 U 形件成型过程，分析了工艺以及模具参数的影响，认为压边力的作用十分显著，并给出了 B 柱成型模具的设计方案。邓仁眩等[30]通过差值方法建立轧制差厚板过渡区力学性能模型，以实际拉伸试验数据为基础模拟了含过渡区的拉伸试样的拉伸试验并与实际拉伸试验进行比较，获得了非常好的差厚板力学性能模型。袁国兴[31]运用 ABAQUS 建立了差厚板热成型过程的有限元模型，分析了热成型过程的工艺参数对产品的成型性的影响规律。张渝[32]认为，由于差厚板的较厚区域和较薄区域的变形量不同，在后续成型过程中残余应力会对零部件的回弹产生显著影响。齐镇镇[33]同样也以 22MnB5 为研究对象，采用 Deform 软件研究分析了热成型技术和差厚板技术结合时的·些问题，并给出了其模具设计方案。张思佳等[34]对轧制差厚板的过渡区的应力应变关系进行了深入研究，设计了新型拉伸试样来解决过渡区的厚度不均和性能不均测试问题。刘相华等牵头起草了国内首个汽车差厚板的行业团体标准《汽车用轧制差厚板通用要求》（T/CSAE 59—2017），为差厚板产品的推广应用奠定了基础。

目前冷轧轧制差厚板已经广泛应用于车身的各种梁、柱类零部件，如顶盖横梁、加强梁、纵梁内板、边梁、B 柱等，还有一部分用于吸能盒、仪表盘横梁以及 A 柱、前围板、中通道等位置，并取得了很好的减重效果。目前德国 Mubea 公司能够轧制最大宽度为 750mm 的差厚板，并将各区域厚度精度控制在 ±0.05mm 的范围内。中国的东宝海星公司也实现了冷轧差厚板的国产化，最大产品宽度达到 850mm，并相继开发前纵梁、雪橇板、B 柱加强板、后座椅下横梁等产品。

3.1.2　冷轧差厚板轧制理论基础

变厚度轧制过程有两种类型[35]，趋薄轧制（Downwards Rolling）和趋厚轧制（Upwards Rolling），如图 3-2 所示。其中趋厚轧制时（见图 3-2（b））轧辊辊缝逐渐加大，轧件出口厚度逐渐变大，直到完成过渡区轧制，厚度达到目标值；反之，趋薄轧制时（见图 3-2（c））轧辊逐渐压下，辊缝随之减小，轧件出口厚度逐渐变小，直到完成过渡区轧制，厚度达到目标值。

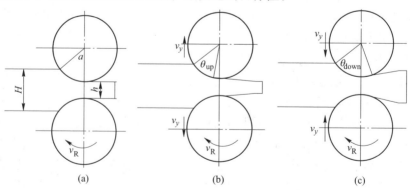

图 3-2　变厚度轧制示意图

（a）普通轧制；（b）趋厚轧制；（c）趋薄轧制

　　一般说来，变厚度板可分为薄区、厚区和过渡区，过渡区在薄区和厚区之间。过渡区的形状尺寸与辊缝的变化规律有关，即上下两个工作辊在垂直方向分离或者靠近的速度与轧件水平速度的关系决定了过渡区的形状尺寸。

　　与常规轧制过程相比，变厚度轧制时轧件出口位置发生了变化。与简单轧制轧件出口位置位于轧辊中心连线处不同，变厚度轧制出口点变为图 3-3 中的 A 点，出口位置同轧辊轴心的连线与轧辊轴心连线所成的夹角为 $\angle AoB$。已经证明，无论是趋厚轧制还是趋薄轧制，圆心角 $\angle AoB$ 的大小均等于此刻过渡区倾斜角 θ[27]。

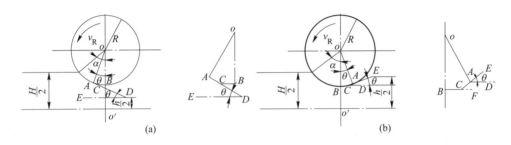

图 3-3　趋厚轧制（a）和趋薄轧制（b）变形区出口点的偏移

　　纵向变厚度轧制过程的过渡区轧制区别于普通轧制而有其自身的特点：

　　（1）过渡区轧制时，轧件出口位置不再位于轧辊中心连线处，而是发生了一定程度的偏移。实际出口位置和相应轧辊中心连线与轧辊轴心连线所成的夹角等于此刻过渡区的倾斜角。

　　（2）随过渡区轧制的进行，轧件咬入角、中性角、前滑值及接触弧长度都发生变化。

　　（3）在过渡区轧制的开始点，轧制过程由简单轧制突变为变厚度轧制；在过渡区轧制的结束点，轧制过程由变厚度轧制突变为简单轧制，这种轧制过程的"突变"会对接触弧长度等参数产生影响，从而使轧制力大小也发生相应"突变"。

　　下面对过渡区轧制的基本参数进行分析[35]。

3.1.2.1　咬入条件和摩擦角

　　轧件咬入是轧制过程顺利进行的前提，咬入过程的一个最重要的参数是咬入角。简单轧制咬入角是指轧制时轧件和轧辊最先接触点和轧辊中心的连线与轧辊中心线所构成的圆心角，如图 3-4 中的 α 角。简单轧制时的咬入条件和稳定轧制

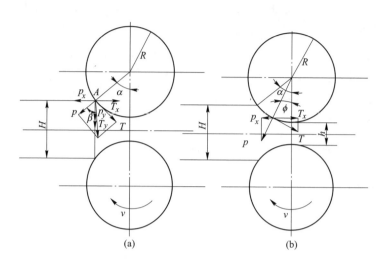

图 3-4　简单轧制过程的咬入阶段和稳定轧制阶段

（a）轧件咬入过程；（b）稳定轧制过程

条件早已提出，整个轧制过程的咬入条件可用通式（3-1）表示。

$$\beta \geqslant \phi \tag{3-1}$$

式中　β——摩擦角，其正切值 $\tan\beta$ 为摩擦系数；

$\quad\quad\phi$——合力作用点中心角，从开始咬入时候的 α 减小到轧制过程建成后的 α/K_x；

$\quad\quad K_x$——合力作用点系数[38]。

变厚度轧制最初的咬入过程与简单轧制相同，但随着轧制过程的不断进行，合力作用点中心角 ϕ 将不断变化。对趋厚轧制而言，合力作用点中心角 ϕ 从开始的 α 逐渐减小，轧制过程稳定后，ϕ 变为 $\dfrac{\alpha_{\text{upwards}}+(K_x-1)\theta}{K_x}$。对过渡区倾斜角不大的趋薄轧制而言，合力作用点中心角 ϕ 从开始的 α 逐渐减小，轧制过程稳定后，ϕ 变为 $\dfrac{\alpha_{\text{downwards}}+(1-K_x)\theta}{K_x}$。其中，$\alpha_{\text{upwards}}$ 和 $\alpha_{\text{downwards}}$ 分别是趋厚轧制和趋薄轧制达到稳定轧制时的咬入角。

通过上述分析不难发现，趋厚轧制过程轧件在咬入时所需的摩擦条件最高，随着金属逐渐进入轧辊，咬入条件向有利的方面转化。而趋薄轧制只有当过渡区倾斜角足够小时咬入条件才会向有利的方面转化，当倾斜角过大时可能出现能顺利咬入却无法顺利进行稳定轧制的情况（见图 3-5）。在同样的名义出口厚度条件下，趋薄轧制比趋厚轧制更容易满足稳定轧制条件。简单轧制和变厚度轧制咬入条件及稳定轧制条件见表 3-1。

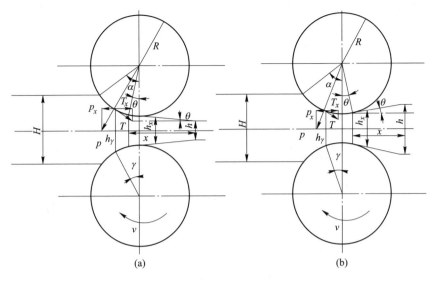

图 3-5 纵向变厚度轧制过程

（a）趋厚轧制；（b）趋薄轧制

表 3-1 咬入条件及稳定轧制条件

轧制过程	咬入角 α	过渡区倾角	稳定轧制时轧制压力合力作用点中心角 ϕ	咬入条件
简单轧制	$\sqrt{\Delta h/R}$	0	$\dfrac{\alpha}{K_x}$	$\beta \geqslant \phi$
趋厚轧制	$\sqrt{\Delta h/R}$	θ	$\dfrac{\alpha_{\text{upwards}}+(K_x-1)\theta}{K_x}$	$\beta \geqslant \phi$
趋薄轧制	$\sqrt{\Delta h/R}$	θ	$\dfrac{\alpha_{\text{downwards}}+(1-K_x)\theta}{K_x}$	$\beta \geqslant \phi$

3.1.2.2 接触弧长

接触弧长是轧件与轧辊相接触圆弧在轧制方向上的投影长度，是轧制变形区的重要参数。变厚度轧制出口点的偏移导致接触弧长度也发生相应变化。如图 3-6（a）趋厚轧制所示，图中线段 AC 的长度即为接触弧长度 l，$BD=CE=R\sin\theta$，实际压下量之半为 $BC=\Delta h/2$，$oE=R\cos\theta-\Delta h/2$，因此接触弧长度为 $AC=AE-CE$。根据图中的几何关系计算得：

$$AE = \sqrt{(R\sin\theta)^2 + R\cos\theta\Delta h - \frac{\Delta h^2}{4}} \tag{3-2}$$

趋厚轧制接触弧长度为：

$$l_{\text{趋厚}} = \sqrt{(R\sin\theta)^2 + R\cos\theta\Delta h - \frac{\Delta h^2}{4}} - R\sin\theta \tag{3-3}$$

同理可推得图 3-6 (b) 趋薄轧制所示的趋薄轧制过程接触弧长度为:

$$l_{趋薄} = \sqrt{(R\sin\theta)^2 + R\cos\theta\Delta h - \frac{\Delta h^2}{4}} + R\sin\theta \tag{3-4}$$

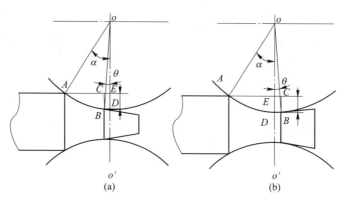

图 3-6   变厚度轧制接触弧

(a) 增厚轧制; (b) 减薄轧制

3.1.2.3   中性角及前滑值

中性角 γ 是决定变形区内金属相对轧辊运动速度的参量。图 3-7 中的 γ 角即为变厚度轧制时的中性角。在中性面 nn' 上轧件水平运动速度同轧辊线速度的水平分速度相等。中性面 nn' 将变形区划分成两部分: 前滑区和后滑区。后滑区内任意断面上金属的水平运动速度小于轧辊圆周速度的水平分量, 因而金属相对轧辊表面向后滑动; 前滑区内任意断面上金属的水平运动速度大于轧辊圆周速度的水平分量, 因而金属相对轧辊表面向前滑动。

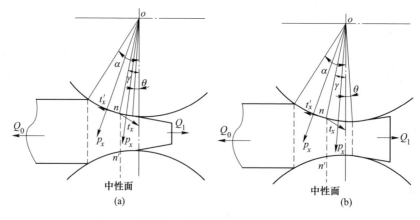

图 3-7   变厚度轧制中性角

(a) 趋厚轧制; (b) 趋薄轧制

简单轧制时中性角、咬入角及摩擦角的关系如下：

$$\sin\gamma = \frac{\sin\alpha}{2} - \frac{1 - \cos\alpha}{2f} \tag{3-5}$$

式（3-5）是在假设单位压力沿接触弧均匀分布的前提下提出的。对变厚度轧制而言，可以通过分析得到单位压力沿接触弧的实际分布曲线，再利用中性角处前后滑区单位轧制压力函数值相同的性质来求解中性角的大小。

式（3-6）和式（3-7）即为变厚度轧制趋厚轧制和趋薄轧制的前滑公式，在确定了中性角等参数的大小后可以根据上述公式计算前滑值的大小。

$$f_{趋厚} = \cos\gamma - 1 + \frac{D(\cos\theta - \cos\gamma)\cos\gamma}{h' + 2L\tan\theta} \tag{3-6}$$

$$f_{趋薄} = \cos\gamma - 1 + \frac{D(\cos\theta - \cos\gamma)\cos\gamma}{h' - 2L\tan\theta} \tag{3-7}$$

式中　D——轧辊直径；

　　　h'——轧件的名义出口厚度；

　　　γ——中性角；

　　　θ——此时的过渡区倾斜角；

　　　L——已轧制的过渡区长度。

3.1.2.4 变厚度轧制变形区力平衡微分方程的建立

变厚度轧制过程的静力学分析，是以建立满足变厚度轧制的新的力平衡微分方程为基础的。通过力平衡方程的建立和求解可以获得变形区内单位压力的分布情况，继而从中推导出适用于变厚度的轧制力计算公式、中性角公式、前后滑公式，为变厚度轧制实践提供指导。

为简化问题，在建立变形区力平衡方程之前需要作如下假设：

（1）工件为刚塑性应变强化材料，轧辊为刚性材料。

（2）忽略宽展，采用平面变形条件。

（3）轧制过程上下对称且沿接触弧摩擦系数保持不变。

（4）轧件同一横断面上的各点的金属流动速度、应力及变形均匀[39]。

（5）在极短的时间内接触弧上各点单位压力、速度不发生改变。

（6）轧件过渡区曲线光滑连续。

（7）轧辊刚性位移速度均匀连续变化。

图 3-8（a）是趋厚轧制某时刻作用在变形区微元上的应力情况，图中所示的时刻是指轧制 L 长度的过渡区所对应的时刻。

已知带钢的宽度为 b，初始来料厚度为 H。轧件在二辊连心线处的过渡区瞬时厚度为 h'，可称其为"名义出口厚度"。由于过渡区存在楔形的几何关系，实际出口厚度为 h_L，由图可见 h_L 大于 h'。h_L 处对应轧辊的圆心角为 θ。当过渡区

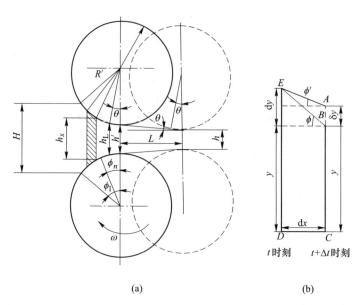

图 3-8　趋厚轧制时变形区内的微元体变形示意图

（a）趋厚轧制几何关系；（b）微元体变形

为直线时，可证明此圆心角 θ 等于轧件的楔形角。

利用轧制过程上、下对称性，取变形区内宽度为 dx 的微元体之半进行分析。如图 3-8（b）所示，线段 ED 为 t 时刻变形区内厚度为 $2(y+dy)$ 位置对应的线单元，在 $t+\Delta t$ 时刻，该线单元走过了 dx 距离到达线段 AC 的位置。简单轧制时，该线单元变为 BC，对应的轧件厚度为 $2y$。趋厚轧制时，轧辊在 Δt 时间内抬起距离为 δy，会使得线单元 ED 在 $t+\Delta t$ 时刻变为 AC，对应的轧件厚度为 $2(y+\delta y)$。

由图 3-8（b）可以得到如下关系，对简单轧制过程：

$$\tan\phi = \frac{dy}{dx} \tag{3-8}$$

对趋厚轧制过程：

$$\tan\phi' = \frac{dy - \delta y}{dx} = \frac{dy}{dx} - \frac{\delta y}{dx} \tag{3-9}$$

设趋厚轧制过程轧辊的抬起速度为 v_y，轧制水平速度为 v_x，则有：

$$\delta y = v_y \Delta t = v_y \times \frac{dx}{v_x}$$

即：

$$\frac{\delta y}{dx} = \frac{v_y}{v_x} \tag{3-10}$$

将式（3-8）和式（3-10）代入式（3-9）得：

$$\tan\phi' = \tan\phi - \frac{v_y}{v_x} \tag{3-11}$$

设中性面位于对应圆心角为 ϕ_n 处，则可分别列出作用在前滑区和后滑区单元上的应力。取单位宽度的带钢进行研究，如前滑区和后滑区的受力分析图 3-9 所示，这里正压力为 p。对冷轧而言采用干摩擦理论，假设轧件对轧辊完全滑动，摩擦应力为 μp，μ 为接触弧处的摩擦系数。

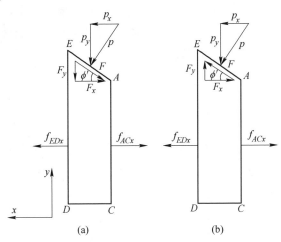

图 3-9 前滑区和后滑区单元受力分析示意图
(a) 后滑区；(b) 前滑区

在微元体的 AC 线上，作用着水平方向的正应力 σ_x，其合力为 $f_{ACx} = -\sigma_x(y+\delta y)$；

在 DE 线上，作用着水平方向的正应力 $(\sigma_x + \mathrm{d}\sigma_x)$，其合力为 $f_{DEx} = (\sigma_x + \mathrm{d}\sigma_x)(y+\mathrm{d}y)$；

在接触面上，后滑区有：$f_{EAx} = p\dfrac{\mathrm{d}x}{\cos\varphi'}\sin\varphi' - \mu p\dfrac{\mathrm{d}x}{\cos\varphi'}\cos\varphi'$

前滑区有：$f_{EAx} = p\dfrac{\mathrm{d}x}{\cos\varphi'}\sin\varphi' + \mu p\dfrac{\mathrm{d}x}{\cos\varphi'}\cos\varphi'$

根据力平衡条件作用在微元体上水平方向的合力为：$f_x = f_{ACx} + f_{EAx} + f_{DEx} = 0$

整理以上各式，得到微元体力平衡方程如下：

$$2(\sigma_x + \mathrm{d}\sigma_x)(y + \mathrm{d}y) - 2\sigma_x(y + \delta y) \pm 2\mu p\frac{\mathrm{d}x}{\cos\phi'}\cos\phi' + 2p\frac{\mathrm{d}x}{\cos\phi'}\sin\phi' = 0 \tag{3-12}$$

其中，"+" 表示单元位于前滑区，"-" 表示单元位于后滑区。

忽略二阶小量，式（3-12）简化为：

$$y \frac{\mathrm{d}\sigma_x}{\mathrm{d}x} + \sigma_x \frac{\mathrm{d}y - \delta y}{\mathrm{d}x} + p(\tan\phi' \pm \mu) = 0 \tag{3-13}$$

将式（3-11）代入式（3-13）得：

$$y \frac{\mathrm{d}\sigma_x}{\mathrm{d}x} + \sigma_x \tan\phi' + p(\tan\phi' \pm \mu) = 0 \tag{3-14}$$

趋薄轧制可以采用与趋厚轧制大致相同的分析方法建立力平衡微分方程。不同的是趋薄轧制相对于简单轧制而言轧制点会向出口侧发生偏移，使得其变形区略大于简单轧制过程（见图 3-10（a））。在分析时需要将变形区以轧辊中心连线为界分为 Ⅰ 区和 Ⅱ 区分别进行研究。

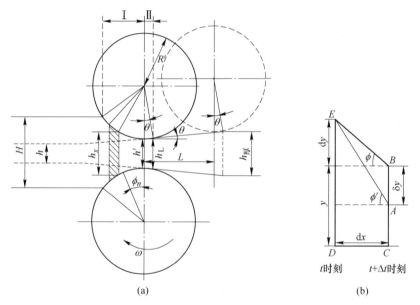

图 3-10　趋薄轧制几何关系
（a）趋薄轧制几何关系；（b）Ⅰ 区微元体变形

（1）Ⅰ 区：采用与趋厚轧制基本相同的分析方法，仍利用轧制过程上、下对称性，取变形区内宽度为 dx 的微元体之半进行分析。如图 3-10（b）所示，线段 ED 为 t 时刻变形区内厚度为 $2(y+\mathrm{d}y)$ 位置对应的线单元，在 $t+\Delta t$ 时刻，该线单元走过了 dx 距离到达线段 AC 的位置。简单轧制时，该线单元变为 BC，对应的轧件厚度为 $2y$。趋薄轧制时，轧辊在 Δt 时间内压下距离为 δy，会使得线单元 ED 在 $t+\Delta t$ 时刻变为 AC，对应的轧件厚度为 $2(y-\delta y)$。

由图 3-10（b）可以得到如下关系，对简单轧制过程有：

$$\tan\phi = \frac{\mathrm{d}y}{\mathrm{d}x} \tag{3-15}$$

趋薄轧制过程有：

$$\tan\phi' = \frac{dy + \delta y}{dx} = \frac{dy}{dx} + \frac{\delta y}{dx} \tag{3-16}$$

设趋薄轧制过程轧辊的压下速度为 v_y，线单元 ED 的水平速度为 v_x，则有：

$$\delta y = v_y \Delta t = v_y \frac{dx}{v_x}$$

即：

$$\frac{\delta y}{dx} = \frac{v_y}{v_x} \tag{3-17}$$

将式（3-15）和式（3-17）代入式（3-16）得：

$$\tan\phi' = \tan\phi + \frac{v_y}{v_x} \tag{3-18}$$

趋薄轧制Ⅰ区内单元的受力分析与图 3-9 所示的趋厚轧制时的情况完全一致。在微元体的 AC 线上，作用着水平方向的正应力 σ_x，其合力为 $f_{ACx} = -\sigma_x(y - \delta y)$。

在 DE 线上，作用着水平方向的正应力 $(\sigma_x + d\sigma_x)$，其合力为 $f_{DEx} = (\sigma_x + d\sigma_x)(y + dy)$

在接触面上，后滑区有：$f_{EAx} = p \frac{dx}{\cos\varphi'}\sin\varphi' - \mu p \frac{dx}{\cos\varphi'}\cos\varphi'$

前滑区有：$f_{EAx} = p \frac{dx}{\cos\varphi'}\sin\varphi' + \mu p \frac{dx}{\cos\varphi'}\cos\varphi'$

根据力平衡条件作用在微元体上水平方向的合力为：$f_x = f_{ACx} + f_{EAx} + f_{DEx} = 0$
整理以上各式，得到微元体力平衡方程如下：

$$2(\sigma_x + d\sigma_x)(y + dy) - 2\sigma_x(y - \delta y) \pm 2\mu p \frac{dx}{\cos\phi'}\cos\phi' + 2p \frac{dx}{\cos\phi'}\sin\phi' = 0 \tag{3-19}$$

其中，"+"表示单元位于前滑区，"−"表示单元位于后滑区

忽略二阶小量，式（3-19）简化为：

$$y \frac{d\sigma_x}{dx} + \sigma_x \frac{dy + \delta y}{dx} + p(\tan\phi' \pm \mu) = 0 \tag{3-20}$$

将式（3-18）代入式（3-20）得：

$$y \frac{d\sigma_x}{dx} + \sigma_x \tan\phi' + p(\tan\phi' \pm \mu) = 0 \tag{3-21}$$

（2）Ⅱ区：对图 3-10（a）中的Ⅱ区，其在二辊连心线出口侧的接触弧长为 $\Delta l = R\theta$，θ 为过渡区倾斜角。因为冷轧 θ 很小，故 Δl 也很小，在计算力能参数时可忽略在 Δl 区间内轧辊表面速度垂直分量的影响，按照轧辊以一定的刚性位移速度向下压缩平轧件来近似处理。

　　根据轧制过程的对称性取Ⅱ区轧件之半进行受力分析如图 3-11 所示。注意到Ⅱ区在通常情况下为前滑区，因此摩擦力的方向为图中 μp 所示方向且不发生改变。据此建立力平衡微分方程为：

$$2(\sigma_x + d\sigma_x) \times \frac{h'}{2} - 2\sigma_x \times \frac{h'}{2} + 2\mu p dx = 0$$

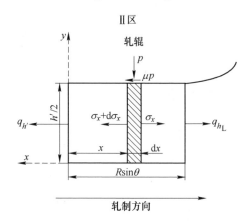

图 3-11　趋薄轧制Ⅱ区单元受力分析

整理后得到：

$$d\sigma_x + \frac{2\mu p}{h'}dx = 0 \tag{3-22}$$

式（3-22）即趋薄轧制Ⅱ区轧制力平衡微分方程。

　　需要指出的是，在实际计算时应分别用Ⅰ区和Ⅱ区的力平衡微分方程获得轧辊中心连线处的单位轧制压力值，通过两者相等条件，最终可以得到单位压力沿完整过渡区的分布。

　　A　变形区水平速度分布

　　轧制力平衡方程中的变形区形状因子 $\tan\phi'$ 是方程中最重要的参数，为了确定其大小，必须对变厚度轧制进行运动学分析。过渡区形状决定了轧辊抬起速度和实际轧制出口点水平轧制速度之间的关系，而变形区形状则决定了轧件在整个变形区的速度分布情况。以下对变厚度轧制时变形区内水平速度分布进行阐述。

　　图 3-12 所示时刻为趋厚轧制过程轧制 L 长过渡区对应的时刻，此时名义出口厚度为 h'，实际出口厚度为 h_L，且有 $h_L = h' + 2R(1-\cos\theta)$。轧件在实际出口点的水平速度为 v_{h_L}，该速度的实际值可以测出。此时过渡区曲线在实际轧制出口点处的斜率即过渡区曲线形状因子为 $\tan\theta$，该参数是轧制时间 t 或过渡区轧制长度 L 的函数。由于在实际轧制出口点处合速度方向沿过渡区曲线切线方向，所以：

$$v_y(t) = \tan\theta(t)v_{h_L}(t)$$

当过渡区曲线形状为直线时，$\tan\theta(t) = \tan\theta$ 且保持恒定，所以有：

$$v_y = \tan\theta v_{h_L} \tag{3-23}$$

式（3-23）即反映了过渡区形状对轧辊抬起速度和实际轧制出口点水平轧制速度关系的影响。

接触弧的形状会影响变形区内金属的速度分布，为简化计算，采用"以弦代弧"的思想，如图 3-12 所示。以轧辊中心连线的中点为原点，轧制方向为 x 轴，轧辊中心连线为 y 轴建立坐标系。x 轴的正向自原点指向入口方向，y 轴的正向自原点指向上轧辊中心。

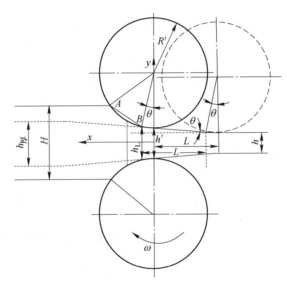

图 3-12　趋厚轧制示意图

代入已知的两点坐标得到此时弦 AB 的方程为：$y = ax + b$

其中
$$\begin{cases} a = \dfrac{1}{l - R\sin\theta}\left[\dfrac{H - h'}{2} - R(1 - \cos\theta)\right] \\[3mm] b = \dfrac{H}{2} - \dfrac{l}{l - R\sin\theta}\left[\dfrac{H - h'}{2} - R(1 - \cos\theta)\right] \end{cases}$$

当过渡区倾斜角很小时，上述方程可以近似写为：

$$y = \frac{H - h'}{2l}x + \frac{h'}{2} \tag{3-24}$$

根据体积不变条件有：

$$M = v_{h_L}\left[h' + 2R(1 - \cos\theta)\right] = v_x(x)2y = v_x(x)2(ax + b)$$

即：

$$v_x(x) = \frac{h' + 2R(1 - \cos\theta)}{2(ax + b)} v_{h_L} = \frac{M}{2(ax + b)} \tag{3-25}$$

式（3-25）是某时刻变形区内轧件各点水平速度分布公式，依据其可得到变形区内各单元在此时刻的水平速度。如图 3-13 所示，变形区内轧件各点水平速度分布呈双曲线的形状，对于更为复杂的接触弧曲线假设方程同样能给出速度分布曲线。

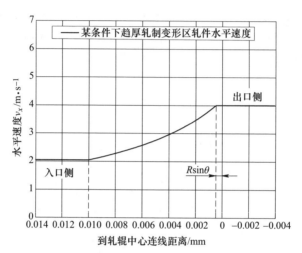

图 3-13　某条件下趋厚轧制变形区轧件水平速度分布

趋薄轧制变形区水平速度分布可以采用与趋厚轧制相同的分析方法进行研究。其中 I 区弦 AB 方程为式（3-22）：$y_1 = \dfrac{H - h'}{2l}x + \dfrac{h'}{2}$，所以 I 区内的轧件水平速度分布为：

$$v_x(x) = \frac{M}{2(a_1 x + b_1)} = \frac{M}{\dfrac{H - h'}{l}x + h'} \tag{3-26}$$

趋薄轧制 II 区的分析类似于平面墩粗过程，在该区域轧件水平速度不发生改变（见图 3-14）。将趋厚轧制和趋薄轧制的变形区轧件水平速度式（3-25）和式（3-26）代入到式（3-14）的变形区形状因子中并考虑适当的边界条件，即可得到变形区单位压力分布。

B　轧制力模型

对于增厚轧制，对所取微元体按垂直于轧制方向列出单元力平衡方程：

$$\sigma_y \mathrm{d}x \pm \mu p \frac{\mathrm{d}x}{\cos\phi'}\sin\phi' + p \frac{\mathrm{d}x}{\cos\phi'}\cos\phi' = 0 \tag{3-27}$$

因为且 ϕ' 很小，所以有：

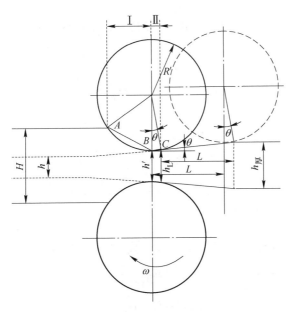

图 3-14　趋薄轧制示意图

$$\sigma_y = -p(1 \pm \mu \tan\phi') = -p \tag{3-28}$$

假定主方向为轧制方向和垂直于轧制方向，则有 $\sigma_1 = \sigma_x$，$\sigma_3 = \sigma_y = -p$。平面应变屈服准则即为：$\sigma_1 - \sigma_3 = \sigma_x - (-p) = 2k = 1.155\sigma_s$，即 $\sigma_x = 2k - p$，$\mathrm{d}\sigma_x = \mathrm{d}(2k - p)$。式（3-14）简化为：

$$2ky\frac{\mathrm{d}\left(\dfrac{p}{2k}\right)}{\mathrm{d}x} + \left(\frac{p}{2k} - 1\right)y\frac{\mathrm{d}(2k)}{\mathrm{d}x} = 2k\tan\phi' \pm p\mu$$

考虑到冷轧过程带钢存在加工硬化，在变形区内随着 y 的减小（即压下量的增大），$2k$ 逐渐增大，$\left(\dfrac{p}{2k} - 1\right)y\dfrac{\mathrm{d}(2k)}{\mathrm{d}x}$ 与 $2ky\dfrac{\mathrm{d}(p/2k)}{\mathrm{d}x}$ 相比是可忽略的，且 $2ky$ 趋于保持恒定。此外，对冷轧而言 $\left(\dfrac{p}{2k} - 1\right)$ 也很小，所以可以认为：

$$2ky\frac{\mathrm{d}\left(\dfrac{p}{2k}\right)}{\mathrm{d}x} \approx 2k\tan\phi' \pm p\mu$$

令 $Y = \dfrac{p}{2k}$，则：

$$\frac{\mathrm{d}Y}{\mathrm{d}x} - \left(\pm\frac{\mu}{y}\right)Y \approx \frac{\tan\phi'}{y} \tag{3-29}$$

将式 (3-11)、式 (3-23)、式 (3-25) 及 $\tan\phi(x) = \dfrac{\mathrm{d}y}{\mathrm{d}x} = a$ 代入式 (3-29) 中得：

$$\frac{\mathrm{d}Y}{\mathrm{d}x} - \left(\pm \frac{\mu}{ax+b} \right) Y \approx \frac{ah_{\mathrm{L}} - 2\tan\theta(ax+b)}{h_{\mathrm{L}}(ax+b)} \tag{3-30}$$

方程式 (3-29) 的通解为：

$$Y = \frac{p}{2k} \approx \exp\left[-\int p(x)\,\mathrm{d}x \right] \left\{ \int Q(x) \exp\left[\int p(x)\,\mathrm{d}x \right] \mathrm{d}x + C \right\}$$

$$\approx C(ax+b)^{\pm\frac{\mu}{a}} - \frac{a}{\pm\mu} - \frac{2\tan\theta}{h_{\mathrm{L}}} \times \frac{1}{a-(\pm\mu)} \times (ax+b) \tag{3-31}$$

根据边界条件确定积分常数 C，考虑过渡区倾斜角 θ 的影响，认为出口厚度为实际厚度为：$h_{\mathrm{L}} = h' + 2R(1-\cos\theta)$，因此在出口处有：$y = \dfrac{h_{\mathrm{L}}}{2} = \dfrac{h'}{2} + R(1-\cos\theta)$。

由于带钢材料是刚塑性应变强化的，因此带钢在变形区入口和出口处的变形量不同导致其剪切屈服强度的不同。设带钢在出口处的剪切屈服强度为 k_2，前张应力为 $q_{h_{\mathrm{L}}}$（该张应力可以根据薄区的实际前张应力求出），则在出口处有：

$$\begin{cases} \sigma_x = q_{h_{\mathrm{L}}} \\ k = k_2 \end{cases} \Rightarrow p^+ = 2k_2 - q_{h_{\mathrm{L}}} = 2\xi_1 k_2 \tag{3-32}$$

其中 $\xi_1 = 1 - \dfrac{q_{h_{\mathrm{L}}}}{2k_2}$，将式 (3-32) 和 $y = \dfrac{h_{\mathrm{L}}}{2} = \dfrac{h'}{2} + R(1-\cos\theta)$ 代入式 (3-31) 的前滑区公式得：

$$\xi_1 \approx C^+ \left(\frac{h_{\mathrm{L}}}{2} \right)^{\frac{\mu}{a}} - \frac{a}{\mu} - \frac{\tan\theta}{a-\mu}$$

所以：

$$C^+ \approx \left(\frac{h_{\mathrm{L}}}{2} \right)^{-\frac{\mu}{a}} \left(\xi_1 + \frac{a}{\mu} + \frac{\tan\theta}{a-\mu} \right) \tag{3-33}$$

同理，设带钢在入口处的剪切屈服强度为 k_1，前张应力为 q_{H}，则有：

$$\begin{cases} \sigma_x = q_{\mathrm{H}} \\ k = k_1 \end{cases} \Rightarrow p^- = 2k_1 - q_{\mathrm{H}} = 2\xi_0 k_1 \tag{3-34}$$

其中 $\xi_0 = 1 - \dfrac{q_{\mathrm{H}}}{2k_1}$，将式 (3-34) 和 $y = \dfrac{H}{2}$ 代入后滑区公式：

$$\xi_0 \approx C^- \times \left(\frac{H}{2} \right)^{-\frac{\mu}{a}} + \frac{a}{\mu} - \frac{H}{h_{\mathrm{L}}} \times \frac{\tan\theta}{a+\mu}$$

所以：

$$C^- \approx \left(\frac{H}{2}\right)^{\frac{\mu}{a}}\left(\xi_0 - \frac{a}{\mu} + \frac{H}{h_L} \times \frac{\tan\theta}{a+\mu}\right) \tag{3-35}$$

将式 (3-34)、式 (3-35) 代入式 (3-31) 得：

后滑区：

$$\frac{p^-}{2k} \approx \left(\frac{H}{2ax+2b}\right)^{\frac{\mu}{a}}\left(\xi_0 - \frac{a}{\mu} + \frac{H}{h_L} \times \frac{\tan\theta}{a+\mu}\right) + \frac{a}{\mu} - \frac{2\tan\theta}{h_L} \times \frac{1}{a+\mu} \times (ax+b) \tag{3-36}$$

前滑区：

$$\frac{p^+}{2k} \approx \left(\frac{2ax+2b}{h_L}\right)^{\frac{\mu}{a}}\left(\xi_1 + \frac{a}{\mu} + \frac{\tan\theta}{a-\mu}\right) - \frac{a}{\mu} - \frac{2\tan\theta}{h_L} \times \frac{1}{a-\mu} \times (ax+b) \tag{3-37}$$

其中
$$\begin{cases} a = \dfrac{1}{l-R\sin\theta}\left[\dfrac{H-h'}{2} - R(1-\cos\theta)\right] \\[2mm] b = \dfrac{H}{2} - \dfrac{l}{l-R\sin\theta}\left[\dfrac{H-h'}{2} - R(1-\cos\theta)\right] \\[2mm] h_L = h' + 2R(1-\cos\theta) \\[2mm] \xi_0 = 1 - \dfrac{q_H}{2k_1}, \quad \xi_1 = 1 - \dfrac{q_{h_L}}{2k_2} \\[2mm] x \in [R\sin\theta, l] \end{cases}$$

趋薄轧制可以采用与趋厚轧制相同的分析方法，计算变形区单位压力分布情况。不同的是趋薄轧制相对于简单轧制而言轧制点会向出口侧发生偏移，使得其变形区略大于简单轧制过程。在分析时需要将变形区以轧辊中心连线为界分为 I 区和 II 区两个区域分别进行研究。

（1）I 区：参考趋厚轧制过程的分析，如图 3-14 所示，得到 I 区内的力平衡微分方程：

$$\frac{dY}{dx} - \left(\pm\frac{\mu}{y_I}\right)Y \approx \frac{\tan\phi'}{y_I} \tag{3-38}$$

其中，$Y = \dfrac{p}{2k}$。

将式 (3-18)、式 (3-23)、式 (3-26) 及 $\tan\phi(x) = \dfrac{dy}{dx} = a_I$ 代入式 (3-38) 中得：

$$\frac{dY}{dx} - \left(\pm\frac{\mu}{a_I x + b_I}\right)Y \approx \frac{a_I h' v_{h'} + 2\tan\theta v_{h_L}(a_I x + b_I)}{h' v_{h'}(a_I x + b_I)} \tag{3-39}$$

方程（3-39）的通解为：

$$Y = \frac{p}{2k} \approx \exp\left[-\int p(x)\,\mathrm{d}x\right]\left\{\int Q(x)\exp\left[\int p(x)\,\mathrm{d}x\right]\mathrm{d}x + C\right\}$$

$$\approx C(a_{\mathrm{I}}x + b_{\mathrm{I}})^{\pm\frac{\mu}{a_{\mathrm{I}}}} - \frac{a_{\mathrm{I}}}{\pm\mu} + \frac{2\tan\theta v_{h_{\mathrm{L}}}}{h'v_{h'}} \times \frac{1}{a_{\mathrm{I}} - (\pm\mu)} \times (a_{\mathrm{I}}x + b_{\mathrm{I}})$$

$$(3\text{-}40)$$

采用与趋厚轧制同样的方法，根据边界条件确定积分常数 C。设带钢在轧辊中心连线处的剪切屈服强度为 k'，此处的张应力为 $q_{h'}$，在轧辊中心连线处有：

$$\begin{cases}\sigma_x = q_{h'}\\ k = k'\end{cases}\Rightarrow p^+ = 2k' - q_{h'} = 2\xi_1'k' \qquad (3\text{-}41)$$

其中，$\xi_1' = 1 - \dfrac{q_{h'}}{2k'}$（该参数可根据 II 区的计算确定）。

将式（3-41）和 $y = \dfrac{h'}{2}$ 代入式（3-40）前滑区公式得：

$$\xi_1' \approx C^+\left(\frac{h'}{2}\right)^{\frac{\mu}{a_{\mathrm{I}}}} - \frac{a_{\mathrm{I}}}{\mu} + \frac{\tan\theta v_{h_{\mathrm{L}}}}{(a_{\mathrm{I}} - \mu)v_{h'}}$$

所以：

$$C^+ \approx \left(\frac{h'}{2}\right)^{-\frac{\mu}{a_{\mathrm{I}}}}\left[\xi_1' + \frac{a_{\mathrm{I}}}{\mu} - \frac{\tan\theta v_{h_{\mathrm{L}}}}{(a_{\mathrm{I}} - \mu)v_{h'}}\right] \qquad (3\text{-}42)$$

同理，设带钢在入口处的剪切屈服强度为 k_1，前张应力为 q_{H}，则有：

$$\begin{cases}\sigma_x = q_{\mathrm{H}}\\ k = k_1\end{cases}\Rightarrow p^- = 2k_1 - q_{\mathrm{H}} = 2\xi_0 k_1 \qquad (3\text{-}43)$$

其中，$\xi_0 = 1 - \dfrac{q_{\mathrm{H}}}{2k_1}$，将式（3-43）和 $y = \dfrac{H}{2}$ 代入式（3-40）后滑区公式得

$$\xi_0 \approx C^-\left(\frac{H}{2}\right)^{-\frac{\mu}{a_{\mathrm{I}}}} + \frac{a_{\mathrm{I}}}{\mu} + \frac{\tan\theta v_{h_{\mathrm{L}}}H}{(a_{\mathrm{I}} + \mu)v_{h'}h'}$$

所以：

$$C^- \approx \left(\frac{H}{2}\right)^{\frac{\mu}{a_{\mathrm{I}}}}\left[\xi_0 - \frac{a_{\mathrm{I}}}{\mu} - \frac{\tan\theta v_{h_{\mathrm{L}}}H}{(a_{\mathrm{I}} + \mu)v_{h'}h'}\right] \qquad (3\text{-}44)$$

将式（3-42）、式（3-44）代入式（3-41），得：

后滑区：

$$\frac{p^-}{2k} \approx \left(\frac{H}{2a_{\mathrm{I}}x + 2b_{\mathrm{I}}}\right)^{\frac{\mu}{a_{\mathrm{I}}}}\left(\xi_0 - \frac{a_{\mathrm{I}}}{\mu} - \frac{\tan\theta}{a_{\mathrm{I}} + \mu} \times \frac{H}{h_{\mathrm{L}}}\right) + \frac{a_{\mathrm{I}}}{\mu} + \frac{2\tan\theta}{h_{\mathrm{L}}} \times \frac{1}{a_{\mathrm{I}} + \mu} \times (a_{\mathrm{I}}x + b_{\mathrm{I}})$$

$$(3\text{-}45)$$

前滑区：

$$\frac{p^+}{2k} \approx \left(\frac{2a_{\mathrm{I}}x + 2b_{\mathrm{I}}}{h'}\right)^{\frac{\mu}{a_{\mathrm{I}}}}\left(\xi_1' + \frac{a_{\mathrm{I}}}{\mu} - \frac{\tan\theta}{a_{\mathrm{I}} - \mu} \times \frac{h'}{h_{\mathrm{L}}}\right) - \frac{a_{\mathrm{I}}}{\mu} + \frac{2\tan\theta}{h_{\mathrm{L}}} \times \frac{1}{a_{\mathrm{I}} - \mu} \times (a_{\mathrm{I}}x + b_{\mathrm{I}})$$

$$(3-46)$$

其中，$\begin{cases} a_{\mathrm{I}} = \dfrac{H - h'}{2l} \\[2mm] b_{\mathrm{I}} = \dfrac{h'}{2} \\[2mm] h_{\mathrm{L}} = h' + 2R(1 - \cos\theta) \\[2mm] \xi_0 = 1 - \dfrac{q_{\mathrm{H}}}{2k_1} \\[2mm] \xi_1' = 1 - \dfrac{q_{h'}}{2k'}（需根据 \mathrm{II} 区计算确定） \\[2mm] x \in [0, l] \end{cases}$

从形式上看，趋薄轧制 I 区单位压力分布曲线方程类似于趋厚轧制，但变形区参数略有不同。此外，由于名义出口厚度处的实际张力和变形抗力无法直接获得，因此必须借助对趋薄轧制 II 区的分析建立完整的趋薄轧制变形区单位压力分布。

（2）II 区：II 区力平衡微分方程为：

$$\mathrm{d}\sigma_x + \frac{2\mu p}{h'}\mathrm{d}x = 0$$

轧制方向和轧制力方向为主方向，即 $\sigma_1 = \sigma_x$，$\sigma_3 = -p$，$\sigma_1 - \sigma_3 = \sigma_x - (-p) = 2k$，所以 $\mathrm{d}\sigma_x + \mathrm{d}p = 0$。

$$\mathrm{d}\sigma_x = -\mathrm{d}p \tag{3-47}$$

将式（3-47）代入式（3-22）化简后积分可得：

$$\ln p = \frac{2\mu}{h'}x + C \tag{3-48}$$

设带钢在实际出口处的剪切屈服强度为 k_2，此处张应力如图 3-11 所示为 $q_{h_{\mathrm{L}}}$，所以：

$$\begin{cases} \sigma_x = q_{h_{\mathrm{L}}} \\ k = k_2 \end{cases} \Rightarrow p^+ = 2k_2 - q_{h_{\mathrm{L}}} = 2\xi_1 k_2 \tag{3-49}$$

其中，前张力系数 $\xi_1 = 1 - \dfrac{q_{h_{\mathrm{L}}}}{2k_2}$，将式（3-49）和 $x = -R\sin\theta$ 代入式（3-48）并化简得：

$$\ln\frac{p}{2\xi_1 k_2} = \frac{2\mu}{h'}(x + R\sin\theta)$$

所以：

$$\frac{p}{2k} = \xi_1 \exp\left[\frac{2\mu}{h'}(x + R\sin\theta)\right] \tag{3-50}$$

其中，$x \in [-R\sin\theta, 0]$。

趋薄轧制完整变形区单位压力分布：

由于轧辊中心连线同时属于Ⅰ区和Ⅱ区，因而有：

$$\left(\frac{2b_1}{h'}\right)^{\frac{\mu}{a_1}}\left(\xi'_1 + \frac{a_1}{\mu} - \frac{\tan\theta}{a_1 - \mu} \times \frac{h'}{h_L}\right) - \frac{a_1}{\mu} + \frac{2\tan\theta}{h_L} \times \frac{b_1}{a_1 - \mu} = \xi_1 \exp\left[\frac{2\mu}{h'}(x + R\sin\theta)\right]$$

$$\tag{3-51}$$

将 $\begin{cases} a_1 = \dfrac{H - h'}{2l} \\[2mm] b_1 = \dfrac{h'}{2} \\[2mm] h_L = h' + 2R(1 - \cos\theta) \\[2mm] \xi_1 = 1 - \dfrac{q_{h_L}}{2k_2} \end{cases}$ 代入式(3-51)得：$\xi'_1 = \xi_1 \exp\left(\dfrac{2\mu R\sin\theta}{h'}\right)$

综上所述，趋薄轧制过程完整变形区单位压力分布为：

Ⅰ区（$x \in [0, l]$）：

后滑区：$\dfrac{p^-}{2k} \approx \left(\dfrac{H}{2a_1 x + 2b_1}\right)^{\frac{\mu}{a_1}}\left(\xi_0 - \dfrac{a_1}{\mu} - \dfrac{\tan\theta}{a_1 + \mu} \times \dfrac{H}{h_L}\right) + \dfrac{a_1}{\mu} + \dfrac{2\tan\theta}{h_L} \times$

$\dfrac{1}{a_1 + \mu} \times (a_1 x + b_1)$

前滑区：$\dfrac{p^+}{2k} \approx \left(\dfrac{2a_1 x + 2b_1}{h'}\right)^{\frac{\mu}{a_1}}\left(\xi'_1 + \dfrac{a_1}{\mu} - \dfrac{\tan\theta}{a_1 - \mu} \times \dfrac{h'}{h_L}\right) - \dfrac{a_1}{\mu} + \dfrac{2\tan\theta}{h_L} \times$

$\dfrac{1}{a_1 - \mu} \times (a_1 x + b_1)$

Ⅱ区（$x \in [-R\sin\theta, 0]$）：

$$\frac{p}{2k} = \xi_1 \exp\left[\frac{2\mu}{h'}(x + R\sin\theta)\right]$$

其中，$\begin{cases} a_1 = \dfrac{H - h'}{2l}, \ b_{II} = \dfrac{h'}{2} \\[2mm] h_L = h' + 2R(1 - \cos\theta) \\[2mm] \xi_0 = 1 - \dfrac{q_H}{2k_1}, \ \xi_1 = 1 - \dfrac{q_{h_L}}{2k_2} \\[2mm] \xi'_1 = \xi_1 \exp\left(\dfrac{2\mu R\sin\theta}{h'}\right) \end{cases}$

只要给定任意时刻的来料厚度 H、名义出口厚度 h' 或实际出口厚度 h_L、实际出口处过渡区形状因子 $\tan\theta$、入口处后张应力 q_H、轧件剪切强度 k_1、实际出口处前张应力 q_{h_L} 和轧件剪切强度 k_2，就能计算趋薄轧制过程完整变形区的单位压力分布。

3.2 冷轧差厚板的尺寸特征标准

为了满足汽车轻量化对使用差厚板的要求，由东北大学牵头起草、中国汽车工程学会发布实施了"汽车用轧制差厚板通用要求——T/CSAE—2017"行业标准[36]，标准中规范了差厚板的尺寸特征。

（1）等厚区、薄区和厚区（Thickness Equal Zone，Thin Zone and Thick Zone）。等厚区是指轧制差厚板中在一个连续区段内名义厚度相等的部分；与过渡区相邻的两段等厚度区中，具有较小厚度值的部分称为薄区，具有较大厚度值的部分称为厚区。

（2）变厚度区（Variable Gauge Zone，VGZ）。差厚板上厚度变化的部分，称为变厚度区。变厚度区有两种类型：过渡区和楔形区。

（3）过渡区（Transition Zone，TZ）。差厚板薄区和厚区之间的连接部分称为过渡区，其特点是两端分别与厚区和薄区光滑连接，过渡区的曲线形状可以根据需求进行设计。

（4）楔形区（Slope Zone，SZ）。楔形区是特殊的变厚度区，其特点是楔形区长度一般大于过渡区长度，通常楔形区形状可根据承载情况进行设计。

（5）差厚比（Ratio of Variable Gauge，RVG）。差厚比定义为薄区与厚区厚度目标值的比例。多段变厚度板差厚比为各区厚度目标值之间的比例，书写差厚比时遵循以下规则：

1）以最小厚度为 1 进行折算，按照各段厚度折算值升幂格式书写。

2）比号后的数值保留两位小数，第三位以后遵循四舍五入规则。

3）当第二位小数为零时，允许简记为保留一位小数。

举例 1：薄区为 1.5mm、厚区为 2.0mm 的差厚板，差厚比为 1:1.33。

举例 2：薄区 I 为 1.0mm，厚区为 2.0mm，薄区 II 为 1.2mm 的差厚板，差厚比为 1:1.20:2.00，可以简记为 1:1.2:2.0。

最大差厚比定义为其最小厚度目标值与最大厚度目标值的比例，如上面举例 2 的最大差厚比为 1:2.0。

（6）差厚板规格尺寸表示方法。差厚板规格尺寸用宽度、各区厚度、各区长度、变厚度区特殊要求等参数来表示，方法如下：

1）差厚板宽度。轧制差厚板各区的名义宽度相等，差厚板宽度标记为 B，以 mm 为单位表示。

2）差厚板长度。差厚板长度是指其全长，即各区长度之和，差厚板长度标记为 L，以 mm 为单位表示。

3）差厚板分区长度。差厚板分区长度是指各个区的长度，差厚板分区长度标记为 L_i（$i=1$，2，…，n，n 为差厚板分区数），以 mm 为单位表示。

4）差厚板厚度。差厚板各个区间的厚度以 mm 为单位表示，差厚板分区厚度标记为 H_i（$i=1$，2，…，n，n 为差厚板分区数）。对等厚度区，H_i 为名义厚度；对变厚度区，H_i 为长度坐标的函数。

（7）差厚板变厚度区的表示方法。

1）过渡区：过渡区标记为 T。由趋薄轧制获得的过渡区称为趋薄过渡区，标记为 Td；由趋厚轧制获得的过渡区称为趋厚过渡区，标记为 Tu。

2）楔形区：楔形区标记为 S。由趋薄轧制获得的楔形区称为趋薄楔形区，标记为 Sd；由趋厚轧制获得的楔形区称为趋厚楔形区，标记为 Su。

（8）变厚度区的形状。变厚度区沿轧制方向的纵截面形状有以下三种基本类型：

1）变厚度区主体为直线，称为直线形变厚度区。当变厚度区为过渡区时，直线端部与等厚度区光滑连接。

2）变厚度区主体为复杂曲线（如圆弧、幂函数、三角函数等及其组合）构成的变厚度区，称为曲线变厚度区。

3）对变厚度区表面形状曲线不做要求，称为自由变厚度区。

3.3　冷轧差厚板力学性能规律

冷轧差厚板的力学性能和对应的差厚板材料有密切关系。目前成熟应用的冷轧差厚板主要有低合金钢冷成型差厚板和热成型钢差厚板，热成型钢差厚板的力学性能与差厚板制备工艺关联性不大。低合金钢差厚板的力学性能是研究重点，如图 3-15（a）所示。由于变厚度轧制过程中沿轧制方向产生不同程度的加工硬化，导致冷轧差厚板的力学性能分布严重不均匀，成型性能显著降低[37]。随后的退火处理将决定差厚板最终的力学性能分布和成型性能。目前，传统的差厚板退火工艺为罩式退火，且只考虑控制薄区和厚区的力学性能，这就导致其过渡区力学性能分布更加复杂，部分位置的伸长率明显低于材料的性能标准，差厚板的成型性能较差，如图 3-15（c）所示。通过优化退火工艺，确定合适的工艺参数不仅使差厚板的力学性能满足材料的性能标准，且分布更加均匀，而且还可以提高差厚板的成型性能，如图 3-15（b）所示。

为了优化退火工艺，使差厚板力学性能均匀分布且提高成型性能，在 580~700℃ 下进行 60min 罩式退火处理，在 930~970℃ 下进行 3min 连续退火处理。随后，通过单向拉伸试验，测量差厚板的力学性能（屈服强度，抗拉强度，伸长

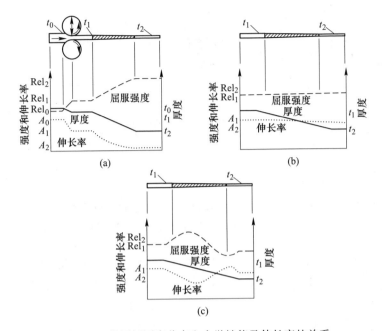

图 3-15　差厚板厚度分布和力学性能及伸长率的关系

（a）变厚度轧制的轧硬态差厚板；（b）变厚度轧制后进行完全退火处理后的差厚板；

（c）变厚度轧制后进行不完全退火处理的差厚板

率），以评估其力学性能均匀性。通过杯突试验，测得差厚板的 IE 值，以评价其成型性能。

　　试样选择初始 2.2mm 厚的 HC340LA 钢板，几何尺寸如图 3-16 所示。采用等效替代原理，以 9%~54% 的压下率轧制等厚度板，并进行相同的退火处理，以表征差厚板过渡区的力学性能分布。再结晶温度和奥氏体转变温度是制定退火工艺的基础，图 3-17 为 HC340LA 的再结晶温度和奥氏体转变温度。

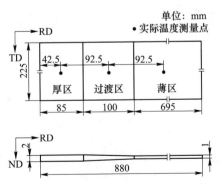

图 3-16　冷轧差厚板试样尺寸和温度测量点

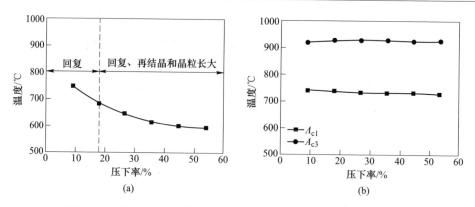

(a)　　　　　　　　　　　　(b)

图 3-17　HC340LA 在不同变形率下的再结晶温度和奥氏体转变温度

（a）不同变形率对应的再结晶温度；（b）不同变形率对应的奥氏体转变温度

　　罩式退火工艺为在管式炉中分别以 580℃、620℃、660℃ 和 700℃ 保温 60min 后随炉冷却。连续退火工艺为在马弗炉中分别以 930℃、950℃ 和 970℃ 保温 1min、3min、5min 后空冷。由于差厚板不同厚度处对应不同的加热速度和冷却速度，因此在连续退火过程中考虑了这方面的影响，测量了薄区、厚区和过渡区中央的温度历史曲线。

　　图 3-18 为冷轧差厚板退火前沿轧制方向的金相显微组织。图 3-19 为冷轧差厚板沿轧制方向的再结晶图。可以看出，随着压下率的提高变形晶粒所占比例增大，当压下率增大到 54% 时，组织全部由变形晶粒组成。

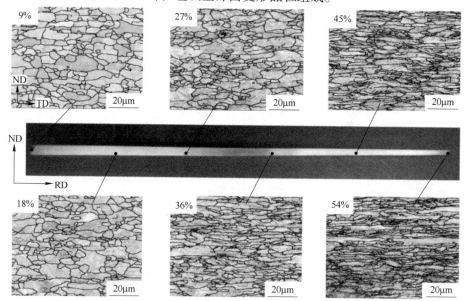

图 3-18　冷轧态差厚板金相组织

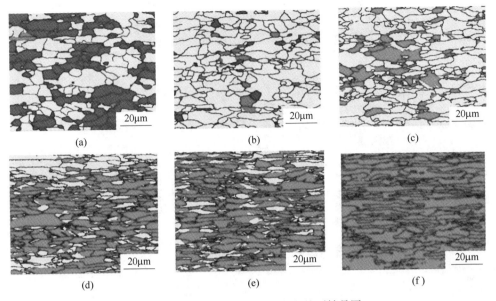

图 3-19　冷轧差厚板沿轧制方向的再结晶图
（a）压下率 9%；（b）压下率 18%；（c）压下率 27%；
（d）压下率 36%；（e）压下率 45%；（f）压下率 54%

3.3.1　罩式退火工艺下的力学性能

在罩式退火过程中，组织的变化过程可以分为回复、再结晶和晶粒长大三个阶段。差厚板由于各区域的化学成分相同，因此影响退火组织的主要因素是工艺参数和沿轧制过程中的不同的压下率。图 3-20~图 3-22 为 580℃、620℃、700℃退火 60min 的再结晶图，图 3-23 显示了再结晶、亚结构和变形晶粒的相应比例。

当退火温度为 580℃ 时，由于退火温度低于差厚板任一位置处的再结晶温度，因此退火组织主要表现为静态回复组织（见图 3-20）。与冷轧差厚板相同区域的组织相比，晶粒的形状和尺寸基本不变，变形晶粒中的胞状亚结构发生了显著变化，位错密度沿轧制方向有不同程度的降低。因此，一些变形晶粒转变为亚结构。当压下率较大时（45% 和 54%），580℃ 的退火温度高于这些区域的起始再结晶温度，因此可以观察到一些新的、细小弥散的再结晶晶粒。

当退火温度为 620℃ 时，由于退火温度位于差厚板的再结晶温度范围内，因此沿轧制方向形成混合组织（见图 3-21）。当压下率为 9% 和 18% 时，由于晶粒储存能太低不足以提供再结晶所需的驱动力，因此变形组织仅在退火过程中发生回复，晶粒形状和尺寸与退火前相似，再结晶晶粒所占比例变化不大；当压下率为 27% 时，由于 620℃ 的退火温度略高于起始再结晶温度，因此该区域的显微组织仍然以亚结构为主，出现了少量细小的再结晶晶粒。与冷轧差厚板压下率

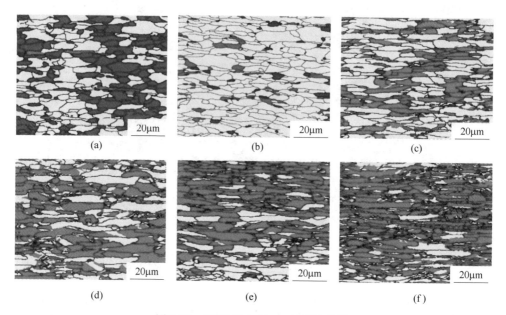

图 3-20　580℃退火 60min 的再结晶图

（a）压下率 9%；（b）压下率 18%；（c）压下率 27%；

（d）压下率 36%；（e）压下率 45%；（f）压下率 54%

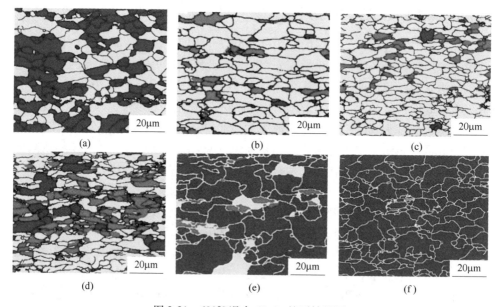

图 3-21　620℃退火 60min 的再结晶图

（a）压下率 9%；（b）压下率 18%；（c）压下率 27%；

（d）压下率 36%；（e）压下率 45%；（f）压下率 54%

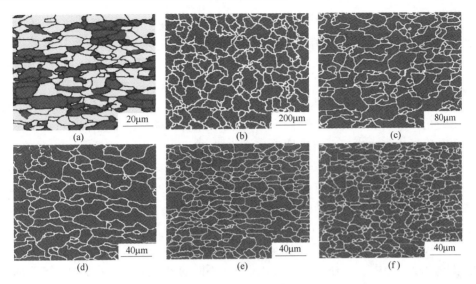

图 3-22　700℃退火 60min 的再结晶图

（a）压下率 9%；（b）压下率 18%；（c）压下率 27%；

（d）压下率 36%；（e）压下率 45%；（f）压下率 54%

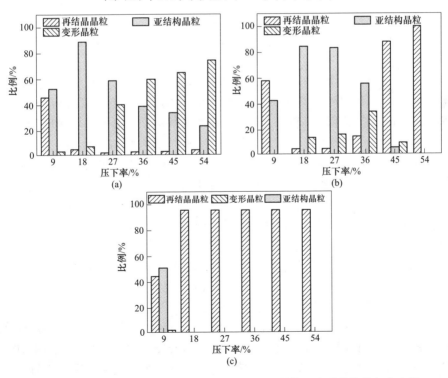

图 3-23　冷轧差厚板罩式退火条件下再结晶、亚结构和变形晶粒的相应比例

（a）580℃，60min；（b）620℃，60min；（c）700℃，60min

27%的区域相比，再结晶晶粒的比例增加了 5%；当压下率为 36%时，由于不完全再结晶，显微组织由再结晶晶粒、亚结构和变形晶粒组成，所占比例分别为 14%、54%和 32%；随着压下率进一步增加，变形晶粒中的再结晶晶粒越来越多，再结晶晶粒在保温过程中长大。因此，变形晶粒逐渐被再结晶晶粒所取代，再结晶晶粒的比例有所增加。当压下率为 54%时，再结晶晶粒达到 100%。值得注意的是，压下率 9%的区域内的再结晶为从原料中继承的未变形晶粒，与压下率 54%区域内新生成的再结晶晶粒不同。

当退火温度为 660℃时，退火温度仍然位于差厚板的再结晶温度范围内，沿轧制方向形成混合组织。与 620℃相比，随着退火温度升高，能够发生完全再结晶的区域得到扩展，再结晶比例有所增加。

图 3-22 为退火温度 700℃时的再结晶图。可以看出，除了厚区（压下率 9%）外，所有的区域都发生了完全再结晶。这是因为 700℃超过了差厚板任一位置处的再结晶温度。此外，不同压下率对应不同的再结晶晶粒尺寸。当压下率为 18%、36%、45% 和 54%时，相应的再结晶晶粒直径分别为 85μm、46μm、25μm、18μm 和 12μm。

在罩式退火过程中，对应于极为粗大再结晶晶粒的压下率成为临界压下率。通常，临界压下率取决于退火温度，并随着退火温度的升高而降低。根据临界压下率，可将差厚板分为三个区域：小于临界压下率的区域、临界压下率附近的区域和大于临界压下率的区域。在本研究中，当差厚板在 700℃退火时，厚区的压下率（9%）小于临界压下率，且晶粒储存能太低不足以发生再结晶，因此只发生静态回复；18%~27%的压下率接近临界压下率能够提供足够的储存能实现完全再结晶，但是由于形核率较低，只能获得粗大的再结晶晶粒。随着压下率的增加，生长线速度和形核率同时增加，且形核率的增长速度大于生长线速度，因此再结晶晶粒的平均晶粒直径随着压下率的增加而减小。由于粗大的晶粒对金属的力学性能和成型性能不利，为了获得均匀细小的晶粒，柔性轧制的最小压下率应大于材料退火时的临界压下率。

板料的力学性能和显微组织密切相关。退火后的差厚板沿轧制方向组织连续变化，从而导致力学性能分布不均匀。图 3-24 为差厚板的力学性能。580℃，60min 时，屈服强度和抗拉强度随着压下率的增大而增大，伸长率随着压下率的增大而减小，如图 3-24（a）所示。薄区的屈服强度为 602MPa，厚区的屈服强度为 457MPa，最大屈服强度相差约 150MPa。此外，所有试样的均匀伸长率均小于 10%，说明 580℃退火的差厚板塑性太差，不能满足性能要求。这些现象与显微组织一致，考虑到只发生静态回复，退火差厚板与冷轧差厚板力学性能相似。图 3-24（b）显示了 620℃，60min 的力学性能。显然，力学性能严重不均匀，屈服强度的最大差值约为 210MPa。随着压下率的增加，屈服强度和抗拉强度先升高后降低，而均匀伸长率则相反，这种现象可以用图 3-21 所示显微组织解释。当压下率为9%~36%时，板料只发生回复，因此力学性能与冷轧差厚板相似，当压下率大于36%时，再结晶晶粒所占比例逐渐增大，再结晶的软化效应导致强度降低，伸长率增加。当退火温度为700℃时，所有压下率在18%以上的板料由于完全再结晶而表现出相近的力学性能。此外，压下率36%~54%的板料其强度和伸长率均超过原料（屈服强度340MPa，伸长率20%）。力学性能的差异主要由再结晶晶粒的平均尺寸决定，而细小的晶粒表现出优秀的力学性能。压下率为36%、45%和54%的板料的再结晶晶粒直径分别为25μm、18μm和12μm，尺寸相差不大。压下率为18%和27%的板料，获得了平均晶粒直径分别为75μm和46μm的粗大晶粒，导致材料的力学性能，尤其是伸长率降低。

580℃，60min可以观察到明显的各向异性，且各向异性的程度随着压下率的增加而增加（见图3-24（a））。退火温度为620℃时，在27%~45%的压下率范围内，各向异性较高（见图3-24（b））。700℃时，三个方向上的强度和伸长率相近，此时各向异性较弱（见图3-24（c））。在罩式退火过程中，影响各向异性的主要因素有两个：（1）轧制过程中随着压下率的增加，等轴晶粒逐渐转变

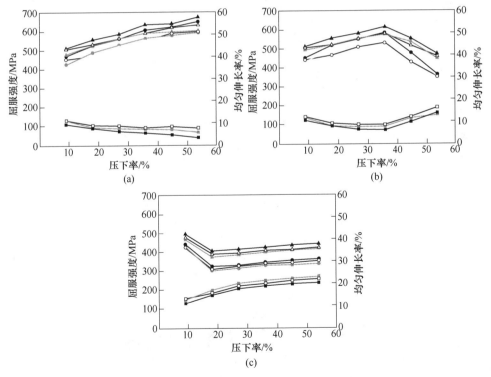

图 3-24 冷轧差厚板罩式退火对应的力学性能

(a) 580℃，60min；(b) 620℃，60min；(c) 700℃，60min

—○— Re-0° —●— Re-45° —●— Re-90° —△— Rm-0° —▲— Rm-45° —▲— Rm-90°

—□— Agt-0° —■— Agt-45° —■— Agt-90°

为纤维组织，并形成织构，从而引入各向异性；（2）退火过程中变形晶粒内形成了再结晶晶粒并长大，使各向异性随着再结晶晶粒的比重的增大而减弱。在这两个因素的竞争下，退火差厚板呈现出不同的各向异性。

综上所述，罩式退火过程中为了获得力学性能均匀的差厚板，并保证其力学性能不低于原料的力学性能，退火温度应足够高（700℃），以保证差厚板所有的区域能够发生完全再结晶。同时，柔性轧制过程中的最小压下率应大于临界压下率（18%~27%），以获得细小的再结晶晶粒。

3.3.2　连续退火工艺下的力学性能

图 3-25 连续退火过程中差厚板的温度曲线。经计算，薄区、过渡区和厚区由室温加热到950℃所需时间为43s、55s和80s，平均冷却速率分别为28℃/s、

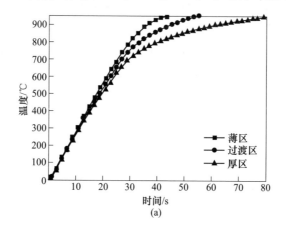

(a)

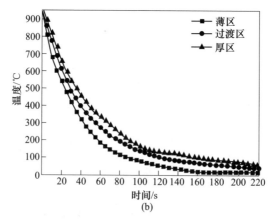

(b)

图 3-25　连续退火过程中差厚板的温度曲线

（a）加热过程；（b）冷却过程

18℃/s 和 15℃/s。用 jmatpro 软件计算了 HC340LA 的连续冷却曲线，得到完全珠光体和先共析铁素体的临界冷却速度为 30℃/s。因此，连续退火后可得到完全珠光体和先共析光体铁素体。

连续退火处理后差厚板的组织受退火温度和时间的影响，图 3-26 显示了在 950℃，退火 1min 的差厚板沿轧制方向的显微组织的演变规律。在压下率为 9%～36%的试样中，显微组织由细长的晶粒和细小的等轴晶组成，而当压下率超过 45%时试样的显微组织为均匀的等轴晶粒，与冷轧态组织有显著差异。薄区、过渡区和厚区从室温到 A_{c3} 的加热时间分别为 41s、53s 和 77s（见图 3-25（a））。在总的退火时间仅为 1min 的情况下，空冷前压下率小于 36%的区域的时间温度低于 A_{c3}，并保留了一些变形晶粒。随着压下率的增加，试样可以被加热至 A_{c3} 并保温足够的时间，因此所有的变形的先共析铁素体都能够转变为奥氏体，从而形成均匀的单相奥氏体组织。在随后的空冷过程中，等轴奥氏体转变为等轴的先共析铁素体和珠光体。

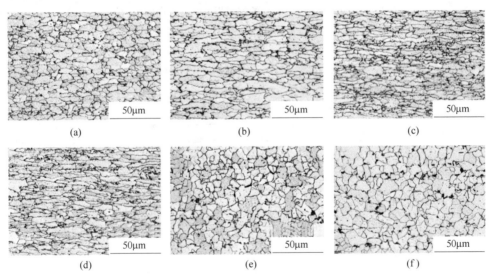

图 3-26　950℃下退火 1min 的差厚板沿轧制方向的显微组织
（a）压下率 9%；（b）压下率 18%；（c）压下率 27%；
（d）压下率 36%；（e）压下率 45%；（f）压下率 54%

图 3-27 显示了在 930℃，退火 3min 的差厚板沿轧制方向的显微组织的演变规律。显然，显微组织由等轴状的先共析铁素体和珠光体组成，沿轧制方向的晶粒尺寸变化不大。这一现象是因为：（1）退火温度高于 HC340LA 的 A_{c3}；（2）总退火时间为变形后的先共析铁素体转变为奥氏体提供了足够的保温时间。图 3-28 总结了 930～970℃退火 3min 和 5min 的差厚板的平均晶粒尺寸，认为奥氏体晶粒的长大与原子扩散有关。随着退火时间和温度的增加，晶粒尺寸增大。

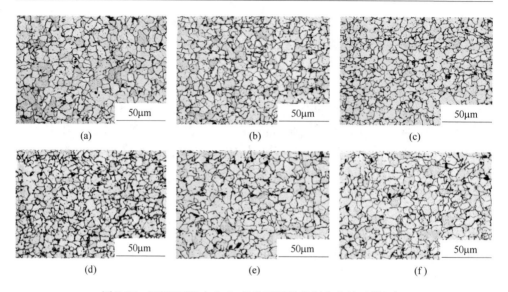

图 3-27　930℃ 下退火 3min 的差厚板沿轧制方向的显微组织
（a）压下率 9%；（b）压下率 18%；（c）压下率 27%；
（d）压下率 36%；（e）压下率 45%；（f）压下率 54%

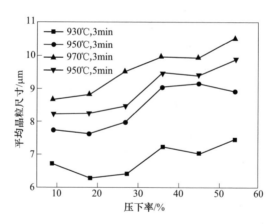

图 3-28　930~970℃ 退火 3min 和 5min 的差厚板的平均晶粒尺寸

图 3-29 为连续退火条件下差厚板的力学性能。图 3-29（a）显示了 950℃ 退火 1min 的屈服强度、抗拉强度和均匀伸长率。可以看出，力学性能随着压下率的变化而不均匀。当压下率小于 36% 时，由于参与变形晶粒的存在，组织不均匀，导致明显的各向异性。图 3-29（b）显示了 930℃ 退火 3min 的力学性能。强度和伸长率沿轧制方向均匀分布，与压下率无关，且强度和伸长率均高于原料，说明力学性能满足要求。此外，不同方向的拉伸试样的力学性能相似，各向异性低，板料的成型性能好：一方面，由于等轴晶粒的形成，各项异性小；另一方

面，在相同的退火工艺下，9%~54%压下率范围内的晶粒直径之差小于2μm，力学性能均匀。在950~970℃退火3min和5min的差厚板具有很小的各向异性，晶粒尺寸随着退火温度和时间的增加而增大（见图3-28）。根据Hall-petch效应，970℃退火3min、950℃退火5min时，差厚板的力学性能略低于原料。

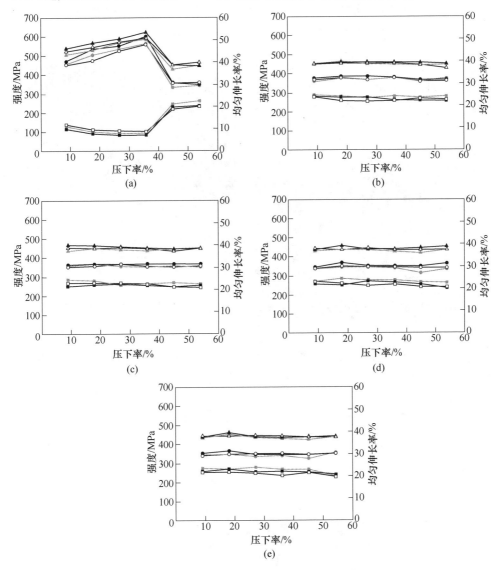

图3-29　连续退火条件下差厚板的力学性能

（a）950℃，1min；（b）930℃，3min；（c）950℃，3min；（d）970℃，3min；（e）950℃，5min

—○— Re-0°　—●— Re-45°　—●— Re-90°　—△— Rm-0°　—▲— Rm-45°　—▲— Rm-90°

—□— Agt-0°　—■— Agt-45°　—■— Agt-90°

3.3.3　成型性能

通过杯突试验和模拟的方法，对冷轧和退火差厚板的成型性能进行研究。在所有条件下，试样的破裂位置都在靠近中心线的厚区。一个杯突试验后的试样和响应的应变分布图如图 3-30 所示。破裂位置和最大等效塑性应变的位置吻合，这种现象主要由于冲头与差厚板之间的接触条件导致。如图 3-31 所示，差厚板

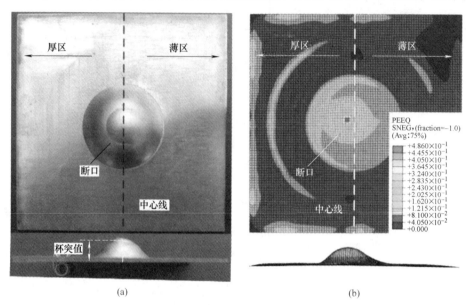

图 3-30　某差厚板试样杯突试验后的试样（a）和响应的应变分布图（b）

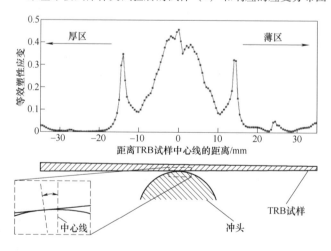

图 3-31　冲头与差厚板之间的接触条件

的过渡区为楔形，冲头首先与中心线附近的厚区接触。成型过程中，中心线附近的厚区发生应力集中，等效塑性应变大于其他区域，因此观察到的破裂位置靠近中心线附近的厚区。

图3-32为差厚板试验的载荷-行程曲线以及IE值。考虑到加工硬化引起的高硬度和低伸长率，冷轧试样所需要的成型载荷最高，IE值最小，为8.91mm，说明冷轧差厚板的成型性能最低。在所有经过罩式退火的试样中，在580℃退火60min试样的成型性与冷轧试样相似。其IE值为9.00mm，仅比冷轧试样高1%。这是因为当差厚板在580℃退火60min时，只发生了静态回复，力学性能变化不大。由于退火过程中的再结晶，在较高的退火温度下退火的试样可观察到较低的成型载荷和较高的IE值。在620℃、660℃和700℃退火的差厚板试样的IE值分别为9.68mm、10.18mm和10.48mm。IE值的增加表明，随着退火温度的升高，

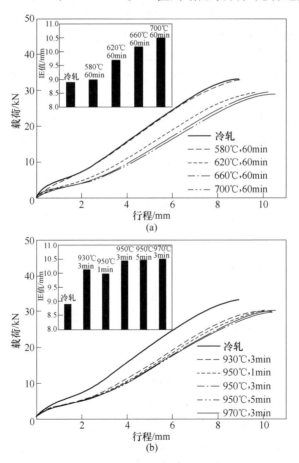

图 3-32　差厚板试验的载荷-行程曲线以及 IE 值

（a）batchannealing process；（b）continuous annealing process

差厚板的成型性能升高。经连续退火处理的试样具有良好的成型性。与冷轧差厚板相比，成型载荷降低，IE 值显著提高。由于奥氏体化不完全，在950℃退火1min 的差厚板试样的 IE 值为 9.98mm。其他连续退火差厚板试样的 IE 值均大于10mm，930℃退火 3min、950℃退火 3min、950℃退火 5min 和 970℃退火 3min 的IE 值分别为 10.14mm、10.43mm、10.46mm 和 10.53mm。总的来说，差厚板的成型性与上述研究的组织和力学性能是一致的，差厚板的力学性能越均匀，伸长率越高，成型性能越好。

综合而言，差厚板各区域的再结晶温度均受压下率的影响。随着压下率的升高，差厚板的再结晶温度逐渐下降，而铁素体转变为奥氏体的温度不受压下率的影响。（1）在罩式退火过程中，随着退火温度的升高，再结晶区扩大。再结晶晶粒尺寸与压下率有关，临界压下率导致粗大的晶粒，较高的压下率导致细小的晶粒。对于在700℃下退火 60min 的差厚板，发生再结晶，在压下率为 18% ~54%范围内，再结晶晶粒尺寸为 85 ~ 12μm。罩式退火差厚板的力学性能受再结晶程度和晶粒尺寸控制。700℃退火 60min 时，当压下率超过 27%时，差厚板具有均匀的力学性能和较低的各向异性。（2）连续退火时，差厚板在 950℃退火1min 时，退火时间太短，不能完全奥氏体化，在较厚的区域仍然有部分变形晶粒保留下来。当差厚板在 930~970℃退火 3~5min 时，退火时间和温度足以实现完全奥氏体化，沿轧制方向获得均匀的等轴晶粒，整个压下率范围内具有均匀的力学性能和低的各向异性。此外，根据 Hall-Petch 效应，在 930~950℃下退火3min 的差厚板具有比原料更好的力学性能。（3）从杯突试验结果来看，由于冲头与差厚板试样接触条件引起的应力集中，在所有条件下，在靠近中心线的较厚区域都发生了破裂。退火后，IE 值增大，成型载荷减小。在 700℃退火 60min、950℃退火 3min、950℃退火 5min 和 970℃退火 3min 时，试样具有良好的成型性，IE 值分别比冷轧试样高 17.6%、17.1%、17.4%和 18.2%。

3.4　热成型钢差厚板制备工艺技术

3.4.1　热成型钢差厚板的制备技术

热成型钢主要指 Mn-B 系钢，通过添加 B 元素增加钢的淬透性，延迟铁素体和贝氏体的形核，使热成型淬火后形成单一相的马氏体，进而增加钢的强度。在此基础上，世界很多科研院所逐步开发出大量的热冲压钢种，最具代表性的是法国 Arcelor-Mittal 公司开发的 Usibor 1500，强度可达 1500MPa，同时兼具良好的韧性和优秀的焊接性能。德国 Thyssen Krup、日本 Nippon Steel 和韩国的 POSCO 均实现热冲压钢量产，其中以 22MnB5 最为常见[38]。

20 世纪 80 年代，瑞典 Hard Tech 公司成功开发热成型技术，即将热成型钢加热至 900℃以上并保温使组织完全奥氏体化，然后将高温板坯快速转移到模具中进行冲压，同时利用模具内部冷却装置进行快冷，实现奥氏体向马氏体的转变，获得超高强度（>1500MPa）强度，同时能够保证零部件尺寸的精度。热冲压的基本工艺路线如图 3-33 所示。

落料 ⇨ 加热 ⇨ 冲压成型 ⇨ 保压 ⇨ 切边冲孔 ⇨ 涂油防锈

图 3-33 热冲压工艺路线

热冲压工艺有如下显著优势。

（1）良好成型性能：由于冲压温度高，金属材料塑性好，能够一次性完成复杂零件的成型。

（2）良好的力学性能和减重效果：可以承受更大的碰撞冲击力，有效提高汽车碰撞安全性，减重效果明显。

（3）工艺流程简化：可将冷冲压需要的多套模具、多套工序整合，降低成本，缩短加工周期。

（4）控制精度高：高温成型回弹小。

（5）设备要求低：热成型压力机满足 800t 即可，大幅降低设备投资[39]。

热冲压技术已经在世界汽车领域应用广泛，热冲压零件主要应用在承载负荷比较大的部位（见表 3-2），如汽车的 A 柱、B 柱、C 柱，前、后保险杠、车门防撞杆、地板通道以及门框加强梁等。世界主流的汽车公司，如大众、宝马、戴姆勒、通用、福特、丰田、本田等都已经运用该项技术生产汽车车身关键部件。国内汽车主机厂也在加快热冲压高强度钢的应用步伐，以宝钢、马钢、首钢、鞍钢和唐钢为代表的国内钢铁企业都开发出了相应的热成型钢，并在上汽、华晨、奇瑞、长城、一汽等大批国内车企已经广泛采用。

表 3-2 典型热冲压用钢的主要性能

钢种牌号	马氏体相变起始温度/℃	临界冷却速率/℃·s⁻¹	屈服强度/MPa		抗拉强度/MPa	
			供货态	热冲压后	供货态	热冲压后
22SiMn2TiB	450	30	505	967	637	1354
BR1500HS	350~380	15	320~630	950~1250	480~800	1300~1800
LG1500HS	410	15	412	1040~1130	468	1470~1580
WHT1300HF	425	20	320~550	1074~1210	500~700	1490~1600
AC1500HS	394	29	280~450	—	≥450	1450~1600

和冷成型差厚板不同，热成型钢差厚板的制备工艺成本更低（见图 3-34）。考虑到热成型钢后续高温奥氏体化的工艺特点，在制备热成型钢差厚板时，可以

省去柔性轧制后的退火工序，直接轧硬态交货，从而降低生产成本，且对后续零件的性能不会产生负面影响。

分条 ⇨ 变厚度轧制 ⇨ 校平剪切 ⇨ 落料

图 3-34　热成型钢差厚板制备工艺路线

3.4.2　Al-Si 镀层热成型钢差厚板的开发

热冲压钢虽然在成型性、力学性能以及减重方面有明显优势，但是板材表面质量控制是另一个需要解决的问题。在没有表面涂层处理的情况下，裸板在加热炉内加热时，表面会发生一定程度的氧化和脱碳见图 3-35，进而影响成型件表面质量。

(a)　　　　　　　　　　　　　　　　(b)

图 3-35　热成型件脱碳与起皮现象
（a）表面脱碳；（b）氧化起皮

脱碳和氧化起皮对成型过程的影响主要表现在以下几个方面：

（1）脱碳会导致板材表面强度降低。

（2）氧化皮阻碍模具和工件之间的换热效率，降低冷却效率，进而影响成型件的力学性能。

（3）导致工件表面粗糙度变差，增加了冲压时对模具的磨损，影响模具寿命。

（4）增加后期喷丸等工艺流程，加大了工艺成本，而且增加了喷丸过程导致的工件变形风险。

为了解决这一问题，镀层越来越多应用在热成型钢上，其中应用最广泛的是 Al-Si 镀层。相比较于其他类型的涂层，Al-Si 涂层可以耐高温，950℃的高温环境下依然能保持涂层的形态和性能。冲压后表面质量好，无需氮气保护等特点。另外，Al-Si 镀层在模具保护、耐腐蚀性方面也有优异的表现。

Al-Si 镀层的成分近似为 87%～90%的 Al，10%Si 和少量 Fe。在高温奥氏体化时，和铁基体反应生成 Al-Si-Fe 合金，防止成型过程中的氧化和脱碳，提高了漆后防腐性能。

M. Windmann[40]观察了冲压过程中 Al-Si 镀层的奥氏体化过程，并表征了组织转变和形貌。在连续浸镀过程中，Al-Si 熔液和基体组织之间进行元素扩散形成 Fe-Al-Si 化合物，基体和 Al-Si 镀层之间组织转变为 Al→Al+Fe_2Al_8Si→Fe_2Al_5+$Fe_3Al_2Si_3$。高温下基体和镀层之间的组织转变随着保温时间的变化规律为：

（1）<2min 时：Fe 原子向液态 Al 的扩散速率高于 Al 原子向固态 γ-Fe 的扩散，基体和镀层之间的扩散相变可表示为：Al+Fe_2Al_8Si→Fe_4Al_{13}+未定 AlFeSi→Fe_2Al_5+$Fe_3Al_2Si_3$。

（2）2~6min 时：Al 原子向硼钢基体的扩散速率高于 Fe 原子向 AlSiFe 镀层的扩散，镀层中的 Fe-Al 化合物中 Al 含量下降，促进了 $FeAl_2$ 和 FeAl 的转变，镀层与基体界面处形成富 Al 的 BCC 的 α-Fe 层。

（3）>6min 时：AlSiFe 镀层中的组织完全转变为 Fe-Al 二元化合物；随着时间的继续延长，α-Fe 层的厚度增加，并且镀层中 FeAl 的含量也增加，如图 3-36 所示。

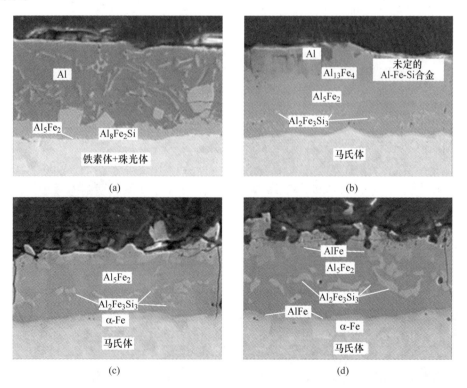

(a) (b) (c) (d)

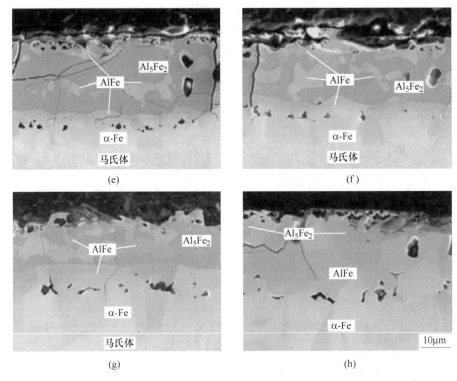

图 3-36　920℃保温不同时间 AlSiFe₃ 截面形貌

（a）保温时间 0min；（b）保温时间 1min；（c）保温时间 2min；（d）保温时间 4min；
（e）保温时间 6min；（f）保温时间 10min；（g）保温时间 20min；（h）保温时间 30min

Al-Si 镀层的热冲压板零部件，由于冲压后合金层表面粗糙，附着性好，所以在没有磷化处理的情况下，依旧表现出良好的涂装性能。

由于 Al-Si 镀层的优异性能，目前大部分主机厂采用的热成型钢产品为 Al-Si 镀层热成型钢。其中典型的产品就是 Arcelor-Mittal 公司开发的 Usibor 1500 + AS150，镀层厚度基本在 25~33um/单面。为了有效拓展热成型钢差厚板的应用范围，需要开发基于 Al-Si 镀层热成型钢差厚板。

如果在轧制后再进行热浸镀，一方面镀层的厚度受成品厚度和气刀缝隙的影响较大，另一方面轧硬态的差厚板卷生产难度极大，所以低成本的制备工艺应该考虑带镀层进行轧制。

用冷轧机将厚度为 2.0mmAl-Si 镀层的 22MnB5 原料钢板轧制成不同厚度等厚板，轧制压下率分别为 50%、40%、30%、20%、10%、0%；切割 10mm×8mm 的样品并用超声波清洗表面做表面测试。轧制后样板如图 3-37 所示，肉眼观察，样板表面镀层整体性良好，无破损[38]。

用光学显微镜观察轧向侧镀层形貌并拍照，用显微镜标尺测试镀层厚度，对

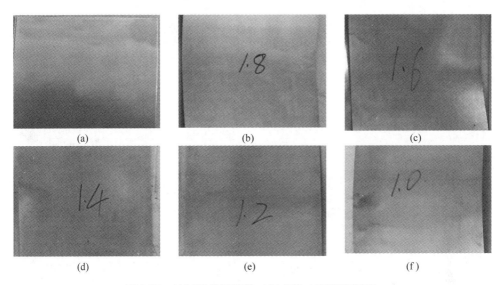

图 3-37 轧制后样板形貌（扫书前二维码看彩图）

（a）压下率 0%；（b）压下率 10%；（c）压下率 20%；

（d）压下率 30%；（e）压下率 40%；（f）压下率 50%

每一组镀层厚度平均值记录统计。镀层分为 Al-Si 镀层主体和扩散层，扩散层是由镀层和钢基体冶金结合生成的 Al-Si-Fe 金属化合物，基本形貌如图 3-38 所示。

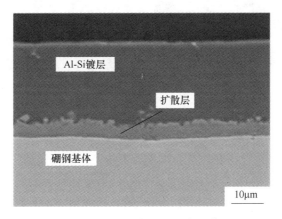

图 3-38 Al-Si 镀层的基本形貌

不同压下率样板在金相显微镜下镀层图像和厚度测量照片如图 3-39 所示。

（1）从镀层形貌图 3-39 可以看出，原料涂层呈连续状，内层无破裂。压下率为 0%～20%，涂层表面呈连续状，扩散层呈撕裂状形貌，但不影响外层涂层连续性。

（2）压下率为 30%～50%，涂层呈连续状，个别位置涂层厚度突减，扩散层

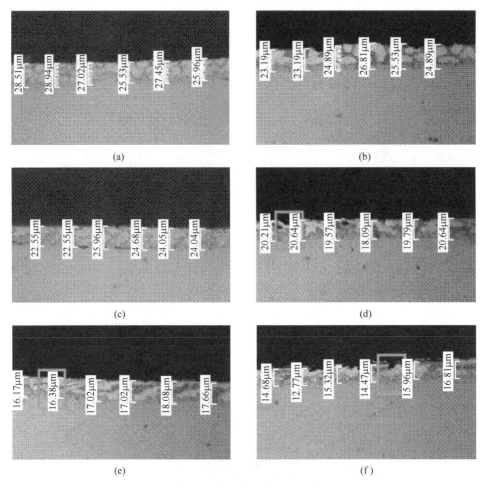

图 3-39　镀层截面厚度和形貌

（a）压下率 0%；（b）压下率 10%；（c）压下率 20%；
（d）压下率 30%；（e）压下率 40%；（f）压下率 50%

呈撕裂状形貌，但不影响涂层连续性，镀层截面整体性没有破坏。

（3）镀层厚度随压下率的变化趋势见表 3-3 和图 3-40，可以看出：样品涂层厚度随压下率的增加而减小，近似呈线性下降趋势。

表 3-3　镀层平均厚度

编号	轧后厚度/mm	压下率/%	平均厚度/mm
1	2.0	0	25.4
2	1.8	10	21.1
3	1.6	20	19.5

续表 3-3

编号	轧后厚度/mm	压下率/%	平均厚度/mm
4	1.4	30	16.9
5	1.2	40	13.3
6	1.0	50	11.5

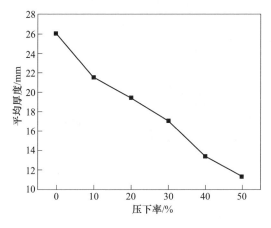

图 3-40 镀层平均厚度

　　普通环境条件中热浸镀 Al-Si 镀层钢板腐蚀速率非常缓慢，环境因素对铝合金短期大气腐蚀影响顺序为：二氧化硫>盐酸>海盐粒子>最低温度>平均湿度>最高温度>湿度70%以上>水溶性降尘器>最高温度>湿度60%。

　　轧制后镀层减薄对耐腐蚀性能的影响遵循 GMW 1472—2013 循环腐蚀测试进行[38]。实验采用 JIS Z2371：2000-盐水喷雾实验方法代替上述实验标准。

　　使用 FQY050 盐雾试验设备，盐雾箱内和饱和桶的温度从 25～100℃可控，喷雾压力可控制在 0～0.5MPa，箱内有 8 组试板槽；每组可以摆放 8 个样品。按照日本工业 JIS Z2371—2000 标准将不同压下率 6 个厚度的板材切割成 150mm×70mm，保证试样表面无划痕和污染，用酒精擦拭后并用超声波清洗机进行清洗，每个试样清洗时间不少于 5min，再用电吹风将样品吹干。试验的切口为非受试面，需要对其保护，采用石蜡封涂非受试面，确保试验准确性。按压下率（0%，10%，20%，30%，40%，50%）不同将试样编号分别为 1、2、3、4、5、6。根据中性盐雾试验（NSS）的执行标准要求，溶液的配制：取 500g 分析纯的 NaCl，加入 10L 去离子水进行充分搅拌溶解，NaCl 盐水浓度为 5%±1%，调节其 pH 值在 6.5～7.2 之间，本试验的 NaCl 盐水溶液浓度为 5% 以及 pH 值为 6.7 左右。

　　不同压下率的样板镀层腐蚀形貌变化相同，为了说明典型腐蚀过程变化，腐蚀宏观形貌变化过程以原始样板即厚度压下率 0% 的试样为例。为了准确判断腐蚀形貌变化情况，本实验在原来标准基础上，将观察周期延长，判断依据主要是腐蚀颜色变化和腐蚀形貌变化。腐蚀宏观形貌变化过程如图 3-41 所示。

（1）24h 后，镀层颜色由银白变为灰色，镀层失去光泽。

（2）48h 后，镀层表面开始出现锈蚀点，锈蚀产物为深灰色。

（3）60h 后，镀层的锈蚀点变成暗红色斑点。

（4）68h 后，镀层锈斑开始扩大，并连接成片，锈斑之间由未腐蚀的镀层隔开。

（5）超过 84h 后，样品表面几乎看不到原来镀层形貌，全部被暗红色的锈蚀产物覆盖。

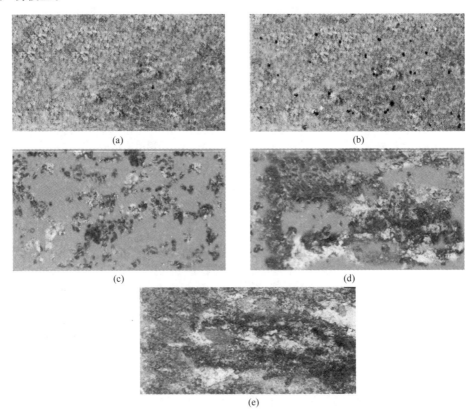

图 3-41　原料腐蚀过程宏观形貌变化
（a）腐蚀时间 24h；（b）腐蚀时间 48h；（c）腐蚀时间 60h；
（d）腐蚀时间 68h；（e）腐蚀时间 84h

取腐蚀时间为 30h 时不同压下率样板做微观形貌分析。如图 3-42 所示，随着压下率的增加，镀层在同一时间腐蚀程度越来越明显，压下率为 0% 时，镀层表面氧化层个别位置出现"点状蚀坑"；当压下率为 10%~20% 时出现"环形蚀坑";压下率增加到 30% 时"点状蚀坑"有所扩大形成"锈蚀面";压下率为 40%~50% 时,"锈蚀面"面积增加,因为锈蚀产物体积变化大,所以不同阶段的锈蚀产物可同时出现在表面,表面含氧量越高,颜色越深,腐蚀状态越严重。

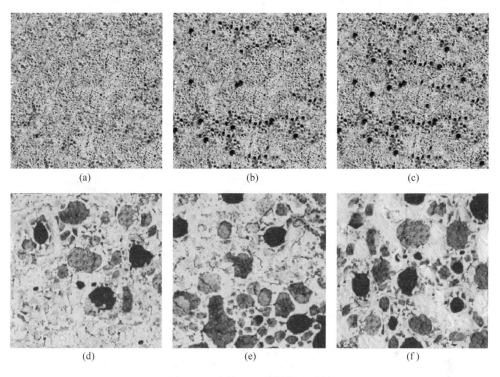

图 3-42 腐蚀 30h 试样微观形貌

(a) 压下率 0%;(b) 压下率 10%;(c) 压下率 20%;
(d) 压下率 30%;(e) 压下率 40%;(f) 压下率 50%

由图 3-43 可见,原始的热浸 Al-Si 镀层表面宏观形貌由灰、白色花纹状构成。

由图 3-43 和图 3-44 可知,热浸镀 Al-Si 镀层表面 Al-Si 合金显微组织为浅灰色,其中夹杂着深灰色和白色组织组成物。根据表 3-4 EDS 分析可得,镀层 Al-Si 相中间夹杂有白色块状 Al-Si-Fe 合金相(见图 3-43(c)中的 1 处),镀层中分布的显微组织有呈浅灰色(见图 3-43(c)中的 2 处,Si 原子分数>15%)的富 Si 相和呈深灰色(见图 3-43(c)中的 3 处,Si 原子分数<5%)的富 Al 相,镀层中的 Al-Si 比会对镀层质量产生影响。Al-Si-Fe 合金相产生的原因,是在热浸镀过程中镀层里的 Al-Si 与钢基体相互扩散产生冶金结合。此相界面平坦,结合力强,使 Al-Si 镀层能紧密的和基体结合在一起。镀层致密度均匀,整体性强,镀层对基体提供了良好的防护作用[38]。

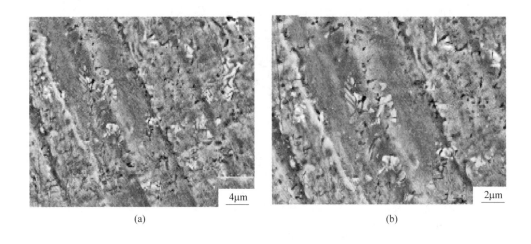

(a)　　　　　　　　　　　　　　　　(b)

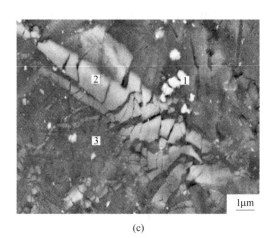

(c)

图 3-43　热浸镀 Al-Si 镀层表面形貌

（a）4μm 标尺；（b）2μm 标尺；（c）1μm 标尺

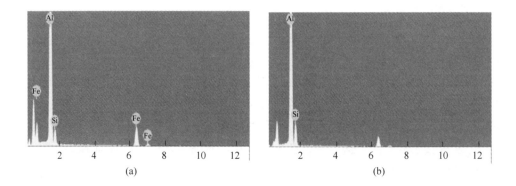

(a)　　　　　　　　　　　　　　　　(b)

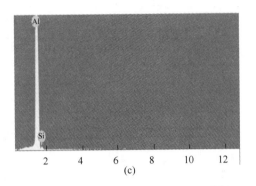

图 3-44 热浸镀 Al-Si 镀层 EDS 分析

表 3-4 镀层表面 EDS 分析结果（原子分数） （%）

位置	Al	Si	Fe
1（Al-Si-Fe 合金相）	80.25	5.09	14.66
2（富 Si 相）	84.82	15.18	—
3（富 Al 相）	98.66	1.34	—

　　热浸镀 Al-Si 镀层锈蚀过程不是一个均匀变化的过程，而是一个动态过程，随着氧化程度越来越严重，锈蚀过程最先在 Al-Si-Fe 相周围（富 Al 相和富 Si 相）发生，腐蚀产物增加并连接成片，这个过程中 Al-Si-Fe 晶粒（白色）能够保持不变，直到被腐蚀产物覆盖，如图 3-45 所示。

　　Al-Si 镀层本身具有良好的耐蚀性，在锈蚀前期，镀层表面形成一层致密的氧化膜，腐蚀后期由于氧化膜覆盖完全，可以将金属与气体隔离开，从而大大降低腐蚀速度。在盐雾腐蚀环境中，铝合金表面生成的致密氧化膜 γ-Al_2O_3 遭到破坏，γ-Al_2O_3 容易转变成 γ-AlOOHγ-Al(OH)$_3$，而 Cl^- 被认为加速了合金的腐蚀速率，首先 Cl^- 在铝合金表面的活性位置发生吸附，随着时间延长，吸附表面的离子与氧化膜发生化学反应，氧化膜减薄、破裂直至裸露铝溶解。另外，湿度对镀层腐蚀速度影响很大，镀层表面与水接触可以发生电化学腐蚀，腐蚀速率会急剧增大。

　　对试板进行腐蚀评级，具体方法如下：在腐蚀照片上选取一定大小的面积，在被选定的面积里找到腐蚀斑点，用 image pro plus 图像分析软件计算腐蚀点的面积，用腐蚀点面积除以试板整体视场面积，得到腐蚀面积率。

　　从表 3-5 可知，在 30h 腐蚀后腐蚀面积率随着压下率的增大而增加，不同压下率试样腐蚀等级顺序为：0%≈10%≈20%>30%≈40%≈50%。从实验结果可知随着压下率增大，镀层的抗腐蚀性减小。在压下率小于等于 20% 的范围内腐蚀等级都为 9，没有出现等级上的差异；在压下率大于等于 30% 的范围内腐蚀等级为 8，亦没有出现等级上的差异。

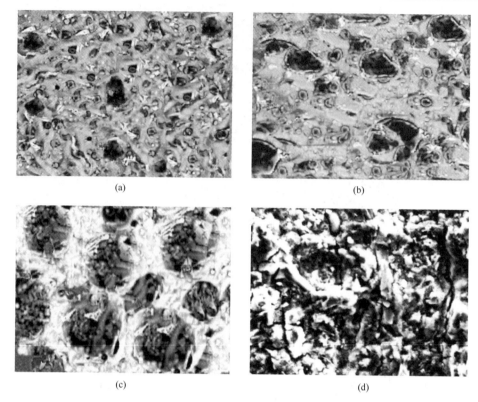

图 3-45　镀层腐蚀过程形貌变化

（a）24h；（b）48h；（c）60h；（d）68h

表 3-5　试样腐蚀 30h 等级评价

编号	测试面积/mm^2	腐蚀面积/mm^2	腐蚀面积率/%	评级数	评级数规整
1		10.08	0.096	9.053	9
2		11.55	0.110	8.900	9
3	10500	15.75	0.152	8.876	9
4		17.43	0.166	8.340	8
5		18.69	0.178	8.249	8
6		26.78	0.255	7.780	8

　　压下率对抗腐蚀能力影响主要原因，推测是由于压下率增加样板和 Al-Si 镀层厚度随之减小，并且在压下率比较大的范围镀层厚度均匀性变差，镀层表面部分产生减薄或者有撕裂倾向，造成在腐蚀过程容易产生电化学腐蚀，铝合金表面生成的致密氧化膜 Al_2O_3 越容易遭到破坏。

　　综合上述分析，Al-Si 镀层热成型钢差厚板的制备工艺和无镀层类似，但是轧制之后 Al-Si 镀层差厚板无需进行涂油处理，而无镀层产品需要根据客户要求进行轻涂油处理。

3.5 冷轧差厚板成型特性分析

轧制差厚板的冲压成型过程是一个非常复杂的变形过程，涉及拉深和弯曲等复杂应力状态。由于差厚板的厚度连续变化的特殊性，在成型过程中容易发生起皱和破裂等缺陷。压边力等工艺参数及板料尺寸几何参数、差厚板过渡区的形状、尺寸和位置等会对拉深性能及回弹特性造成较大影响[41]。

3.5.1 轧制差厚板盒形件拉深成型性能

由于差厚板存在薄区、厚区及过渡区，差厚板在盒形件拉深过程中不均匀变形会使整个零部件的成型变得困难。因此，研究轧制差厚板盒形件拉深成型性能十分必要。

轧制差厚板盒形件冲压仿真几何模型如图 3-46 所示[42]。差厚板厚度过渡区采用厚度为小增量的片体来模拟厚度的连续变化，并将其与应力应变场中不同厚度板料的材料参数相对应。凸模、凹模以及压边圈均定义为刚体，板料的材料模型遵循三参数 Barlat 屈服准则、平面应力状态、幂指数硬化方式。板料的模拟采用 BT 壳单元理论，四边形网格单元。板料网格尺寸 2.5mm×2.5mm，网格数量 3600，节点数量 3660。虚拟压边速度为 2000mm/s，虚拟冲压速度为 5000mm/s，凸凹模间隙为 1.1t（t 为板料厚度），板料与模具之间的摩擦系数为 0.3。应用 LS-DYNA 动力显式算法进行求解，以提高计算效率，求解过程中板料网格自适应划分。

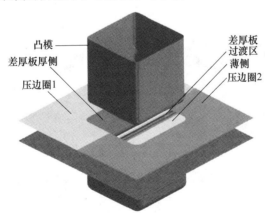

图 3-46　盒形件冲压仿真几何模型

图 3-47 为实验所用的冲压模具。凹模尺寸为 80mm×80mm，圆角半径为 R6mm。凸模表面加工成阶梯状以补偿轧制差厚板的厚度差，圆角半径分别为厚板侧 R5.2mm、薄板侧 R6.3mm。采用分块压边圈，对板料的薄厚两侧施加不同的压边力。阶梯状模具间隙调整板能够体现差厚板的板厚差，进而为薄厚两侧板料提供统一的压边间隙。板料选用东北大学提供牌号为 SPHC 的轧制差厚板。

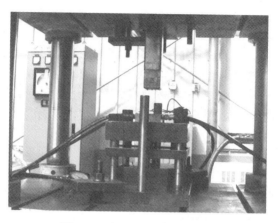

图 3-47　实验所用的冲压模具

拉深成型极限定义为盒形件最大拉深深度 H 与转角半径 R_c 的比值，为一次拉深成型的极限相对高度。拉深成型极限能够表征差厚板的成型性能，H/R_c 越大，则成型性能越好，反之则越差。厚度减薄率为盒形件变形前后的厚度差 Δt 与盒形件初始厚度 t_0 之比，而最大厚度减薄率为 $\Delta t/t_0$ 的最大值。$\Delta t/t_0$ 越大，则厚度减薄越严重，成型性能也越差。图 3-48 和图 3-49 所示为实验与仿真所获得的差厚板零件的对比。本实验所有差厚板盒形件均为左侧厚板，右侧薄板。

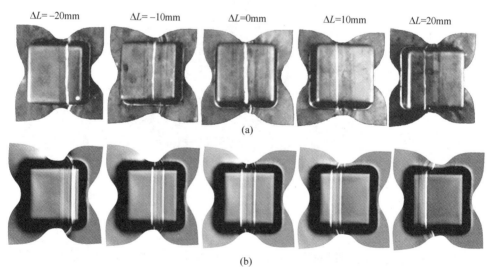

图 3-48　过渡区位置不同的差厚板盒形件拉深实验（a）与仿真结果（b）对比

过渡区位置分别为 $\Delta L = -20\text{mm}$，-10mm，0mm，10mm，20mm，其中 0 表示过渡区位于板料中央，"-"表示过渡区位置偏向板料薄侧，反之表示偏向

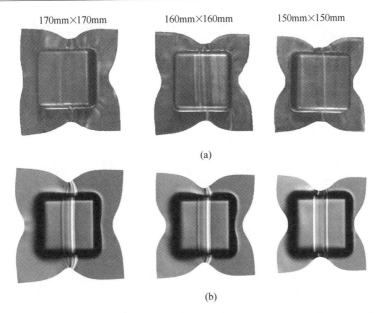

图 3-49 板料尺寸不同的差厚板盒形件拉深实验（a）与仿真结果（b）对比

板料厚侧。过渡区位置对差厚板成型性能的影响如图 3-50 所示。可以看出，过渡区位置越偏向薄侧，差厚板盒形件的拉深成型极限越大，减薄率越小。这是因为过渡区位置偏向薄侧意味着厚板所占比例增大，差厚板的性能更加接近于厚板，因而成型性能更好，应力应变集中程度降低，减薄率变小，拉深成型极限提高。

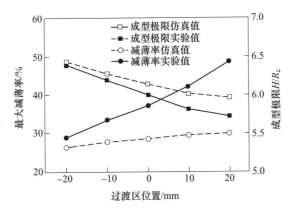

图 3-50 过渡区位置对成型性能的影响

过渡区长度在 20~60mm 的区间内变化，过渡区长度对差厚板成型性能的影响如图 3-51 所示。可以看出，随着过渡区长度的增加，厚度减薄率减小，成型极限值增大。当厚度过渡区较短并且厚度变化较大时，差厚板在过渡区处的材料性能变化就比较剧烈。而当厚度过渡区长度较大时,差厚板沿轧制方向的材料性能变化就比较平缓,这对于发挥整块板料的成型性能是比较有利的,因而差厚板的成型性能得以提高。尽管如此,过渡区长度对差厚板盒形件成型性能的影响要远小于其他参数;而且由于轧制工艺的限制,较长的过渡区可能会导致差厚板质量的降低。

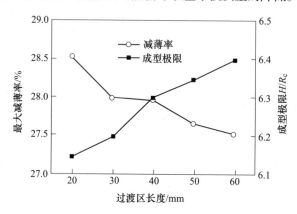

图 3-51　过渡区长度对成型性能的影响

　　差厚板的厚板侧厚度保持 2.0mm 不变,而薄板侧厚度由 1.2mm 变化到 1.8mm,板料厚度对差厚板成型性能的影响如图 3-52 所示。可以看出,随着板料厚度差的减小,厚度减薄率减小。板厚差越小,整块板料的性能就越均匀,薄厚两侧板料的变形也更加均衡。这样变形就不会集中于板料的弱侧进行,整块板料的成型性能能够得到充分利用,成型性能提高,厚度减薄率降低,而成型极限提高。因此,为了获得更好的成型性能,需要采用较小的厚度差,同时为了节约材料又要尽可能增大板厚差。

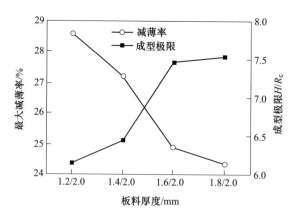

图 3-52　板料厚度对成型性能的影响

　　板料尺寸也是影响零件成型质量的重要因素。尺寸合理的板料,可以改善冲压成型过程中材料的流动状态，抑制破裂、起皱等缺陷的出现，提高冲压件的质量。分别对板料尺寸为 150mm×150mm、160mm×160mm，170mm×170mm 的差厚板的成型性能进行研究，研究结果如图 3-53 所示。可以看出，随着板料尺寸的增大，差厚板盒形件的减薄率增大，拉深成型极限减小。这是由于板料尺寸越大，成型过程中材料流动的阻力也随之增大，进而导致板料内部的拉应力增大，板料厚度明显减薄，拉深成型极限降低。另外，板料尺寸越大，其内部产生缺陷的可能性也越大，这会导致板料提前发生破裂而使拉深成型极限降低。因此，在满足工艺要求的前提下，通常会优先选用尺寸较小的板料，一方面可以节约板材，更重要的是可以获得更好的成型性能。

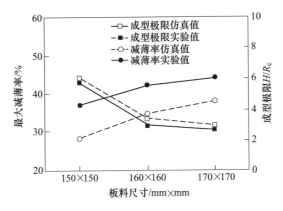

图 3-53　板料尺寸对成型性能的影响

　　轧制差厚板的几何参数对其成型性能有极大影响。成型性能与薄板侧比例、板料厚度差、板料尺寸成反比例，而与过渡区长度成正比例。因此，厚度过渡区越偏向薄板侧，板料的厚度差以及板料尺寸越小，过渡区长度越大，则差厚板的成型性能越好[25]。

3.5.2　差厚板 U 形件弯曲回弹行为

　　差厚板 U 形件冲压成型后会产生回弹，由于差厚板厚度的连续变化导致沿厚度方向的每一点的回弹量存在差异，回弹控制难度相较于等厚 U 形件更大。回弹的因素主要有材料的力学性能、相对弯曲半径、弯曲中心角、弯曲方式、弯曲件形状、模具尺寸和间隙。

　　基于圣维南原理，将板料尺寸定为 520mm×220mm（RD×TD）。以过渡区长 100mm、厚度比 1:2，其中厚区的板厚为 2mm、长 210mm，薄区的板厚为 1mm、长 210mm 的差厚板作为对象展开研究。根据差厚板的厚度分布情况，选择 1mm 和 2mm 的等厚板进行对比实验，用控制变量法对三种板料进行模拟仿真[42]，2mm 等厚模具装配图如图 3-54 所示。

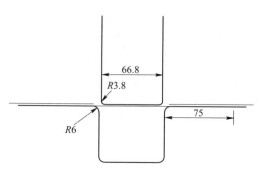

图 3-54　等厚模具装配图

采用的模具间隙为 1.1t，即 2.2mm；凸模下行 45mm；压边力根据经验公式，厚区厚度为 $t_{厚}=2$mm，抗拉强度为 $\sigma_{b厚}=480$MPa。建立相应的 U 形件纵弯模型，冲压过程中仍选择动力显示算法，回弹过程中采用静力隐式算法。屈服准则采用 Hill'48 各向异性屈服准则。单元类型选择壳单元，划分网格后板料的总单元数为 30550。接触算法选择罚函数法，摩擦系数取 0.125；积分点类型选择辛普森积分，数目为 7。将得到的等厚 U 形件的厚度、应力场、应变场、中心线的位移及回弹量进行对比研究。

3.5.2.1　厚度分布对比

图 3-55 为成型后 U 形件的厚度分布图，从图中可以看出差厚板的厚度分布垂直于冲压方向，过渡区位于 U 形件中间，模具间隙大于板厚，没有明显的减薄。法兰处金属在压边力作用下流动较慢，侧壁金属在凸模作用下发生塑性变形，拉长后而减薄等厚 1mm、2mm 的 U 形件厚度分布规律一致，均是 U 形件的法兰和底部厚度略有增加，其中法兰部增厚的最大值为 0.002mm，底部板料减薄的最大值为 0.001mm，侧壁处减薄明显，最薄的区域减薄了 0.066mm。

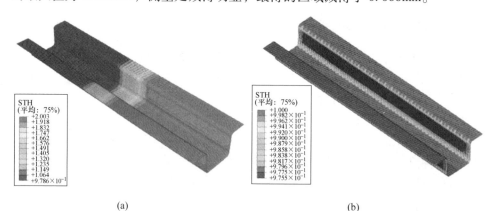

(a)　　　　　　　　　　　　　　　(b)

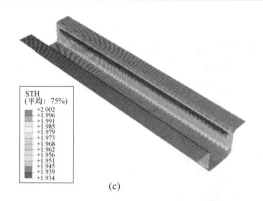

图 3-55 差厚板 U 形件厚度分布图（扫书前二维码看彩图）

（a）差厚 U 形件；（b）1mm 等厚 U 形件；（c）2mm 等厚 U 形件

3.5.2.2 应力对比

三种板料回弹后的应力分布如图 3-56 所示，可以看出应力最大的地方集中在连接侧壁与法兰的上圆角处，此处受到较大径向拉应力和凸模产生的压应力共

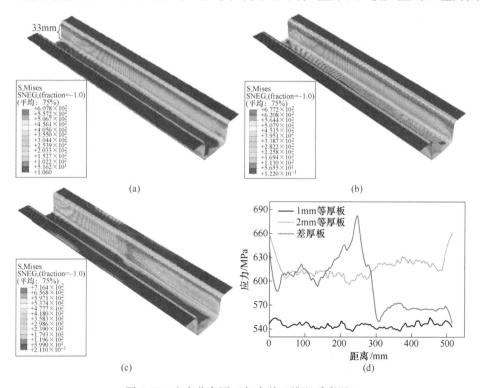

图 3-56 应力分布图（扫书前二维码看彩图）

（a）1mm 等厚板；（b）2mm 等厚板；（c）差厚板；（d）轧向应力变化趋势

同作用，最小的应力集中分布在法兰处。沿轧向提取距离 U 形件底部 33mm 的 U 形件侧壁的一系列单元的应力值进行绘图，获得图 3-56（d）。可得到以下结论：

（1）由于等厚板料所受的压边力均匀，材料稳定流入型腔，所以成型后的应力分布均匀。等厚 U 形件的应力（除起始、结束端）沿轧制方向均匀分布，且 2mm 等厚板的最大应力比 1mm 等厚板的最大应力大 66.4MPa。

（2）由于差厚板薄区、厚区及过渡区的屈服强度不同，因此发生塑性变形时所需的应力不同。差厚板在同一压边力作用下，厚区所受应力大于薄区所受应力，应力最大值存在于过渡区为 716.4MPa，故差厚 U 形件的应力分布明显不均匀。其原因是冲压模具为等厚模具，差厚板的过渡区厚度连续变化，不能与模具型面很好贴合，这种成型过程中的接触失常现象将导致明显的应力集中。

3.5.2.3 应变对比

在 ABAQUS 冲压仿真中，等效塑性应变描述整个变形过程中塑性应变的积累结果。等效塑性应变越大，该处材料产生的塑性变形越大，该处的减薄率越大，同上节的绘图方法一致得出图 3-57，从图中可以得出：

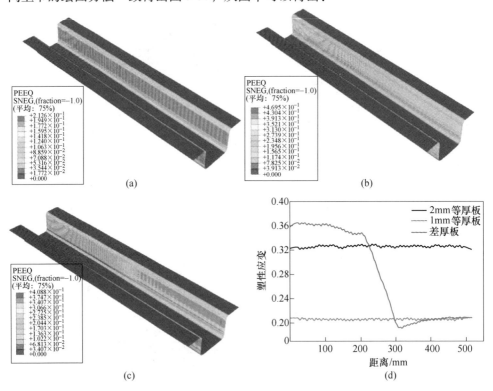

图 3-57　等效塑性应变分布（扫书前二维码看彩图）

（a）1mm 等厚板；（b）2mm 等厚板；（c）差厚板；（d）轧向应变变化趋势

（1）等厚 U 形件的等效塑性应变沿轧制方向均匀分布，U 形件的侧壁处的等效塑性应变值较大，靠近下圆角处的材料的塑性变形程度最大，故该处的等效塑性应变达到最大值；法兰部和底部几乎没有发生塑性变形，故等效塑性应变接近于 0，这些部分没有发生塑性变形。等厚 1mm 试样侧壁的等效塑性应变在 0.22 以水平线波动，等厚 2mm 试样的等效塑性应变在 0.32 以水平线波动，1mm 试样的等效塑性应变小于 2mm 试样的塑性应变，原因是 2mm 试样 U 形件受到的应力大于 1mm 试样。

（2）与等厚 U 形件类似，差厚 U 形件的等效塑性应变沿轧制方向也是均匀分布，侧壁处、法兰部和底部的应变值与等厚板都呈现出相同规律。厚区的等效塑性应变变化均在 0.37 左右波动，薄区的等效塑性应变变化均在 0.20 左右波动，而差厚 U 形件过渡区位置处的等效塑性应变值随着厚度的减小而明显降低。薄、厚区的最大塑性应变在靠近下圆角的侧壁处分布。

3.5.2.4 回弹量对比

差厚板 U 形件的回弹是弯曲过程中不可避免的问题。如图 3-58 所示，由于差厚板沿轧制方向的厚度和力学性能分布不均匀，导致其不同厚度处横截面的回弹程度不同，因此差厚板的回弹量不能根据某一个截面的回弹程度简单地度量。评价回弹的方法有很多种，如回弹角、回弹量。为了能综合评价差厚板的回弹，

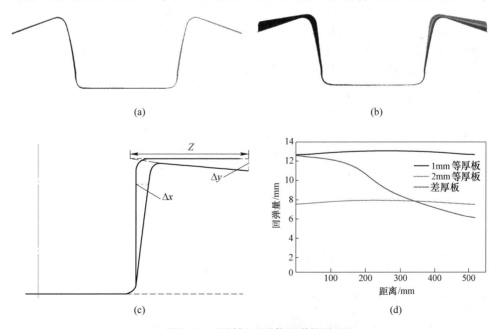

图 3-58 差厚板 U 形件回弹量图

（a）等厚横截面；（b）差厚横截面；（c）回弹量测量方法；（d）轧向回弹量趋势

本试验提供了两种测量回弹量的方式：（1）选距离底部33mm处的沿轧向一系列的单元进行回弹前后坐标差值的计算；（2）选取法兰最外端的一系列单元进行回弹前后坐标差值的计算，如图3-58（c）所示。

根据数据所得等厚1mm试样的回弹量D_y在12mm处波动，平均回弹量为12.91mm，除了端部回弹量值偏小以外，中部基本为一条直线；等厚2mm试样的回弹量在7.5mm波动，平均回弹量为7.79mm且浮动较小，同样为一条直线。差厚板的回弹量则为一条曲线，平均回弹量为9.44mm，且薄区回弹量大于厚区回弹量，在等厚区的曲线下降平缓，靠近过渡区的位置，回弹量下降较快。这是因为过渡区的厚度连续变化，并且在同一退火工艺下不同厚度的板料的再结晶程度不同，力学性能也不同，导致回弹量不一致。

3.5.2.5 过渡区偏移量对比

三种板料U形件的位移分布图如图3-59所示，选取沿轧制方向的位移分量U_1，能准确表述材料成型后的金属流动性。如图3-59所示，虚线为U形件的中心线，差厚板的过渡区的中心线与该线重合。设置数据输出路径——板料的宽度为220mm，U形件是关于轧向对称的，关于图中三维坐标x方向的坐标对称，故可选取1/2的U形件底部加单侧法兰作为研究对象，即x的坐标为$1/2 \times 220 = 110$mm，y坐标为U_1值，U_1值表示单元沿x方向的位移量。偏移量是指沿中心线输出的一系列节点的位移量，沿厚区（x正方向）为正，反之为负。

从图3-59（a）和（b）中可知，等厚板的中心线位移偏移量在0.001~0.003mm范围内，几乎没有发生偏移。但边部分别发生了+0.1mm和-0.1mm左右的位移，说明材料在这个过程中端部材料发生了收缩。这是因为冲压加工时，材料在变形过程中总是沿着阻力最小的方向流动，即塑性加工中的最小阻力定律。金属质点塑性变形移动的方向就是该质点向金属变形部位的周围所做的最短法线方向。当凸模将板料拉入凹模时，此时距离凸模对称中心最远的地方即板料的法兰部，流动的阻力越大，越不容易向凹槽流动，导致了离凸模最近的底部边部向里收缩；图3-59（c）中差厚板U形件底部的U_1值连续变化，端部向内收缩。过渡区中心线的位移较明显，其随距离的变化呈明显的峰状，主要是因为厚度不一致引起的金属流动不同步导致。薄侧材料的屈服强度低先产生屈服，薄侧壁受凸模对其产生的拉应力面积增大，根据体积不变定律可知，此时的薄区材料向着厚区侧壁和薄区底部移动，在圆角处的偏移量最大为0.047mm；而法兰部由于受较大的压边力产生摩擦力，金属流动较慢，进而使过渡区向薄区移动，偏移量最大为0.18mm，如图3-59（d）所示。

3.5.3 轧制差厚板吸能盒压溃特性行为

与传统等壁厚管相比，差厚管在轴向加载时的受力情况有所不同。即使在同

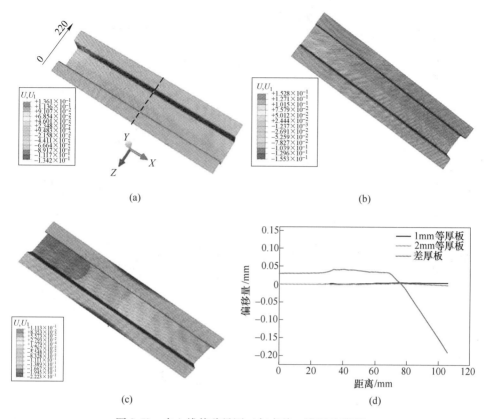

图 3-59　中心线偏移量图（扫书前二维码看彩图）
（a）1mm 等厚板；（b）2mm 等厚板；（c）差厚板；（d）轧向偏移量趋势

样的等效厚度条件下，厚度以及性能分布的差异也会使受力情况不尽相同。差厚管的基本特征增加了分析这类问题的复杂性，为了进一步开发薄壁管结构的吸能潜能，研究差厚管的轴压性能已经成为结构设计及工程领域十分重要和迫切的课题[18]。

　　差厚板原料最终采用牌号为 CR340 的高强度微合金钢。原料厚度为 2.2mm，材料的化学成分已在表 3-6 中给出。

表 3-6　差厚板材料 CR340 的化学成分（质量分数）　（%）

极限值	C	Mn	Si	Al	P	S	Fe
CR340	0.072	0.313	0.367	0.004	0.068	0.007	其余

　　差厚板对应的力学性能见表 3-7，将表中数据进行拟合，得到真应力、真应变和厚度之间关系的数学模型，拟合精度 90% 以上。描述差厚板过渡区力学性能的三维关系曲面已在图 3-60 中给出。

表 3-7　差厚板不同厚度处的拉伸性能结果

厚度 t/mm	屈服强度 R_e/MPa	抗拉强度 R_m/MPa	伸长率 $\varepsilon/\%$	n	r
0.93	333	433	40.5	0.21	0.78
1.06	344	451	34.5	0.20	0.79
1.11	340	449	33.5	0.20	0.73
1.17	353	464	32.8	0.18	0.73
1.31	395	498	28.3	0.15	0.63
1.43	417	510	26	0.14	0.59
1.54	503	570	23	0.10	0.69
1.63	497	556	20	0.09	0.78
1.71	493	550	24	0.10	0.77
1.80	450	520	28	0.10	0.78
1.90	445	518	26	0.11	0.83
2.02	467	503	31	0.12	0.92

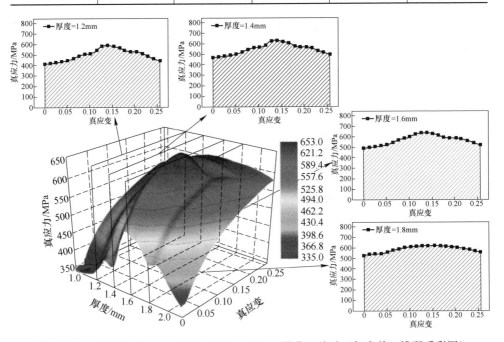

图 3-60　差厚板过渡区力学性能与厚度之间的三维曲面关系（扫书前二维码看彩图）

$$\sigma = C_0 + C_1 \times e^{-\frac{1}{2}\left[\left(\frac{t-c_2}{c_3}\right)^2 + \left(\frac{\varepsilon-c_4}{c_5}\right)^2\right]} \tag{3-52}$$

其中，$C_0 = -2.626 \times 10^6$，$C_1 = 2.627 \times 10^6$，$C_2 = 1.626$，$C_3 = 64.585$，$C_4 = 0.196$，

$C_5 = 17.314$。

通过弯曲工艺对差厚板进行弯曲或折弯，获得所需角度、曲率和形状的差厚管。图 3-61 给出了差厚管的实际成型工艺图，其中根据管的结构特点可分为 UO 成型和折弯成型两种成型方法。获得预成型管件后，最后通过预焊和矫正焊来达到真圆度和平直度的要求，消除焊接热影响区的残余应力。

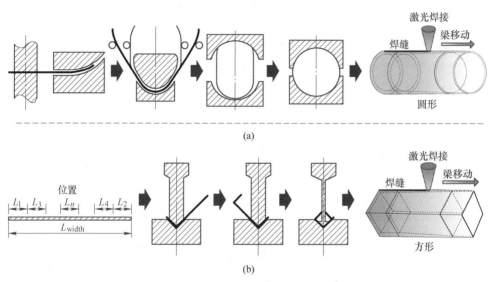

(a)

(b)

图 3-61 差厚板的后续弯曲成型工艺流程图

（a）圆管 UO 成型；（b）矩形管折弯成型

图 3-62（b）所示为用于差厚圆管轴向压溃试验的型号为 WDW-300 的力学试验机。该试验机的许用载荷为 300kN，最大行程为 500mm，将试验管件放在下

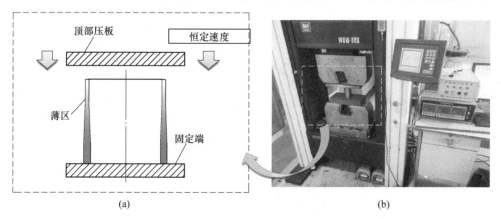

(a) (b)

图 3-62 轴向准静态轴压设备及试验示意图

（a）差厚管轴压示意图；（b）轴向压溃试验机

压头的上部，通过控制上压头向下移动进行压溃实验，实验加载速率为2mm/min。从图3-62（a）的轴压试验示意图可知，差厚管的厚区置于固定底座上，而薄区则与上压头接触。本试验所用到的多种几何结构的差厚管也采用同样的方式和试验条件来获得准静态的轴压结果。

　　研究差厚管轴压性能常用评价指标：初始峰值载荷、平均载荷（P_{mean}）、总吸能（E）和比吸能（SEA）。初始峰值载荷可能出现在两个阶段：（1）出现失稳发生屈曲时，此时的初始峰值载荷由结构的屈曲强度决定；（2）结构完全压溃失去承载能力后，碰撞力急速上升。

　　切取出的差厚管薄区和厚区的长度均为30mm，过渡区为100mm。薄区壁厚为1mm，厚区壁厚为2mm，过渡区差厚比为1:100。对差厚管进行准静态轴向压缩试验，载荷-位移曲线在图3-63中给出，结果表明：

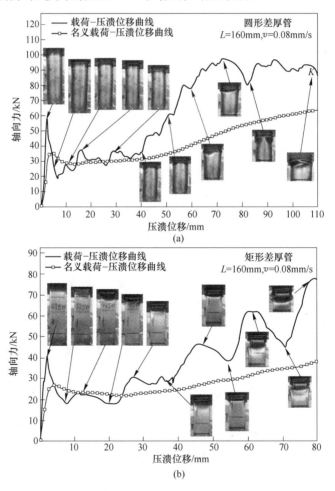

图 3-63　差厚管轴向准静态压溃典型载荷-位移曲线

（a）差厚圆管；（b）差厚方管

（1）载荷随着变形过程的深入表现出明显上升的趋势，同时伴有载荷的反复波动。从符号线表示的平均载荷曲线来看，其承载能力的上升趋势则更加明显。

（2）差厚管先进入线弹性阶段，然后靠近加载压头局部区域出现屈服，载荷明显回落，保持在低位并出现周期性的起伏。加载压头下降到 25~30mm 时，载荷开始随位移增加递增，在 70~80mm 达到峰值，此后在高位周期性的起伏。

（3）差厚圆管的整体轴压载荷水平要高于差厚方管，这说明截面形状的改变也会使差厚管的整体轴压能力发生变化。因为截面形状的改变不仅会改变薄壁管件的变形模式，而且还会使其塑性变形的面积及程度发生变化。

（4）从载荷波动幅度来看，差厚圆管的幅度要小于差厚方管，这与其屈曲单元的高度有直接关系。对两种差厚管进行了三组重复性实验，从图 3-63 可以看出差厚管的轴压试验结果一致性很好。

如图 3-64 所示，差厚方管和圆管的初始峰值载荷分别为 51.25kN 和 71.1kN。虽然差厚圆管的初始峰值位移（δ_{ini}）要稍大于差厚方管，但整体刚度却小于差厚方管。当轴向位移达到 122.07mm 和 128.01mm 左右时，差厚方管和圆管开始进入完全压实阶段。两种差厚管的吸能值分别为 5734J 和 8837J，截面为圆形时结构的吸能能力明显更强。差厚圆管的平均载荷为 69.06kN，差厚方管为 46.95kN。无论从单位位移的吸能值还是参数 SEA 来看，差厚圆管的吸能效率也要明显高于差厚方管，这说明截面形状对差厚管的吸能能力和吸能效率均有显著影响（见表 3-8）。需要指出的是差厚方管的变形模式属于非对称变形模式，而差厚圆管则为圆环和金刚石模式共存的混合模式。

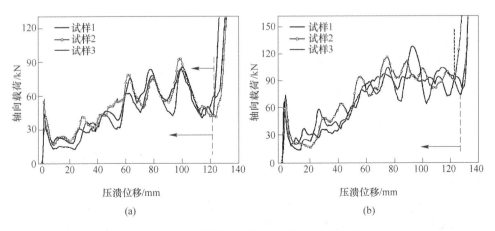

图 3-64　差厚管轴向重复压溃载荷-位移曲线

（a）差厚方管；（b）差厚圆管

表 3-8　差厚管的轴压试验结果

方案	P_{max}/kN	δ_{ini}/mm	δ_{max}/mm	E/J	P_{mean}/kN	SEA/kJ·kg^{-1}	变形模式
S-TRT-1	50.4	1.49	119.91	5501	45.88	20.49	PS
S-TRT-2	45.1	1.32	122.24	5540	45.33	20.63	PS
S-TRT-3	58.3	1.54	124.06	6160	49.66	22.94	PS
C-TRT-1	72.2	1.98	129.31	8904	68.86	33.16	PS+3D
C-TRT-2	69.8	2.25	129.97	8744	67.28	32.57	PS+3D
C-TRT-3	74.2	2.60	124.76	8864	71.05	33.01	PS+3D

为更清楚地知道差厚管的变形机制，对图 3-65 所示的两种差厚管的变形模式进行分析。差厚管变形的最大特点是屈曲单元的高度从薄区到厚区呈逐渐升高的趋势，其变形模式也从起初的圆环模式过渡到了三叶金刚石模式。与等壁厚管不同的是，这种变形模式的过渡是由结构径厚比（D/t）和长径比（L/D）的连续变化所引起的。结合图 3-63 的变形过程可知，差厚管最初的塑性失稳都是在薄区靠近上压头的附近产生的，而后逐渐依次扩展到过渡区和厚区，无论将差厚管正置还是反置，其变形均是从薄区开始并向厚区逐渐发展。

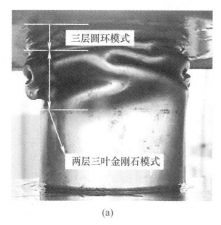
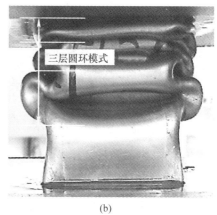

(a)　　　　　　　　　　　　　　　(b)

图 3-65　差厚管轴向压溃变形模式
(a) 差厚圆管；(b) 差厚方管

差厚管的吸能特点与其变形模式有关，图 3-66 给出了两种差厚管在整个准静态轴压过程中的总吸能以及 SEA 的变化情况。

（1）初期能量吸收和吸能效率均表现为缓慢增长，加载位移达到 25~30mm 时吸能曲线和 SEA 曲线的斜率均开始明显升高，这种吸能及吸能效率的增强一直持续到 80~85mm，之后呈近似线性增加直至完全密实阶段。

（2）从吸能曲线的特点可以看出，壁厚变化对整个结构的吸能表现具有最重要的影响，然而材料强度的变化也会对其有显著影响。

（3）差厚圆管具有明显更强的吸能效果和更高的 *SEA*。

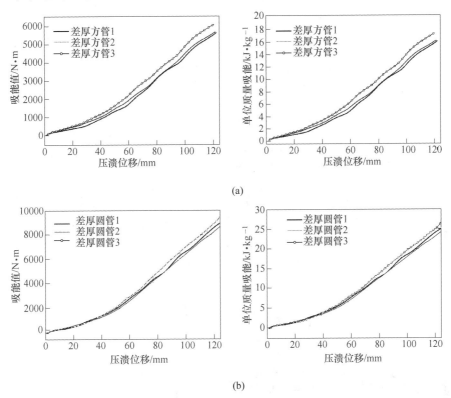

(a)

(b)

图 3-66　差厚管轴向重复压溃载荷位移曲线

（a）差厚方管；（b）差厚圆管

结合差厚管的变形模式可知，由于薄区金属的承载能力及强度相对较低，因此这部分材料最先进入屈曲变形阶段。然而，也正是由于该特点使得差厚管在压溃前期虽然吸能不多但足够平滑。随着加载压头的下压，应变扩展到过渡区位置，此时承载金属的体积增加并且强度也有明显提升，这使得结构的变形抗力增大从而明显提高结构的吸能能力。当应变扩展到过渡区中心区域时，受材料强度降低的影响整个吸能的增速略有放缓，直至压溃到厚区时增速才保持基本不变。

为全面了解新型差厚管结构在初始峰值载荷、能量吸收能力、吸能效率及变形模式上与其他薄壁管结构的差异，下面对传统等壁厚管（UT）、激光拼焊管（TWT）以及新型差厚管（TRT）进行准静态轴向加载试验。

引入几何等效的概念来确保不同薄壁管结构的对比结果具有可信性。图 3-67 所示为三种对比薄壁管结构的示意图，具体的几何参数在表 3-4 中给出。其中，t_{top} 为薄区厚度，t_{bot} 为厚区厚度，L_{thin} 代表薄区轴长，L_{thick} 为厚区轴长，L_{tran} 为过渡区轴长，而 L 为薄壁管的轴长。此外，三种薄壁管结构的截面周长均为 190mm。

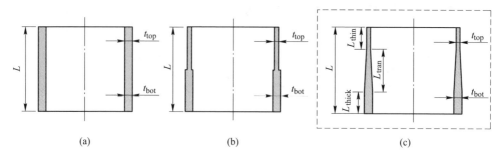

图 3-67　用于对比轴压性能的多种薄壁管结构（扫书前二维码看彩图）
（a）等厚度管；（b）激光拼焊变厚度管；（c）差厚管

根据表 3-9 可知，差厚管的几何尺寸与前述相同，而引入的等壁厚管壁厚为 1.5mm 厚。对比的激光拼焊管不存在过渡区，而是由半轴长的薄区和厚区组成。

表 3-9　对比用多种薄壁管结构的几何参数

项目	t_{top}/mm	t_{bot}/mm	L_{thin}/mm	L_{thick}/mm	L_{tran}/mm	L/mm
等厚度管	1.5	1.5	—	—	—	160
激光拼焊变厚度管	1	2	80	80	—	160
差厚管	1	2	30	30	100	160

多种薄壁管结构的准静态轴压结果在图 3-68 中给出。从载荷位-移曲线来看，差厚管结构的载荷历程与其他薄壁管结构存在明显不同。

（1）等厚度管的承载载荷达到初始峰值后迅速回落并维持在一定的载荷水平线上下波动，激光拼焊变厚度管的载荷在压溃前期保持在较低水平线而后迅速升高并稳定在较高水平。

（2）等厚度管的载荷水平在整个压溃过程的前半段高于其他结构，而差厚管和激光拼焊变厚度管则明显在压溃过程的后期表现更强。当加载到一定位置时激光拼焊变厚度管的轴压载荷会迅速升高，差厚管则由于厚度过渡区的存在，其轴压载荷具有柔性增长的特点。

（3）等厚度管的初始峰值载荷明显高于其他结构，等壁厚圆管的初始峰值载荷比等壁厚方管还要高出许多。除此之外，等厚度管结构的刚度也要高于其他管状结构，这说明单纯考虑结构刚度的部件采用等壁厚结构可以表现出更好的结构稳定性。

（4）平均载荷、能量吸收及 SEA 等评价指标也呈现与之相类似的规律。等厚度管在大部分的压溃进程中都表现出更好的吸能特性，差厚管和激光拼焊变厚度管在后期表现出极佳的承载能力，总吸能值超过了等厚度管，差厚管在后期的这种提高作用更加突出。

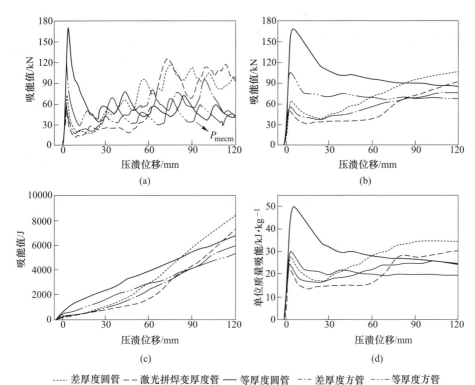

图 3-68　准静态轴压条件下多种薄壁管结构承载表现的对比

（a）实时载荷-位移曲线；（b）平均载荷-位移曲线；（c）吸能-位移曲线；（d）SEA-位移曲线

　　图 3-69 分别给出了不同薄壁管结构在各个轴压阶段的吸能值和 SEA。等厚度管结构在轴压过程进行到管长 2/3 处之前吸收的能量相对更多。由于差厚管结构

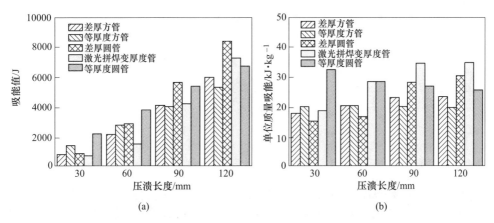

图 3-69　准静态轴压条件下多种薄壁管在各阶段的吸能特性

（a）吸能表现；（b）单位质量吸能

在轴压后续阶段具有更强的能量吸收能力，使得在最终阶段整个吸能表现要明显优于等厚度管结构。激光拼焊变厚度管结构前半阶段表现较差，后半阶段虽然表现良好但也无法达到差厚管结构的吸能水平。差厚结构吸能表现上更好，但差厚方管的吸能表现却并没有超过等壁厚圆管和激光拼焊圆管。

上面对多种薄壁管结构的载荷、吸能特性及表现进行了分析。将多种薄壁管结构的轴压试验结果列于表 3-10 中，与表 3-8 中 TRT 结构的具体数据相结合便可清楚地对比不同结构之间的重要评价参数。试样名称中除最后的字母表示试样编号外，首字母表示几何截面形状，S 代表方形截面，C 则代表圆形截面。对比可以看出：

（1）差厚方管和圆管的初始峰值载荷分别为 51.25kN 和 71.1kN，比几何等效的等壁厚管低 56.89%，比 TWT 结构高出 20.38%。

（2）在压溃的最后阶段等壁厚方管、差厚方管、等壁厚圆管、激光拼焊圆管和差厚圆管的平均载荷具有从低到高的上升趋势，分别达到 42.28kN、46.95kN、56.12kN、61.89kN 以及 69.06kN。

（3）薄壁管结构在完全密实阶的能量吸收与平均载荷相似，其吸能值分别达到 5254J、5734J、6729J、7684J 和 8837J。差厚圆管具有最优异的承载能力，且截面形状对差厚管的影响也十分显著。当截面几何形状相同时，TRT 的整体吸能表现要比几何等效的 UT 和 TWT 高出 8.39% 和 13.05%，不仅如此，TRT 结构的吸能效率也相对更高，与同水平的 UT 和 TWT 结构相比其 *SEA* 数值高出大约 8.37% 和 13.04%。

表 3-10　几何等效等壁厚管和激光拼焊变壁厚管的轴压实验结果

方案	P_{max}/kN	δ_{ini}/mm	δ_{max}/mm	E/J	P_{mean}/kN	SEA/kJ·kg^{-1}	变形模式
S-UT-1	121.026	2.37288	122.743	5027	40.958	18.723	SY
S-UT-2	128.380	3.14538	124.883	5509	44.116	20.317	SY
S-UT-3	107.176	2.62625	125.138	5225	41.755	19.459	SY
C-TWT-1	56.608	2.107	124.164	7684	61.888	28.618	3D
C-UT-1	169.116	3.509	126.516	6729	56.117	25.061	3D

参 考 文 献

[1] 张广基. 纵向变厚度轧制技术的理论及应用研究 [D]. 沈阳：东北大学，2020.

[2] 徐涛，刘念，高伟钊，等. 轧制渐变厚度的汽车吸能盒结构参数优化 [J]. 振动与冲击，2018，37（10）：269~274.

[3] Kopp R. Some current development trends in metal-forming technology [J]. Journal of Materials

Processing Technology, 1996, 60 (1-4): 1~9.

[4] Gerhard Hirt C A, Jochen Ames, Alexander Meyer. Manufacturing of sheet metal parts from tailor rolled blanks [J]. Journal for Technology of Plasticity, 2005, 30: 1~2.

[5] Kleiner M, Homberg W, Krux R. High-pressure sheet metal forming of large scale structures from sheets with optimised thickness distribution [J]. Steel Research International, 2005, 76 (2-3): 177~181.

[6] Kopp R, Wiedner C, Meyer A. Flexibly rolled sheet metal and its use in sheet metal forming, Geiger M, Duflou J, Kals H J J, Shirvani B, Singh U P, editor, Sheet Metal 2005, 2005: 81~92.

[7] Van Putten K, Urban M, Kopp R. Computer aided product optimization of high-pressure sheet metal formed tailor rolled blanks [J]. Steel Research International, 2005, 76 (12): 897~904.

[8] Abratis C, Hirt G, Kopp R. Air bending process for load optimised profiles [J]. Steel Research International, 2006, 77 (9-10): 754~759.

[9] Chuang C H, Yang R J, Li G, et al. Multidisciplinary design optimization on vehicle tailor rolled blank design [J]. Structural and Multidisciplinary Optimization, 2008, 35 (6): 551~560.

[10] Beiter P. Groche P. On the development of novel light weight profiles for automotive industries by roll forming of tailor rolled blanks [C] //International conference on sheet metal 2011: 45~52.

[11] 施志刚, 王宏雁. 变截面薄板技术在车身轻量化上的应用 [J]. 上海汽车, 2008 (8): 39~42, 48.

[12] 兰凤崇, 唐杰, 钟阳, 等. 差厚板汽车 B 柱轻量化设计 [J]. 汽车工艺师, 2011 (12): 62~65.

[13] 朱玉强, 王金轮. 基于 TRB 结构的某 SUV 车保险杠耐撞性研究 [J]. 现代制造工程, 2013 (4): 53~56.

[14] 霍孝波. 基于新型板材的汽车车门轻量化优化设计 [D]. 大连: 大连理工大学, 2013.

[15] 马军伟, 张渝, 丁波. 基于 TRB 结构的汽车前纵梁轻量化设计 [J]. 汽车零部件, 2015 (3): 21~23.

[16] 王光, 李双一, 魏元生. 不等厚板在车顶横梁上的应用 [J]. 汽车零部件, 2017 (3): 33~36.

[17] 刘洪杰. 差厚管 UOE 成形特性及模态分析研究 [D]. 沈阳: 东北大学, 2016.

[18] 卢日环. 变壁厚高强钢管的轴向压溃性能与优化设计 [D]. 沈阳: 东北大学, 2019.

[19] 吴志强, 刘相华, 方智. 带材周期变厚度轧制控制系统开发 [J]. 东北大学学报 (自然科学版), 2011, 32 (3): 388~391.

[20] 支颖, 田野, 张金连, 等. 冷轧差厚板退火组织性能的实验研究 [J]. 东北大学学报 (自然科学版), 2014, 35 (5): 671~675.

[21] 田野. CR340 冷轧差厚板的退火工艺及组织演变 [D]. 沈阳: 东北大学, 2012.

[22] 田野, 支颖, 刘相华. 差厚板退火过程的组织演变模拟研究 [J]. 武汉科技大学学报, 2013, 36 (1): 49~54.

[23] 邓仁眩. 双相钢差厚板退火工艺研究及冲压过程模拟 [D]. 沈阳: 东北大学, 2015.

[24] 吴志强，胡贤磊，孙涛，等．TRB 板剪切线工艺及控制系统 [J]. 冶金自动化，2016，40（2）：40~44.

[25] 张华伟，刘相华，刘立忠．轧制差厚板盒形件成形性能研究 [J]. 锻压技术，2015，40（9）：11~15.

[26] 张华伟，吴佳璐．轧制差厚板盒形件充液拉深成形的数值模拟 [J]. 锻压技术，2017，42（11）：32~36.

[27] 张华伟，吴佳璐，刘相华，等．轧制差厚板方盒形件起皱缺陷研究 [J]. 东北大学学报（自然科学版），2016，37（11）：1554~1558.

[28] 杨艳明．车用波纹板及变厚度圆管辊弯成型设计与分析 [D]. 大连：大连理工大学，2013.

[29] 夏元峰．变厚度汽车 B 柱冲压成形工艺研究及模具设计 [D]. 哈尔滨：哈尔滨工业大学，2013.

[30] 邓仁眃，张广基，刘相华．轧制差厚板力学性能试验及数值模拟研究 [J]. 锻压技术，2014，39（6）：32~36.

[31] 袁国兴．高强钢 TRB 热冲压成形工艺和试验研究 [D]. 哈尔滨：哈尔滨工业大学，2015.

[32] 张渝，谭键．TRB 板轧制-弯曲-回弹的多工步分析 [J]. 塑性工程学报，2016（3）：72~76.

[33] 齐镇镇．高强钢变厚板热冲压工艺基础研究 [D]. 秦皇岛：燕山大学，2017.

[34] 张思佳，刘相华，刘立忠．轧制差厚板变厚度区的应力应变关系表征 [J]. 机械工程学报，2018，54（18）：49~54.

[35] 张广基．冷轧纵向变厚度板轧制理论及实验研究 [D]. 沈阳：东北大学，2011.

[36] 中国汽车工程学会标准，汽车用轧制差厚板通用要求 T/CSAE 59—2017.

[37] Sijia Zhang, Xianlei Hu, Chunlai Niu, et, al. Annealing of HC340LA tailor rolled blanks-control of mechanical properties and formability [J]. Journal of Materials Processing Technology, 2020, 281（1）：46.

[38] 严乐明．变厚度轧制对热成型钢 Al-Si 镀层的影响 [D]. 沈阳：东北大学，2017.

[39] 谷净巍，单忠德，徐虹，等．汽车高强度钢板冲压件热成形技术研究 [J]. 模具工业，2009，35（4）：27~29.

[40] Windmann M, Röttger A, Theisen W. Phase formation at the interface between a boron alloyed steel substrate and an Al-rich coating [J]. Surface & Coatings Technology, 2013, 226：130~139.

[41] 张华伟．轧制变厚度板材成形技术 [M]. 北京：科学出版社，2017.

[42] 杨昭云．过渡区特性对高强钢差厚板冷成形性能的影响 [D]. 沈阳：东北大学，2018.

4 连续退火和热镀锌先进加热和冷却技术

4.1 连续退火和热浸镀锌加热和冷却技术概述

4.1.1 连续退火（热镀锌退火）加热和冷却技术

冷轧带钢连续退火（热镀锌退火）的目的是消除加工硬化，获得满足材料性能要求的微观组织和表面状态。典型连续退火工艺曲线如图 4-1 所示，通常包括预热、加热、均热、缓冷、一次冷却、过时效、二次冷却和水冷等工艺过程。其中，预热是利用燃气辐射管燃烧产物的余热加热 N_2 和 H_2 保护气体，并将加热的保护气体喷吹到带钢上，将带钢预热到 150~200℃。加热通常利用燃气辐射管，将带钢加热到 A_{c1} 或 A_{c3} 温度以上，然后进行一定时间的均热。在采用森吉米尔工艺的热镀锌生产线上，还采用明火加热方式，将燃烧器的燃烧产物直接喷射到退火炉内，通过对流和辐射等换热方式对带钢进行加热。由于燃气燃烧产物具有一定的氧化性，因此明火加热可控制带钢表面的氧化程度，表面氧化的带钢经后续还原后形成的表面状态有利于提高锌层的附着力。另一方面，明火加热可以烧掉带钢表面的油污、乳化液和铁屑等污染物，降低甚至取消对带钢清洗的要求。在冷却方面，目前常用的冷却技术有 N_2 和 H_2 混合气体喷气冷却，高速高氢喷气冷却和辊冷等干冷技术，也有气雾冷却、冷水淬、热水淬等湿冷技术。

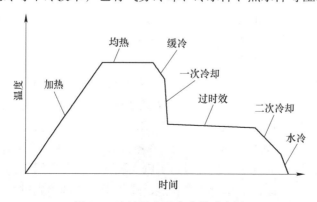

图 4-1　连续退火温度曲线示意图

　　N_2 和 H_2 保护气体循环喷气冷却是应用最广泛的冷却技术，冷却速率一般可达到 30℃/s。冷水淬的冷却速率可高达 2000℃/s，主要用于马氏体高强钢的生产，但冷却后带钢表面氧化，后续需要酸洗以及闪镀镍处理。另外，冷水淬存在板形不佳、终冷温度难以控制等问题。高速高氢喷气冷却是近年来先进高强钢连续退火生产线常用的冷却技术，法国 FIVES STEIN 公司开发的最新高氢高速喷气冷却技术，冷却气体的 H_2 含量可达 75%，1mm 厚带钢的冷却速率可达 200℃/s[1]，并且带钢板形和表面质量优良。但是，高速高氢喷气冷却在生产厚规格、高强钢时还存在冷却能力不够的问题。气雾冷却又称为气液双相介质冷却，其基本原理是利用气体（空气、氮气等）将水雾化，形成细小的液滴，喷射到带钢表面进行冷却。气雾冷却的热交换形式是强制对流和液体汽化换热，对 1mm 厚的带钢，传统的气雾冷却速率只能达到 150℃/s，与高速高氢喷气冷却的速率相当。为了进一步提高气雾冷却的速率，生产更高强度级别的高强钢，FIVES 公司开发了一种湿式闪冷气雾冷却技术（Wet Flash Cooling）[2]，最高冷却速率可达 1200℃/s，并且终冷温度可以控制，横向和纵向的板形均匀。FIVES 公司湿式闪冷装置的特点如下：

　　（1）以水为主要冷却介质，气体主要起雾化和提高液滴冲击速度的作用。

　　（2）水的压力最高达到 1.3 ~ 1.5MPa，气体压力达到 1MPa，单位面积水流量达到 $35m^3/(h \cdot m^2)$，气体流量达到 $1800m^3/(h \cdot m^2)$。

　　（3）喷嘴沿横向分 3 或 5 个区，每个区可独立控制气、水流量或压力，起到调整横向冷却强度的作用。

　　（4）不同流量或压力条件下，水雾化尺寸以及喷射角基本保持不变。

　　（5）喷嘴采用内混方式。

　　随着汽车、家电等行业的发展，下游企业对冷轧产品性能、表面质量和价格的要求日益严酷，进而对连续退火工艺和技术提出了更高的要求。以先进高强钢（AHSS）为例，其退火热处理具有以下几个特点。（1）加热温度高：完全退火温度在 A_{c3} 以上，临界区退火温度在 A_{c1} 以上；（2）冷却速率高：为了获得马氏体组织，需要冷水淬，冷却速率达到 1000℃/s，高冷却速率带来了能源消耗和生产成本的上升以及表面质量等问题；（3）对退火机组的柔性度要求高：要求具有灵活的保温时间，具有缓冷（<20℃/s）和快冷能力，DP 和 CP 钢不需要回火保温，而 TRIP 钢和 QP 钢则需要回火或配分处理；（4）合金成分对退火工艺也有重要影响：例如，Mn 的含量不同，获得 DP 钢所需要的临界冷却速率也不同，高 Si 含量导致选择性氧化问题，给后续的热镀锌带来了困难。如此复杂的退火工艺要求，对连续退火技术和装备提出了巨大挑战。因此，钢铁行业需要开发新的连续退火工艺、关键技术和装备来满足上述要求，并利用先进的退火工艺和技术装备，提高冷轧产品的力学性能和质量，降低贵重合金的使用，在合金元素成

本与工艺成本之间获得最佳平衡，降低能源消耗，减少排放，实现高品质冷轧产品的绿色化、低成本生产。

4.1.2 传统加热和冷却技术存在的不足

目前普遍采用的带钢连续退火、热镀锌加热和冷却技术，虽然取得了巨大成功，但也存在一些不足，具体表现在以下几个方面。

4.1.2.1 加热技术

加热技术存在以下不足：

（1）由于采用辐射管间接加热方式，加热速率和热效率低，通常加热速率在5~30℃/s范围内，热效率一般不超过50%。

（2）加热炉热惯性大，工艺温度调整时间长，不同厚度带钢过渡时因炉温调整产生大量过渡材。

（3）受辐射管材料限制，最高炉温一般不超过950℃，对某些要求较高退火温度的钢种，难以满足工艺要求。

（4）退火炉炉衬工况条件恶劣，寿命短，维护维修成本高。

（5）加热和冷却设备庞大，占地面积大，投资高。

4.1.2.2 冷却技术

冷却技术存在以下不足：

（1）常规喷气冷却冷却速率低，通常不超过40℃/s，对于先进高强钢等钢种，无法满足快速冷却工艺要求。

（2）高速高氢喷气冷却，冷却速率不超过120℃/s(1mm厚带钢)，换热系数不超过800W/(m^2·K)，温度小于300℃后冷却困难，带钢振动较剧烈，风机电能消耗大，氢气含量高（最高达50%~75%），生产高强度（980MPa以上）、厚规格（1.8mm以上）产品冷却能力不足。

（3）辊冷可以达到300℃/s的冷却速率，但由于带钢与冷却辊紧密接触，冷却辊寿命低，带钢表面易划伤，并且带钢冷却均匀性较差，板形难以保证。

（4）气雾冷却虽然可以达到400℃/s的冷却速率，但是由于表面氧化需要后续酸洗，带来生产成本和污染物排放问题。

（5）水淬可以达到更高的冷却速率2000℃/s，但同样存在表面氧化，并且冷却均匀性、冷却速率和终冷温度很难控制。

4.2 快速（超快速）加热技术

为了克服传统加热和冷却技术存在的不足，人们提出了很多创新性的加热和冷却技术。例如，横向磁通感应加热、直接电阻加热以及直接火焰冲击加热等快速加热技术。基于碳氢化合物汽化吸热原理的无氧化快速冷却技术。

　　快速加热和快速冷却的加热和冷却速率可达几百甚至上千摄氏度每秒，不仅克服了传统加热和冷却技术存在的不足，而且还对材料的再结晶、织构和相变等微观组织演变产生巨大影响，可以获得更好的力学性能和电磁性能。正是由于上述原因，快速加热和快速冷却技术受到了广泛而深入的研究，并取得了可喜的应用效果。下面针对近年来出现的一些先进的加热和冷却技术进行介绍。

4.2.1　感应加热技术

　　随着科学技术的发展，对机械零件的性能以及可靠性要求越来越高。一般来说金属板带在其生产或加工过程中，常常需要进行退火、淬火和表面处理等，以获得所需的性能，在这个过程中金属板带至少需要加热一次。

　　目前我国对金属板带的加热主要依靠加热炉进行加热。加热方式主要分两种[3]，第一种是金属板带成卷的放置在加热炉中进行加热，这种加热方式的局限性具有加热时间长、总体效率低、温度不好控制、操作复杂等缺点；第二种是金属板带连续式的通过多个加热炉组成的生产线，为了能够加热到工艺温度，可能会导致加热线非常长，占地面积很大，一次性的投入费用很高，灵活性较差，加热装备启动时间较长，不适于进行多品种小批量生产。

　　感应加热以电能作为其主要的能量来源。由于其自身特殊的加热机理，使得感应加热具有加热效率高、环境友好和便于控制等优点，且无废气排放，对环境无污染，易于实现机械化和自动化[4]。通过匹配相应的自动化设备可以使整个加热过程时间大大减少，从而提高其产品质量和产量，设备的物理体积和设备投资也大大减少，可以将一个非常庞大而难以改变的生产线变为具有快速适应性的生产线[5]，因此具有生产灵活性。若能够用感应加热代替目前广泛采用的加热炉加热方式，必将对我国金属板带的生产、加工具有巨大的积极作用。

4.2.1.1　感应加热技术的背景与发展

　　1831 年法拉第发现了电磁感应定律[6]，1840 年焦耳和 1842 年楞次分别独立发现了电流的热效应，为感应加热技术的发展奠定了理论基础，使感应加热开始用于实际应用。由于生产加工条件的限制，感应加热工作大部分是有关理论分析，为实际应用奠定了基础[7,8]。

　　1890 年第一台以感应加热为基础的开槽式有心炉在瑞典诞生，但炉子振动太大，因容量限制，且阻抗作用，导致其加热功率波动较大已淘汰。1916 年美国的技术人员对其进行改良，称为闭槽式有心炉，为有心炉的设计奠定了基础。

　　随着技术的进一步发展，1921 年无心炉在美国出现[9]。1966 年，开始运用半导体器件设计制造感应加热装置，感应加热技术得到进一步的发展，应用于解决实际问题[10]。

我国的感应加热技术起步较晚，与发达国家相比存在着一定的差距。直到20世纪80年代初，国内的感应加热相关应用才有了一定发展，由于其具有加热效率高、环境友好等优点，近年来广泛地应用于钢铁、石油、化工、有色金属、汽车、机械和军工产品的零部件热处理方面。随着科技的发展，生产条件的进步，感应加热的实践应用将越来越广阔[11,12]。

4.2.1.2 感应加热的特点及类型

感应加热是一种绿色环保且节能的新技术，将电能转化为磁场能，再将磁场能转化为金属内能，其主要特点有[13~15]：

（1）加热速度快。由于感应加热自身特性使得其能加热工件自身，与传统的热传导与热辐射的形式有本质区别，使得其加热速度高。感应加热能够成倍地提升加热设备的生产效率，可以连接其他工艺设施组成加热线，实现连续的生产加工。

（2）效率高。一般的工业炉加热，主要加热的方式是热辐射、热传导和热对流这三种加热方式，它们都归属于间接加热，而感应加热是运用在工件内部产生的感应涡流在工件内部产生焦耳热来实现对工件直接加热的。一般感应加热的效率可达60%~70%，相比其他加热方式其加热速度快、效率高。

（3）加热质量好。工业炉加热速度慢，时间长，会导致产品产生缺陷，例如会使金属板带表面发生严重的氧化脱碳现象。另外，加热炉加热需要凭借丰富经验掌握合适的加热速度和时间，不容易控制，难以克服，所以造成生产的产品缺陷率高。例如加热时间过长，则可能导致晶粒长大，使产品的质量恶化。相比之下，感应加热有着加热时间短、温度易控制、加热质量高等优点。

（4）工作环境好且环保。由于感应加热利用率高，散热较少，能够大大降低热加工车间的温度，因此极大地改善工人的劳动条件。工业炉加热会产生大量的废气、废烟和废热，污染环境，而且后续的环保设备导致成本加大。而感应加热由于使用电作为能源，不产生废热、废气和废烟，没有多余的污染，从而能够优化车间的工作环境。

（5）操作简单，自动化程度高。一般情况下，工业炉加热很大程度上依赖于技术工人的经验和熟练水平，难以实现机械化和自动化；而感应加热操作简单，可以实现快速加热和暂停，自动化程度高，使加热过程更加快速有效。

感应加热主要应用于带材、棒材、线材、零部件热处理、金属冶炼等，根据磁力线通过被加热物体的方向，可分为横向磁通感应加热和纵向磁通感应加热，两种方式有着不同的特点和适用范围[16~19]。纵向磁通感应加热的基本原理如图

4-2 所示,金属带置于螺旋感应器内加热,螺旋感应器通入电流后产生的磁场强度方向沿板带长度方向。交变磁场在板带中产生涡流,涡流通过焦耳热对金属板带进行加热。由于透入深度的原因,涡流所产生的热量由表面向内部传导,表面温度逐步沿厚度方向降低,心部温度最低。由于磁通方向与加热工件的轴向平行,所以称为纵向磁通感应加热。

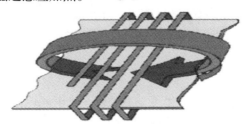

图 4-2   纵向磁通感应加热原理示意图

横向磁通感应加热中磁极结构和磁通路径如图 4-3 所示,横向磁通感应加热方法是使被加热带材通过两个相对布置的叠片式的磁极结构。励磁线圈供以交变电流,并在任意时刻其相对应的两个磁极具有相对的方向,从而驱使磁通垂直通过带材。横向磁通感应加热除具有一般感应加热的优点外,还有着电源频率低、无功功率小、适合工件的局部加热等优点。同时,由于线圈并不围绕工件,因此比较适合连续金属热处理过程,适应性较好,对非铁磁物质如铝、黄铜、铜以及镁等方面具有极大的潜在应用前景。

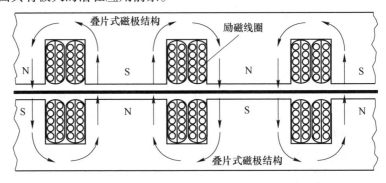

图 4-3   横向磁通感应加热中磁极结构和磁通路径

随着金属板带加工行业的科技发展与进步,对各种金属板带的加热要求变得多样化,在这种情况下,纵向感应加热的缺点也被渐渐显现出来。由于其特有的涡流分布,所加热板带厚度与透入深度的比值大于 3 时,效率才会维持在较高的水平;当金属板带厚度与集肤深度比值小于 3 时,感生涡流会互相抵消,从而降低了感应加热的效率。因而,只有在增大频率的情况下来减小集肤深度,才能够有更好的加热效率。此外,由于集肤效应的影响,感应加热的频率必须跟工件尺寸匹配，感应线圈才能有效的传输电力。薄的金属板带需要高频率甚至到广播频段，尤其是在加热非磁性材料时，即使使用最佳频率加热薄板带，效率也不是很高；简单来说，这是因为传统的电磁感应线圈排布在工件周围，穿过线圈轴向的纵向磁通仅看到一个细长的剖面区域。

在薄带热处理线上使用传统形式的感应加热方法还存在其他实际问题。从工业角度看，在可行的频率范围内，变频器本身的特点与其应用需求之间必须是兼容的。变频器随着其频率越高价格越贵，但与此形成总体平衡的是，往往是很小的工件，需要较高的频率，而仅能以很小的功率进行加热。但是，板带热处理线并不适合这种模式，因为它们需要兼具高频率和高功率，所以带来的不仅是高成本，还有产生无线电干扰的风险。此外，要获得很高的效率还需要感应线圈和板带间紧密配合，但这是不现实的，因为板带可能会在左右和上下移动。对于实际生产来说，所生产的板带的宽度以及厚度是会变化的；而对于纵向感应加热方式来说，需要将线圈紧紧缠绕在板带周围，所加工板带尺寸一旦改变，将很难实现纵向磁通感应加热，适应能力不佳。

横向磁通技术使低频率高效率加热薄板带成为可能，磁通直接穿过板带表面，从而使其大面积暴露在感应影响区内。一个感应器，相当于将一个大电磁铁分成两半，分别放置在板带的两侧。在板带表面呈涡流状感应出巨大的电流，并快速加热其自身。因为感应电流产生的涡流并不在板带的厚度截面上，与频率相关的集肤效应大可无需多虑，而负载阻抗，在低/中频率段，最高不超过3000Hz，就能得到一个很高的电力传递效率。

由于电流频率的降低使得感应加热器的加热效率提高，降低了能源的消耗；同时因为线圈分别放置在加热工件的两端，所以横向感应加热装置的被加热工件可以灵活地放置。另外，横向磁通感应加热原则上并不要求非常小的气隙，所以感应器可以合理安排它们的间隙，这样能够为在其中通过的板带提供舒适的空间，同时也使感应器远离板带避免麻烦。因此，横向感应加热特别的适用在金属的连续热处理过程与局部加热。

4.2.1.3 感应加热的理论基础

A 感应加热的基本原理

感应加热是利用感应电流通过工件产生的热效应，使工件表面局部加热。感应加热基于两个基本物理现象：法拉第电磁感应——当线圈中通过交变电流时，则在线圈周围空间建立交变磁场，处于该交变磁场中的金属内将产生感应电流；焦耳效应——感应电流将电能转换为热能。

从能量角度分析，通过电磁感应基本原理把电能传递给被加热工件，并将电能转化为工件内部的热能，达到加热工件的目的[20]；感应加热的基本原理包括电磁感应定理和焦耳-楞次定理[21]。

另外，就铁磁性材料而言，除工件内部涡流产生热效应，还会存在磁热效应。从机理来说，其本质是由于金属板带的分子或偶极子之间相互作用而引起的磁滞现象[22]。当线圈中交变电流的变化率越大时，感生磁场的频率自然越高，单位时间所产生热量越多[23]。在加热温度未达到磁性转变温度也就是居里点温度之前，由于此"磁滞现象"的存在会产生热效应，但此热量与板带内部涡流产热相差较大，为简化计算此部分热量应忽略[24]。

B　感应加热的涡流分布特性

在感应加热过程中，由于其自身特殊的加热机理，线圈和板带中的电流呈不均匀分布，这主要是由涡流的分布特性引起的。深刻认识导体中感应涡流的分布情况，对于感应加热工艺和设计感应器有重要的意义。

(1) 集肤效应。当直流电流流经导体时，电流在导体截面上是均匀分布的。若给一个圆形断面直导线通以交流电时，电流在导体截面上的分布则不均匀，导体表面上各点的电流密度最大，而在导体中心轴线上电流密度最小；由外向内从最大连续变化到最小；且交变电流的频率越高则降低的比率越大，此现象也就越明显，这种现象叫作集肤效应[25]。

(2) 邻近效应。相邻两导体通以交流电流时，由于电流场与磁场的相互作用，电流将在导体上重新分布，即为：相邻两导体通有大小相等、方向相反的交变电流时，电流将趋于在两导体内侧表面层流过；当临近两导体通有大小相等、方向相同的交变电流，电流将趋于在两导体的外侧流过，这种现象称为邻近效应[26]。

从本质上来说，是由于一个导体内的电流切割了另一导体所产生的磁场，进而产生了互感现象。由于内外侧的磁场强度不同，进而导致互感电动势的值不同，所以便导致了电流的偏向；而且导体之间的距离越小，电流频率越高，邻近效应就会越强烈[27]。

(3) 圆环效应。如果将交变电流通过圆环形导体或螺旋线圈时，线圈导体的内侧会出现电流汇集，这种现象称为圆环效应。如图4-4所示，圆环效应的原理为：两根半圆环的导线，一端在一起，另外两端通入大小相等、方向相反的交变电流，在导体内部便会产生邻近效应。在实际应用中，使用感应器内环加热工件，温升速度快、效率高。

(4) 端部效应。端部效应是指励磁线圈末端的磁场，对板带的磁场、涡流及温度分布有一定的影响，使得板带末端加热功率增加。

感应加热的过程中包含着上述四种效应，在感应器线圈中会有圆环效应的产生，在金属板带内部会产生集肤效应，两者之间是邻近效应和端部效应[28]。

C　感应加热的物理过程

感应加热过程中出现透入式加热和传导式加热两种物理过程截然不同的方式。

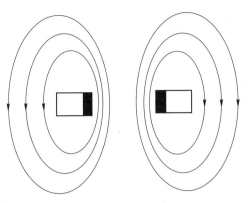

图 4-4 交流电流圆环效应示意图

（1）透入式加热：此加热方式主要是针对铁磁性材料而言的。当感应线圈中电流接通时，零件表面涡流强度最大，温度升高的速度也较快。当某一层的温度高于居里温度时，加热层被分为两层，即失磁层与未失磁层。在失磁层，材料的磁导率迅速下降，导致涡流强度明显下降，进而使升温速度迅速降低，则两层边界处的涡流强度最大[29,30]。

由于涡流强度分布的变化，使得两层交界处的升温速度高于表面的升温速度，进而交界处温度升至居里温度，以此种方式使失磁层不断向纵深移动，板带就这样逐层而连续的加热，直到热透入深度达到为止，这种加热方式称为透入式加热。它是铁磁性材料在感应加热过程中所具有的独特的加热方式。

（2）传导式加热：对于非铁磁性材料来说，此加热方式为其主导方式。将感应线圈中通入电流，由于集肤效应零件表面的感应涡流强度最大，使得此处温度升高速度也最快。随着时间推移，热量大量集中在板带表面，而且涡流的排布是越靠近表面强度越高，能量也就越高，升温越快。在板带内部由于热传导的作用，所加热的升温厚度将逐渐增大。这种加热方式与加热炉内加热基本相同，将其称为传导式加热[31]。

由此可见，感应加热实现板带的升温，此过程包含两个物理过程，先是产生热量的过程，即将电能转换为板带内的热能实现升温；然后是传热过程，它包括板带内部的热传导以及板带与外界的热交换。

4.2.1.4 横向感应加热装置设计的理论基础

交变磁场通过带材，从而在带材内产生感生电动势、感生电流并将其加热。横向磁通感应加热中的电流路径如图 4-5 所示，带材内的感生电流趋向于在定子线槽下方汇集，如果带材静止不动，那么在这些区域就会产生过热。但对于运动中的带材，其上任何一点均通过电流集中的各种区域，除靠近边部之外，平均下来其效果会导致带材加热的均匀。对于带材的外边部要获得均匀的加热效果必须采取相应的补偿措施。

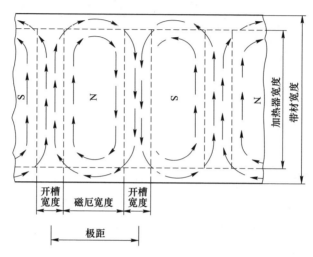

图 4-5　横向磁通感应加热带材中的电流路径

A　感应器设计的基本假设

横向感应加热装置主要有感应加热器、电源装置、水冷系统以及传送系统等。主要的工作是设计横向感应加热器，具备加热效率高、加热温度分布均匀和加热能力强等优点。在感应器设计过程中，为了简化数学计算，可采用以下假设：

（1）根据对称条件，电磁感应加热只需要考虑一个极距。

（2）空气气隙间的磁力线垂直于带材表面。

（3）带材中感生电流的路径如图 4-5 所示。可以忽略边缘效应，但必须采取纠正措施在实践中获得横向均匀的加热效果。

（4）忽略励磁线圈线槽处的开口不连续面。

（5）带钢宽度等于磁极结构宽度。

（6）忽略硅钢片导磁结构的磁性衰减。

（7）一个励磁线圈对应一个磁极，两个励磁线圈的磁动势活跃在对应磁极气隙之间。

在这些假设的基础上，理想条件下一个磁极之间带材横向电磁感应加热如图 4-6 所示，根据感应加热的基本原理可以建立如下相关数学模型。

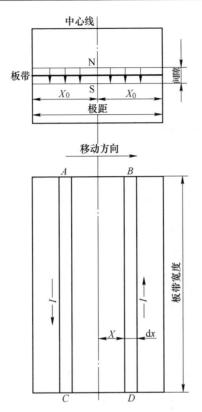

图 4-6 一个理想极距内的磁通与感应电流密度的示意图

B 基本方程

a 带材上闭合回路 *ABCD* 的感生电动势

由于励磁电流是随时间正弦变化的，所以磁场强度或磁通也是时间的正弦函数。正弦量可以用复数表示，即可用最大值向量或有效值向量表示，但通常用有效值向量表示。其表示方法是用正弦量的有效值作为复数相量的模、用初相角作为复数相量的辐角。因此，根据法拉第电磁感应定律，该闭合回路 *ABCD* 的感生电动势为：

$$\begin{cases} \boldsymbol{\phi}(x,y,z,t) = \sqrt{2}\,\phi(x,y,z)\sin(\omega t + \varphi) & \text{磁通的瞬时值} \\ \boldsymbol{\phi}(x,y,z,t) = \mathrm{Im}\{\sqrt{2}\,\phi(x,y,z)\,e^{j\varphi}e^{j\omega t}\} & \text{磁通复数形式（取虚部）} \quad (4\text{-}1)' \\ \overset{\centerdot}{\boldsymbol{\phi}}(x,y,z) = \phi(x,y,z)\,e^{j\varphi} & \text{磁通复数形式（有效值）} \end{cases}$$

$$\begin{cases} \boldsymbol{E}(x,y,z,t) = \sqrt{2}\,E(x,y,z)\sin(\omega t + \varphi) & \text{感生电动势的瞬时值} \\ \boldsymbol{E}(x,y,z,t) = \mathrm{Im}\{\sqrt{2}\,E(x,y,z)\,e^{j\varphi}e^{j\omega t}\} & \text{感生电动势复数形式（取虚部）} \\ \overset{\centerdot}{\boldsymbol{E}}(x,y,z) = E(x,y,z)\,e^{j\varphi} & \text{感生电动势复数形式（有效值）} \end{cases}$$

$$(4\text{-}1)''$$

$$\begin{cases} \boldsymbol{E}(x,y,z,t) = -\dfrac{\mathrm{d}\boldsymbol{\phi}(x,y,z,t)}{\mathrm{d}t} = -j\omega\,\mathrm{Im}\{\sqrt{2}\,\boldsymbol{\phi}(x,y,z)\,\mathrm{e}^{j\varphi}\mathrm{e}^{j\omega t}\} \\ \dot{\boldsymbol{E}}(x,y,z) = -j\omega\,\dot{\boldsymbol{\phi}}(x,y,z) \end{cases} \tag{4-1}$$

式中　$\boldsymbol{E}$——带材上闭合回路 $ABCD$ 的感生电动势瞬时值，V；

　　　　$\dot{\boldsymbol{E}}$——带材上闭合回路 $ABCD$ 的感生电动势复数形式，V；

　　　　E——带材上闭合回路 $ABCD$ 的感生电动有效值，V；

　　　　ϕ——带材上闭合回路 $ABCD$ 的磁通量有效值，Wb；

　　　　$\boldsymbol{\phi}$——带材上闭合回路 $ABCD$ 的磁通量瞬时值，Wb；

　　　　$\dot{\boldsymbol{\phi}}$——带材上闭合回路 $ABCD$ 磁通量复数形式，Wb；

　　　　ω——励磁电流的角频率。

　　b　带材上闭合回路 $ABCD$ 的磁通量

　　如图 4-5 所示，由磁通量的定义，通过矩形截面 $ABCD$ 磁通量为：

$$\dot{\boldsymbol{\phi}}(x) = 2b\int_0^x \dot{\boldsymbol{B}}(x)\,\mathrm{d}x = 2b\mu_0\mu_r\int_0^x \dot{\boldsymbol{H}}(x)\,\mathrm{d}x \tag{4-2}$$

式中　$\dot{\boldsymbol{H}}(x)$　——磁场强度的分布函数，A/cm；

　　　　$\dot{\boldsymbol{\phi}}(x)$——通过矩形截面 $ABCD$ 磁通量，Wb；

　　　　$\dot{\boldsymbol{B}}(x)$——磁感应强度分布函数，T；

　　　　μ_r——磁介质的相对磁导率，H/cm；

　　　　μ_0——真空磁导率，$\mu_0 = 4\pi \times 10^{-9} \mathrm{H/cm}$。

　　c　与极距中心距离为 x cm 处带材的感生电流密度

　　根据带材上闭合回路 $ABCD$ 的感生电动势及其电阻，得到可以与极距中心距离为 x cm 处带材的感生电流密度：

$$\begin{cases} R = \rho \times \dfrac{L}{S} = \rho \times \dfrac{2b+4x}{S} \approx \dfrac{2b\rho}{S} \\ \dot{\boldsymbol{I}}(x) = \dfrac{\dot{\boldsymbol{E}}(x)/R}{S} = \dfrac{\dot{\boldsymbol{E}}(x)}{2b\rho} = \dfrac{-j\omega\,\dot{\boldsymbol{\phi}}(x)}{2b\rho} = \dfrac{-j\omega\mu_r\mu_0}{\rho} \times \int_0^x \dot{\boldsymbol{H}}(x)\,\mathrm{d}x \end{cases} \tag{4-3}$$

式中　R——闭合回路 $ABCD$ 的电阻，Ω；

　　$\dot{\boldsymbol{I}}(x)$——感应电流的密度分布函数，A/cm^2；

　　　　b——带材宽度，cm；

　　　　ρ——带材的电阻率，$\Omega \cdot$cm；

L——闭合回路 ABCD 的长度，cm。

将上式进行微分：

$$\frac{d\dot{I}_m(x)}{dx} = \frac{-j\omega\mu_r\mu_0\dot{H}(x)}{\rho} \tag{4-4}$$

d 磁场强度分布的基本方程

在与极距中心距离为 x cm 处，取宽度为 dx 的矩形闭合路径如图 4-7 所示，根据安培环路定律可得感应电流密度 $\dot{I}(x)$ 与磁场强度 $\dot{H}(x)$ 的另一个相关方程为：

$$\frac{d\dot{H}(x)}{dx} = \frac{-t\dot{I}(x)}{g} \tag{4-5}$$

将上式进行微分：

$$\frac{d^2\dot{H}(x)}{dx^2} = \frac{-t}{g} \times \frac{d\dot{I}(x)}{dx} \tag{4-6}$$

将式（4-4）带入式（4-6），整理可得磁场强度分布的基本方程：

$$\begin{cases} \dfrac{d^2\dot{H}(x)}{dx^2} - 2jk^2\dot{H}(x) = 0 \\ k = \sqrt{\dfrac{\pi f\mu_r\mu_0 t}{\rho g}} = \sqrt{\dfrac{4\pi^2 f\mu_r t}{\rho g \times 10^9}} \end{cases} \tag{4-7}$$

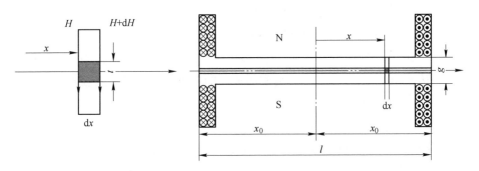

图 4-7 感应电流密度 $\dot{I}(x)$ 与磁场强度 $\dot{H}(x)$ 之间的关系

e 感应电流密度分布的基本方程

将感应电流密度式（4-5）对于 x 取微分：

$$\frac{\mathrm{d}^2 \dot{I}(x)}{\mathrm{d}x^2} = \frac{-j\omega\mu_r\mu_0}{\rho} \times \frac{\mathrm{d}\dot{H}(x)}{\mathrm{d}x} \tag{4-8}$$

把感应电流密度 $\dot{I}(x)$ 与磁场强度 $\dot{H}(x)$ 的微分关系式（4-5）代入式（4-8），整理可得感应电流密度分布的基本方程：

$$\frac{\mathrm{d}^2 \dot{I}(x)}{\mathrm{d}x^2} - 2jk^2 \dot{I}(x) = 0 \tag{4-9}$$

式（4-7）和式（4-9）是磁场强度和感应电流密度分布的基本方程，根据合理的边界条件，可以用于带材中电流密度分布和气隙中的磁场强度、整个极距的总磁通量计算，并对所需其他量及相互关系进行完整分析。

C　磁通密度分布和电流密度分布

气隙中任一点处的磁场强度皆为励磁线圈产生磁场和带材中感生电流产生磁场共同作用的结果。带材中感生电流产生的磁场与励磁线圈产生的磁场方向相反，所以趋于磁极中心部分的净磁场强度和磁通密度，要比邻近极距边部的磁场强度和磁通密度少。事实上，在极距最边部处已经没有带材感生电流产生的磁场效应，该处的磁场强度 H_0 全部产生于励磁线圈磁场并穿越气隙。

$$H_0 = \frac{2T_C I_C}{g} \qquad x = x_0 = l/2 \tag{4-10}$$

式中　I_C——励磁线圈的电流，I；

　　　T_C——励磁线圈的匝数；

　　　H_0——极距边缘的磁场强度，A/cm；

　　　g——磁极的空气气隙，cm。

a　复系数二阶齐次微分方程的通解

磁场强度和感应电流密度式（4-7）和式（4-9）均为复系数二阶齐次微分方程：$y'' - 2k^2 jy = 0$，尝试 $y = e^{Sx}$（S 为实的或复的常数）是否能为方程的解。

代入方程可得恒等式：　　　　　　　$e^{Sx}(S^2 - 2k^2 j) = 0$

由此得到决定常数 S 的特征方程：　$S^2 - 2k^2 j = 0$

该一元二次代数方程的根为：　　　$S = \pm(1 + j)k$

该齐次微分方程通解为：　　　　　$y(x) = K_1 e^{(1+j)kx} + K_2 e^{-(1+j)kx}$

b　磁场强度的通解

$$\dot{H}(x) = A e^{(1+j)kx} + B e^{-(1+j)kx} \tag{4-11}$$

由于磁场强度 $\dot{H}(x)$ 是 x 的偶函数，该式可以简化为：

$$
\begin{cases}
\dot{H}(x) = Ae^{(1+j)kx} + Be^{-(1+j)kx} \\
\dot{H}(-x) = Ae^{-(1+j)kx} + Be^{(1+j)kx} \\
\dot{H}(x) = \dot{H}(-x) \Rightarrow (A-B)\left[e^{(1+j)kx} + e^{-(1+j)kx}\right] = 0 \Rightarrow A = B \\
\dot{H}(x) = A\left[e^{(1+j)kx} + e^{-(1+j)kx}\right] \\
\cosh\left[(1+j)kx\right] = \cos(kx)\cosh(kx) + j\sin(kx)\sinh(kx) \\
\dot{H}(x) = 2A\cosh(1+j)kx = 2A\left[\cos(kx)\cosh(kx) + j\sin(kx)\sinh(kx)\right]
\end{cases}
$$

$$(4-12)$$

代入边界条件：$x = -x_0$；$x = x_0$；$\dot{H}(x_0) = H_0$，就可得到气隙中任一点处的磁场强度：

$$
\begin{cases}
H_0 = \dot{H}(x_0) = \dot{H}(-x_0) = \dfrac{2T_C I_C}{g} \\
\dot{H}(x) = H_0 \times \dfrac{\cosh(1+j)kx}{\cosh(1+j)kx_0} = H_0 \times \dfrac{2\cosh(1-j)kx_0 \cosh(1+j)kx}{\cosh(kl) + \cos(kl)}
\end{cases}
$$

$$(4-13)$$

式中　l——磁极的极距，cm；

$\quad\quad x_0$——磁极极距的一半（$l/2$），cm；

$\quad\quad k$——见式（4-8）。

从而可得磁场强度的绝对值的比值见式（4-14）。

$$
\begin{cases}
\left|\cosh(1+j)kx\right| = \sqrt{\cos^2(kx)\cosh^2(kx) + \sin^2(kx)\sinh^2(kx)} \\
= \sqrt{\cosh^2(kx) - \sin^2(kx)} = \sqrt{\dfrac{\cosh(2kx) + \cos(2kx)}{2}} \\
\left|\cosh(1+j)kx_0\right| = \sqrt{\dfrac{\cosh(2kx_0) + \cos(2kx_0)}{2}} \\
\left|\dfrac{\dot{H}(x)}{\dot{H}(x_0)}\right| = \dfrac{H_x}{H_0} = \sqrt{\dfrac{\cosh(2kx) + \cos(2kx)}{\cosh(kl) + \cos(kl)}}
\end{cases}
$$

$$(4-14)$$

该方程可以确定气隙中的磁场强度分布曲线如图 4-8 所示，它反映的是在一个完整的极距范围内，对应于不同的 kl 值各点的磁场强度分布情况。变量 kl 是一个无量纲的变量，也可以随着气隙、极距、带材电阻率，或者其他任一因素的变化而变化。

c　感应电流密度的通解

感应电流密度分布方程式（4-9）的通解与磁场强度分布方程式（4-7）的通

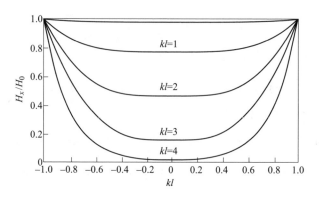

图 4-8　气隙中的磁场强度分布曲线

解形式一样，不同之处在于感应电流密度是距离 x 的奇函数，其解应为：

$$
\begin{cases}
\sinh(1+j)kx = \cos(kx)\sinh(kx) + j\sin(kx)\cosh(kx) \\[2mm]
|\sinh(1+j)kx| = \sqrt{\cos^2(kx)\sinh^2(kx) + \sin^2(kx)\cosh^2(kx)} \\[2mm]
\qquad\qquad\quad = \sqrt{\dfrac{\cosh(2kx) - \cos(2kx)}{2}} \\[2mm]
\dot{I}_{\mathrm{m}}(x) = 2B\sinh(1+j)kx = 2B\left[\cos(kx)\sinh(kx) + j\sin(kx)\cosh(kx)\right]
\end{cases}
$$

$$(4\text{-}15)$$

代入边界条件：$\dot{I}_{\mathrm{m}}(-x_0) = -\dot{I}_{\mathrm{m}}(x_0)$，就可得到板带上任一点处的感应电流密度：

$$
\dot{I}_{\mathrm{m}}(x) = I_0 \times \frac{\sinh(1+j)kx}{\sinh(1+j)kx_0} \tag{4-16}
$$

$$
\left|\frac{\dot{I}(x)}{\dot{I}(x_0)}\right| = \frac{I_x}{I_0} = \sqrt{\frac{\cosh 2kx - \cos 2kx}{\cosh kl - \cos kl}} \tag{4-17}
$$

式中　I_0——板带上与极距边缘对应点的电流密度，$\mathrm{A/cm^2}$。

从而可得感应电流密度的绝对值的比值，见（4-17）式。感生电流密度的比例系数如图 4-9 所示。该组曲线直观反映出一个磁矩范围内，对应于各种不同的（kl）值，感生电流密度的相对分布情况。

图 4-8 和图 4-9 中仅反映了电流密度 $\dot{I}$ 和磁场强度变量 $\dot{H}$ 的绝对值之比，没有反映出这些变量对变量 x 的相位变化量。

D　通过整个磁极气隙的磁通量

将磁感应强度分布式（4-13）代入磁通计算方程式（4-2），积分可得距离磁

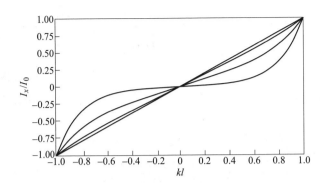

图 4-9 带材中感生电流密度分布曲线

极中心线 x 处所围成矩形面积的磁通计算公式：

$$\dot{\boldsymbol{\phi}}(x) = 2b\mu_r\mu_0 H_0 \int_0^{x_0} \frac{\cosh(1+j)kx}{\cosh(1+j)kx_0}\mathrm{d}x = \frac{2b\mu_r\mu_0 H_0}{(1+j)k} \times \frac{\sinh(1+j)kx}{\cosh(1+j)kx_0}$$

$$(4\text{-}18)$$

把 $x = x_0$ 代入上式，运用多项式计算的简化、双曲函数的转换以及倍角公式，可得涵盖一个极距的总的磁通量：

$$\begin{cases} \dot{\boldsymbol{\phi}}_0 = \dot{\boldsymbol{\phi}}(x_0) = \dfrac{2b\mu_r\mu_0 H_0}{(1+j)k} \times \dfrac{\sinh(1+j)kx_0}{\cosh(1+j)kx_0} \\[3mm] \quad = \dfrac{b\mu_r\mu_0 H_0}{k} \times \dfrac{(1-j)\sinh(1+j)kx_0}{\cosh(1+j)kx_0} \\[3mm] \quad = \dfrac{b\mu_r\mu_0 H_0}{k} \times \dfrac{[\sinh(2kx_0)+\sin(2kx_0)]-j[\sinh(2kx_0)-\sin(2kx_0)]}{\cosh(2kx_0)+\cos(2kx_0)} \end{cases}$$

$$(4\text{-}19)$$

用 kl 替换 $2kx_0$ 上式成为：

$$\dot{\boldsymbol{\phi}}_0 = \frac{b\mu_r\mu_0 H_0}{k} \times \frac{[\sinh(kl)+\sin(kl)]-j[\sinh(kl)-\sin(kl)]}{\cosh(kl)+\cos(kl)} \qquad (4\text{-}20)$$

从上式可以得到总通量的模：

$$\begin{cases} \phi_0 = |\dot{\boldsymbol{\phi}}_0| = b\mu_r\mu_0 l H_0 F(kl) \\[3mm] F(kl) = \dfrac{\sqrt{2}}{kl} \times \sqrt{\dfrac{\cosh(kl)-\cos(kl)}{\cosh(kl)+\cos(kl)}} \end{cases} \qquad (4\text{-}21)$$

E 励磁线圈在气隙磁通中产生的感生电动势

利用式（4-1），得到用以克服励磁线圈中因气隙磁通变化产生的感生电动势：

$$\dot{E}_1(x) = -j\omega T_C \dot{\boldsymbol{\phi}} \tag{4-22}$$

式中　$\dot{E}_1$——励磁线圈在气隙磁通中产生的感生电动势分布函数，V。

把一个极距的总的磁通量式（4-20）代入上式，可得整个极距感生电动势：

$$\begin{cases} \dot{E}_1(x_0) = \omega T_C b\mu_r \mu_0 l H_0 \left[M(kl) + jN(kl) \right] \\[2mm] M(kl) = \dfrac{1}{kl} \times \dfrac{\sinh(kl) - \sin(kl)}{\cosh(kl) + \cos(kl)} \\[2mm] N(kl) = \dfrac{1}{kl} \times \dfrac{\sinh(kl) + \sin(kl)}{\cosh(kl) + \cos(kl)} \end{cases} \tag{4-23}$$

式中，$M(kl)$，$N(kl)$ 为励磁线圈对气隙电阻、电抗产生的电压降函数（见图4-10）。

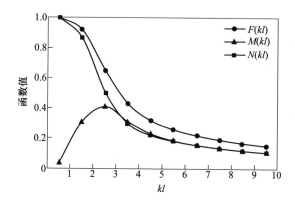

图 4-10　函数 $M(kl)$，$N(kl)$，$F(kl)$ 的曲线

感生电动势的绝对值 E_1 可以直接从方程式（4-23）计算：

$$E_1 = \left| \dot{E}_1(x_0) \right| = \omega T_C b\mu_r \mu_0 l H_0 F(kl) \tag{4-24}$$

F　内部功率因数和线槽区域磁场强度

磁场强度（H_0）、励磁线圈电流（I_C）、总气隙磁通量（ϕ_0）、感应电动势（$-E_1$）以及电压降（E_1）的励磁线圈中内部矢量关系如图4-11所示。其内部功率因数（见图4-12）、励磁线圈的电压降（E_1）与电流（I_C）之间相位角度（θ_1）的余弦：

$$\cos\theta_1 = \frac{\mathrm{Re}(\dot{E}_1)}{E_1} = \frac{M(kl)}{F(kl)} \tag{4-25}$$

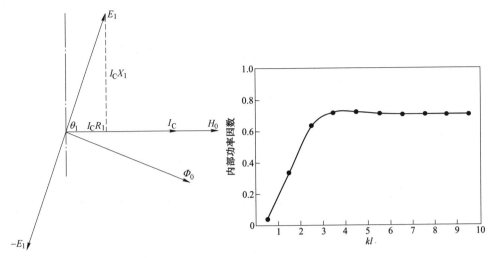

图 4-11 磁场励线圈内部适量关系　　　图 4-12 内部功率因数曲线

G　励磁线圈线槽区域磁场强度

由图 4-13 可知，励磁线圈线槽区域磁场强度：

$$\dot{\boldsymbol{H}}_{S}(x) = \frac{2T_C I_C x}{hs} \qquad 0 \leqslant x \leqslant h \tag{4-26}$$

式中　$\dot{\boldsymbol{H}}_S(x)$ ——励磁线圈的线槽任意一点的磁场强度，A/cm。

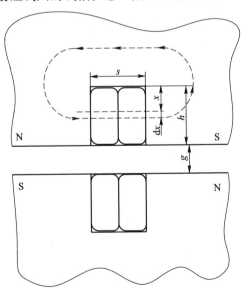

图 4-13　槽漏磁通导致的励磁线圈电压降的计算

依据式（4-13）中气隙邻近极距边部的磁场强度 H_0，可得：

$$\dot{\boldsymbol{H}}_{\mathrm{S}}(x) = \frac{gxH_0}{hs} \tag{4-27}$$

H　励磁线圈槽漏磁通导致的励磁线圈电压降

通过截面（$b \times \mathrm{d}x$）的磁通增量：

$$\mathrm{d}\,\dot{\boldsymbol{\phi}}_{\mathrm{S}}(z) = \mu_{\mathrm{r}}\mu_0 b\,\dot{\boldsymbol{H}}_{\mathrm{S}}\mathrm{d}x \tag{4-28}$$

需要用于克服在励磁线圈（1 个线槽中 2 个线圈）中产生的感应电动势为：

$$\mathrm{d}\,\dot{\boldsymbol{E}}_{\mathrm{S}}(z) = \frac{j\omega \times 2T_{\mathrm{C}} \times x \times \mathrm{d}\,\dot{\boldsymbol{\phi}}_{\mathrm{S}}(x)}{h} \tag{4-29}$$

将式（4-27）、式（4-28）代入式（4-29），并对源于线槽磁通的总的励磁线圈电压降在 0 和 h 上进行积分得：

$$\dot{\boldsymbol{E}}_{\mathrm{S}}(h) = j\omega blT_{\mathrm{C}}H_0 \times \frac{2hg}{3sl} \tag{4-30}$$

式中　$\dot{\boldsymbol{E}}_{\mathrm{S}}(h)$ ——励磁线圈线槽的磁通导致的励磁线圈电压降，V。

I　磁感应线圈的电阻和电抗——总效率

如果能够直接计算励磁线圈的电阻和电抗是非常方便的，为此将推导有关的方程。必要时自身或励磁线圈的电阻 R_2 可以通过适当的考虑集肤效应的常规方法来计算，总向量图如图 4-14 所示。

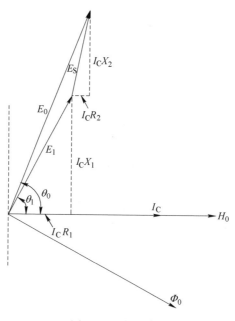

图 4-14　总向量图

励磁线圈的气隙电阻 $R_1(\Omega)$：

$$R_1 = \frac{\mathrm{Re}[\dot{E}_1(x_0)]}{I_C} = \frac{2\omega T_C^2 b\mu_r\mu_0 l}{g} \times M(kl) \tag{4-31}$$

励磁线圈的气隙电抗 $X_1(\Omega)$：

$$X_1 = \frac{\mathrm{Im}[\dot{E}_1(x_0)]}{I_C} = \frac{2\omega T_C^2 b\mu_r\mu_0 l}{g} \times N(kl) \tag{4-32}$$

励磁线圈的槽漏磁电抗 $X_2(\Omega)$：

$$X_2 = \frac{\mathrm{Im}(\dot{E}_S)}{I_C} = \frac{2\omega T_C^2 b\mu_r\mu_0 l}{g} \times \frac{2hg}{3sl} \tag{4-33}$$

J　带材上的功率密度

每极距两个励磁线圈输入给带材的功率：

$$P = E_1 I_C \cos\theta_1 \tag{4-34}$$

带材上的平均功率密度：

$$W_a = \frac{E_1 I_C \cos\theta_1}{blt} \tag{4-35}$$

把式（4-23）、式（4-24）和式（4-10）代入式（4-35），可得带材上的平均功率密度方程：

$$W_a = \frac{\pi g\,\mu_r\,\mu_0\,fH_0^2}{t} \times M(kl) \tag{4-36}$$

4.2.1.5　横向感应加热装置的设计

A　感应器设计的基本原则

对于带材横向电磁感应加热，根据带材电磁参数，上述方程为励磁线圈特性参数的优化设计提供了基础。优化基本原则如下：

（1）空气气隙尽可能取小些，只要保证带材能够顺利通过即可。

（2）为获得高效率，槽宽度与极距的比值（s/l）应尽可能大。对于热低电阻率材料如铜或铝，尤为重要。

（3）为了满足条件（2），同时保持合理的槽漏磁通与气隙磁通的比率，可取槽宽度与极距的比值（s/l）尽可能大，这会严重降低极距通量承载面积。

（4）为了减少励磁线圈的槽漏电抗，槽深与槽宽的比值（h/s）不能太大。

（5）为了减少边缘过热效应，可以采取特殊手段。与带钢宽度（b）相比极距（l）应该较小，这种情况一般不包括使用横向磁通加热窄带钢。

考虑上述条件和借鉴经验，提出以下典型比率，仅供参考。

$$\begin{cases} s/g = 1.0 \\ s/l = 0.25 \\ h/s = 2.0 \\ b/l = 4.0 \text{ 或更大} \end{cases} \tag{4-37}$$

B　感应加热装置功率的确定

a　励磁电流频率的确定

在带材物理和电气性能一定的条件下，横向电磁感应加热结构的物理尺寸，在相当大的程度上取决于空气气隙的确定。励磁电流的频率取决于加热效率和内部功率因数。假设一个励磁线圈的欧姆电阻一定，最大效率与气隙电阻 R_1 最大值对应。从气隙电阻 R_1 方程式（4-31）和励磁线圈对气隙电阻 $M(kl)$ 曲线从图 4-8 可见，当 $kl = 2.5$ 时，$M(kl)$ 峰值最大；从图 4-12 可见：当 $kl > 2.5$ 时，内部功率因数相差很小，因此，$kl = 2.5$。

由 $kl = 2.5$ 确定的频率可能有些偏差，高于或低于这个值是允许的。根据此条件，得到一个最佳频率（合理）方程式（4-39）。

$$kl = 2.5 = l \times \sqrt{\frac{\pi f t \mu_r \mu_0}{\rho g}} \tag{4-38}$$

$$f_0 = \left(\frac{kl}{l}\right)^2 \times \frac{\rho g}{\pi t \mu_r \mu_0} \tag{4-39}$$

b　加热装置功率的确定

加热装置功率包括带材加热有效功率、水冷功率、辐射及电流热损失功率、感应加热装置总功率以及带材功率密度计算所需功率。其中，辐射及电流热损失功率可根据热力学公式计算，但两者与带材加热有效功率相比很小，因此，在进行加热装置功率计算时，首先确定带材加热有效功率，然后估算水冷功率及感应加热装置总功率所占比例确定水冷功率及感应加热装置总功率。

（1）带材加热有效功率。带材加热有效功率应该根据带材的运行速度、宽度、厚度、密度、比热及需要的温升条件，采用下式进行计算：

$$P_S = \frac{60.0 v_S b t \gamma_S \lambda_S \Delta T}{3.6 \times 10^{10}} \tag{4-40}$$

式中　P_S——带材加热有效功率，kW；

　　　v_S——带材运行速度，m/min；

　　　b——带材宽度，cm；

　　　t——带材厚度，cm；

　　　γ_S——带材密度，kg/m^3；

　　　λ_S——带材比热，$J/(kg \cdot ℃)$；

　　　ΔT——带材温升，℃。

（2）感应加热装置总功率。在带材横向磁通感应加热过程中，为了使加热装置总体的功率留有余地，设感应加热装置总功率为带材加热有效功率2倍，即感应加热的总体效率为50%，所以感应加热装置总功率为：

$$P = P_{\mathrm{S}}/\eta \tag{4-41}$$

式中　P——感应加热装置总功率，kW；

　　　　η——感应加热的总体效率。

（3）水冷功率。水冷功率主要考虑带材加热时向加热装置耐热层和隔热层传热功率损失，这里设水冷功率占带材加热有效功率10%，水冷功率为：

$$P_{\mathrm{W}} = \eta_{\mathrm{W}} P_{\mathrm{S}} \tag{4-42}$$

式中　P_{W}——水冷功率，kW；

　　　　η_{W}——水冷功率占带材加热有效功率的比率。

（4）带材功率密度计算所需功率。带材功率密度计算所需功率，必须考虑带材在运行过程中的辐射与对流热损失。辐射与对流热可以采用热力学公式进行计算，由于与带材加热有效功率相比其所占比例较小，所以在设计过程中设其所占比例为15%，这样带材功率密度计算所需功率为：

$$P_{\mathrm{a}} = P_{\mathrm{S}}/\eta_{\mathrm{f}} \tag{4-43}$$

式中　P_{a}——带材功率密度计算所需功率，kW；

　　　　η_{f}——辐射对流占带材加热有效功率的比率。

C　导磁体尺寸的确定

极距 l、磁轭宽度 l_{E}、加热装置长度 L_{Z} 是横向磁通感应加热装置的重要尺寸参数，如图4-15所示。为了保证加热装置获得最大效率，首先设参数 $kl = 2.5$，先给定一个励磁电流的频率 f 的初值，根据式（4-38）确定极距及磁轭宽度、加热装置的长度及参数 kl 的计算公式：

$$\begin{cases} l = \mathrm{int}\left(0.5 + 2.5 \times \sqrt{\dfrac{\rho g}{\pi f \mu_{\mathrm{r}} \mu_0}}\right) \\ l_{\mathrm{E}} = l - s \\ L_{\mathrm{Z}} = N_{\mathrm{L}} l + 2.0 l_{\mathrm{E}} \\ kl = l \sqrt{\dfrac{\pi f \mu_{\mathrm{r}} \mu_0}{\rho g}} \end{cases} \tag{4-44}$$

式中　l——磁极的极距，cm；

　　　　l_{E}——磁轭的槽宽，cm；

　　　　L_{Z}——加热装置的长度，cm；

　　　　N_{L}——一片加热装置线圈的个数；

　　　　s——励磁线圈的槽宽，cm；

g——磁极的空气气隙，cm；

t——带材的厚度，cm；

ρ——带材的电阻率，$\Omega \cdot cm$；

f——电源的频率，Hz；

μ_r——磁介质的相对磁导率，H/cm；

μ_0——真空磁导率，$\mu_0 = 4\pi \times 10^{-9}$ H/cm。

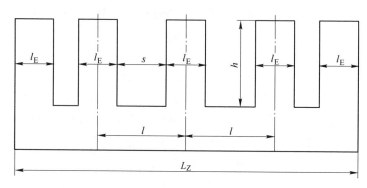

图 4-15　加热装置的尺寸结构示意图

D　励磁线圈相关参数的确定

励磁线圈相关参数主要有：励磁线圈弯曲段平均曲率半径、单匝线圈等效直径、单组励磁线圈水冷面积、励磁线圈壁厚及面积、励磁电流透入深度和电阻修正系数，这些参数的确定主要用于通水过程中传热系数及相关参数。

a　励磁线圈弯曲段平均曲率半径的确定

励磁线圈弯曲段平均曲率半径主要用于线圈冷却水水压降的计算。如图 4-16 所示，励磁线圈弯曲段平均曲率半径计公式：

$$\begin{cases} R_1 = 0.5(l_E + D_{EX}) \\ R_2 = R_1 + D_N \\ R = 0.5(R_1 + R_2) \end{cases} \qquad (4-45)$$

式中　R——线圈弯曲段平均曲率半径，cm；

　　　l_E——磁轭的宽度，cm；

　　D_{EX}——励磁线圈线管的外径，cm。

b　单匝线圈等效直径的确定

单匝线圈等效直径主要用于冷却水压降及冷却水做湍流运动时传热系数的计算。根据励磁线圈弯曲段平均曲率半径及磁轭长度，得到单匝线圈的长度，然后

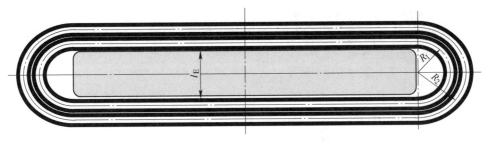

图 4-16 励磁线圈弯曲段平均曲率半径计算示意图

将其等效为圆形即可得出单匝线圈等效直径的计算公式：

$$\begin{cases} L = 2.0(b + \pi R)/100.0 \\ D = L/\pi \end{cases}$$ (4-46)

式中　R——励磁线圈弯曲段平均曲率半径，cm；

　　　　b——磁轭的长度，cm；

　　　　L——单匝线圈的长度，m；

　　　　D——单匝线圈等效直径，m。

　　c　单组励磁线圈水冷面积的计算

$$S_W = \pi T_C L D_{IN}/100.0$$ (4-47)

式中　S_W——单组励磁线圈水冷面积，m^2；

　　　　D_{IN}——励磁线圈线管的内径，cm。

　　d　励磁线圈壁厚及面积的计算

励磁线圈壁厚主要是考虑励磁对流的透入深度，进行电阻修正系数的计算。励磁线圈的面积主要是确定载流量，为励磁通水线圈外径选择提供依据。

$$\begin{cases} T_H = 0.5(D_{EX} - D_{IN}) \\ S_1 = 25.0\pi(D_{EX}^2 - D_{IN}^2) \end{cases}$$ (4-48)

式中　T_H——励磁线圈壁厚，cm；

　　　　S_1——励磁线圈的横截面积，mm^2；

　　　　D_{IN}——励磁线圈线管的内径，cm；

　　　　D_{EX}——励磁线圈线管的外径，cm。

　　e　励磁电流透入深度的计算

$$\delta = \sqrt{\frac{\rho}{\pi\mu_0 f}}$$ (4-49)

式中　δ——透入深度，cm；

　　　　ρ——励磁线圈电阻率，$\Omega \cdot cm$；

　　　　μ_0——真空磁导率，H/cm；

　　　　f——励磁电流频率，Hz。

　　f　电阻修正系数的计算

　　励磁线圈的电阻修正系数与线圈管壁的壁厚和电流透入深度的比值之间可用4次多项式进行拟合：

$$\begin{cases} x = 2.0T_H/\delta & 0.1 \leqslant x \leqslant 6.0 \\ K_{R1} = 0.0033x^4 - 0.0701x^3 + 0.5305x^2 - 1.6839x + 2.8232 \end{cases} \tag{4-50}$$

式中　　T_H——励磁线圈壁厚，cm；

　　　　δ——透入深度，cm；

　　　K_{R1}——励磁线圈的电阻修正系数。

　　g　单组励磁线圈电阻的计算

$$R_{2X} = K_{RX} \times \frac{T_C \rho L 100.0}{0.01S_1} \tag{4-51}$$

式中　　R_{2X}——考虑电流透入深度影响的单组励磁线圈电阻，Ω。

　　E　带材上功率密度、磁场强度及电流密度的计算

　　根据带材功率密度计算所需功率式（4-43）、参数 kl 计算式（4-44）及带材上的平均功率密度方程式（4-36）、带材的感生电流密度分布函数式（4-2）、通过整个磁极气隙的磁通量式（4-21），以及 $F(kl)$、励磁线圈对气隙电阻产生的电压降函数 $M(kl)$，整理可得：

$$\begin{cases} W_a = \dfrac{1000.0P_a}{btL_Z} \\[2mm] H_0 = \sqrt{\dfrac{W_a t}{\pi g \mu_r \mu_0 f M(kl)}} \\[2mm] I_0 = \dfrac{\pi \mu_r \mu_0 l f H_0 F(kl)}{\rho} \end{cases} \tag{4-52}$$

式中　　P_a——带材功率密度计算所需功率，kW；

　　　　ρ——带材的电阻率，$\Omega \cdot$cm；

　　　μ_0——真空磁导率，H/cm；

　　　μ_r——带材的相对磁导率，H/cm；

　　　　f——励磁电流频率，Hz；

　　　　g——磁极的空气气隙，cm；

　　　　t——带材的厚度，cm；

　　　W_a——带材上功率密度，kW/cm^3；

　　　H_0——极距边缘的磁场强度，A/cm；

　　　I_0——板带上与极距边缘对应点的电流密度，A/cm^2。

　　F　感生电动势、励磁电流、内部功率因数及有效功率的计算

　　a　感生电动势的计算

　　励磁线圈在气隙磁通中产生的感生电动势可以根据式（4-24）采用下式进行

计算：

$$E_1 = 2\pi f\, T_{\mathrm{C}} b\mu_{\mathrm{r}}\,\mu_0 l H_0 F(kl) \tag{4-53}$$

式中 E_1——励磁线圈在气隙磁通中产生的感生电动势有效值，V。

b 励磁电流及线圈载流量的计算

励磁电流根据式（4-10）采用下式进行计算：

$$I_{\mathrm{C}} = \frac{gH_0}{2T_{\mathrm{C}}} \tag{4-54}$$

式中 I_{C}——励磁线圈的电流，I；

T_{C}——励磁线圈的匝数；

H_0——极距边缘的磁场强度，A/cm；

g——磁极的空气气隙，cm。

根据励磁线圈的横截面积式（4-48）及励磁电流可以确定线圈载流量，为励磁通水线圈外径选择提供依据。

$$Q_1 = I_{\mathrm{C}}/S_1 \tag{4-55}$$

式中 Q_1——励磁线圈的载流量，A/mm^2；

S_1——励磁线圈的横截面积，mm^2。

c 内部功率因数及有效功率的计算

$$\begin{cases} \cos\theta_1 = \dfrac{\mathrm{Re}(\dot{E}_1)}{E_1} = \dfrac{M(kl)}{F(kl)} \\[2mm] P'_{\mathrm{a}} = E_1 I_{\mathrm{C}}\cos\theta_1/1000.0 \end{cases} \tag{4-56}$$

式中 P'_{a}——一个极距励磁线圈的有效功率，kW。

d 电阻、电抗、电压及终端功率因数的计算

励磁线圈的气隙电阻 R_1 及电抗 $X_1(\Omega)$：

$$\begin{cases} R_1 = \dfrac{\mathrm{Re}(\dot{E}_1)}{I_{\mathrm{C}}} = \dfrac{2\omega T_{\mathrm{C}}^2 b\mu_{\mathrm{r}}\mu_0 l}{g} \times M(kl) \\[3mm] X_1 = \dfrac{\mathrm{Im}(\dot{E}_1)}{I_{\mathrm{C}}} = \dfrac{2\omega T_{\mathrm{C}}^2 b\mu_{\mathrm{r}}\mu_0 l}{g} \times N(kl) \end{cases} \tag{4-57}$$

励磁线圈的槽漏磁电阻 R_2 及电抗 X_2（Ω）：

$$\begin{cases} \dot{E}_{\mathrm{S}} = j\omega bl T_{\mathrm{C}} H_0 \times \dfrac{2hg}{3sl} \\[3mm] X_2 = \dfrac{\mathrm{Im}(\dot{E}_{\mathrm{S}})}{I_{\mathrm{C}}} = \dfrac{2\omega T_{\mathrm{C}}^2 b\mu_{\mathrm{r}}\mu_0 l}{g} \times \dfrac{2hg}{3sl} \\[3mm] R_2 = 2R_{2X} \end{cases} \tag{4-58}$$

式中 R_{2X}——考虑电流透入深度影响的单组励磁线圈电阻，Ω。

励磁线圈总电压 E_0 及终端功率因数的计算

$$\begin{cases} E_0 = I_C \times \sqrt{(R_1 + R_2)^2 + (X_1 + X_2)^2} \\ \cos\theta_0 = \dfrac{R_1 + R_2}{\sqrt{(R_1 + R_2)^2 + (X_1 + X_2)^2}} \end{cases} \tag{4-59}$$

G 励磁线圈水冷参数计算

由于带材采用横向磁通加热时，励磁电流的频率基本采用工频，励磁线圈的匝数及功率较大，励磁线圈本身也发热，所以必须对其水冷进行细致的计算。

a 冷却水温度的确定

励磁线圈冷却水的进水温度应该小于 30℃，但不应低于周围空气的温度。因为水温太低会造成线圈过度冷却，空气中的水分将会在裸露的线圈表面结露，破坏线圈的绝缘导致励磁线圈匝间短路。

励磁线圈冷却水的出水温度不应超过 40~50℃，励磁线圈本身的温度不超过 50~60℃，此时冷却水不会形成水垢沉淀，从而避免水冷有效面积减少及传热不良的现象发生。

b 冷却水量的计算

励磁线圈冷却水带走的热量应该等于线圈发热功率及带材加热过程中传入的热损失功率之和，即单组线圈冷却水带走的热量：

$$\begin{cases} P_C = I_C^2 R_{2X}/1000.0 \\ Q = P_C + 0.5 P_W/N_L \end{cases} \tag{4-60}$$

式中 Q——单组线圈冷却水带走的热量，kW；

R_{2X}——考虑电流透入深度影响的单组励磁线圈电阻，Ω；

P_C——单组励磁线圈自身发热功率，kW；

P_W——带材加热时向加热装置耐热层和隔热层传热功率损失，kW；

N_L——一片加热装置线圈的个数。

单组线圈所需的冷却水水量为：

$$G = \frac{Q \times 3.6 \times 10^6}{4200.0 \times (t_2 - t_1)} \tag{4-61}$$

式中 G——单组线圈所需的冷却水水量，kg/h；

t_1——励磁线圈进水温度，℃；

t_2——励磁线圈出水温度，℃。

c 励磁线圈水冷的验证

为了保证励磁线圈的热量 Q 全部被冷却水带走，还需根据传热学理论中的基本公式对冷却水能够带走的热量 Q' 进行验证。只有 $Q' \geq Q$ 才能满足条件。冷却水能够带走的热量：

$$\begin{cases} Q' = 0.4\alpha_T S_W(t_C - t) \\ t = 0.5(t_2 + t_1) \end{cases} \tag{4-62}$$

式中　Q'——冷却水能够带走的热量，kW；

　　　　α_T——冷却水传热系数，$kW/(m^2 \cdot ℃)$；

　　　　t_C——励磁线圈管壁的平均温度，℃；

　　　　t——冷却水的平均温度，℃；

　　　　S_W——单组励磁线圈水冷面积，m^2。

H　冷却水运动特性参数

冷却水传热系数与水的运动特性密切相关，即水在进行层流、紊流和湍流三种运动形态时其值不同。冷却水运动特性主要由雷诺数决定。

a　雷诺数的计算

$$\begin{cases} v = \dfrac{G}{360.0 \times 0.25\pi D_{IN}^2} \\ Re = \dfrac{vD_{IN}}{100.0v_B} \end{cases} \tag{4-63}$$

式中　Re——雷诺数；

　　　　v——冷却水的流速，通常在 $1\sim1.5m/s$ 之间；

　　　D_{IN}——励磁线圈线管的内径，cm；

　　　　v_B——冷却水的动力黏度，m^2/s，可根据平均水温查表获得；

　　　　G——单组线圈所需的冷却水水量，kg/h。

b　冷却水传热系数的计算

$$\alpha_T = \begin{cases} 0.17Re^{0.33}Pr^{0.43} \times \left(\dfrac{Pr}{Prc}\right)^{0.25} \times \dfrac{\lambda_B}{0.01D_{IN}} & Re < 2000.0 \\[3mm] K_{0X}Pr^{0.43} \times \left(\dfrac{Pr}{Prc}\right)^{0.25} \times \dfrac{\lambda_B}{0.01D_{IN}} & 2000.0 \leqslant Re \leqslant 10000.0 \\[3mm] 0.023\left(1.0 + 3.54 \times \dfrac{0.01D_{IN}}{D}\right) \times Re^{0.8}Pr^{0.4} \times \dfrac{\lambda_B}{0.01D_{IN}} & Re > 10000.0 \end{cases}$$

$$\tag{4-64}$$

式中　Re——雷诺数；

　　　　Pr——普朗特数，可根据平均水温查表获得；

　　　Prc——水温为励磁线圈管壁的平均温度 t_C 时的普朗特数，可查表获得；

　　　　λ_B——水的热传导率，$kW/(m \cdot ℃)$，可根据平均水温查表获得；

　　　K_{0X}——修正系数，可根据雷诺数查表获得；

D_{IN}——励磁线圈线管的内径，cm；

D——单匝线圈等效直径，m。

c　冷却水压降的计算

冷却水压降是指 $1m^3$ 的冷却水流经励磁线圈所损失的机械能，或因克服流动阻力而引起的压强降。冷却水压降与水的运动特性密切相关，计算公式为：

$$\xi = \begin{cases} \dfrac{64.0}{Re} & Re \leqslant 2000.0 \\[2mm] \dfrac{0.316}{Re^{0.25}} & 2000.0 < Re < 100000.0 \\[2mm] 0.0032 + \dfrac{0.221}{Re^{0.237}} & 100000.0 \leqslant Re < 3000000.0 \end{cases} \tag{4-65}$$

式中　Re——雷诺数；

ξ——光滑管的摩擦系数。

$$\Delta p = \begin{cases} D_0 = \dfrac{2.0R}{100.0} \\[3mm] \left[\xi \times \dfrac{L}{D_{IN}} + 74.0 \times \dfrac{v_B}{vD_0} \times \left(Re \times \sqrt{\dfrac{0.01D_{IN}}{D_0}} \right)^{0.36} \right] \times \dfrac{T_C v^2}{2.0} & Re < 2000.0 \\[4mm] \left(K\xi \times \dfrac{L}{D_{IN}} + \zeta \right) \times \dfrac{T_C v^2}{2.0} & Re \geqslant 2000.0 \end{cases}$$

$$\tag{4-66}$$

式中　Δp——冷却水压降，MPa；

Re——雷诺数；

D_0——励磁线圈弯曲段平均曲率直径，m；

L——单匝线圈的长度，m；

ξ——冷却水回旋阻力系数，可按 D_0/D_{IN} 及 Re 查表获得；

K——管壁粗糙度影响修正系数，可取 1.8~2.5。

自来水压力为 0.3MPa 时，水流速度 v=1.0~1.5m/s；Δp<0.2MPa；

工业供水水压力为 0.8MPa 时，水流速度 v=1.0~3.0m/s；Δp<0.5MPa。

4.2.1.6　横向感应加热系统的数值模拟研究

A　横向感应加热数值模型

a　三维建模

根据 RAL 的板带横向感应加热设计结构尺寸，采用 COMSOL 数值模拟软件建立横向感应加热器 1∶1 三维模型如图 4-17 所示。COMSOL 模拟部分为加热系统的空气包、上下对称放置的硅钢导磁体、励磁线圈和运动的金属板带。建立足够大的空气包的作用是充分考虑加热后的板带跟空气热交换，使得模拟结果更加准确，更加贴近于实际生产。

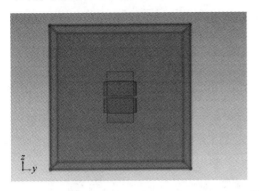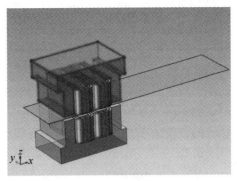

图4-17 横向感应加热初始三维模型（扫书前二维码看彩图）

b 网格优化

模型整体采用自由剖分四面体方式；对于导磁体气隙区域进行细化，设定单元生长率1.5，曲率因子0.4，狭窄区域解析度为0.7；对导磁体和线圈区域进行细化，如图4-18所示。对于导磁体的外部微弱影响整体计算的部分和空气包划分可计算二次裂变大网格，在板带和导磁体交界复杂区域和金属板带的各个边划分小网格，对于网格密集处集中提高解析度，使得计算机硬件资源得到最大化有效利用。

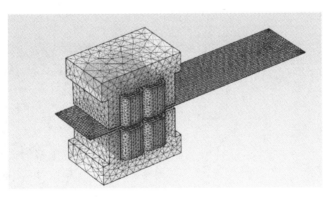

图4-18 三维模型的网格划分示意图（扫书前二维码看彩图）

B 横向感应加热数值模拟结果分析

横向感应加热装置，采用COMSOL进行三维非线性耦合仿真计算。在此模型中，金属板带宽为200mm，板带厚为1mm，线圈个数为2个，每组线圈绕制5匝，电流频率为1000Hz，线圈励磁电流为30A，板带运行速度为1m/min。

a 板带表面磁通和涡流分布

横向感应加热装置的导磁体聚拢磁场，垂直穿过金属板带。图4-19为铝带表面磁通方向云图，铝带的磁通明显，大多数的磁通可以穿过铝带厚度，铝带表面的磁通分布除了边部磁通集中，其余区域比钢板更均匀分布。图 4-20 为钢带表面磁通方向云图，钢带的水平磁通多于垂直钢带的表面，垂直穿过钢带的磁通明显比铝带少。无论是顺磁性材料还是铁磁性材料，端部效应都会对板带宽度方向边缘处的温度场分布有一定的影响，在相同频率相同电流下的金属板带表面磁通端部效应的影响铝带大于钢带，本质原因是钢带是铁磁性材料，本实验材料钢带的相对磁导率为 165，远远大于铝带的磁导率，垂直的一部分磁感线被磁导率较大的钢板水平分散，这就势必会造成一定的磁场能量损失。

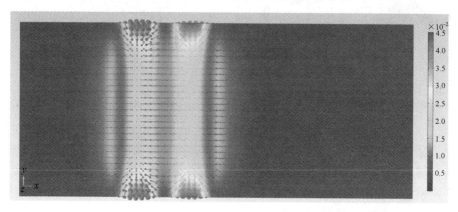

图 4-19　铝带表面磁通方向云图（扫书前二维码看彩图）

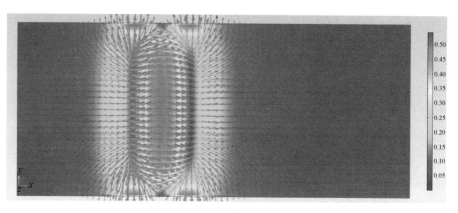

图 4-20　钢带表面磁通方向云图（扫书前二维码看彩图）

　　由法拉第电磁感应定律可知，在周期变化的磁场内，金属导体会感应出电流，磁场单位时间变化越剧烈，感生的电流强度越强。如图 4-21 为铝带表面涡流密度云图，图 4-22 为钢带表面涡流密度云图。

　　涡流主要分布在线圈投影在板带的区域，这与磁通密度分布相对应。涡流的

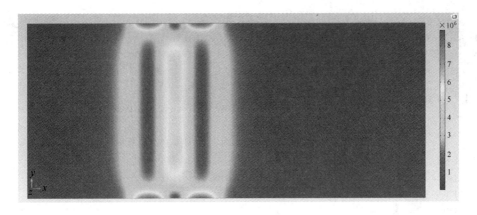

图 4-21　铝带表面涡流密度云图（扫书前二维码看彩图）

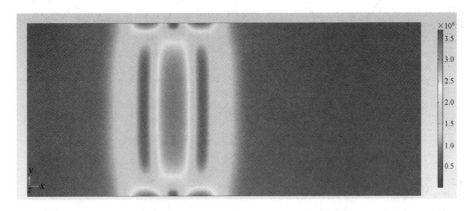

图 4-22　钢带表面涡流密度云图（扫书前二维码看彩图）

分布情况跟金属板带表面的磁通息息相关，涡流分布在水平磁通区域和垂直变化磁通周围，磁通变化的剧烈程度和涡流的强度成正比。

　　b　板带表面温度分布

　　金属板带中的涡流会产生热量，金属板带在任一瞬间都会在线圈的投影区域产生涡流，随着板带的连续运动，就会产生与沿着板带运动方向上的涡流热叠加累积，板带最终被加热。如图 4-23 和图 4-24 所示为带材表面的温度分布云图和感应器出口处带板宽各点温度分布曲线。无论是铝带还是钢带均出现边部过热现象，铝带边部过热现象要大于钢带的边部过热情况，铝带截面上呈 U 形分布的温度曲线，温度最小值出现在板宽中间的位置。同频率同电流下的钢带表面温度场分布曲线出现了 W 形分布的曲线，边部为温度最大值，温度最小值在距离边部过热区约一个极距长度的位置。

图 4-23　带材表面温度分布云图（扫书前二维码看彩图）

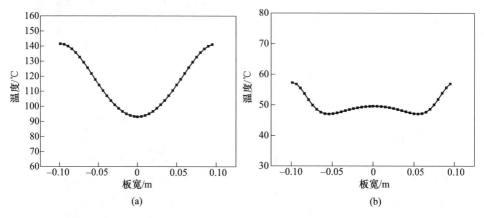

(a)　　　　　　　　　　　　　　　(b)

图 4-24　感应器出口处带材表面温度分布曲线
(a) 铝带；(b) 钢带

c　励磁电流对带材温度的影响

对金属板带的加热能力是衡量一个感应加热装置的重要标准。在其他条件不变的情况下，频率 1000Hz 励磁电流分别为 60A、50A、40A、30A 时，带材出口平均温度的模拟结果如图 4-25 所示。随着励磁电流的增大，板宽方向整体平均温度增大；整体温度曲线呈 W 形分布，励磁电流越大板带宽度方向上的最大温度差越大。这表明板带随着电流的增大，加热能力增加，温度均匀性变差。

d　板宽与导磁体宽的最佳关系

当其他条件一定时，感应器线圈通入 200A、1500Hz 的励磁电流，板带宽度为 200~300mm 出口温度分布曲线如图 4-26 所示，板带输出功率如图 4-27 所示。从图 4-26 可见：当导磁体宽度与板带宽度相同时，带材边部过热现象最明显；随着板带的宽度的增大边部温度逐渐降低，但是板宽中心部的温度分布几乎不变，带宽为 230mm、240mm 时的温度均匀性最好。从图 4-27 可见：随着板带的宽度的增大，板带从加热功率增加并趋于定值。因此，板宽与导磁体宽之比存在一个合理值，不仅可以减小板带边部过热现象，同时也会使感应加热装置具有更为理想的加热效率。

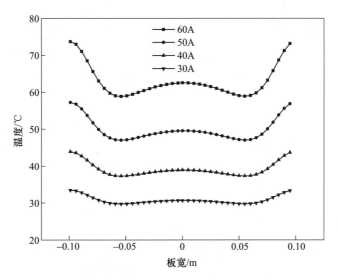

图 4-25 励磁电流对带材温度分布曲线

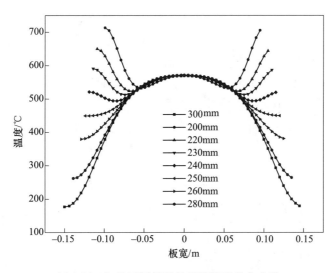

图 4-26 加热不同板宽的板带温度分布曲线

4.2.1.7 横向感应加热系统实验研究

A 横向感应加热系统

横向磁通感应加热装置的主要组成包括：感应加热线圈、导磁硅钢铁芯和被加热钢带填充保护材料为耐高温树脂玻璃钢。以实验室小型横向磁通感应加热实验装置为目标，根据横向感应加热基础理论，并依据所需加工板带的基本参数，

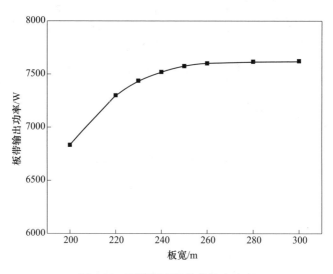

图 4-27　不同板宽板带的输出功率

完成横向磁通感应加热器的主体设计。磁体和线圈的尺寸如图 4-28 所示，感应加热设备导磁体材料为无取向硅钢，长度为 320mm，宽度为 200mm，极距 90mm，气隙可调节，磁轭宽度 45mm，槽深 110mm，两侧各有 25mm 宽的吊耳方便安装，气隙可调节，便于灵活加热不同厚度的金属板带。导磁体缠绕铜线，材料为纯铜，铜线之间用无碱玻璃丝带物理绝缘。

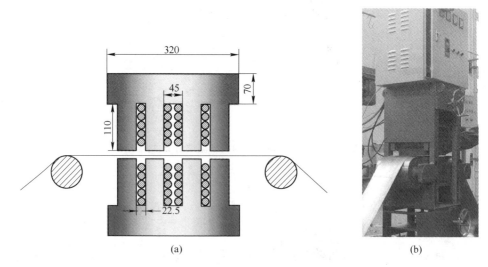

(a)　　　　　　　　　　　　　　(b)

图 4-28　感应加热头和感应加热器结构图

(a) 感应加热头示意图；(b) 感应加热器实物图

a 感应加热系统的电源箱

感应加热系统的电源箱主要包括三部分电路：整流、中间电路和逆变电路。整流电路的主要作用是把引入的交流电源转换为直流电，负载为逆变电路，逆变电路要求电路中的电流和电压具有一定的稳定性，所以在整流电路和逆变电路之间加入中间滤波电路来减少电路中的交流掺杂，称为中间电路。中间电路将脉冲电流变换成直流电流，使不稳定的脉动直流电压变得更加稳定或平滑，供逆变电路使用。逆变电路的作用是把直流电转变成感应线圈所需频率的交流电，通过电源箱上旋转调节钮来改变励磁电流频率大小。

b 温度测量设备

温度测量的准确性对感应加热装置的热效率有着至关重要的作用。热电偶测温的优点之一是测量精确度很高，感应加热的过程中线圈中交流电产生交变的磁场，热电偶测温装置不受感应加热线圈产生的磁场干扰。针对本实验中连续运行的金属板带，将热电偶焊接在固定点测温的方法不现实，本实验采用读数式滑轮热电偶测试板带的单点温度，将热电偶固定在滑轮车装置上，测量时将滑轮固定在板带的某一位置；实验中热电偶和滑轮车装置相对静止，滑轮车装置与板带相对运动，所以热电偶和板带接触式相对运动，实现了连续接触式持续测量板带的能力。如图4-29所示，将热电偶的数据电流接入TES-1310数位温度表读数并记录。为了尽可能保证温度测量的及时性和准确性，用两个读数式滑轮热电偶同时测量板宽测量点的瞬时温度。

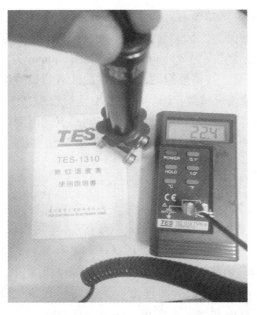

图 4-29 读数式滑轮热电偶

c　实验板带物理参数

实验室感应加热器，待加热的板带材料有两种，分别为铁磁性材料钢带和顺磁性材料铝带。实验用金属板带的物理参数见表4-1，本实验从安全性考虑先以较小的励磁电流进行加热实验，预计板带的温升在100℃内。本实验用到的金属材料在温度较低的时候，材料各项物理参数变化不大，截取板带的50℃时钢带材料和铝带的物理参数进行温度计算和输出功率计算。用改进后感应加热装置实验，板带温度在连续运动过程中有充分时间冷却，感应加热器的入口温度在循环运动下始终为室温。

表 4-1　所加热板带 50℃的部分物理参数

参数种类	钢带	铝带
运行速度/m·min^{-1}	1	1
板带温度/℃	室温	室温
厚度/mm	1	1
宽度/mm	200	200
密度/kg·m^{-3}	7850	2700
比热/J·(kg·℃)$^{-1}$	485	880
电导率/Ω·cm	$4×10^{6}$	$15.3×10^{6}$
相对磁导率	165	1

B　实验结果与模拟结果对比分析

当励磁为 50A 电流时，500~1800Hz 时进行模拟值和实验结果对比，如图4-30 所示。被加热板带宽度为 200mm，将板宽每隔 50mm 为实验测温点，用读数式滑轮热电偶进行测量。数值模拟的板宽温度曲线有明显边部过热现象，温度曲线呈 W 形分布与实验结果一致，但实验测量温度值普遍高于数值模拟温度曲线，板带边部的测量值偏离模拟结果最大，板带中间三点的温度测量值和模拟值的误差在 5~20℃以内。随着励磁电流的频率增大，实验值和模拟值的误差绝对值越大，误差范围在 6%~21%以内。

C　感应加热效率分析

加热效率是衡量感应加热装置性能最重要的一项指标。感应加热实验装置理论计算部分 $M(kl)$ 函数对应的最大值为效率最高点，影响 kl 值的主要变量为电流的频率、气隙大小、被加热金属板带的磁导率和电阻率。在感应加热器气隙结构不变的情况下，$M(kl)$ 函数的峰值在 kl 为 2.5 时取得极大值，即最大效率点，同时内部功率因数基本达到极值。即理论上感应加热设备气隙极距 90mm，气隙 20mm、加热厚度为 1mm 的金属板带的铝带的最佳频率 $f_0 = 70Hz$，钢带的最佳频率 $f_0 = 1300Hz$。

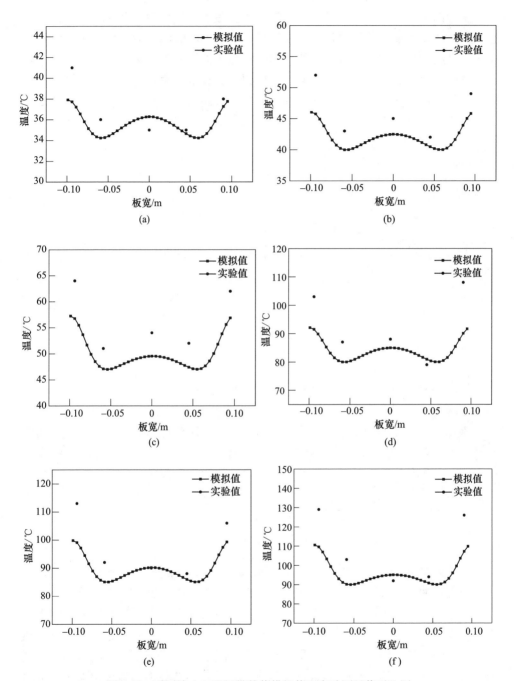

图 4-30 不同输入电流钢带数值模拟值和实验测量值对比图

（a）50A，500Hz；（b）50A，700Hz；（c）50A，1000Hz；
（d）50A，1300Hz；（e）50A，1500Hz；（f）50A，1700Hz

实验的过程中，可测设备的总体功率减去驱动电机带动驱动辊的功率，就是感应加热线圈的输入功率。计算金属板带加热效率的时候，为了保证精确性用功率表测量电动机稳定运行状态下的功率，将金属板带的平均温升乘以各自的比热容、密度、厚度和运行速度等参数后，得到金属板带的输入功率，金属板带的输入功率与感应加热器的净输入功率的比值即为金属板带的热效率，励磁电流 50A 不同频率下计算得出的铝带热效率如图 4-31 所示，钢带的热效率如图 4-32 所示。

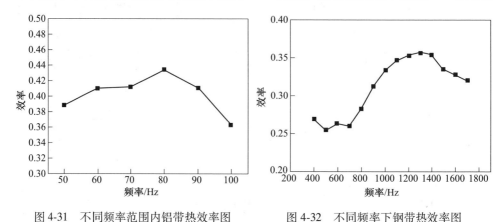

图 4-31　不同频率范围内铝带热效率图　　　图 4-32　不同频率下钢带热效率图

从图 4-31 可见，铝带的加热效率随着励磁频率的升高先增大再减小，在 80Hz 前效率明显升高，在 80~100Hz 频率下的效率快速下降，效率最佳点在电流频率为 80Hz，其效率值为 0.43。理论计算铝带的最佳频率值 70Hz 与实验测量值吻合较好；从图 4-32 可见，钢带的总体热效率随着频率的升高先增大再减小，钢带的加热效率在电流频率为 1300Hz 时极值为 0.36，励磁频率与理论值完全吻合。

4.2.2　直接火焰冲击加热技术

4.2.2.1　直接火焰冲击加热技术原理及优势

直接火焰冲击（Direct Flame Impingement，DFI）加热技术是利用高温、高速火焰直接冲击被加热物体的表面，通过火焰燃烧产物的强制对流和辐射等换热机制加热工件。将 DFI 技术应用于连续退火或热镀锌生产线带钢的加热，由于带钢厚度方向尺寸较小，因此加热效率不受带钢内部传热的限制，更能发挥 DFI 热流密度高的优势。DFI 技术通常采用纯 O_2 作为助燃剂，即所谓的 Oxyfuel 燃烧技术，火焰温度高，达 2000℃以上，可以进一步提高加热效率。与传统加热技术相比，采用 O_2 助燃的 DFI 快速加热技术的主要优势如下[32]：

（1）热流密度约为传统空气助燃加热的 10 倍。

（2）加热效率高，节约燃料消耗。

（3）降低 NO_x 等有害气体排放，减少环境污染。

（4）炉衬温度低，加热炉工作条件得到改善，使用寿命长。

（5）加热速率高，减少加热过程中工件表面的氧化和脱碳，加热质量好。

（6）高速冲击火焰可清除带钢表面油污、乳化液和固态颗粒等污染物，实现加热与清洗同时进行，使退火生产线结构紧凑，占地面积进一步缩小。

（7）改造旧设备方便，利用 DFI 技术改造旧生产线，可极大提高生产能力。

（8）带钢加热温度可通过 DFI 烧嘴输入功率灵活控制，调整加热工艺方便快捷，减少因加热温度调整带来的过渡材。

4.2.2.2 富氧（全氧）直接冲击火焰燃烧特性[33]

A 直接火焰冲击加热烧嘴

直接火焰冲击加热技术的关键是烧嘴，要求烧嘴火焰既要有较高的温度和速度，又要有较高的稳定性和燃烧效率，并且污染物排放低。图 4-33 所示为一种三重同心管逆扩散燃烧烧嘴，该烧嘴的内层通道和外层通道分别通氧化剂，中间环缝通道通燃气。其中，内层和外层通道的氧化剂流量可以独立控制，内层氧化剂和燃气混合燃烧形成逆扩散火焰，内层通道流通截面积小，氧化剂流速高，有利于形成湍流流动，促进氧化剂和燃气的混合，提高燃烧效率和火焰速度。外层通微小流量氧化剂，与燃气形成种子火焰，提高高速火焰的稳定性。

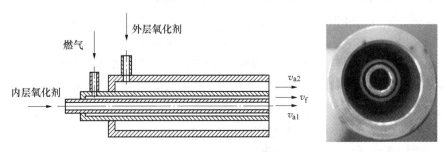

图 4-33 DFI 单火焰烧嘴结构

v_{a2}—外层氧化剂流量；v_{a1}—内层氧化剂流量；v_f—燃气流量

图 4-34 所示为窄间距多火焰 DFI 烧嘴。为了提高加热均匀性，多火焰之间的间距要求尽量小，本烧嘴采用整体加工的外层通道结构，使火焰间距缩小为 25mm。

B 烧嘴燃烧特性

为研究烧嘴的火焰燃烧特性，分别改变燃气流量（0.3m³/h、0.5m³/h、0.7m³/h）、氧化剂中氧含量（40%，50%，60%，70%）、空气过剩系数（0.9，1.0，1.2）以及内、外层通道氧化剂流量比（2∶1~8∶1，10∶1，20∶1），观

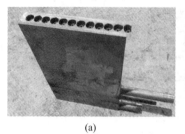

(a)　　　　　　　　　　　(b)　　　　　　　　　　　(c)

图 4-34　窄间距多火焰烧嘴

（a）多火焰烧嘴照片；（b）低功率燃烧状态；（c）高功率燃烧状态

察记录火焰形态，测量火焰温度沿轴线的分布，考察各燃烧参数对火焰燃烧特性的影响规律。

a　燃烧工艺参数对火焰形态特征的影响

图 4-35 所示为燃气流量 $0.5m^3/h$，空气过剩系数为 1.0，不同氧化剂氧含量以及内外层通道氧化剂流量比例条件下的火焰形态照片。可以看出，随着氧化剂中氧含量的增加，蓝色火焰减少，黄色火焰增加，当氧含量为 60% 或 70% 时，火焰变为白炽色，同时噪声降低，火焰宽度明显增加，高度变化不明显。火焰发生上述形态变化的原因如下：随着氧含量的增加，氧化剂中氮气比例下降，燃烧反应剧烈，火焰温度升高，产生白炽火焰。同时，由于内层氧化剂雷诺数减小，湍流效应和卷吸效应降低，导致火焰变宽，火焰速度降低，噪声减小。内层通道氧化剂流量的变化对火焰形态有很大影响。随着内层氧化剂流量的增加，燃烧产物的雷诺数增加，湍流效应加剧，卷吸效应增强，氧化剂和燃气混合充分迅速，燃烧剧烈，导致火焰形状由发散转变为收敛，火焰长度变短，并伴随着噪声增大。

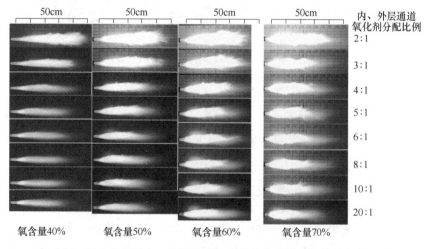

图 4-35　氧含量以及内、外层通道氧化剂分配比例对火焰形态的影响

图 4-36 所示为空气过剩系数对火焰形态的影响。可以看出，随着空气过剩系数增加，火焰形状收敛，黄色火焰减少，蓝色火焰增多，火焰高度降低，宽度减小。上述火焰形态变化的原因如下：随着空气过剩系数增加，内层通道氧化剂雷诺数增大，湍流效应加剧，卷吸效应增强，氧化剂与燃气混合充分迅速，燃烧剧烈，导致火焰变短，收窄。同时，空气过剩系数大于 1，燃料完全燃烧，燃烧产物中没有游离态碳颗粒，因此火焰表现为蓝色。

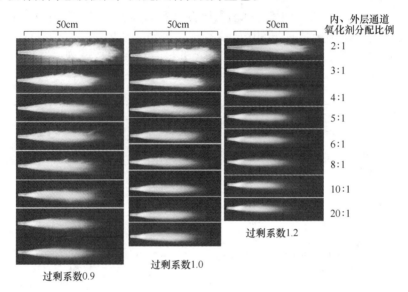

图 4-36 空气过剩系数以及内、外层通道氧化剂分配比例对火焰形态的影响

b 火焰温度轴向分布规律

选取烧嘴出口上方 30~230mm 的中心线火焰温度作为研究对象，分别测量不同氧化剂氧含量、内层和外层通道氧化剂分配比例、空气过剩系数以及不同燃气流量条件下火焰的温度分布，研究各种燃烧工艺参数对火焰温度及其轴向分布的影响规律。

图 4-37 所示为燃气流量为 $0.5m^3/h$，空气过剩系数为 1.0，不同氧化剂氧含量以及内、外层通道氧化剂流量比例条件下的火焰轴向温度分布。由图可以看出，轴线上火焰温度随着距烧嘴出口距离的增加先迅速上升，达到最高温度后开始缓慢下降。这一先升后降的温度分布规律是由于在距离烧嘴出口较近时，燃气和氧化剂还没有达到燃烧当量比，燃气未完全燃烧，因此温度较低。但是由于烧嘴出口处混合气体的速度较高，燃气和氧化剂迅速混合达到燃烧当量比，因此温度也迅速达到最高值。随着距烧嘴距离的继续增大，火焰因烟尘辐射以及向周围散热而温度缓慢下降。上述火焰的高温区域、最高温度以及最高温度距烧嘴出口的距离随氧化剂中氧含量以及内外层通道氧化剂分配比例的变化而变化。变化规

律如下：（1）在相同氧化剂中氧含量条件下，内、外层通道氧化剂分配比例为 20∶1 的火焰温度高于其他分配比例的火焰，当氧含量为 70% 时，火焰最高温度达到 2300℃ 以上。这是因为随着内层氧化剂比例的升高，氧化剂雷诺数增大，湍流效应增强，氧化剂与燃气的混合更加充分迅速，燃烧反应剧烈，导致火焰温度升高。（2）在内、外层氧化剂比例为 20∶1 条件下，随着氧含量增加，火焰温度呈增加趋势，火焰最高温度也随氧含量的增加而增加，但最高温度点距烧嘴出口的距离随氧化剂中氧含量的增加而有所降低（最高温度点位置在距烧嘴出口 70～120mm 之间）。其原因是氧化剂中氧含量越高，氧化剂中氮气含量越低，燃烧反应越剧烈，并且燃烧产物总量减少，在产生相同燃烧能量条件下，燃烧产物越少，火焰温度越高。

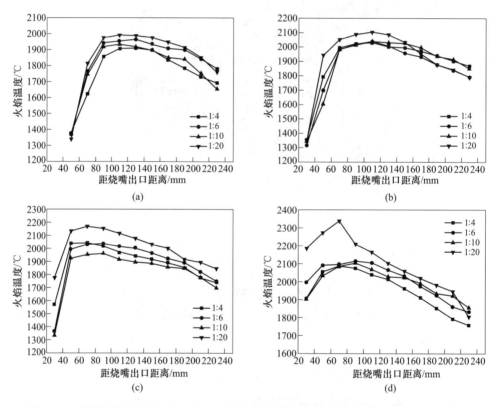

图 4-37　不同氧化剂中氧含量以及内、外层通道氧化剂流量比例条件下的火焰温度分布
（a）氧含量 40%；（b）氧含量 50%；（c）氧含量 60%；（d）氧含量 70%

4.2.2.3　直接火焰冲击加热技术典型应用

2002 年，林德公司在不增加加热炉长度的情况下，在奥托昆普不锈钢退火线上安装了一套 2m 长、4MW 的 DFI 加热装置，使该生产线的生产能力从 23t/h

提高到35t/h，提高了约50%[32]。2006年，德国的蒂森克虏伯钢铁公司在镀锌生产线的预热段上安装了一套3m长、5MW的DFI加热装置，可以将带钢温度加热到200℃，使该生产线的生产能力从82t/h提高到105t/h，提升近30%。同时，DFI加热可以烧掉带材轧制过程中留下的残渣和油渍，以达到清洗钢板的目的，从而可以缩短生产线清洗系统的长度，节省厂房使用面积，减少投资和操作成本[32]。V. G. Lisienko等[34]的研究表明，DFI技术可以大大减少耐火材料的使用，极大改善了加热炉炉衬的工作条件，并且当助燃空气预热时，使用DFI技术的加热炉其传热率能达到65%，氮氧化物的排放不会超过0.003%（30ppm）。U. Bonnet等[35]采用DFI技术设计了一种电工钢生产线的预热装置，可以将带钢预热至300℃，而炉子长度只有辐射管炉子的1/4，减少初期投资和维护运行费用。

4.3 无氧化快速冷却技术

4.3.1 无氧化快速冷却技术原理及优势

无氧化快速冷却是指采用不含氧元素、常温下为液态的碳氢化合物作为冷却介质，经雾化后均匀喷射到带钢表面，通过碳氢化合物的气-液相变吸收带钢热量，实现带钢快速冷却的先进技术。汽化后的冷却介质，可通过冷凝方法再转化为液态，循环利用。可以作为冷却介质的碳氢化合物主要有丙烷、丁烷、戊烷等。其中，有关戊烷喷射冷却的研究较多。戊烷的相关理化性能参数见表4-2。

表4-2 戊烷理化性能参数

分子式	相对密度 （水=1）	熔点 /℃	沸点 /℃	汽化潜热 /kJ·kg⁻¹
C_5H_{12}	0.63	−129.8	36.1	343

利用戊烷等碳氢化合物作为冷却介质，实现无氧化快速冷却，具有以下技术优势：

（1）戊烷是一种稳定介质，不含氧元素，不会产生带钢表面氧化问题；不需要后续酸洗处理，可用于镀锌线，降低生产成本，减少污染物排放。

（2）具有较高的冷却速率，1mm厚带钢冷速达到400℃/s（2mm厚带钢200℃/s），解决了高速喷氢冷却能力不足的问题。

（3）实现高冷却速率不需要高的介质流速，因此不存在带钢振动问题，降低了冷却段对张力的要求，电能消耗小，只有高速喷氢冷却的十分之一。

（4）冷却速率和终冷温度可以精确控制，具有柔性，可以实现多种冷却过程。

（5）戊烷是普通化工原料，很容易在市场上买到，利用常温的水就可以实现气态戊烷的冷凝，并且戊烷的汽化和冷凝在密闭的条件下实现，消耗少，使用成本低，对操作人员和环境没有危害。

（6）戊烷冷却设备紧凑，冷却段长度只是喷氢冷却的三分之一，可以方便地应用于现有连续退火和热镀锌生产线，并且很容易在不同冷却模式之间转换，无需停止生产线。

4.3.2　无氧化快速冷却技术国内外研究概况

日本相关学者最早在 1985 年提出了采用烷烃类碳氢化合物作为冷却介质对带钢进行冷却的方法[36]。法国 CMI 公司于 2010 年提出了以 C_5H_{12} 为冷却介质的超级干冷技术[37]，目前尚处于实验室中试阶段，未投入工业化应用。2012 年，韩国浦项公开了一项碳氢化合物相关专利[38]。

就已公开的文献资料来看，CMI 公司首先在实验室设置了单喷嘴 C_5H_{12} 喷射冷却装置以检验该技术的可行性。具体原理如下：C_5H_{12} 经循环泵抽出，通过带钢正下方排布的喷嘴喷射至带钢表面，换热过程中，通过在退火炉下方设置的循环风机，将炉内汽化产生的 C_5H_{12} 蒸汽回收至带有冷凝水装置的冷凝箱中，迅速液化成为液态 C_5H_{12} 后回流至 C_5H_{12} 存储箱中循环使用。根据上述原理，CMI 公司又建立了一套中试实验设备。该套设备通过感应加热对带钢进行加热，冷却腔内设置有多个压力雾化喷嘴，冷却腔底部设有冷凝装置，用于对 C_5H_{12} 蒸汽进行冷凝回收。利用该套中试设备可以模拟带钢连续退火时的运动状态，通过对冷却速度、表面质量、成品力学性能的检测可以进一步验证超级干冷技术投入工业化应用的可行性。结果表明，对于 0.7mm 厚板，在带钢运行速度为 180m/min 的条件下，带钢冷却速度约为 510℃/s，电机电能消耗约为 55kW；同比采用 15% 含量氢气的高速喷气冷却法，冷却速度提高 3 倍以上、电机消耗减少十分之九、产线长度缩短近四分之三。

国内对于连续退火的研究主要集中在高速气体喷射冷却和射流冷却上，在以烷烃类有机物为介质的无氧化快速冷却领域尚没有代表性研究。从 CMI 公司的专利及韩国浦项的专利中可以看出，国外学者对于无氧化快速冷却的研究主要集中在对冷却速率、带钢是否发生氧化反应、带钢质量的检测上，对于换热机理和传热机制的研究鲜有报道。

对于连续退火而言，换热机理的研究对于控制冷却速率、改善成品带钢质量具有重要的意义。国内外有关换热机理研究的侧重点是碳氢化合物在单管或管束内、外的气液两相流沸腾换热性能、在大空间容器内沸腾换热特性、低温物体的喷射冷却性能等。而针对碳氢化合物喷射冷却高温界面的换热规律、流体动力学、气泡动力学、单个液滴碰壁流动和扩展行为等机理问题则研究较少。

4.3.3 无氧化快速冷却技术的实验研究

采用氮气雾化戊烷，分别改变氮气压力和戊烷压力，对 0.5mm、1.0mm、1.5mm 和 2.0mm 厚带钢试样进行气雾喷射冷却，考察不同厚度试样在各种冷却工艺条件下的冷却速率和表面氧化状态[39]。

4.3.3.1 冷却速率

表 4-3~表 4-6 分别为不同氮气压力、戊烷压力和带钢厚度条件下带钢试样的平均冷却速率（从 800℃冷却到 300℃）。

表 4-3 0.3MPa 氮气压力下不同带钢冷却速率与 C_5H_{12} 压力关系

C_5H_{12}入口压力/MPa	0.3	0.4	0.5	0.6
0.5mm 带钢冷却速率/℃·s⁻¹	142.88	178.10	187.50	203.33
1.0mm 带钢冷却速率/℃·s⁻¹	81.76	93.60	107.80	155.78
1.5mm 带钢冷却速率/℃·s⁻¹	50.30	56.23	60.87	68.59
2.0mm 带钢冷却速率/℃·s⁻¹	44.23	49.16	53.59	62.73

表 4-4 0.4MPa 氮气压力下不同带钢冷却速率与 C_5H_{12} 压力关系

C_5H_{12}入口压力/MPa	0.3	0.4	0.5	0.6
0.5mm 带钢冷却速率/℃·s⁻¹	126.91	147.20	168.25	216.70
1.0mm 带钢冷却速率/℃·s⁻¹	76.88	88.38	99.85	125.45
1.5mm 带钢冷却速率/℃·s⁻¹	55.56	59.43	69.10	93.33
2.0mm 带钢冷却速率/℃·s⁻¹	41.60	48.21	57.23	71.60

表 4-5 0.5MPa 氮气压力下不同带钢冷却速率与 C_5H_{12} 压力关系

C_5H_{12}入口压力/MPa	0.3	0.4	0.5	0.6
0.5mm 带钢冷却速率/℃·s⁻¹	102.86	129.64	152.22	186.25
1.0mm 带钢冷却速率/℃·s⁻¹	76.10	95.47	107.23	134.20
1.5mm 带钢冷却速率/℃·s⁻¹	54.67	60.68	67.51	84.75
2.0mm 带钢冷却速率/℃·s⁻¹	46.78	52.81	56.65	70.60

表 4-6 0.6MPa 氮气压力下不同带钢冷却速率与 C_5H_{12} 压力关系

C_5H_{12}入口压力/MPa	0.3	0.4	0.5	0.6
0.5mm 带钢冷却速率/℃·s⁻¹	99.98	123.82	151.11	177.60
1.0mm 带钢冷却速率/℃·s⁻¹	82.12	94.33	98.40	128.50
1.5mm 带钢冷却速率/℃·s⁻¹	52.68	54.85	63.63	82.94
2.0mm 带钢冷却速率/℃·s⁻¹	45.45	50.23	58.72	74.74

4.3.3.2　温降曲线

图 4-38（a）为 1.0mm 厚带钢试样，在 C_5H_{12} 压力为 0.5MPa，氮气压力分别为 0.3MPa、0.4MPa、0.5MPa 和 0.6MPa 条件下的温降曲线。图 4-38（b）为 1.0mm 厚板，在氮气压力为 0.5MPa，C_5H_{12} 压力分别为 0.3MPa、0.4MPa、0.5MPa 和 0.6MPa 条件下的温降曲线。

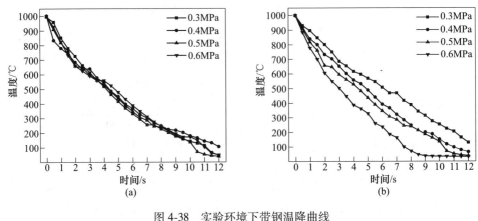

图 4-38　实验环境下带钢温降曲线
（a）C_5H_{12} 压力 0.5MPa；（b）氮气压力 0.5MPa

在 C_5H_{12} 压力不变的条件下，随着氮气压力的增加，带钢温降曲线没有明显变化；在氮气压力不变的条件下，随着 C_5H_{12} 压力的增加，带钢冷却速率加大，说明戊烷压力（流量）对冷却速率的影响高于氮气的影响。

4.3.3.3　不同板厚下冷却速率与气体压力的关系

图 4-39 为不同板厚冷却速率与氮气压力的对应关系。氮气压力从 0.3MPa 增加至 0.6MPa，0.5mm 带钢的冷却速率有逐渐下降的趋势；1.0mm 带钢的冷却速率变化不明显，冷却速率的最大差值为 9.40℃/s；1.5mm 带钢冷却速率的最大差值为 8.23℃/s；2.0mm 带钢冷却速率的最大差值为 5.13℃/s；通过对不同板厚不同氮气压力的冷却曲线的分析可以发现：1.0mm、1.5mm 和 2.0mm 板厚的带钢冷却速率随氮气压力的变化并不明显，这与模拟得出的结论一致。0.5mm 厚带钢冷却速率随着氮气压力的增加而减小。

相关研究表明，气体压力的增加有助于增强雾化效果，减小液滴直径进而增大换热面积以提高冷却速率。在实际的退火过程中，由于 C_5H_{12} 沸点低、带钢表面温度较高，高温带钢对周围热辐射作用使环境温度升高，C_5H_{12} 液滴在下落过程中发生汽化现象，部分 C_5H_{12} 液滴在喷射至钢板表面的过程中已经汽化成为气态 C_5H_{12}，因此喷射至钢板表面发生核态沸腾和二次核态沸腾换热的 C_5H_{12} 体积

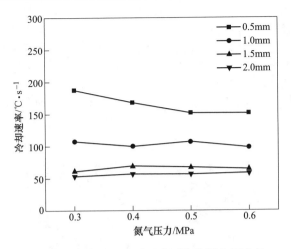

图 4-39 0.5MPa C_5H_{12} 压力下的带钢冷却速率

变小。增加氮气压力，减小了 C_5H_{12} 液滴颗粒的直径，加剧了 C_5H_{12} 液滴的汽化，对于 0.5mm 薄规格冷轧板，由于钢板厚度小、整体储热量低，参与换热 C_5H_{12} 体积的减少对 0.5mm 厚带钢表面温度的变化具有显著的影响，因而随着氮气压力的增加，冷却速率降低。对于 1.0mm、1.5mm 和 2.0mm 厚板，钢板厚度大、整体储热量大，参与换热 C_5H_{12} 体积的变化对带钢冷却速率无显著影响。

4.3.3.4 不同板厚下冷却速率与 C_5H_{12} 压力的关系

图 4-40 为 0.5MPa 氮气压力条件下，不同板厚冷却速率与 C_5H_{12} 压力的对应关系。通过对不同板厚不同 C_5H_{12} 压力下带钢的冷却曲线的分析可以发现：随着 C_5H_{12} 压力的增加，不同板厚条件下的带钢冷却速率逐渐变大，与模拟得到结论相一致。

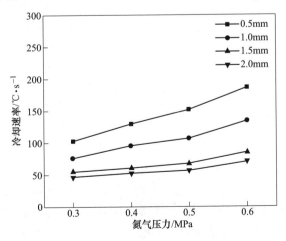

图 4-40 0.5MPa 氮气压力下的带钢冷却速率

4.3.3.5　带钢表面状态

图 4-41 为戊烷气雾冷却后试样表面状态，试样两侧夹持区的长度约为 40mm，过渡区的长度约为 30mm，中心均温区的长度约为 100mm。可以看出，经 C_5H_{12} 气雾喷射冷却退火后喷雾有效区域表面光洁平整，带钢表面无氧化铁皮附着。采用 C_5H_{12} 作为冷却介质的退火冷却工艺的无氧化效果良好，成品带钢无需经过酸洗等其他热处理步骤。

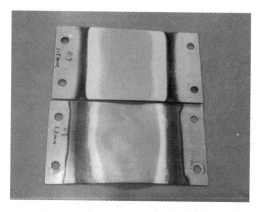

图 4-41　戊烷冷却后带钢表面状态

4.4　超快速退火下钢铁材料组织性能转变

4.4.1　研究背景及发展现状

现代钢铁流程优化的目标是低成本、高效率、优质、低耗、连续、紧凑和环境友好，冷轧产品的热处理流程也在经历着类似的变化。从罩式退火到连续退火，其加热方式未发生根本改变，因此带钢加热速率受到很大限制（远小于 30℃/s），同时高能耗、低效率、工艺参数变化范围窄等问题也严重制约着材料性能潜力的挖掘。为了克服上述问题，新一代的超快速退火（Ultra Rapid Annealing，URA）技术应运而生。该技术是利用先进的感应加热或电阻加热（加热速率可达 1000~5000℃/s）和特殊的冷却技术（包括高速喷气、气雾混合、全氢冷却和冷水淬火等），可使带钢在非常短的时间内（几秒甚至几十分之一秒）完成升温和降温过程，大大提高了退火效率，实现了对温度路径的精确控制，为材料提供了更具灵活性和柔性化的组织-性能控制手段[40]。

超快速退火条件下材料内部显微组织和力学性能的研究，能为破解传统热处理在先进高强钢或电工钢组织调控中的局限性提供新的途径，对促进高性能钢铁材料热处理技术的发展具有重要的科学意义和极大的应用潜力。国际上相关研究刚刚起步，文献资料屈指可数。20 世纪 90 年代，美国学者 Shoen 等[41]对传统取向硅钢的一次冷轧板实施了超快速退火（加热速率为100℃/s），发现初次再结晶构得到明显改善，保证了高温退火后高斯（Goss）织构占比达到90%以上，明显改善了材料的磁性能。21世纪初，Salvatori等[42]采用加热速率为500~1000℃/s的URA（无保温）技术在冷轧不锈钢中得到了细小的再结晶组织和理想的退火织构，最终产品性能达到或超过工业连退产品。Muljono等[43]研究了（超）低碳钢高速加热（无保温）条件下的再结晶动力学和织构演变，结果表明提高加热速率会显著增大再结晶温度范围，进而促进晶粒细化，最终获得发达的再结晶织构（如<111>//ND织构纤维）。但澳大利亚等国学者[44]发现超低碳钢在特殊加热速率（约为2000℃/s）下，会引发较低温度下的"超快速软化"现象，导致晶粒粗化和织构强化。这与"快速加热抑制回复、推迟再结晶"的传统认识不符，进而表明随着加热速率的提高，材料内部的软化行为可能会出现不连续性。最近，法国学者Massardier等[45]在低碳钢中发现，快速加热提高了再结晶和相变的开始和结束温度，初始组织的大小和碳化物分布对URA再结晶机制有重要的影响。东北大学和宝钢针对超低碳钢和Fe-Si合金的URA组织和织构理论正在积极开展工作。

4.4.2　超快速退火对再结晶和相变组织的影响

本研究以某钢铁公司提供的低碳烘烤硬化钢（Low-Carbon Bake Hardening，LC-BH）为实验材料，对比研究了不同加热速率条件下材料再结晶和相变组织的演变规律[46]。实验钢化学成分见表4-7。锻造后的钢锭加工成60mm×60mm×120mm的热轧坯料，随后利用RAL实验室中的ϕ450mm×450mm二辊热轧实验机轧至4mm厚。终轧结束后采用超快冷设备，以大于50℃/s的冷速冷却至550~600℃模拟卷取。热轧板酸洗后采用ϕ110mm/350mm×300mm直拉式四辊可逆式冷轧机组冷轧至1.2mm厚。连续退火模拟实验分别在MMS-300热模拟实验机和CAS-200带钢连续退火实验机上进行。为了探究实验钢在升温过程中的再结晶和相变规律，对试样分别以10℃/s和300℃/s的加热速率升温至550~950℃后水冷，制样并观察其微观组织。

表4-7　实验钢化学成分（质量分数）　　（%）

钢种	C	N	Si	Mn	Al	O	Fe
LC-BH	0.065	0.008	0.11	1.24	0.015	0.002	余量

图4-42和图4-43分别是加热速率为10℃/s时不同峰值温度下实验钢的金相组织和SEM组织。当加热速率为10℃/s、试样在600℃时的微观组织与冷轧板差别不大，为拉长的铁素体晶粒和碎化的珠光体，此阶段为回复阶段。当温度为650℃时，微观组织仍为变形带。当温度升至700℃时，视场内可发现再结晶形核组织，碎化的珠光体呈带状沿轧向分布。随着退火温度的升高，铁素体晶粒逐渐

长大。当温度为 740℃时，金相视场内除铁素体再结晶晶粒外，还出现了少量深色颗粒。当退火温度为 760℃时，带状组织基本消失，结合 SEM 照片，可以确定微观组织由珠光体和少量马氏体组成。这是由于该温度下珠光体开始溶解，从而在淬火过程中形成马氏体。退火温度继续升高，溶解的珠光体增多，水冷后组织中的马氏体含量增加，基体为等轴铁素体，此组织与铁素体+马氏体（Ferrite+Martensite，F+M）的双相钢组织相似，并存在少量球形碳化物。当温度升高到 860℃，水冷组织全部为马氏体，证明升温过程中已全部发生了奥氏体化。当温度为 900℃时，为典型的低碳马氏体组织，与较低温度下的马氏体组织相比，其块状结构有粗化趋势。

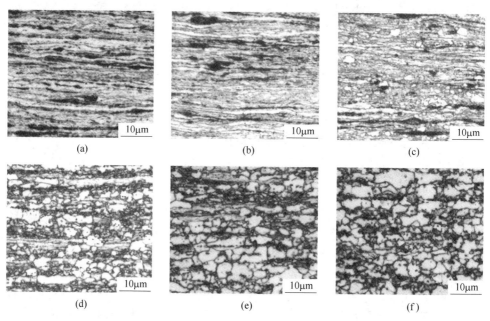

图 4-42　加热速率为 10℃/s 时不同峰值温度下实验钢的微观组织
（a）600℃；（b）650℃；（c）700℃；（d）740℃；（e）760℃；（f）820℃

图 4-44 为加热速率为 300℃/s 时不同峰值温度下实验钢的金相组织。当加热速率为 300℃/s、退火温度为 569℃和 645℃时，实验钢水冷组织与冷轧态组织类似，即为变形带+碎化的珠光体组织。当退火温度为 709℃时，细小的再结晶晶粒沿变形带方向分布，碎化的珠光体并未溶解。随着退火温度的升高，再结晶晶粒尺寸增加，出现了少量马氏体组织，说明此时已开始发生奥氏体化。当温度为 736℃时，微观组织中存在尺寸为 1~3μm 的岛状残余奥氏体组织，这部分组织的出现可能与快速升温过程中珠光体溶解不均匀，从而形成的残余奥氏体有关。随退火温度继续升高，奥氏体化组织增多，马氏体含量逐渐增多，同时因基体内碳的扩散逐渐均匀，岛状残余奥氏体含量减少至消失[47,48]。当温度为 845℃时，金

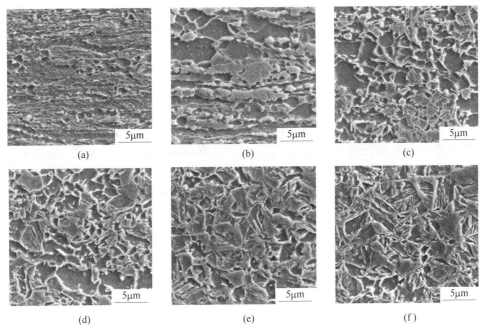

图 4-43 加热速率为 10℃/s 不同峰值温度下实验钢的微观组织

(a) 700℃；(b) 740℃；(c) 780℃；(d) 840℃；(e) 860℃；(f) 900℃

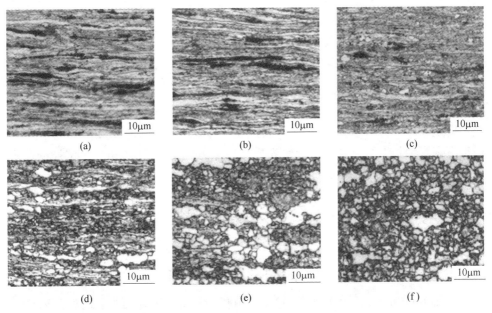

图 4-44 加热速率为 300℃/s 时不同峰值温度下实验钢的微观组织

(a) 569℃；(b) 645℃；(c) 709℃；(d) 736℃；(e) 790℃；(f) 845℃

相视场内马氏体组织比例进一步提高。

对比两种不同升温速率条件下的微观组织可见，超快速加热时铁素体再结晶晶粒和马氏体组织均有所细化，且冷轧带状组织能够保留至较高温度。在超快速加热条件下，温度为790℃时仍可发现明显的带状组织，如图4-44（e）所示；而普通加速速率下，温度为760℃时带状组织已基本消失，如图4-42（e）所示。这说明超快速加热过程中实验钢再结晶开始温度高于普通加热速率的试样。因此可以推断，在加热时实验钢中的奥氏体化过程和再结晶过程相互影响，因超快速加热保留的变形能促进了再结晶过程并推迟了奥氏体化进程，两者在一定程度上存在竞争关系。

对LC-BH钢连续退火再结晶和相变组织的分析表明，加热速率为300℃/s时，再结晶温度高于普通加热速率试样，而且铁素体晶粒和马氏体组织均有一定程度细化。由此可见，超快速加热保留变形能的作用使随后的再结晶和奥氏体化过程变得更加复杂。

4.4.3　超快速退火对再结晶织构的影响

实验材料采用薄带连铸无取向硅钢带，铸带宽度为254mm，厚度为1.7mm，成分见表4-8[49]。无取向硅钢铸带在冷轧机上轧至0.5mm厚后，沿轧向切取100mm×20mm的冷轧板试样。快速热处理实验在东北大学的MMS-200热模拟实验机上进行，该设备采用电阻加热方式。当试样加热到设定温度并保温到预定时间后，通过环形淬火喷射器将高压水快速喷射到试样上，实现水淬。实验过程中采用焊接在试样表面的热电偶测量温度。实验钢分别以5℃/s、50℃/s、100℃/s和300℃/s的升温速率加热到650℃、700℃、800℃和900℃，分别保温2s、6s、10s、20s、40s和60s，随后喷水冷却至室温，保留样品在预设温度条件下的组织状态。热处理后的试样采用线切割切取12mm×8mm（轧向×横向）的金相试样，经不同型号砂纸打磨和机械抛光。随后采用4%硝酸酒精腐蚀约25s，并在光学显微镜下观察金相组织，试样分析面为样品厚度方向（轧向×法向）。试样的微观取向分析采用安装在FEI Quanta 600扫描电子显微镜上的OIM 4000电子背散射衍射（EBSD）系统。

表4-8　无取向硅钢铸带成分（质量分数）　　　　　　　　（%）

C	Si	Mn	Als	N	S	P
0.0031	1.24	0.23	0.28	0.0047	0.008	0.019

如图4-45所示，在5℃/s、50℃/s、100℃/s和300℃/s的升温速率条件下，将试样加热至700℃等温10s，快速水冷至室温后在FEI Quanta 600型扫描电镜下观察到的EBSD取向成像图。由图可见，相同热处理温度下，随着加热速率的升

高，再结晶分数逐渐下降。当升温速率为5℃/s时，再结晶分数约为63%，未发生再结晶的条带状组织主要是储能较低的<100>//ND变形晶粒，再结晶晶粒取向分布较为漫散[50]。当升温速率为50℃/s时，再结晶分数有所下降，在<111>//ND取向变形晶粒的变形带上观察到<110>//ND取向的再结晶晶粒。当升温速率为100℃/s时，在<111>//ND变形基体的剪切带上可以发现大量<110>//ND取向再结晶晶粒。当加热速率升高至300℃/s时，试样的再结晶分数显著降低，主要以<111>//ND变形晶粒内剪切带形核的<110>//ND晶粒为主，与100℃/s加热速率时观察到的现象一致。由此可见，升温速率的增加促进了<110>//ND晶粒在<111>//ND变形晶粒内的再结晶现象。

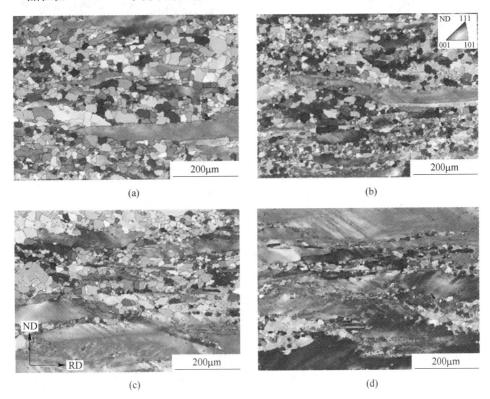

(a)　　　　　　　　　　　　　(b)

(c)　　　　　　　　　　　　　(d)

图 4-45　不同升温速率等温10s后实验钢的微观组织反极图
(Inverse Pole Figure，IPF)（扫书前二维码看彩图）
(a) 5℃/s；(b) 50℃/s；(c) 100℃/s；(d) 300℃/s

图4-46所示为以5℃/s、100℃/s和300℃/s升温速率将试样加热至900℃等温60s后，快速水冷至室温后在扫描电镜下观察到的EBSD取向成像图。可见，不同升温速率样品均发生完全再结晶。随着加热速率的升高，再结晶晶粒尺寸明

显减小。图 4-47 所示分别为<001>//ND、<110>//ND 和<111>//ND 取向晶粒的面积分数对比图。升温速率为 5℃/s 时，<001>//ND 和<111>//ND 取向晶粒所占面积最大，<110>//ND 取向晶粒所占面积最少。当加热速率升至 100℃/s 后，<100>//ND 取向晶粒面积最大，<110>//ND 取向晶粒所占比例相比 5℃/s 有明显增加。在加热速率增加到 300℃/s 时，整体晶粒尺寸明显减小，<100>//ND 取向晶粒所占面积大大降低，<110>//ND 取向晶粒所占面积达到最大，这也说明了<110>//ND 织构显著增强。

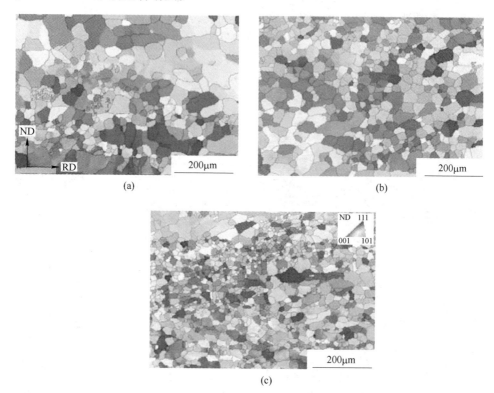

(a)   (b)

(c)

图 4-46　不同升温速率等温 60s 后实验钢的微观组织反极图（IPF）（扫书前二维码看彩图）
(a) 5℃/s；(b) 100℃/s；(c) 300℃/s

图 4-48 所示为不同加热速率条件下实验钢的再结晶织构。当升温速率为 5℃/s 时，再结晶织构主要由较强的<001>//ND 织构（λ-fiber）和较弱的<111>//ND织构（γ-fiber）组成，最强点位于 Cube 组分，其 $f(g)=7.705$。在 $\varphi_2=45°$ODF 截面图上未出现明显的 Goss 织构，γ 织构线集中在 {111} <112>组分处。当升温速率增加至 100℃/s 后，Cube 织构和 Goss 织构附近取向线较为密集，最强点仍为 Cube 织构，其 $f(g)=5.501$。在 $\varphi_2=45°$ODF 截面图上，Cube 织构依然较强，且 Goss 织构有了明显增强且位向十分准确。在 300℃/s 升温速率条

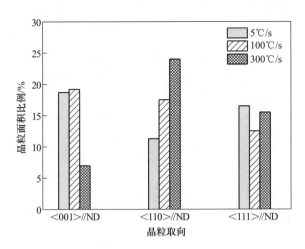

图 4-47　不同升温速率等温 60s 后实验钢的不同取向晶粒面积比例

件下，试样的微观取向有了很大的变化，织构最强点位于 Goss 组分处，对应的 $f(g) = 6.114$。此外，在 $\varphi_2 = 45°$ ODF 截面图中观察到了较弱的 {001} <110>、{112} <110>和 γ 织构。综上可见，当加热速率较低时，<001>//ND 和<111>// ND 取向晶粒所占面积最大，织构取向线在 Cube 织构附近最密集，存在较弱的 Goss 织构。随着加热速率的增加，<110>//ND 取向晶粒所占比例逐渐增加，织构最强点逐渐向 Goss 织构转移，<001>//ND 取向晶粒所占面积下降，Cube 织构明显减弱。

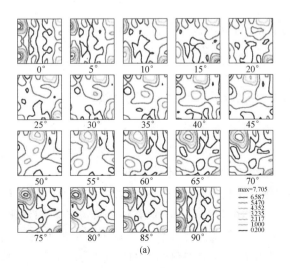

(a)

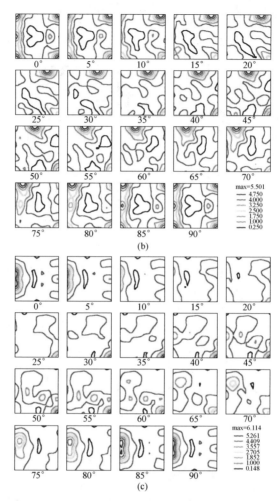

图 4-48　不同升温速率等温 60s 后实验钢的再结晶织构（扫书前二维码看彩图）

(a) 5℃/s；(b) 100℃/s；(c) 300℃/s

4.4.4　超快速退火对最终组织和力学性能的影响

采用 4.4.2 节中的烘烤硬化钢为实验材料，通过研究不同退火加热速率对实验钢力学性能的影响规律，明确超快速退火工艺和最终产品力学性能的依赖关系。图 4-49 为连续退火模拟实验工艺示意图。

图 4-50 为实验钢在不同加热速率下的退火组织。总体来看，不同加热速率下实验钢在 840℃退火后组织均为等轴铁素体和珠光体。加热速率的变化导致了铁素体晶粒尺寸、含量和珠光体分布状态出现了明显的差异。图 4-50（f）为实验钢中铁素体的平均晶粒尺寸随加热速率的变化曲线。由图可见，随着加热速率

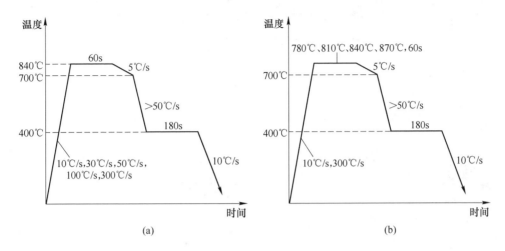

图 4-49 热处理工艺制度图

(a) 不同加热速率热处理工艺图；(b) 不同退火温度热处理工艺图

的升高，铁素体晶粒尺寸降低。当加热速率由 10℃/s 升高到 100℃/s 时，晶粒尺寸由 (5.3±0.17)μm 降低到 (3.9±0.1)μm，细化了 26.4%。当加热速率继续升高至 300℃/s 时，铁素体平均晶粒尺寸变化不大，为 (3.9±0.08)μm。另外，随着加热速率的增加，珠光体的带状特征逐渐消失，铁素体晶粒尺寸差别增大，细小晶粒和粗大晶粒并存。

表 4-9 为不同加热速率条件下实验钢的力学性能。随着加热速率的增加，退火板的屈服强度和抗拉强度均有所提高，而伸长率变化不大，均为 33% 左右。对拉伸强度而言，当加热速率为 10℃/s 时，退火钢板的屈服强度和抗拉强度分别为 340MPa 和 505MPa；当加热速率提高到 300℃/s 时，其屈服强度和抗拉强度分别增加了 85MPa 和 20MPa。在实验加热速率范围内，退火板的烘烤硬化值 (Bake Hardening，BH)、烘烤过后试样的抗拉强度与未烘烤试样的抗拉强度之差 BHT 值分别在 45~160MPa 和 110~145MPa 范围内。当加热速率由 10℃/s 增加到 100℃/s 后，BH 值由 65MPa 升高到 160MPa；继续提高加热速率至 300℃/s，BH 值下降至 45MPa。退火板的 BHT 值均在 110MPa 以上，随加热速率变化并不明显。对成型性能而言，随加热速率变化，加工硬化指数 n 值（真实应力与真实应变关系曲线的斜率）和塑性应变比 r 值（单向拉伸试样宽向应变与厚向应变的增量比）分别在 0.14~0.25 和 1.42~1.66 范围内。随加热速率变化，退火板的 n 值与 BH 值变化趋势相类似，当加热速率由 10℃/s 升高到 100℃/s 时，n 值由 0.17 增加至 0.24；继续提高加热速率至 300℃/s，n 值反而下降至 0.14；r 值在加热速率为 100℃/s 时取得最优值，即为 1.66。

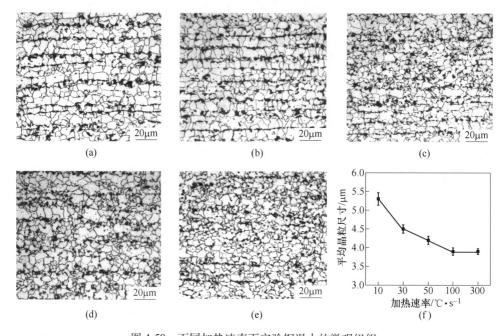

图 4-50 不同加热速率下实验钢退火的微观组织

(a) 10℃/s；(b) 30℃/s；(c) 50℃/s；(d) 100℃/s；(e) 300℃/s；(f) 平均晶粒尺寸

表 4-9 不同加热速率下实验钢的力学性能

加热速率 /℃·s⁻¹	屈服强度 /MPa	抗拉强度 /MPa	BH 值 /MPa	BHT 值 /MPa	n	r	伸长率 /%
10	340	505	65	140	0.17	1.54	33.5
30	375	507	80	110	0.25	1.56	32
50	390	495	85	120	0.22	1.61	34
100	395	512	160	145	0.24	1.66	35
300	425	525	45	135	0.14	1.42	35

随加热速率的增加，退火板铁素体晶粒尺寸降低，这是退火板屈服强度和抗拉强度增加的原因。退火过程中，热轧析出粒子溶解时需要扩散的距离随晶粒尺寸减小而缩短，晶粒细小增加了 C、N 的溶解量，从而在烘烤过程中，能够钉扎更多的位错，阻碍位错的移动，提高屈服强度[51~54]。这是开始阶段随加热速率增加，BH 值和 BHT 值增加的原因。当加热速率进一步提高至 300℃/s 时，较高的屈服强度将会减少引入位错的数量，降低 BH 值。成型性能指标 n 值和 r 值下降可由退火板在超快速加热时组织的不均匀性来解释。综上所述，当加热速率为 100℃/s 时，退火板能够获得最优的性能，即屈服强度、抗拉强度、BH 值、BHT 值、n 值、r 值和伸长率分别为 395MPa、512MPa、160MPa、145MPa、0.24、1.66 和 35%。

参 考 文 献

[1] 田荣彬，郭永俊．冷轧高强汽车板快冷工艺技术的发展与现状［J］．钢铁研究学报，2012，24（S1）：19~24.

[2] Delaunay D, Magadoux E, Meehrain S. Wet Flash Cooling：A flexible and high-performance quenching technology for improved AHSS［J］. Iron & Steel Technology, 2014（2）：PR-PM0214-4.

[3] 崔起文．连续退火炉 RTF 段温度控制系统的研究［D］．沈阳：东北大学，2011.

[4] 齐晓华，魏冠义．金属零件感应加热表面淬火的应用研究［J］．漯河职业技术学院学报，2011，10（5）：27~28.

[5] 肖白．我国冷轧板带生产技术进步 20 年及展望［J］．轧钢，2004，21（6）：15~19.

[6] 时矗．移相调功式 IGBT 超音频感应加热电源的研究［D］．成都：西南交通大学，2004.

[7] 潘天明．现代感应加热装置［M］．北京：冶金工业出版社，1996：2.

[8] Lucia O, Maussion P. Induction heating technology and its applications：Past developments, current technology, and future challenges［J］. IEEE Transactions on Industrial Electronics, 2014, 61（5）：2509~2520.

[9] 熊一频．倍频式 700kHz 高频大功率感应加热电源的研究［D］．无锡：江南大学，2009.

[10] ［英］约翰·戴维斯．感应加热手册［M］．张淑芳，译．北京：国防工业出版社，1985.

[11] 刘庄．热处理过程的数值模拟［M］．北京：科学出版社，1996：283.

[12] 赵长汉，姜士林．感应加热原理与应用［M］．天津：天津科技翻译出版社，1993.

[13] 付正博．感应加热与节能感应加热器（炉）的设计与应用［M］．北京：机械工业出版社，2008.

[14] 俞勇祥．感应加热技术的应用与发展［J］．今日科技，1999（9）：4~5.

[15] 洪永先．铝板带连续热处理的新发展—横向磁通感应加热［J］．轻金属，1988（8）：54~57.

[16] Andree W, Schulze D. 3D eddy current computation in the transverse flux induction heating equipment［J］. IEEE transactions on magnetics, 1994, 30（5）：3072~3075.

[17] Fukushima S, Okamura K, Kase T, et al. A high-performance edge heater for the hot strip mill［J］. IEEE transactions on industry applications, 1993, 29（5）：854~858.

[18] Bobart G F. Mode of transverse flux induction heat treating of strip advantageously［J］. Industrial Heating, 1988, 55（1）：28~29.

[19] Anon. Transverse Flux induction heating：A new process of advantageously［J］. Industrial Heating. 1983, 5（10）：18~19.

[20] 吴丹．横向磁通在金属带材感应加热中的研究与分析［D］．无锡：江南大学，2007.

[21] 张月红．感应加热温度场的数值模拟［D］．无锡：江南大学，2008.

[22] Kurose H, Miyagi D, Takahashi N, et al. 3-D eddy current analysis of induction heating apparatus considering heat emission, heat conduction, and temperature dependence of magnetic characteristics［J］. IEEE Transactions on Magnetics. 2009, 45（3）：1847~1850.

[23] 黄鸿星．基于多线圈感应加热的连续退火控制与研究［D］．西安：西安理工大

学，2012.

[24] 杨晓鸣. 感应加热器的计算机辅助设计 [D]. 无锡：江南大学，2008.

[25] 吕殿利. 感应加热技术在集油系统中的应用研究 [D]. 天津：河北工业大学，2005.

[26] 吴金福. 基于 ANSYS 的感应加热数值模拟分析 [D]. 杭州：浙江工业大学，2004.

[27] 黄建方. MOCVD 反应室内电磁场有限元分析 [D]. 西安：西安电子科技大学，2006.

[28] 周东胜，杭华民，杨长龙. 电磁加热技术及其在热固性玻璃钢生产中的应用 [J]. 纤维
     复合材料，2011（1）：43~49.

[29] Muhlbauer A. History of induction heating and melting [M]. Vulkan-Verlag GmbH，2008.

[30] 马建平，段红文，张丽芳. 电源频率和功率在透热感应加热中的选择 [J]. 金属热处
     理，2004，29（11）：71~74.

[31] 屈海端. 重轨轨端淬火温度场和组织场的数值模拟研究 [D]. 武汉：武汉科技大
     学，2009.

[32] J von Scheele. Use of direct flame impingement oxyfuel [J]. Iron Making and Steel Making，
     2009，36（7）：487~490.

[33] 花福安，张政，李建平，等. 直接火焰冲击加热技术的研究与开发 [J]. 钢铁研究学
     报，2019，31（2）：168~173.

[34] Lisienko V G，Shleimovich E M. Improving the thermal characteristics of furnaces and the oper-
     ating conditions of the lining by improving direct-flame-impingement methods for intensifying the
     heating of metal [J]. Refractories and Industrial Ceramics，2013，54（3）：188~195.

[35] Bonnet U，Telger K，Wunning J. Direct fired strip preheating [C]. 6th HiTACG Symposium-
     2005，Essen-Germany，2005.

[36] Masayuki. Heating and cooling annealing technology in the continuous annealing [J]. Transac-
     tions ISIJ，1985，25（9）：911~932.

[37] Nemer M，Zoghaib M，Clodic D，et al. Method for cooling a metal belt circulating in a cooling
     section of a continuous heat treatment line，and installation for carrying out the method [P].
     Canada，CA 2694804 Al，2010.

[38] 朴钟哲，朴卢范. 钢板的冷却方法 [P]. 韩国：0041620. 2010-10-21.

[39] 胡南. 无氧化气雾喷射冷却过程实验研究 [D]. 沈阳：东北大学，2019.

[40] 任秀平. 冷轧板快速热处理技术的研究开发 [N]. 世界金属导报，2013-02-19
     （B04）.

[41] Shoen J W，Margerum D E. Ultra-rapid heat treatment of grain oriented electrical steel. USSR
     Patent，4989626 [P]. 1990.

[42] Salvatori I，Wbr M. Ultra rapid annealing of cold rolled stainless steels [J]. ISIJ International，
     2000，40（Suppl）：S179~S83.

[43] Muljono D，Ferry M，Dunne D. Influence of heating rate on anisothermal recrystallization in low
     and ultra-low carbon steels [J]. Materials Science and Engineering：A，2001，303（1-2）：
     90~99.

[44] Atkinson M. On the credibility of ultra rapid annealing [J]. Materials Science and Engineering：
     A，2003，354（1-2）：40~47.

[45] Massardier-Jourdan V, Ngansop A, Fabrègue D, et al. Microstructure and mechanical properties of low carbon Al-killed steels after ultra-rapid annealing cycles [J]. Materials Science Forum, 2010, 638: 3368~3373.

[46] 侯自勇. 快速热处理下超低碳钢的相变及再结晶组织织构演变 [D]. 沈阳: 东北大学, 2014.

[47] 骆宗安, 刘纪源, 冯莹莹, 等. 超快速连续退火对低 Si 系 Nb-Ti 微合金化 TRIP 钢组织和力学性能的影响 [J]. 金属学报, 2014, 50 (5): 515~523.

[48] 许云波, 侯晓英, 王业勤, 等. 快速加热连续退火对超高强 TRIP 钢显微组织与力学性能的影响 [J]. 金属学报, 2012, 48 (2): 176~182.

[49] 韩琼琼. 薄带连铸中低牌号无取向硅钢再结晶及析出行为研究 [D]. 沈阳: 东北大学, 2015.

[50] Han Q Q, Jiao H T, Wang Y, et al. Effect of rapid thermal process on the recrystallization and precipitation in non-oriented electrical steels produced by twin-roll strip casting [J]. Materials Science Forum, 2016: 4328.

[51] Das S, Singh S, Mohanty O, et al. Understanding the complexities of bake hardening [J]. Materials Science and Technology, 2008, 24 (1): 107~111.

[52] Lee T W, Kim S I, Hong M H, et al. Microstructural characterization and thermodynamic analysis of precipitates in ultra-low-carbon bake hardened steel [J]. Journal of Alloys and Compounds, 2014, 582: 428~436.

[53] Wilson D, Russell B. The contribution of atmosphere locking to the strain-ageing of low carbon steels [J]. Acta Metallurgica, 1960, 8 (1): 36~45.

[54] Zhao J, De A, De Cooman B. Kinetics of Cottrell atmosphere formation during strain aging of ultra-low carbon steels [J]. Materials Letters, 2000, 44 (6): 374~378.

5 金属材料先进涂镀工艺和技术

抗腐蚀问题是钢铁材料在使用过程中面临的一个重要问题。涂镀技术是一种最重要、应用最广泛的金属材料抗腐蚀技术之一。对钢铁材料表面采用不同方式进行涂镀处理，在节省资源和能源、可持续发展、减少排放和保护环境等方面起到了重要的作用。本章对先进高强钢热镀锌选择性氧化控制、热基镀锌板表面质量控制以及镀锡板无铬钝化等金属材料先进涂镀工艺和技术进行介绍。

5.1 先进高强钢热镀锌选择性氧化

5.1.1 热镀锌先进高强钢面临的问题

现代热镀锌工艺将带钢的退火和镀锌有机结合起来，带钢首先在含有还原性气体的退火炉中完成退火和表面处理，表面氧化铁还原生成活性的海绵铁，随即浸入熔融的锌液中镀锌。当钢板进入锌液瞬间，钢板表面发生锌液对钢板的润湿、Fe 的溶解及锌液中 Al 和 Fe 反应生成 Fe_2Al_5 中间层等一系列过程，Fe_2Al_5 中间层的形成是保证镀层黏附性的必要条件。带钢从锌液中提出后，表面带出的锌液凝固形成镀层[1]。

冷轧钢板的再结晶退火通常在具有还原气氛的连续退火炉中进行，不仅获得了所需的力学性能，而且还原了带钢表面的氧化铁。然而，在连续热镀锌生产线的退火工序中，虽然退火气氛对 Fe 是还原性的，而对先进高强钢中含量很高的 Si、Mn 等合金元素却是热力学可氧化的，这些合金元素在钢板表面发生选择性氧化而形成无法被还原的氧化物，尤其是无定形的 $x\text{-}MnOSiO_2$ 和 SiO_2，严重影响锌液对钢板的浸润性，从而使钢板不能顺利镀锌，发生表面漏镀点，这是热镀锌和合金化镀锌高强钢板生产中的一个最大难点[1,2]。因此，更好地理解添加 Si、Mn 等合金元素钢的表面选择性氧化对高强钢板的实际应用就显得非常重要。

5.1.2 先进高强钢的选择性氧化

5.1.2.1 合金元素的内、外氧化

在 H_2 或 $N_2\text{-}H_2$ 气氛进行再结晶退火过程中，由于合金元素的选择性氧化，

钢板表面的化学成分完全改变，这对钢板的最终处理具有极其重要的影响[3]。合金元素扩散到基体表面的选择性氧化为外氧化，外氧化可以在基体表面形成更稳定的氧化物以防止基体腐蚀。内氧化是合金元素在基体次表面氧化，对先进高强钢而言，将合金元素的选择性氧化控制为内氧化可以提高钢板的可镀性。

内氧化是氧扩散到合金内部并当氧含量超过一定浓度后，通过反应扩散，在合金表层内形成某些合金元素氧化物的过程。内氧化过程包括介质中含氧组分在工件表面上发生反应，产生氧原子，通过表面吸附、表面吸收及表面扩散，使表面氧浓度高于内部；在氧浓度梯度作用下，氧原子由表面向内部扩散，当氧浓度超过溶解度极限后，通过反应扩散，形成某些合金元素的氧化物，在形成内氧化物的过程中，还存在着相应合金元素的逆扩散，从而使与内氧化物相邻的基体中出现了该合金元素的贫乏。内氧化与表面过程、氧的扩散、内氧化反应速度以及合金元素的逆扩散等过程有关。现有的研究认为，内氧化由氧的内扩散所控制，而表面吸附和表面扩散可以很快进行，不是控制因子，同时还认为内氧化反应也不是控制因子，并忽略了合金元素逆扩散对内氧化的影响。在上述假定条件下，建立内氧化动力学方程，导出内氧化动力学应遵循抛物线规律，即内氧化层深度的平方与内氧化时间成正比[4~6]。图 5-1 是外氧化和内氧化示意图，以 AB 二元合金作为模型，其中 B 为溶质，A 为基体金属。

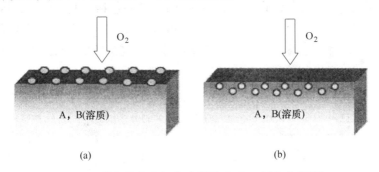

图 5-1　外氧化和内氧化示意图（AB 二元合金模型）
（a）外氧化；（b）内氧化

5.1.2.2　Wagner 内氧化模型

为了使钢板在退火处理中获得良好的性能，更好地理解钢中合金元素的选择性氧化就变得越来越重要，为此需要进行选择性氧化的理论研究。

Wagner 对高温氧化做了十分重要的工作[7]，他的氧化理论对理解选择性氧化很有帮助。Wagner 首先提出二元合金理想单晶选择性氧化数学模型的基本原理，假定选择性氧化由活性元素的互扩散控制，反应和析出峰的位置取决于氧往内扩散和合金元素往外扩散的抗衡，当反应和氧化物析出在表面下方，称为内氧化，外氧化可以看作是内氧化的一个特例。以扩散方程为基础，结合边界条件和初始条件，用解析方法求解了合金元素在氧化层的分布情况。

根据 Wagner 理论，在氧分压恒定的等温退火过程，在二元合金 M-X 中活性元素 X 发生内氧化的条件是其摩尔分数 N_X 小于某一临界值：

$$N_{X,\text{crit}} = \left(\frac{\pi g^* V N_O^S D_O}{2n V_{XO_n} D_X} \right)^{\frac{1}{2}} \tag{5-1}$$

式中　g^*——堵塞氧向内扩散通道所需的沉淀氧化物的临界体积分数；

　　V——合金的摩尔体积；

　　N_O^S——表面溶解氧的摩尔分数；

　　n——氧和金属原子在氧化物中的化学计量比；

　　V_{XO_n}——氧化物 XO_n 的摩尔体积；

　D_O，D_X——氧和合金元素的体扩散系数。

Wagner 模型的适用对象是二元合金理想单晶体，不存在晶界和缺陷，而实际上大部分合金是多元多晶，形成的氧化物也比较复杂，因此 Wagner 模型的应用非常有局限性。粗晶 Fe-3%Si 被认为非常接近于单晶，可被用来验证 Wagner 模型的正确性。

尽管存在一些严格的假设条件，但 Wagner 模型包括了基本要素，因此对以后其他学者的研究具有重要的指导作用。Mataigne 等[8]考虑了元素在晶界的扩散，将元素的晶界扩散激活能设定为其体扩散激活能的 1/2，给出元素在晶界处发生内氧化的临界摩尔分数。

$$N_{X,\text{crit,GB}} = \left[\frac{\pi g^* V N_O^S D'_O \exp(-Q_O/2RT)}{2n V_{XO_n} D'_X \exp(-Q_X/2RT)} \right]^{\frac{1}{2}} \tag{5-2}$$

$$\sum_N N_X^O (n D_X V_{XO_n})^{\frac{1}{2}} \geqslant \left(\frac{\pi g^*}{2} V N_O^S D_O \right)^{\frac{1}{2}} \tag{5-3}$$

式（5-3）左边代表每个可氧化元素所作贡献的线性叠加。

5.1.3 高强钢板热镀锌

镀锌产品质量取决于镀锌之前钢板的表面状态，而影响镀锌之前钢板表面状态的主要因素有钢板基体的退火工艺和化学成分。

同时在连续热镀锌中，锌池中的铝和高强钢表面的铁之间的反应也很重要。其原因是铁和铝的亲和力比锌更大，抑制了铁-锌脆性相，从而形成一种铁铝金属间化合物[9]，即所谓的抑制层。这对一个可行的镀锌产品是必不可少的。当钢板浸入锌池时，锌池中的铝可以还原一些再结晶或临界区退火过程中由于选择性氧化产生的氧化物（如氧化锰），从而提高可镀性[10]。

5.1.3.1 退火工艺对高强钢可镀性的影响

镀锌钢板缺陷的研究已有几十年，认为镀锌产品缺陷与退火过程中合金元素在表面富集以及氧化特性密切相关。早期的研究工作发现一些合金元素在退火时会发生选择性氧化，Grabke 等[11]的研究表明，即使在真空条件下退火，某些合金元素也会在钢板表面偏析。研究还发现，在大范围的氧分压退火气氛中，铁没有氧化，而合金元素 Mn、Al、Si 等容易氧化，这种选择性氧化会加剧合金元素以氧化物形式在表面偏析。Mahieu 等[12]的研究表明，在连续退火时，H_2-N_2 组成的保护性气体还原了氧化铁，但高强钢中其他合金元素却被氧化了。Herveldt 等[13]的研究工作表明，C-Mn-Si 的 TRIP 钢镀锌板的表面缺陷是由退火过程中在钢板表面形成浸润性差的膜状氧化层引起。De Cooman 等[14]的研究认为，冷轧 TRIP 钢可镀性差是由于临界退火过程中在钢板表面形成了复杂的硅锰氧化物，并指出影响氧化物形成的主要因素是保护性气体的残余氧含量和露点。

对于先进高强钢，以往主要研究退火工艺参数（如加热和冷却速率、温度及时间）的目的是为了获得所需要的力学性能和晶粒尺寸，而很少关注其对后面的热浸镀工序的影响。退火工艺对表面状态的影响主要体现在退火气氛的组成和露点控制上。实验研究表明，随着露点的提高，外氧化减小，而内氧化增加[15~21]。

5.1.3.2 基体化学成分对可镀性的影响

对于基体化学成分，最重要的参数包括合金元素的性质、含量、扩散系数、与试样内部和周围其他元素的亲和力。

C 含量对热镀锌有显著的影响[22]。一般来说，含碳量越高，Fe-Zn 反应越剧烈，铁的质量损失越大，钢基参加反应越剧烈，使得镀锌层黏附性变坏。一般适合热镀锌用的原板含碳量在 0.05%~0.15%之间。同时钢中 C 的存在形式对可镀锌影响也很大。当碳以石墨或者回火马氏体形式存在时，对镀层的影响不大，但当钢中的碳以粒状珠光体、层片状珠光体存在时，铁的溶解速度很快，使得 Fe-Zn反应加剧。碳不仅影响铁在锌中的溶解速度，而且还影响锌层表面的外观。钢板轧制后退火时，如果温度太高，就会引起在钢材表面形成晶间渗碳体。渗碳体能提高钢板表面张力，降低锌液对钢表面的浸润能力，从而使锌液不能在钢板表面均匀地流动，在热镀锌时，就会形成锌瘤缺陷。

Si 在钢中的作用是抑制冷却及贝氏体等温转变过程中渗碳体的析出，提高残余奥氏体的含量和稳定性。但 Si 含量高（如传统的 TRIP 钢中，Si 含量为 1.5%）时，在钢表面容易形成 SiO_2 和 Mn_2SiO_4，这些氧化物破坏了钢板的浸润性。为提高其可镀性，国内外进行了大量以其他元素取代 Si 的研究，取得了一定的成效。在元素周期表中，Al、Si、P 位于同一周期的第 3、4、5 主族内，电子结构相近，性质也相近，Al 和 P 在贝氏体转变中与 Si 的作用一样，却没有 Si 的副作用，因此可以用 Al 或 P 代替 Si。De Cooman[23]首先研究了以 Al 代替 Si 制作 TRIP 钢，并对 CMnAl-TRIP 钢进行热镀锌实验，发现用 Al 部分或完全代替 Si 时，在钢表面形成的 Fe-Al 尖晶抑制了 Mn_2SiO_4 的形成，因而 Al 合金 TRIP 钢具有好的可镀性。但由于添加 Al 元素，给炼钢和热轧工艺带来了许多问题，比如结晶器堵塞等问题。Song 等[24]对用 P 完全或部分代替 Si 的 TRIP 钢的镀层微观结构和结合力进行研究，发现 P 抑制了退火过程中 Si-Mn 氧化物的形成，钢板的可镀性得到改善。但磷的添加会影响锌液活性，抑制铁原子由晶界扩散到表面锌层，延迟了合金化反应，降低了合金化速率，不仅影响了镀锌板产量，且因其要求较高的合金化温度而恶化抗粉化性能，所以磷一般也要保持较低的质量分数。

Mo 的氧化物生成自由焓（-393kJ/mol）与 Fe 的氧化物生成自由焓（-375kJ/mol）十分接近[25]，在退火时不会因选择性氧化而产生 Mo 的氧化物表面富集，并且添加钼可扩大铁素体区域，从而使珠光体转变区域缩小。故可以在钢中添加 Mo 元素，用 Mo 代替部分 Mn 生产热镀锌双相钢。日本通过化学成分的调整，特别是 Mo 元素的添加，实现了双相钢合金化热镀锌的商业生产。

Cu 对热镀锌过程影响较小[26]，但在热轧及冷却过程中，由于铜不易氧化，且在奥氏体中的溶解度有限，铜很容易析出，并聚集在奥氏体晶界处。在热轧过程中，随着氧化铁皮的不断剥落，钢表面出现铜的富集。同时铁和铜的伸长率不同，所以在轧制过程中钢表面会出现网状裂纹，冷轧后亦不易消除，镀锌之后即在板面形成划伤或条状结疤的条痕缺陷。在含铜量超过 0.3% 时，较易形成网纹缺陷，所以热镀锌钢材中的铜含量一般要求不高于 0.15%。

Mn 含量较少时对镀锌层的结构影响较小[27]，但对于高强钢一般 Mn 的含量较高，在退火时发生偏析和选择性氧化，尤其和 Si 反应生成 Mn_2SiO_4 等复杂氧化物，对高强钢的可镀锌带来很大的危害。同时当基体中添加锰时，镀层厚度都有一定程度的下降，基体中合金元素锰对锌的扩散和铁锌反应有一定的抑制作用。

P 元素是高强钢中常加的元素[28]。研究发现，在工业退火气氛下，P 元素容易偏聚于晶界，阻碍了 Si、Mn 元素沿晶界快速扩散，有效减少表面氧化物的数量，提高可镀性。同时磷还影响热浸镀锌层铁锌反应速率，其作用相当于硅的 2.5 倍。

Nb、V 等对批量热浸镀锌基本无太大影响，但对于带钢连续热浸镀锌时，由于加入了铝后，钢中的 Nb、V、Mo 等元素会促使 Fe_2Al_5 阻挡层破裂而使锌池中的铝效应过早失去作用[22]。其原因是这些元素有细化晶粒的作用，使钢基表面晶界增多，而钢基表面晶界处是锌扩散通过 Fe_2Al_5 阻挡层的快速通道。

从上面的研究可以看出，通过改变钢板化学成分或者增加退火时氢气比例、一定范围内提高露点，可以改变钢板表面氧化物的分布，改善钢板的可镀性。

5.1.4　先进高强钢选择性氧化及可镀性研究实例

TWIP 钢既具有较高的强度又具有良好的塑性，其高强韧性和高的能量吸收能力提高了汽车车身的抗冲击能力；良好的成型性使得在室温下可冲压成各种复杂的零部件；较轻的密度使车身质量有所降低；极低的脆性转变温度提高了汽车低温下的工作能力，所以 TWIP 钢引起钢铁和汽车工业的极大兴趣。

TWIP 钢板的可镀性是其能否在汽车上得到应用的前提，而影响 TWIP 钢可镀性的关键在于其退火过程中的选择性氧化问题。因此有必要研究 TWIP 钢在退火过程中发生的选择性氧化及其对可镀性的影响，得到退火条件对 TWIP 钢表面变化的影响规律，为连续镀锌退火工艺的制定提供理论依据，为解决制约 TWIP 钢镀层质量的关键理论问题的研究奠定理论基础。

5.1.4.1　实验材料及方法

实验用钢为实验室开发的 TWIP 钢，其化学成分见表 5-1。

表 5-1　TWIP 钢成分（质量分数）　　　　　　（%）

元素	C	Mn	Al	Cr	Si	P	V
含量	0.29	23.04	2.59	3.02	0.131	0.007	0.005

铸坯在箱式电阻炉加热保温一段时间，然后在 RALϕ450mm 热轧机上热轧到 4mm 厚，相应的开轧和终轧温度为 1250℃和 850℃。经酸洗后在 RALϕ160mm 冷轧机上一次性冷轧到 1mm 厚。通过线切割切成镀锌试样，尺寸为 220mm×120mm，四个倒角为 10mm×10mm。由于实验室轧制的钢板表面有氧化铁皮、不光整等缺陷，因此需要用砂纸进行打磨直至没有明显划痕为止。进入热镀锌实验之前，要用 NaOH 溶液清洗试样，目的是清除前工序和处理而残留在钢带表面的油污、润滑剂和灰尘。

利用鞍山钢铁集团技术中心 Iwatani-Surtec HDPS 热镀锌模拟器进行退火、镀锌实验，实验设备如图 5-2 所示。

Iwatani-Surtec HDPS 热镀锌模拟器能够精确的控制试样的温度和退火气氛，进行退火、热镀锌实验，是实验室用热镀锌与退火工艺模拟的最新设备，已经作为研究该工序的全球标准设备。退火气体成分如 H_2、N_2、CO 和 H_2O 自动混合，并通过质量流控制器和湿度传感器恒定调节。使用一台红外炉模拟连续热镀锌线的 RTF 段，该模拟器的露点范围为−60~+50℃。为了保证安全，退火气氛 H_2 含量控制在 20%以内，最快加热速度可以达到 50℃/s，最大冷却速度可以达到 200℃/s。Zn 池温度设定为 460℃，Zn 池中 Al 含量为 0.5%。试样尺寸要求为 220mm×120mm 标准大小。

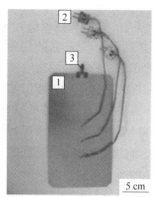

5 cm

图 5-2　鞍钢热镀锌模拟器及实验样品
1—样品；2—测温热电偶；3—固定卡夹

　　首先将试样用专用固定卡夹固定，如图 5-2 所示。焊接上测温热电偶，试样用丙酮擦洗干净，然后固定在热镀锌模拟器上（见图 5-3 中的区域 1）。首先抽真空、加入保护气氛 H_2 和 N_2，在如图 5-3 的区域 1 内完成加入保护气体，然后调节露点，之后进入自动设定的程序，开始自动运行。首先连杆下降进入加热区，如图 5-3 中的区域 2 所示，采用精确控制红外加热方式快速加热到预设定温度，然后保温一段时间，连杆上升，提升到快速冷却区域 1，冷却到冷却温度，连杆下降到红外加热的区域 2 保温，继续缓慢降温至镀锌温度，继续下降到锌池热镀锌 3s，快速提起用

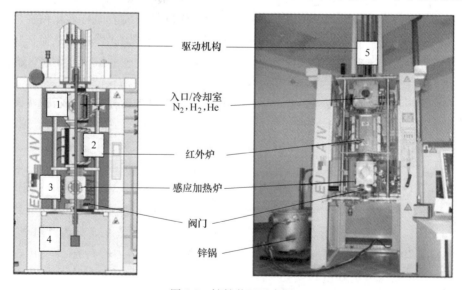

驱动机构

入口/冷却室
N_2, H_2, He

红外炉

感应加热炉

阀门

锌锅

图 5-3　镀锌装置示意图

300L/min 流量的高纯氮擦去从锌池出来的试样表面过多的锌，提升到冷却区（见图 5-3 中的区域 1）冷却到 50℃左右取下，完成整个镀锌过程。

5.1.4.2 实验方案

退火-镀锌实验方案见表 5-2，在不同的露点、退火温度、氢气比例（H_2/N_2）下进行退火、镀锌。所设计的退火气氛比传统的工业气氛（T：800℃，DP：-30℃，5%H_2）更具有还原性或氧化性。退火时露点设定为-50℃、-30℃、-15℃、0℃，退火温度设定为 700℃、800℃，氢气比例设定为 15%H_2+85%N_2、5%H_2+95%N_2。为便于比较，将试样分为四大组，以下标 1、2、3、4 区分。

表 5-2 实验用 TWIP 钢退火参数

氢气比例/%	露点/℃	退火温度/℃	
		700	800
5	-50	A_1	A_2
	-30	B_1	B_2
	-15	C_1	C_2
	0	D_1	D_2
15	-50	A_3	A_4
	-30	B_3	B_4
	-15	C_3	C_4
	0	D_3	D_4

退火-镀锌工艺如图 5-4 所示。首先将试样以 10℃/s 的速度加热到退火温度，在退火温度保持 60s。随后以 40℃/s 冷却到 480℃，缓慢冷却到 460℃（大约 30s）。

退火气氛中的 H_2O/H_2 的比例是通过露点来控制的，露点会伴随着 H_2O/H_2 的比例和氧分压的增长而增长。

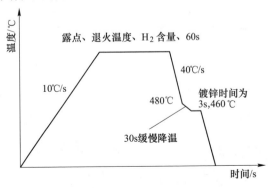

图 5-4 TWIP 钢的退火以及镀锌工艺

锌液的温度为 460℃，有 0.22%（质量分数）的 Al 以及 0.035%的 Fe。试样在锌池中沉浸 3s，为了防止渣滓不在 Zn 池的表面形成，平衡气体采用体积分数 5.0%的 H₂ 和 95.0%的 N₂，并且平衡气体的露点为-50℃。在镀锌以后，在锌池中立即用 N₂ 作为保护气体，露点为（-30±2）℃，以保证试样不被氧化，然后进行气刀刮锌，再以 10℃/s 冷却到室温。

5.1.4.3　氧势对 TWIP 钢可镀性的影响

前已述及，高强钢中的合金元素由于与氧气的亲和力较强会发生选择性氧化，而选择性氧化又包含内氧化和外氧化，取决于合金元素的种类、含量和氧势的高低。因此合金元素的氧化过程，以及氧化物的类型及其数量与氧势密切相关，而露点、温度、氢气比例是退火气氛中三个最重要的参数，它们的改变都会造成退火气氛中氧势的变化进而影响热镀锌效果。因此为了探究退火气氛对可镀性的影响，非常有必要了解氧势对 TWIP 钢可镀性的影响。

　A　不同退火气氛下氧势的计算

在高温下，氢气、氧气和水蒸气能达到以下平衡：

$$H_2O(g) = H_2(g) + \frac{1}{2}O_2(g) \tag{5-4}$$

分解产生的 O_2 在高温下会对钢板产生微弱的氧化，并且保护气氛中的氢气比例也会影响式（5-4）的平衡，进而影响气氛中氧势的变化。保护气氛中氧势与氢气分压、温度以及水汽的饱和分压有关。其关系式如下：

$$\lg p_{O_2} = 6.00 - 26176/T + 2\lg[p_{H_2O}/p_{H_2}] \tag{5-5}$$

式中　p_{O_2}——退火气氛中由水蒸气分解产生的氧气分压；

　　　p_{H_2O}——水汽的饱和分压；

　　　p_{H_2}——氢气分压；

　　　T——退火温度，K。

露点与饱和水汽分压的关系如下：

$$\lg p_{H_2O_{Sat}} = \frac{9.8T_{DP}}{273.15 + T_{DP}} - 2.22 \quad (T_{DP} \leqslant 0℃) \tag{5-6}$$

$$\lg p_{H_2O_{Sat}} = \frac{7.58T_{DP}}{240 + T_{DP}} - 2.22 \quad (T_{DP} > 0℃) \tag{5-7}$$

将式（5-6）与式（5-7）代入式（5-5）中可以得到保护气氛中氧势与露点、氢气含量和温度的关系：

$$\frac{1}{2}\lg p_{O_2} = \frac{9.8T_{DP}}{273.15 + T_{DP}} - \frac{13088}{T} - \lg p_{H_2} + 0.78 \quad (T_{DP} \leqslant 0℃) \tag{5-8}$$

$$\frac{1}{2}\lg p_{O_2} = \frac{9.8T_{DP}}{240 + T_{DP}} - \frac{13088}{T} - \lg p_{H_2} + 0.78 \quad (T_{DP} > 0℃) \tag{5-9}$$

将本实验的露点、温度、氢气比例代入式（5-8）与式（5-9）中求得退火气氛的氧势，见表5-3。

表5-3 不同退火气氛对应的氧势

氢气比例/%	露点/℃	退火温度/℃	
		700℃（氧势p_{O_2}）	800℃（氧势p_{O_2}）
5	-50	A_1（7.45×10^{-28}）	A_2（2.39×10^{-25}）
	-30	B_1（7.01×10^{-26}）	B_2（2.25×10^{-23}）
	-15	C_1（1.33×10^{-24}）	C_2（4.28×10^{-22}）
	0	D_1（1.84×10^{-23}）	D_2（5.89×10^{-21}）
15	-50	A_3（8.28×10^{-29}）	A_4（2.66×10^{-26}）
	-30	B_3（7.79×10^{-27}）	B_4（2.50×10^{-24}）
	-15	C_3（1.48×10^{-25}）	C_4（4.76×10^{-23}）
	0	D_3（2.04×10^{-24}）	D_4（6.55×10^{-22}）

B 不同退火气氛下合金元素氧化类型的计算

通过 Wagner 内氧化模型，以 Mn、Al、Cr 为主要氧化元素计算讨论在不同退火气氛下的内外氧化情况。设 Mn 氧化物为 MnO，Al 的为 Al_2O_3，Cr 的为 Cr_2O_3。由式（5-1）变形得到式（5-7），若该式成立则为内氧化，否则为外氧化。

$$N_X^O \left(n D_X V_{XO_n} \right)^{1/2} \leqslant \left(\frac{\pi g^* V N_O^S D_O}{2} \right)^{1/2} \tag{5-10}$$

式中　g^*——堵塞氧向内扩散通道所需的沉淀氧化物的临界体积分数，取 $0.3^{[29]}$；

V——合金的摩尔体积，奥氏体 γ 摩尔体积 $V = 7.299 \mathrm{cm}^3/\mathrm{mol}$；

D_O，D_X——氧和合金元素的体扩散系数，可分别由 $D_O = D'_O \exp\left(\dfrac{-Q_O}{RT}\right)$ 和 $D_X = D'_X \exp\left(\dfrac{-Q_X}{RT}\right)$ 计算，O、$Mn^{[29]}$、Al、Cr 元素在不同温度下的体扩散系数（cm^2/s），计算结果见表5-4；

n——氧和金属原子在氧化物中的化学计量比；

V_{XO_n}——氧化物 XO_n 的摩尔体积，查阅相关文献$^{[30]}$得到表5-5；

N_X^O——合金元素的摩尔分数，$N_{Mn}^O = 0.197$，$N_{Al}^O = 0.042$，$N_{Cr}^O = 0.031$；

N_O^S——表面溶解氧的摩尔分数，与 H_2 含量和水蒸气分压有关，采用式（5-11）计算。

$$N_O^S = A(T) p_{O_2}^{1/2} \tag{5-11}$$

$$A(T) = 9.67 \times 10^{-5} \exp[161.95/(RT)] \tag{5-12}$$

表 5-4　基体元素体扩散系数

$T/℃$	$D_{Mn}/cm^2 \cdot s^{-1}$	$D_O/cm^2 \cdot s^{-1}$	$D_{Al}/cm^2 \cdot s^{-1}$	$D_{Cr}/cm^2 \cdot s^{-1}$
700	$1.20×10^{-15}$	$4.84×10^{-9}$	$6.83×10^{-13}$	$1.15×10^{-15}$
800	$2.51×10^{-14}$	$3.49×10^{-8}$	$1.09×10^{-11}$	$2.41×10^{-14}$

表 5-5　氧化物的化学计量比和摩尔体积

元素	n	摩尔体积/$cm^3 \cdot mol^{-1}$
Mn	1	13.02
Al	1.5	12.86
Cr	1.5	14.59

将露点和 H_2 含量代入式（5-3），计算得出 TWIP 钢各试样 p_{O_2}、N_O^S 以及退火气氛露点、H_2 含量关系，再代入式（5-7）中，计算得到 Mn、Al、Cr 元素在奥氏体 γ 的内外氧化情况，见表 5-6。

表 5-6　在不同退火气氛中各元素氧化情况

氢气比例/%	露点/℃	合金元素氧化情况	
		700℃（Mn、Al、Cr）	800℃（Mn、Al、Cr）
5	−50	A_1（E、E、E）	A_2（E、E、E）
	−30	B_1（E、E、I）	B_2（E、E、I）
	−15	C_1（I、E、I）	C_2（I、E、I）
	+0	D_1（I、E、I）	D_2（I、E、I）
15	−50	A_3（E、E、E）	A_4（E、E、E）
	−30	B_3（E、E、I）	B_4（E、E、I）
	−15	C_3（E、E、I）	C_4（E、E、I）
	+0	D_3（I、E、I）	D_4（I、E、I）

注：E 为外氧化，I 为内氧化。

从表 5-3 和表 5-6 可以看出：对于 Mn 元素而言，只有当氧势足够高时 Mn 才会发生内氧化；Al 均为外氧化，这也是在对退火后表面氧化物形貌观察时能观察到 Al 的氧化物的根本原因；Cr 在不同氧势下内外氧化不一，然而所有试样的检测结果均未发现由于 Cr 的选择性氧化造成的明显的偏析现象，这可能是由于合金元素被氧化时 Gibbs 自由能从低到高的顺序为 Al、Mn、Cr，因此合金元素与氧气的亲和能力由高到低的顺序为 Al、Mn、Cr。由于本实验用钢 Cr 含量较少而 Mn 含量非常高，Mn 被氧化时消耗掉大量的氧气，因此 Cr 没有被氧化。

C 按氧势排列的镀锌效果

图 5-5 是按照氧势从高到低排列出的热镀锌钢板效果图。从图中可以发现，

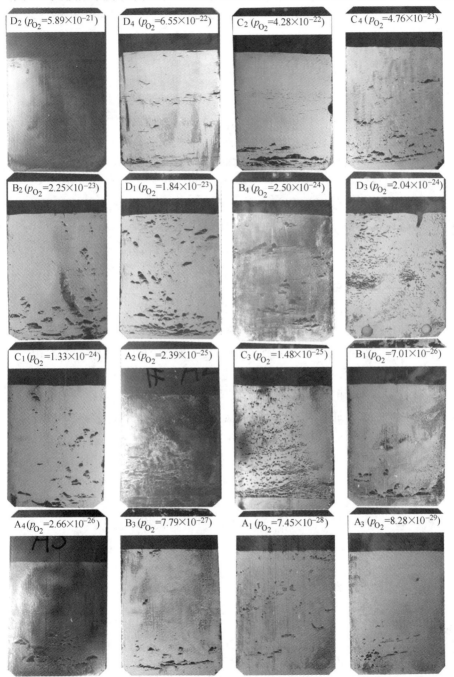

图 5-5 TWIP 钢在不同氧势下退火后热镀锌效果图

氧势最高的（D_2）5.89×10^{-21}、（D_4）6.55×10^{-22}、（C_2）4.28×10^{-22}，氧势最低的（A_1）7.45×10^{-28}、（A_3）8.28×10^{-29}，这五个试样的漏镀点都非常少，热镀锌效果较好，并且可以看出试样的镀锌效果随着氧势从高到低呈现出由好变坏、再由坏变好的变化过程。

5.2　热基镀锌板表面质量控制技术

钢铁制品（如建筑物、护栏、汽车和家电等）长期暴露在空气中时，容易受到氧气及电解质溶液的作用而被腐蚀，产品的外观及使用寿命受到严重影响。热镀锌工艺是一种常用的防止钢铁腐蚀的方法，与其他的金属防腐蚀方法相比，热镀锌工艺生产的镀锌产品具有镀层致密性较好、耐久性强、与基体结合较为紧密等优点。在热镀锌板生产中，连续热镀锌工艺是目前应用最广泛的方法之一。

根据其基板生产工艺，连续热镀锌生产可分为冷轧基板镀锌（冷基镀锌）和热轧基板镀锌（热基镀锌）。冷基镀锌产品厚度小于 2.0mm，热基镀锌产品来料厚度一般在 2.0mm 以上。热基镀锌板由于无需冷轧工序，在热轧后经过酸洗等表面处理后直接进行镀锌生产，使得热基镀锌生产线相较冷基镀锌生产线简化了部分工序，具有设备紧凑、占地面积小、投资和生产成本低等优势，深受生产厂家的欢迎；同时，随着热轧产品尺寸公差、板形和表面质量的提高，热基镀锌板可部分替代冷轧镀锌板，降低了产品价格，受到用户的追捧。

热基镀锌产品可满足用户对镀锌板强度和高耐蚀性的需求，广泛用于钢板仓、地下管廊、电缆桥架、风机外壳、建筑结构、汽车制造、高速公路护栏等领域，具有巨大的市场前景。随着热基镀锌产品的广泛应用，对厚基板和厚锌层产品的需求越来越大，通常要求锌层厚度为 $200 \sim 400 \mathrm{g/m^2}$，最大锌层厚度需求可达 $600 \mathrm{g/m^2}$。而由于基板质量、生产工艺和生产设备的原因，厚基板、厚锌层产品表面质量控制较为复杂，表面缺陷较多，严重影响了后续的使用性能。

本节对热基镀锌板常见表面缺陷成因及解决途径进行分析；结合东北大学与国内某热基镀锌产线合作研发的锌花控制系统，介绍相关表面缺陷控制方面的研究成果，并对其关键参数——锌层凝固线高度进行模拟研究。

5.2.1　热基镀锌板表面质量缺陷

热基镀锌板常见表面质量缺陷主要包括头尾中锌花尺寸不均、边中锌花尺寸不均、边部斜纹和贯穿条纹（锌流纹）等，这些缺陷严重影响了锌层外观和后续使用性能。

5.2.1.1　头尾中锌花尺寸不均缺陷

镀锌板表面锌层在凝固时会出现结晶花纹，呈现出美丽的锌结晶的外观，因而成为镀锌板外观的重要特征，通常称此结晶花纹为锌花。头尾中锌花尺寸不均缺陷是指带钢头、中、尾部锌花不均，头部和尾部的锌花尺寸明显小于中部锌花尺寸。如图 5-6 所示，带钢头部平均锌花尺寸为 1.0~3.0mm，带钢中部平均锌花尺寸为 10.0~15.0mm。对于冷基镀锌板，这种不均匀性相对较轻，通常通过增加切头、切尾量解决。但对于热基镀锌板，由于基板较厚，增加切头、切尾量会导致切损大幅增加，对成材率影响较大。

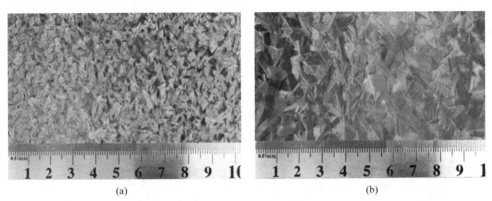

(a)　　　　　　　　　　　　　　　(b)

图 5-6　热基镀锌板头部与中部锌花形貌
(a) 带钢头部；(b) 带钢中部

A　头尾中锌花尺寸不均缺陷成因分析

热基镀锌板锌花尺寸受基板质量、锌液成分、镀锌工艺等多方面因素影响，是多种因素共同作用的结果。通过研究基板表面粗糙度和基板加热温度对锌花结晶过程和锌花尺寸的影响规律，可以分析头尾中锌花尺寸不均缺陷产生的原因，并给出改进方法。

a　基板表面粗糙度的影响

基板表面粗糙度的增大会增加形核质点数量，提高锌层的形核率，减小锌花尺寸。采用粗糙度检测仪对基板表面粗糙度进行检测，分别对镀锌前的热轧酸洗卷头部、中部和尾部各取 3 块试样，每个试样正面及反面各检测 5 个点，检测结果见表 5-7。经计算，基板头部、中部和尾部试样表面粗糙度平均值分别为 1.2844μm、0.7499μm 和 1.0964μm，头部表面粗糙度为中部的 1.71 倍，尾部表面粗糙度为中部的 1.47 倍。

表 5-7　基板不同位置粗糙度数据　　　　　　　　　　　　　（μm）

项目	1	2	3	4	5	6	7	8	9	10	平均值
头部 1	1.330	1.354	1.176	1.383	1.094	1.458	1.197	1.288	1.289	1.576	1.3142
头部 2	1.353	1.317	1.159	1.243	1.388	1.250	1.336	1.225	1.087	1.409	1.2767

项目	1	2	3	4	5	6	7	8	9	10	平均值
头部 3	1.386	1.315	1.167	1.193	1.312	1.284	1.232	1.137	1.237	1.361	1.2624
中部 1	0.597	0.577	0.489	0.853	0.619	0.878	1.101	0.934	0.457	0.737	0.7224
中部 2	0.732	0.952	0.842	0.843	1.040	0.611	0.385	0.449	0.470	0.281	0.6605
中部 3	0.912	0.996	1.028	1.044	1.082	0.540	0.791	0.834	0.759	0.682	0.8668
尾部 1	1.449	1.520	1.547	1.269	1.287	1.296	1.466	1.328	1.518	1.422	1.4102
尾部 2	1.255	1.221	1.203	1.169	1.227	1.215	0.989	1.101	1.040	1.090	1.1512
尾部 3	0.695	0.697	0.585	0.630	0.773	0.576	0.827	0.813	0.838	0.848	0.7282

采用激光共聚焦显微镜对热轧酸洗后的基板表面进行扫描，可以清晰得出基板表面的粗糙度分布。2.5mm 厚热轧酸洗基板头部和中部表面三维形貌如图 5-7 所示，带钢头部凸起点较带钢中部密集，粗糙度更大。

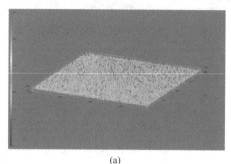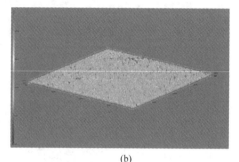

　　　　　　　(a)　　　　　　　　　　　　　　　　　　　(b)

图 5-7　2.5mm 基板表面三维形貌

（a）带钢头部；（b）带钢中部

（扫书前二维码看彩图）

与冷基镀锌基板采用连续酸洗线不同，热基镀锌基板一般采用推拉式酸洗线（Push Pull Pickling Line）。推拉式酸洗线采用非连续式生产，在穿带和甩尾时需要降速，这就增加了带钢头部和尾部的酸洗时间，造成过酸洗。过酸洗时，带钢表面会产生酸洗的道痕，形成粗糙表面，增加表面粗糙度。在实验室条件下进行酸洗实验，酸洗时间分别为 60s、90s 和 120s。图 5-8 为酸洗时间不同时带钢表面三维形貌，可以看出，随着酸洗时间的增加，凸起点由稀疏变得密集，酸洗时间越长，表面粗糙度越大。带钢头部和尾部表面粗糙度显著大于带钢中部表面粗糙度，导致头尾中锌花尺寸缺陷。

b　基板加热温度的影响

热轧带钢在轧制环节由于带头和带尾散热条件较好，导致轧制温度降低、变形抗力增加。此外，在咬钢之前和抛钢之后由于失去张力，导致轧制力学条件发生变化。这两项因素促使带钢头部和尾部厚度大于中部。如图 5-9 所示，3.2mm

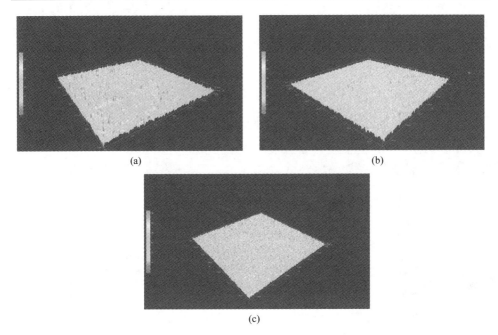

图 5-8　不同酸洗时间下基板表面三维形貌

(a) 60s；(b) 90s；(c) 120s

（扫书前二维码看彩图）

厚带钢头部和尾部明显增厚，最大厚度可达到 3.37mm。

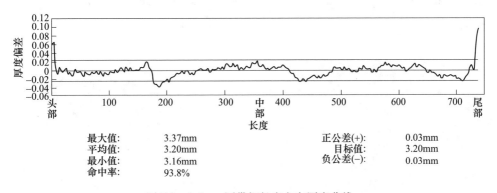

最大值：	3.37mm	正公差(+)：	0.03mm
平均值：	3.20mm	目标值：	3.20mm
最小值：	3.16mm	负公差(−)：	0.03mm
命中率：	93.8%		

图 5-9　3.2mm 厚带钢长度方向厚度曲线

热轧镀锌基板头部和尾部厚度大于中部厚度，同时，在加热时，头尾部较大的表面粗糙度又提高了带钢的吸热效率，导致带钢在加热炉中头尾温度较高，潜热较大，如图 5-10 所示。带钢进入快冷段后，由于冷却风量未针对带钢头尾部进行调整，导致带钢头尾部入锌锅温度升高，在进入锌锅后 Fe-Zn 反应较为剧烈，形成了大量的刺状 Fe-Zn 相，这些凸起也成为了有利的形核质点，进一步促进形核，导致带钢头尾形成细小的锌花。

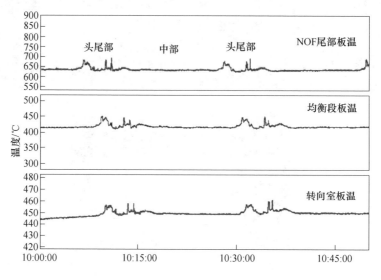

图 5-10　加热炉不同测温点带钢温度曲线

　　图 5-11 为腐蚀后带头-带中、带尾-带中 Fe-Zn 界面金相形貌，图 5-11（a）中左侧为带头部位锌层，右侧为带中部位锌层，锌层与基体接合处为 Fe-Zn 合金相。这些合金相一部分较为短小，另一部分则贯穿整个锌层，方向无规律性，呈刺状分布，而带中试样锌层与基体接合处无刺状 Fe-Zn 相出现；带尾部位与头部相似，也存在刺状 Fe-Zn 合金相，如图 5-11（b）所示。

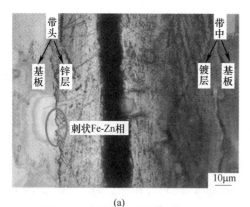
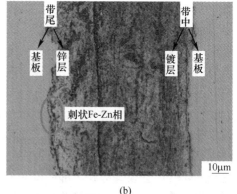

(a)　　　　　　　　　　　　　　　　(b)

图 5-11　热基镀锌板 Fe-Zn 界面金相形貌
（a）头部-中部；（b）尾部-中部

B 头尾中锌花尺寸不均缺陷改进方法

根据上述分析可以看出，单纯调整镀锌工艺和锌液成分并不能解决头尾中锌花尺寸不均缺陷，热基镀锌基板质量对头尾中锌花尺寸不均缺陷具有较大影响，可采取如下改进方法：

（1）针对基板头尾部与中部表面粗糙度不均的问题，可试图改进热轧板酸洗工艺，提高热轧带钢酸洗时穿带速率，尽可能缩小带钢头尾部与带钢中部酸洗时间差。

（2）针对基板头尾部与中部厚度不均的问题，应力图改进热轧工艺，如在粗轧与精轧间采取增加保温罩等措施减少带钢头尾部热量损失，缩小精轧时带钢头尾部与中部温差。同时，优化带头建张及带尾失张时的厚度控制模型，对头尾厚度进行补偿控制，减小带钢头尾厚度偏差。

（3）由于推拉式酸洗线和热轧生产线自身特点，上述改进方法只能减轻基板质量问题，并不能完全消除。在热基镀锌生产线上，可在带钢出锌锅后的上升段增加小锌花控制装置，通过预测锌层凝固线位置和对带钢头尾进行精确跟踪，在带钢中部锌层凝固前进行适当喷雾处理，增加带钢中部形核数量，减小带钢中部锌花尺寸，达到带头、带尾和带中锌花均匀化的目的。

5.2.1.2 边中锌花尺寸不均缺陷

边中锌花尺寸不均缺陷是指带钢边部与中部锌花不均，边部锌花尺寸明显小于中部，如图 5-12 所示。

图 5-12 热基镀锌板宽度方向边部与中部锌花形貌

A 边中锌花尺寸不均缺陷成因分析

当带钢表面锌液温度低于凝固点并达到一定过冷度时，锌液开始结晶，沿带钢宽度方向开始结晶位置的连线称为凝固线。热基镀锌板出锌锅后典型凝固线形状如图 5-13（a）所示，带钢上升过程中，边部先于中部凝固，凝固线呈抛物线形。对带钢散热条件进行分析,如图5-13(b)所示,带钢中部为两面散热,而边部为三面散热,边部散热条件优于中部。对于冷基镀锌,由于基板厚度较小,沿宽度方向的散热可以忽略。而对于热基镀锌,尤其是厚基板产品,宽度方向的散热会改善边部散热条件,致使边部锌液冷却较中部快,凝固时间缩短,边部锌花还没有来得及长大就已经凝固,因此边部锌花尺寸小于中部。

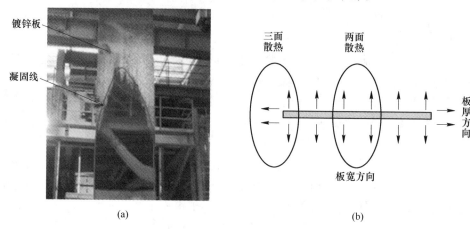

图 5-13   热基镀锌板凝固线形状与带钢散热示意图

(a)凝固线形状;(b)带钢散热示意图

B   边中锌花尺寸不均缺陷改进方法

由以上分析可知,边中锌花尺寸不均主要是由于带钢边部与中部散热条件不同,通过改变边部散热条件,可以减轻或消除边中锌花尺寸不均缺陷。如图5-14所示,在气刀上方增设边部补热装置,在边部凝固前采用感应加热或火焰喷射加热的方式对边部进行补温或将凝固的边部重熔,使镀锌板边部温度和中部趋于一致,凝固线形状趋于水平。而后在同一环境下进行冷却,保证边部锌液和中部冷却速度一致,以控制边部和中部锌花在同一时刻形核长大,解决边中锌花尺寸不均问题。

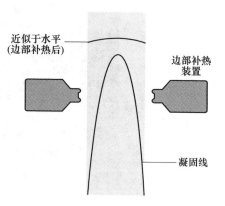

图 5-14   边部补热原理示意图

5.2.1.3   边部斜纹与贯穿条纹缺陷

边部斜纹缺陷主要出现在厚基板、厚锌层热基镀锌产品中,宏观上表现为在热基镀锌板边部出现的与带钢运行方向呈一定角度的条纹,如图5-15所示,条纹位置锌层明显增厚。极端情况下，条纹可能贯穿镀锌板整个横截面，形成贯穿条纹缺陷。

(a)　　　　　　　　　　　　　　　　　　(b)

图 5-15　热基镀锌厚锌层边部斜纹与贯穿条纹缺陷

(a) 边部斜纹缺陷；(b) 贯穿条纹缺陷

A　边部斜纹与贯穿条纹缺陷成因分析

通过大量现场生产试验和观察，并对厚基板、厚锌层镀锌板边部斜纹和贯穿条纹缺陷进行分析，结果标明，边部斜纹和贯穿条纹的成因主要包括以下几个方面：

（1）热基镀锌板出锌锅后冷却速率低，冷却过慢。生产厚基材厚锌层产品时，带材蓄热量大。而为了保证锌层厚度，气刀喷吹压力小，冷却效果差，因此带材出锌锅后冷却速率低。同时，由于厚基材边部散热效果更好，因此与薄基板镀锌产品相比，带材边部和中间温差更大。

（2）带钢板形和设备问题导致镀锌过程中边部振动。由于带材边浪及沉没辊、塔顶辊、稳定辊等设备原因，带材通过气刀时，不可避免会有一定振动，尤其边部振动可能更大。这会导致气刀喷吹冷却强度的波动，因而在带材边缘产生温度起伏。由于带材边部温度低，当边部局部温度达到锌液凝固温度时，会局部形成大量晶核。此时，临近边部区域温度整体还未达到凝固温度，因此边部晶核开始沿温度梯度方向定向生长，形成边部斜纹。随着带钢的运行，未凝固锌液的温度逐渐降低，此时斜纹前端的锌液开始大量形核并长大，形成均匀的锌花，阻断了斜纹继续向带材中间生长。在带材冷却速度极慢、温度场起伏较大的极端情况下，边部斜纹可能生长到带材中间区域，贯穿整个带材横截面，即形成贯穿条纹。

（3）从热力学角度讲，任何界面在生长时都会受到固体颗粒、温度起伏或晶界的干扰，界面是否稳定，取决于它对这些干扰的响应特性。锌晶粒的生长伴随着固液界面微观尺度上的移动，如果这个移动的界面不稳定，凸起部分处于有利的生长环境，则凸起得更远。在镀锌过程中带钢轻微振动或气刀气流的扰动，都会造成一定程度的温度起伏。值得注意的是，合金的固液界面一般都是不稳定的，这就导致一部分斜纹区域晶粒在温度起伏下，以极大的速度沿着有利的方向生长，造成了瞬间形成条带状大晶粒。

（4）由于在带材边部同时形成了大量晶核，这些晶核在带材边部沿带材纵向的生长空间很小，因此导致带材边部大量晶核同时迅速长大并相互接触，这种情况就表现为边部无锌花现象，即所谓的白边或亮边。在同时向带材中间竞争性定向生长的前沿，一部分区域处于有利的生长温度和条件时，将继续生长，进而形成较长的斜纹或贯穿性条纹。

（5）上述斜纹生长的过程与模铸铸坯凝固过程类似，即在模壁处由于急冷产生大量晶核，部分晶核向铸坯心部生长形成柱状晶，凝固后期心部大量形核，形成等轴晶，阻断了柱状晶的生长。如果冷却速率足够高，表面急冷后内部也可以同时形成大量晶核，则可以减少柱状晶比例，甚至完全消除柱状晶。

B　边部斜纹与贯穿条纹缺陷改进方法

（1）通过上述边部斜纹产生机理分析可知，要消除或减少边部斜纹，最重要的条件是在带钢出锌锅后进行快速冷却，同时降低带材边部和中心部位的温度梯度，使带材边部和中间尽可能缩短形核的时间差。为此，增加移动风冷装置将起到有益的效果。提高带材中间部分的冷却速率，可显著减少斜纹长度。

（2）提高热轧基板板形、改进并优化设备，消除或减少带钢在镀锌过程中的振动，从而减少带钢边缘温度起伏，使边部均匀形核。

（3）尽管提高带钢出锌锅后的冷却速率对消除或减少厚基材、厚锌层边部斜纹和贯穿条纹缺陷有很大作用，但同时还需要镀锌工艺的调整，比如锌液中铝的含量、炉内加热和均热温度、带材入锌锅温度、锌液温度、气刀参数、带材速度等。边部斜纹和贯穿条纹缺陷成因复杂，只有上述参数调整到最佳状态，再配合快速冷却，才能取得最佳的控制效果。

5.2.2　热基镀锌板锌花控制装置及应用效果

为改善热基镀锌板镀锌层表面质量缺陷，生产高表面质量的热基镀锌厚基板、厚锌层产品，东北大学与国内某热基镀锌产线合作研发了一套锌花控制系统。如图 5-16 所示，通过在气刀上方增加喷雾冷却装置和移动风冷装置，有效解决了热基镀锌厚基板、厚锌层头尾中锌花尺寸不均缺陷和边部斜纹缺陷等镀层表面质量问题，取得了良好的应用效果。

热基镀锌锌花控制系统由喷雾冷却装置、移动风冷装置、供液供气系统、仪表系统和电气及自动化系统组成。

喷雾冷却装置的控制原理是采用气雾喷射方法，在锌液凝固前利用微米级尺寸的气雾对带钢表面进行喷射冷却，每个液滴都在带钢局部产生冷却效应，因而形成大量晶核，最终减小锌花尺寸，锌花尺寸可通过调整气雾中水和气体的流量以及喷雾位置进行控制。头尾中锌花尺寸不均缺陷控制效果如图 5-17 所示，系统对带钢出锌锅后的凝固线高度进行预测和跟踪，同时，对带钢头尾进行跟踪。根据设定的带头带尾长度自动投入喷雾功能，在带钢中部到达喷雾位置时立即进

图 5-16 热基镀锌锌花控制系统

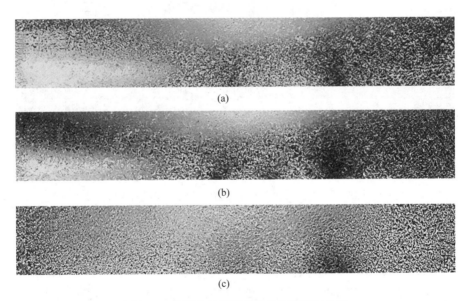

图 5-17 头尾中锌花尺寸不均缺陷控制效果

(a) 带钢头部；(b) 带钢中部；(c) 带钢尾部

行喷雾，控制带钢中部锌花尺寸，进而获得带头、带尾和带中锌花尺寸均匀的镀锌层，消除带钢头尾中锌花尺寸不均缺陷。该系统还可以实现在不改变锌液成分的条件下完成大锌花产品向小锌花产品的转换，无需过渡带材，降低了生产成本。

移动风冷装置布置在气刀上方，采用大风量风机将冷却气通过缝隙喷嘴喷射至镀层表面，对镀层进行快速冷却。利用移动风冷装置，可以对厚带材进行喷气冷却，降低锌液凝固线，进而减小喷雾冷却装置的调整范围。同时，移动风冷装置加速了带材镀后冷却，也起到了减小锌花尺寸的效果。冷却气流量由带钢中部向边部递减，加速了带钢中部的冷却，有效减轻了边中锌花不均匀缺陷。移动风冷装置风箱的高度可以调节，克服了传统生产线风箱位置固定、难以及时冷却的缺陷，更好地适应不同带材厚度、不同锌层厚度产品加速冷却的要求，避免了二次中间横纹的产生，有效提高了厚锌层产品的表面质量。

采用移动风冷装置，通过风箱高度调节和风量控制，配合镀锌工艺相关参数调节，可有效减少或消除厚基材厚锌层镀锌产品边部斜纹和中间贯穿条纹等缺陷，提高产品表面质量，如图 5-18 所示。这一技术在国内外首次被应用到厚基材厚锌层镀锌生产线上，取得了良好的缺陷控制效果。

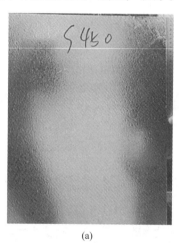 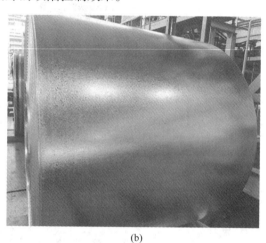

（a）　　　　　　　　　　　　　　　（b）

图 5-18　厚锌层边部斜纹与贯穿条纹缺陷控制效果

（a）单片边部；（b）成卷

5.2.3　热基镀锌镀层凝固线预测与控制

如前所述，喷雾冷却装置通过在带钢锌层凝固前对镀层表面进行喷雾，增加形核点，从而控制锌花尺寸。凝固线高度的准确预测是实现锌花尺寸精确控制的关键。边部补热技术，采用火焰冲击或感应加热方式对钢板边部加热，使边部和中部锌液的过冷度趋于一致，锌液沿钢板宽度方向具有相同的形核率，为解决带钢表面边中锌花不均缺陷提供了可能。

本节利用 ANSYS-Fluent 流体仿真软件模拟不采用边部补热时不同板厚和不同气刀压力下钢板表面锌液凝固线距地面高度（简称凝固线高度）及边部和中间锌液凝固线高度差（简称凝固线高度差），为喷雾装置的工作高度提供参考；模拟有边部补热时相应板厚和气刀压力下凝固线高度差，调整补热入口气体流速，使凝固线高度差趋于零，为边部补热装置工艺参数的制定提供依据。

5.2.3.1 无边部加热时的凝固线模拟

A 计算域

图 5-19 为无边部加热的镀锌工艺示意图和计算域。在热基镀锌生产线上，酸洗板由退火炉匀速进入锌锅，经沉没辊、稳定辊出锌锅后竖直向上移动，镀锌板与环境间发生自然对流及辐射换热；利用气刀入口气体压力及刀唇开口度控制镀层厚度，气刀中喷吹出的气体与镀锌板表面发生强制对流。

计算域包括钢板、自然环境和气刀，如图 5-19（b）所示。对镀锌板、环境及气刀组成的计算域进行简化处理，并且考虑到对称性，取镀锌板尺寸为 $z×x×y = 25000\text{mm}×600\text{mm}×(1.0/1.5/2.0)\text{mm}$，环境尺寸为 $z×x×y = 25000\text{mm}×800\text{mm}×200\text{mm}$，气刀相关尺寸见表 5-8。

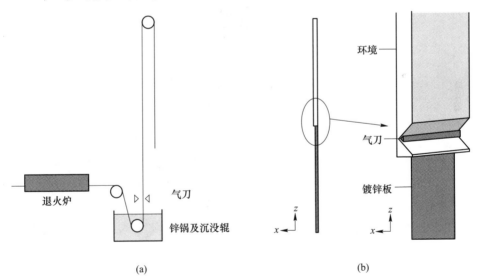

(a) (b)

图 5-19　无边部加热的镀锌板工艺示意图和计算域

(a) 无边部补热镀锌工艺；(b) 无边部补热计算域

表 5-8　气刀相关尺寸

项　目	气刀距锌液高度/mm	气刀开口度/(°)	气刀距带钢距离/mm
尺寸	100.0	1.3	10.0

B　网格划分

采用 ICEM-CFD 对钢板、环境及气刀进行结构化网格划分，气刀出口处气体流速较快，需将局部进行加密处理，如图 5-20 所示。对气刀与自然环境的接触面进行直接耦合，为保证数值模拟的求解精度，在耦合面上进行数据传递时，两侧区域网格尺寸不应相差过大，因此在自然环境区域中与气刀对应部分的结构应进行局部加密处理。

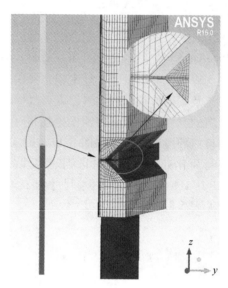

图 5-20　无边部加热时计算域网格划分

(扫书前二维码看彩图)

C　边界条件及求解

取钢板初始温度为 465.0℃，镀锌板表面辐射率取值为 0.23[31,32]，钢板匀速向上运动，速度取 0.5m/s；锌液温度为 460.0℃，镀锌板周围环境温度由热电偶测得为 58.8℃；环境及气刀内气体均为空气，空气的物性参数见表 5-9[33]。采用压力入口边界条件和压力出口边界条件，在环境域中设置入口和出口压力均为 0Pa。

表 5-9　空气的物性参数[33]

$T/℃$	$\rho/kg \cdot m^{-3}$	$C_p/J \cdot (kg \cdot K)^{-1}$	$\lambda/W \cdot (m \cdot k)^{-1}$	$\alpha/m^2 \cdot s^{-1}$
60	1.06	1.005×10^3	2.9×10^{-2}	2.72×10^{-5}

该过程的基本控制方程为质量守恒方程、能量守恒方程和动量守恒方程[34,35]，湍流模型使用 Realizable k-ε 模型，采用 "Coupled Wall" 进行环境流体与镀锌板之间的流固耦合[36~38]，利用压力基（Pressure-Based）求解器求解。

D 数值模拟结果

图 5-21 为板厚为 2.0mm、气刀压力为 1.5kPa 时钢板表面等温线分布图，线段为 420℃ 的等温线，即锌液的凝固线。分别将线段的 x、z 坐标提取导入 Origin 作图，得到凝固线位置和形状。图 5-22 为不同气刀压力下锌液凝固线形状及位置，可以看出，板厚相同时，随着气刀入口压力的增加，凝固线高度降低。这是因为当气刀空气压力增加时，气刀空气流量将增加，即相同时间内更多的气体与钢板表面形成强制对流，镀锌板温度下降更快；板厚增加时，凝固线高度上升。这是由于厚度增大时镀锌板温降较慢的缘故，由图 5-23 也可以看出这一规律。

表 5-10 为凝固线高度模拟值与实际值的比较，可以看出，误差小于 8%，表明计算结果与实际值吻合较好。

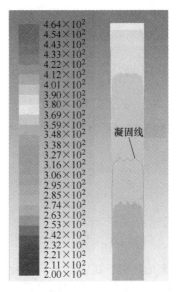

图 5-21 钢板表面等温线分布图
（扫书前二维码看彩图）

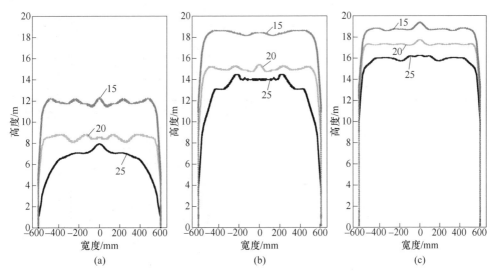

图 5-22 不同气刀压力下锌液凝固线形状及位置
（a）2.0mm；（b）3.0mm；（b）4.0mm

5.2.3.2 有边部补热的凝固线模拟

A 计算模型

图 5-24 为镀锌板边部补热装置示意图，该装置采用甲烷与空气燃烧产生明

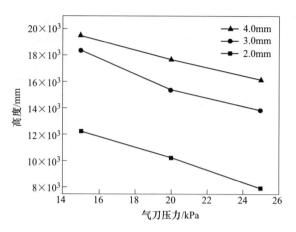

图 5-23　不同厚度、不同气刀压力下凝固线高度

火来加热镀锌板边部。为使镀锌板边部温度与中部一致，需调节补热装置入口气体流速，控制凝固线趋于水平。

表 5-10　镀锌板凝固线高度模拟值与实际值对比

序号	厚度/mm	宽度/mm	速度/m·min⁻¹	凝固线高度实际值取整/m	凝固线高度模拟值（无补热）/m	误差/%
1	2. 0	1500	30	13	12. 3	2. 6
2	3. 0	1500	30	17	18. 4	7. 6
3	4. 0	1200	26	20	19. 5	5. 7

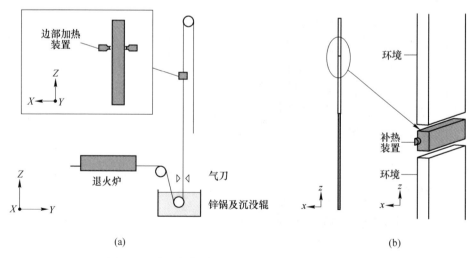

(a)　　　　　　　　　　　　　　　　(b)

图 5-24　有边部加热的镀锌板工艺示意图和计算域

（a）有边部补热镀锌工艺；（b）有边部补热计算域

在前述无边部补热模型的基础上建立有边部补热模型，其计算域包括钢板、自然环境、气刀和边部补热装置，补热装置气体入口尺寸为 $y×z = 25.0mm×50.0mm$，钢板、自然环境和气刀的尺寸同上。

采用结构化网格划分，边部补热装置网格划分如图 5-25 所示。边部补热模型与钢板模型接触面设置 Interface 耦合面，耦合面中应使用 Coupled Wall 进行流固耦合处理。

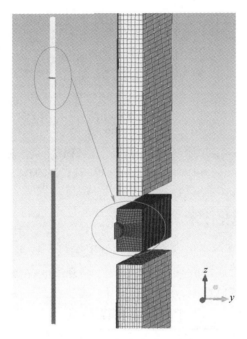

图 5-25　镀锌板边部补热模型计算域网格
（扫书前二维码看彩图）

补热装置入口采用速度入口（Velocity-Inlet），其他边界不变。燃烧模型使用的是层流有限速率燃烧模型，该模型可较准确的模拟预混燃烧，应用范围广泛，层流有限速率模型计算化学源项时采用 Arrhenius 公式[39]。

B　数值模拟结果

为使不同厚度镀锌板及不同气刀压力下镀锌板的凝固线趋于水平，需调节边部补热模型的入口速度条件。图 5-26 为 3.0mm 厚镀锌板在气刀入口压力分别为 15kPa、20kPa、25kPa 时，有无边部补热时的凝固线，其中实线为无边部补热时的凝固线，虚线为边部补热气体流速分别为 6.0m/s、9.0m/s、14.0m/s 时的凝固线，此时凝固线高度差减小，凝固线趋于水平。

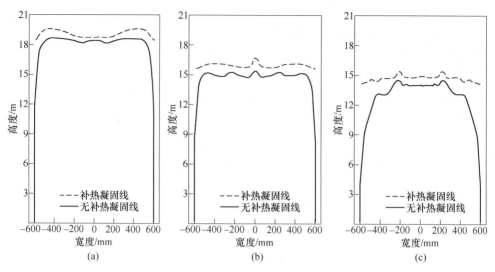

图 5-26   钢板厚度为 3.0mm 时有、无边部补热时凝固线分布
（a）$p=15$kPa；（b）$p=20$kPa；（c）$p=25$kPa

5.3   镀锡板无铬钝化技术

镀锡板即表面镀覆一层极薄金属锡的低碳钢板。锡可塑性好，化学性能稳定，耐腐蚀性强，使得镀锡板具有高耐蚀性、高强度、易加工、无毒、优良的焊接性能和良好的印刷着色性能，被广泛应用于罐装食品、饮料等食品工业以及化工、包装材料、装运设备、电子器件等非食品工业[40,41]。

现代连续电镀锡生产线的基本工艺流程包括基板前处理、电镀锡、软溶、钝化和涂油等工序[42]。基板镀锡后在表面沉积的锡原子结晶为金属锡层，经软溶处理（快速加热至锡的熔点以上），锡层内表面一部分锡与基板表面铁基体反应，形成锡铁合金层 $FeSn_2$，锡铁合金层有效提高了锡层的附着性和镀锡板的耐腐蚀性能。同时，熔融的锡层在液化溜平的作用下进一步提高了锡层的致密性及其与基板的结合力，并使平整的镀锡层出现光泽[43,44]。

经软溶水淬后的镀锡板由于锡层和锡铁合金层不连续结晶，在镀锡板表面会出现微小孔隙，降低抗腐蚀性能。随着镀锡层减薄，镀锡量的减少将进一步增加孔隙率。软溶后生成的 SnO 性能不稳定，抗腐蚀性能差，同时会降低镀锡板与漆膜的结合力。为提高镀锡板的抗氧化、抗硫性、涂漆性和耐蚀性能，并且防止储存、涂漆烘烤过程中锡层发黄和镀锡板制罐过程中出现的硫化物锈蚀，需要对镀锡板进行钝化处理[45]。

铬酸、铬酸盐和重铬酸盐钝化处理均具有良好的成膜效果，化学和电化学处理均可得到性能良好的钝化膜。目前生产上最常用的是铬酸盐电化学钝化。铬酸盐钝化方法简单、效果好，当使用含六价铬的铬酸盐进行阴极钝化处理之后，生成极薄的铬酸盐钝化膜，增加了抗锈性，阻碍硫化物形成，具有耐腐蚀性好、外观美观、钝化膜与漆膜附着力好等特点，同时具有极强的自修复性[46]。但铬酸盐中存在六价铬，其毒性强，长期近距离接触，尤其是经呼吸道吸入，会使人昏迷头痛、黏膜溃疡以及肺癌发生；铬酸盐钝化后的镀锡板大量应用于食品、饮料的包装罐，对食品安全造成威胁；同时，铬酸盐钝化产生的废液会造成严重的环境污染，目前越来越多的国家已经对六价铬限制使用。针对铬酸盐钝化工艺产生的问题，各国科技工作者进行了大量研究，试图研制无铬钝化液和无铬钝化工艺，以生产无毒、环保、性能稳定、抗腐蚀性能可以媲美铬酸盐钝化工艺的镀锡板产品。

无铬钝化液总体上分为无机、有机和无机-有机复合的类型，目前主要研究成果在钼酸盐、钨酸盐、钛酸盐、硅酸盐、稀土金属盐和有机类等。综合国内外研究情况，无铬钝化液成分从简单的组成体系向复合成分体系发展，如有机硅烷、水溶性聚丙烯酸树脂等在镀锡板表面形成无机-有机复合膜。钝化工艺也不再只使用电解钝化，而是研究更多简单、高效、成本更低的浸渍、辊涂或喷涂工艺[47,48]。

东北大学在与某厂合作项目的基础上，开发了一套采用喷涂方式的无铬钝化工艺及装备。技术路线采用非电解钝化覆膜技术，无铬钝化液采用 Ti/Zr 无机盐复合硅烷或有机树脂的无机-有机复合钝化体系，无铬钝化工艺采用喷涂→挤干→固化覆膜钝化工艺。把低毒性的无铬钝化液应用到镀锡板产线上，生产出可替代铬酸盐钝化的产品。旋转喷涂技术为该工艺的关键技术，旋转喷涂的效果直接影响钝化液的涂覆效果、钝化膜的质量及膜厚均匀性。针对旋转喷涂过程，使用 CFD 技术模拟流体的真实流动，分析喷盘转速、喷盘与带钢距离、喷盘间距以及钝化液流量等不同参数对高速旋转圆盘表面流体力学性能和雾化均匀性结果的影响规律。通过膜层表征、耐蚀性测试、漆膜附着力测试等对无铬钝化镀锡板进行测试，结果表明，无铬钝化膜层能够极大提高镀锡板的抗腐蚀能力，其耐蚀性及漆膜附着力均与铬酸盐钝化膜差异不大，综合能力表现优异。

5.3.1 镀锡板无铬钝化工艺流程及主要设备

结合现场生产实际情况，以高速镀锡线为基础，摒弃原有的重铬酸盐电解钝化-浸渍漂洗处理工艺，增加旋转盘式喷涂→均匀后挤干→固化无铬钝化新工艺，对钝化工艺段进行升级改造。

5.3.1.1 镀锡板无铬钝化工艺流程

无铬钝化工艺流程如图 5-27 所示。无铬钝化喷淋挤干系统布置在镀锡生产线原重铬酸盐电解钝化段后的垂直上升段。镀锡板经过注满除盐水的工作槽和漂洗槽，上升经双挤干辊挤干表面水分后进入无铬钝化段。工作槽及漂洗槽水温保持在45~60℃之间，保证板温不降低，易于烘干固化。钝化段采用双面转盘式雾化喷涂、均匀化挤压辊设计。钝化液被高速旋转的喷盘打散，形成细小弥散的雾滴，均匀喷涂到镀锡板表面。喷涂到镀锡板上的钝化液会随着高速运动的带钢带走，未喷涂到镀锡板上的钝化液经过回收后重新利用。带钢速度、钝化液稀释浓度和钝化液流量三者共同决定钝化液实际涂覆量，而钝化液实际涂覆量直接决定钝化膜厚度。喷涂结束后，镀锡板通过挤压辊将钝化液进一步均匀化。带钢最终进入干燥塔进行固化处理。采用该工艺流程可得到膜厚为2~6nm的无铬钝化膜，有效保证镀锡板的耐腐蚀性和附着力。

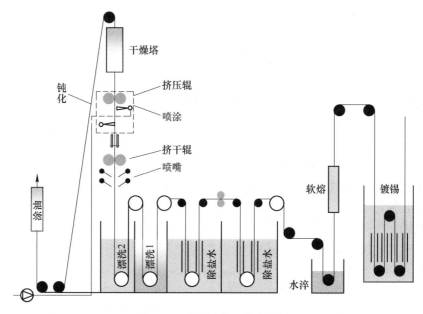

图 5-27　无铬钝化工艺流程图

5.3.1.2　镀锡板无铬钝化主要设备

无铬钝化系统主要设备包括钝化液喷涂-挤干装置、钝化液配液与供液装置、钝化液回收装置、电气自动化控制系统和仪表检测系统。下面对钝化液喷涂-挤干装置和钝化液配液与供液装置进行详细介绍。

A　钝化液喷涂-挤干装置

无铬钝化系统中最关键的设备是由旋转盘式喷涂装置和均匀化挤干装置组成的钝化液喷涂-挤干装置，如图5-28所示。在镀锡板两侧分别布置一套旋转喷盘式喷涂装置，用于将无铬钝化液均匀涂覆到镀锡板表面，装置由钝化液喷射部件及钝化液接收部件组成。钝化液喷射部件主要由驱动电机、旋转式喷盘及供液管等组成；钝化液接收部件主要由接收槽和回流管组成。钝化液经过旋转式喷盘受高速离心作用，形成平整的喷洒面，均匀喷涂到带钢表面。旋转喷盘与高速运行的带钢间保持一定距离，保证穿带并防止带钢抖动时与喷盘发生碰撞。

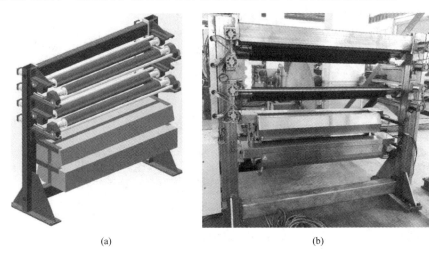

(a) (b)

图 5-28 喷涂-挤干装置三维图与现场设备

（a）喷涂-挤干装置三维图；（b）喷涂-挤干装置现场设备

旋转喷盘沿带钢宽度方向水平并排布置，如图 5-29（a）所示。为满足有效喷涂宽度要求，采用多喷盘布置，每个喷盘配置单独的供液管路。雾滴大小为 $40\sim100\mu m$，通过转盘转速、钝化液浓度和喷涂流量要求进行控制。由于旋转式喷盘 360°喷射，约 30%钝化液喷射到带材表面，其余约 70%钝化液收集到回收槽通过回流管回流至供给系统再利用。旋转式喷盘适用于小流量雾化，多喷盘布置可控制雾滴均匀分布在带材水平表面，如图 5-29（b）所示。钝化液不会受到气体污染，更换成本较低，可通过精确控制进液流量实现钝化膜膜重控制。

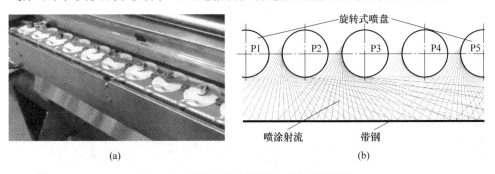

(a) (b)

图 5-29 旋转喷盘布置及多喷盘雾化示意

（a）旋转喷盘布置图；（b）多喷盘雾化示意图

均匀化挤干装置如图 5-30 所示，用于将旋转盘式喷涂装置涂覆到带材表面的钝化液进一步均匀化，形成均匀的液膜。两套挤干辊均为被动辊，上下平行布置。每套挤干辊 S 形错位分布，使带钢与挤干辊紧密包覆。挤干辊滑座移动由气缸驱动，齿轮齿条机构同步，通过控制气压保证足够接触压力。

图 5-30　均匀化挤干装置

B　钝化液配液、供液及回收装置

钝化液配液、供液及回收系统原理如图 5-31 所示。钝化液原液通过计量泵输送至配液罐，脱盐水通过电磁阀门和流量计进入到配液罐内，将高浓度钝化液原液按使用要求进行稀释。配液罐配置搅拌器，使钝化液和脱盐水均匀混合，保

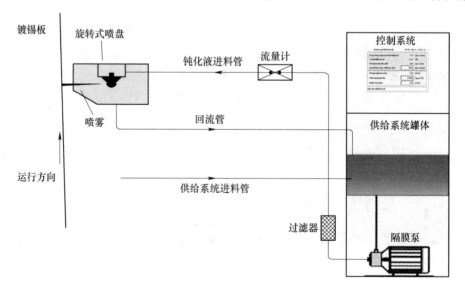

图 5-31　钝化液配液、供液及回收系统原理图

证稀释的钝化液成分分布均匀。配制好的钝化液通过离心泵泵入供液罐,供液泵根据液位进行自动补液控制。供液泵通过隔膜泵对旋转喷盘进行稳定供液,隔膜泵转速可调,根据工艺要求自动控制供液流量。由于旋转喷盘360°喷雾,仅有部分钝化液涂覆至带钢表面,剩余的钝化液通过喷涂装置回流管回流至供液罐中再次使用。旋转喷盘喷涂装置外侧配备雾滴隔离防护回收装置,用于将飘散在空气中的雾滴隔离在防护罩内并回收,防止腐蚀周边设备并保护操作人员安全。

5.3.2 镀锡板无铬钝化先进涂覆技术

钝化液涂覆技术是无铬钝化工艺中的关键技术,钝化液的涂覆质量直接影响钝化膜质量。首先,要精确控制液滴尺寸。为满足无铬钝化工艺要求,钝化液液滴尺寸要控制在100μm以内。其次,要精确控制液滴分布。单位面积内液滴个数差异要控制在±10%以内。最后,要精确控制钝化液涂覆量。钝化液涂覆量直接决定钝化膜厚度,钝化膜过厚,附着力变差,钝化膜过薄,则抗性不足。

为使雾化效果达到要求,使无铬钝化液微小液滴均匀喷涂到带钢上,采用旋转喷盘式雾化装置,用高速离心力、拖曳力、黏性力及空气阻力将液体雾化。旋转喷盘高速旋转使射入喷盘上的钝化液具有较大的离心力,与外界空气接触后,表面张力、离心力和空气阻力作用使液体逐渐形成液膜,液膜在表面张力、惯性力等内外力的作用下失去平衡,逐渐撕裂破碎成为丝状,并且由于不平衡的内外力的继续相互作用逐渐破碎成细小雾滴。直到液滴内外力达到平衡以后,才使得雾化过程进入稳定阶段,形成均匀细小的钝化液雾滴。转盘式喷涂装置可以形成平整的喷洒面,雾滴均匀涂覆到带钢表面。与喷嘴相比,在雾滴覆盖方向更加均匀,而且不易堵塞。

评价喷盘雾化特性的参数一般包括:液滴速度、液滴平均直径、液滴尺寸分布与空间分布等。当钝化液随高速旋转喷盘运动时,会形成复杂流场,分析喷盘转速、喷盘间距以及带钢与喷盘距离等工艺和设备参数对喷盘喷雾特性的影响规律,对调整设备参数、优化钝化工艺、获得高质量钝化膜具有重要意义。

目前,研究雾化特性主要有实验研究和模拟研究两种方法。实验研究可以方便直观地观测宏观流动现象和规律,但受模型尺寸、流场波动、投入成本以及实验周期等因素限制,雾滴特性很难通过实验的方法得到。通过计算流体力学模拟软件对喷嘴进行流场仿真研究,已经成为近年来专家学者探寻喷嘴雾化规律的重要方式。应用CFD数值模拟的研究方法不仅可以避免实验时难以观察并测量喷嘴内外流场的不足,利用计算机技术还可以直观清晰地输出各变量参数对喷嘴雾化特性的影响,同时还可以有效降低实验所耗费的成本,极大地缩短了研究的时长。

5.3.2.1　旋转喷盘雾化场数值模拟

由于实际喷盘结构复杂，因此采用三维模型计算量巨大。为了提高模拟计算效率，得到旋转盘式喷涂装置的雾化特性，在不影响模拟计算结果的前提下，将旋转喷盘和雾化场简化为二维模型，并对数值模拟的计算域在实际尺寸的基础上进行了结构简化。

为保证数值模拟的计算精度，并真实地反映雾化过程中液滴尺寸及分布规律，对模型进行了如下简化和假设：

（1）喷盘旋转过程中转速较高，离心力为主要作用力，液滴经过旋转破碎以后并未明显落出水平面，所以忽略喷涂量很少的 Z 轴方向（三维模型简化为二维模型）。

（2）本模型中所涉及的是不可压缩牛顿流体，气液两相之间互不兼容，只有动量的传递，同时不涉及传热相关问题，流体物性为常数。

（3）旋转壁面采用无滑移边界，同时忽略进口对射流的影响，进口速度均匀。

基于 Fluent 软件的 Icem-CFD 前处理模块，建立旋转喷盘及雾化场的二维模型，如图 5-32（a）所示。系统所对应的仿真模型包括四部分：入射口、旋转域、带钢、雾化场。计算域设置是以喷盘转轴为中心（双喷盘以转轴连线中点为中心），半径 500mm 的圆形区域。在常规温度及压力下，钝化液由供液管射入方向与圆盘表面垂直，且喷盘表面充满液体，受到高速离心力、拖曳力及空气阻力的作用。某一时刻下雾化场液滴分布图如图 5-32（b）所示，选取带钢表面作为采样表面，分别考察喷盘转速 n、喷盘与带钢距离 H 以及喷盘间距 h 等参数对喷盘雾化特性的影响，模拟过程中涉及的模拟条件见表 5-11。

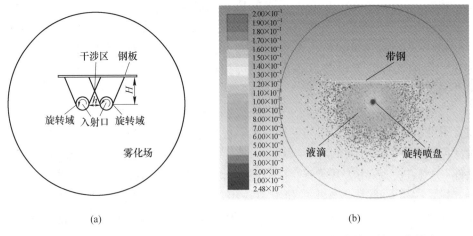

（a）　　　　　　　　　　　　　　（b）

图 5-32　旋转喷盘模型结构示意图及雾化场的液滴分布（扫书前二维码看彩图）

（a）旋转喷盘模型结构示意图；（b）雾化场液滴分布图

表 5-11　旋转喷盘雾化场模拟条件

序号	参　数　名　称	取　　值
1	喷盘旋转速度/r·min^{-1}	2000、3000、4000、5000、6000
2	喷盘与带钢距离/mm	40、60、80、100、120
3	喷盘间距/mm	40、60、80、100、120

5.3.2.2　喷盘旋转速度对雾化特性的影响

旋转喷盘转速与液滴粒径之间的关系如图 5-33 所示。由图 5-33（a）中可看出，转速从 2000r/min 增加至 6000r/min 时，液滴平均直径由 115μm 减小至 65μm。高速旋转而产生的离心力场在整个流场中起主导作用，促进液滴破碎效果，从而使液滴平均直径 SMD 减小。但即使液滴平均直径 SMD 相同，雾化效果也不一定相同，因为 SMD 不能整体反映液滴大小的发散程度。图 5-33（b）为五种不同转速下采样表面的液滴直径尺寸分布。由图可知，当转盘转速为 2000r/min 时，液滴直径尺寸为 90~115μm，总数约占 71%，分布比较均匀，各粒径大小区域内的液滴百分比数量相当；当转速为 6000r/min 时，液滴直径为 55~80μm，占比 76%，液滴尺寸分布较为集中。液滴直径尺寸差值在 20μm 内的液滴数目占采样表面全部液滴数目超过 70%，满足无铬钝化工艺要求。

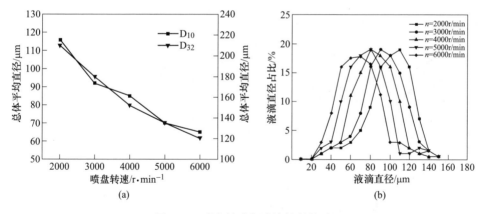

图 5-33　喷盘转速与液滴粒径关系
（a）不同转速下采样表面液滴平均直径；（b）不同转速下采样表面液滴直径分布

5.3.2.3　喷盘与带钢距离对雾化特性的影响

为了研究喷盘与带钢距离对雾化效果的影响，固定喷盘转速为 6000r/min，改变转盘与带钢间的距离 H，分别对 H = 40mm、60mm、80mm、100mm、120mm 进行计算，选取带钢上与液滴接触一侧采集液滴数据。喷盘-带钢间距离与液滴粒径之间的关系如图 5-34 所示。由图 5-34（a）可以看出，随着喷盘与带钢距离的增加，液滴直径有少许减小。这是由于距离增加，液滴运动时间长，与空气阻力作用增大，有利于液滴破碎。喷盘与带钢距离超过 100mm 后粒径变化不大，液滴直径基本在 65μm 左右波动。由以上结果可知，转速为 6000r/min 时，喷盘与带钢距离 H 对液滴粒径的影响不大。图 5-34（b）给出了各工况下液滴沿带钢宽度方向的分布图。由图可知，液滴在各不同工况下均为两侧均匀正态分布，且液滴主要集中分布在滞止点为中心半径 100mm 内。当 $H = 120$mm 时，带钢中心 100mm 范围内液滴数量所占百分比约为 74%，当 $H = 40$mm 时，集中雾化范围内液滴数量所占百分比为 78%，随着距离增加，采样面液滴总量变少，滞止点中心范围内密度下降。当 $n = 6000$r/min 时，为避免带钢与喷盘过近影响带钢运行，距离 H 选择应大于 40mm。同时考虑液滴力度要满足无铬钝化工艺要求的前提，带钢与喷盘距离 H 可为 100~120mm。距离越近，液滴数量越多，分布越密集，钝化液利用率越高。

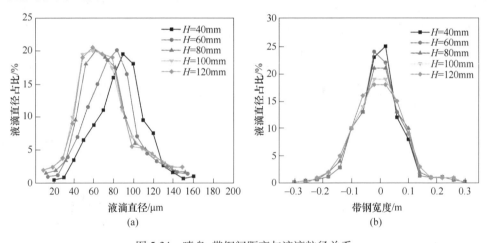

图 5-34　喷盘-带钢间距离与液滴粒径关系
（a）不同距离时液滴直径分布；（b）不同距离时采样表面液滴分布

5.3.2.4　喷盘间距对雾化特性的影响

由于带钢具有一定宽度，而单一喷盘涂覆范围较小，这就需要采用多喷盘并列布置来满足涂覆宽度要求。喷盘间距对钢板宽度方向的涂覆均匀性具有较大影响，为此，分别对双喷盘条件下喷盘间距 $h = 40$mm、60mm、80mm、100mm、120mm 五种情况下进行计算，讨论不同喷盘间距对雾化均匀性的影响。喷盘间距与液滴粒径关系如图 5-35 所示。图 5-35（a）为喷盘间距对液滴 SMD 的影响，随着喷盘间距增大，液滴碰撞聚合变多，SMD 少量增大，整体上液滴粒径变化不大。通过不同喷盘间距下的液滴沿带钢宽度分布进一步分析双喷盘雾化效果，如图 5-35（b）所示，随喷盘间距的增大，在滞止点附近喷雾液滴浓度百分比有所下降，喷盘间距为 40mm 时，雾化范围比较均匀集中；在喷盘间距为 120mm 时，会造成干涉区域中心液滴浓度变低。当喷盘间距较近时，液滴的干涉区域较大，更容易碰撞和聚合，在一定范围内形成均匀雾化区域。

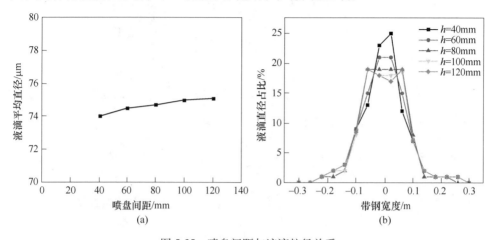

图 5-35　喷盘间距与液滴粒径关系

（a）不同距离时液滴 SMD 变化；（b）不同距离时采样表面液滴分布

5.3.3　镀锡板无铬钝化工艺实验与性能分析

采用对比实验，比较未钝化镀锡板、重铬酸盐钝化镀锡板和无铬钝化镀锡板钝化膜形貌、元素含量、耐蚀性、漆膜附着力以及抗硫抗酸等性能，以验证无铬钝化镀锡板的成品性能。

三种实验板基板均取自同一生产线，镀层厚度均为 $1.1g/m^2$。未钝化镀锡板为电镀锡和软熔后的原始镀锡板，作为平行样品对比检测并为制作无铬钝化镀锡板提供基板。未钝化镀锡板制板工艺流程为：开卷→化学、电解脱脂→喷淋清洗→热风烘干→电解酸洗→酸洗喷淋→电镀锡→热风烘干→软熔→淬水→热风烘干→收卷。重铬酸盐镀锡板采用生产线进行电解钝化，相较无铬钝化镀锡板，在淬水后增加电解钝化工序。

无铬钝化镀锡板采用中试实验进行无铬钝化，基板采用上述未钝化镀锡板，制板工艺流程为：开卷（速度 22~25m/min）→旋转喷盘喷涂（转速 6000r/min，喷涂量 0.1g/s）→挤干辊挤干→热风烘干（140℃×20s）→自然冷却→裁剪取样。在带钢运行速度稳定且旋转喷盘均匀喷雾后开始取样，以保证无铬钝化镀锡板性能。

无铬钝化采用东北大学提供的含 Ti 和 Zr 的氟化物酸和盐、PO_4^{3-}、Mn^{2+}、硅烷主成分及其他复合物合成的无铬钝化液，浓度为 3%。该钝化液为无色透明液体（pH 值为 1.5±0.1），溶液储存 6 个月，状态稳定。

不同处理工艺下镀锡板外观如图 5-36 所示，可以看出，未钝化镀锡板、重铬酸盐钝化镀锡板和无铬钝化镀锡板表面差异不大。无铬钝化镀锡板钝化膜均匀细致，无漏底，无条纹。

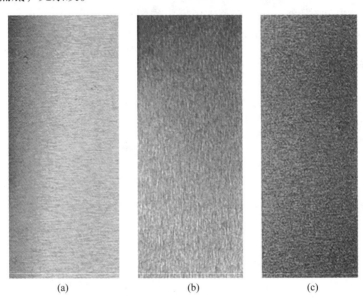

图 5-36　不同处理工艺下镀锡板外观
（a）未钝化；（b）重铬酸盐钝化；（c）无铬钝化

5.3.3.1　钝化膜形貌观察

采用场发射扫描电子显微镜，在放大倍数 5000 倍时观察不同工艺下镀锡板的表面形貌，如图 5-37 所示。中试实验制备的无铬钝化镀锡板表面形貌与无钝化镀锡原板及重铬酸盐钝化镀锡板无明显区别，三种工艺下的镀锡板都存在大小相近的圆形微孔（凹坑缺陷）。热轧时带钢表面会压入部分氧化铁皮，酸洗后会残留凹坑。由于锡层很薄，即使经过软熔溜平作用仍不能消除，凹坑缺陷会造成基板耐蚀性降低，但对镀锡层基本没有影响。无铬钝化膜的整体结构较为致密，表面平整无裂纹，对镀锡层具有良好完整的覆盖。

5.3.3.2　钝化膜元素含量的分析

采用 SEM 无法直观观测到钝化膜，因此采用 X 射线光电子能谱测试仪对未钝化镀锡板和无铬钝化镀锡板表面的 Fe、Sn、Ti、Zr 元素进行能谱扫描，扫描图谱如图 5-38 所示。未钝化镀锡板的表面主要有 Sn、Fe 及少量的 C、O；无铬钝化镀锡板表面除了基体成分 Sn、Fe 外，还明显存在 Zr、Ti 元素，说明镀锡板表面存在无铬钝化膜。

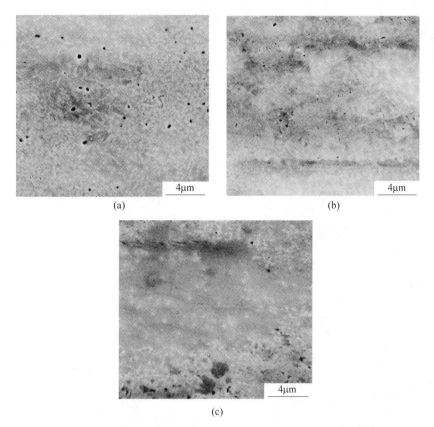

图 5-37 镀锡板表面 SEM 形貌照片

（a）未钝化；（b）重铬酸盐钝化；（c）无铬钝化

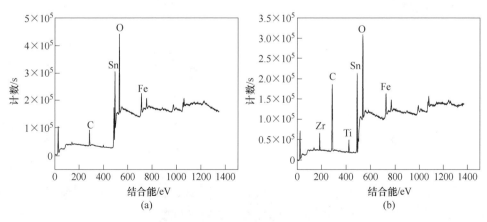

图 5-38 不同工艺下镀锡板的 XPS 扫描图谱

（a）未钝化；（b）无铬钝化

　　无铬钝化镀锡板 Ti/Zr 元素面扫分布如图 5-39 所示，可以看出，Ti、Zr 元素作为钝化膜骨架分散在镀锡板表面，各元素均匀分布；说明喷涂雾化均匀，钝化液成膜效果较好。

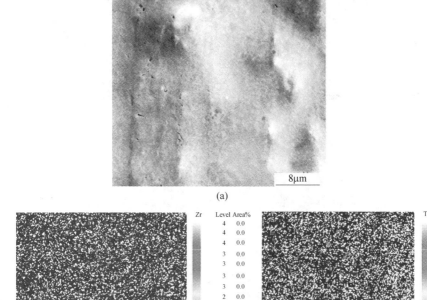

图 5-39　无铬钝化镀锡板表面 Ti/Zr 元素面扫分布图

（a）表面形貌；（b）Ti；（c）Zr

（扫书前二维码看彩图）

5.3.3.3　钝化膜的耐蚀性

　　对三种工艺下的镀锌板进行电化学测试，包括交流阻抗测试和塔菲尔极化曲线测试，测试结果如图 5-40 所示。电化学阻抗测试曲线表明，未钝化镀锌板表层的容抗弧曲率直径显著小于重铬酸盐钝化镀锡板和无铬钝化镀锡板，而无铬钝化镀锡板与重铬酸盐钝化镀锡板水平相当，表明无铬钝化膜的形成增大了腐蚀过程的反应电阻，提高了镀锡层的耐蚀性。塔菲尔极化曲线表明，无铬钝化膜与重铬酸盐钝化膜抗腐蚀性能相当。其自腐蚀电位较大，说明钝化后的镀锡板表面更加稳定而不易被腐蚀。同时该范围内的电化学阻抗直径较大，对应膜层的电荷传递电阻也较大，此时钝化膜抗腐蚀能力优良。

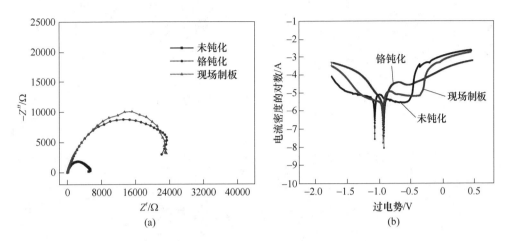

图 5-40　不同工艺下镀锡板的电化学测试

（a）电化学阻抗曲线；（b）塔菲尔曲线

5.3.3.4　钝化膜的漆膜附着力

为了保证涂漆后具有良好的附着力，采用人工辊涂法制板，将 PPG 2004-827/A-1 环氧酚醛树脂涂料涂覆在不同工艺处理后的镀锡板表面。参照 GB/T 9286—1998《色漆和清漆漆膜的划格试验》和 QB/T 2763—2006《涂覆镀锡（镀铬）薄钢板》对漆膜附着力进行评级，结果表明，无铬钝化镀锡板漆膜未见明显脱漆等不良现象，漆膜附着力测试结果与重铬酸盐钝化镀锡板测试结果相当。

5.3.3.5　钝化膜的抗硫抗酸性能

将折叠后漆膜完好的试样放置于 1% 含硫溶液的密闭容器中，容器置于高压蒸汽锅内加热至 121℃，保温 30min，冷却后用去离子水清洗并干燥，目测是否产生硫化斑。不同工艺下镀锡板的抗硫性测试结果如图 5-41 所示。未钝化镀锡板平面处和弯折处出现明显点状黑色硫化斑，无铬钝化镀锡板与重铬酸盐钝化镀锡板表面未见明显硫化斑，抗硫性能相当。

将折叠后漆膜完好的抗硫试验样片放置于 3% 冰乙酸溶液的密闭容器中，容器置于灭菌器内加热至 121℃，保温 30min，冷却后用去离子水清洗并干燥，不同工艺下镀锡板的抗酸性测试结果如图 5-42 所示。无铬钝化镀锡板与重铬酸盐钝化镀锡板均无气泡、脱落、变色及泛白等缺陷，抗酸性能相当。

（a）　　　　　　　　　　（b）　　　　　　　　　　（c）

图 5-41　不同工艺下镀锡板的抗硫测试结果

（a）未钝化；（b）重铬酸盐钝化；（c）无铬钝化

（a）　　　　　　　　　　（b）　　　　　　　　　　（c）

图 5-42　不同工艺下镀锡板的抗酸测试结果

（a）未钝化；（b）重铬酸盐钝化；（b）无铬钝化

参 考 文 献

[1] 崔青玲，李建平，张晓明. 先进高强钢可镀性及内氧化模型研究进展 [J]. 轧钢，2011，28（3）：43~46.

[2] Mahieu J，Claessens S，De Cooman B C. Galvanizability of high strength for automotive applications [J]. Metallurgical and Materials Transactions A，2001，（32）：2905~2908.

[3] Mataigne J M，Lamberigts M，Leroy V. Selective oxidation of cold rolled steel during recrystallization annealing [J]. The minerals，metals & materials society，1992：511~528.

[4] 易茂中，林建生. 钢的内氧化研究概况 [J]. 陕西机械学院学报，1988（1）：131~139.

[5] Meijering J L. Internal oxidation in alloys，advances in materials research [M]. New York：Wiley，1971.

[6] Maak F. Zur Auswertung von Messungen der Schichtdicken binarer Legierungen mit innerer Oxydation bei Gleichzeitiger auBerer Oxydation [J]. Z. Metall，1961，52：545~549.

[7] Wagner C. Reaction types in the oxidation of alloy [J]. Zeitschrift fur Elektrochemie，1959，63：772~782.

［8］ Mataigne J M, Lamberigts M, Leroy V, et al. Proceedings of an International Symposium ［C］. Cincinnati, USA: The Minerals Metals & Materials Society Warren dale, 1992: 511~528.

［9］ 张启富, 刘邦津, 黄建中. 现代钢带连续热镀锌 ［M］. 北京: 冶金工业出版社, 2007: 115~127.

［10］ Huachu Liu, Fang Li, Wen Shi, et al. Characterization of hot-dip galvanized coating on dual phase steels ［J］. Surface&Coatings Technology, 2011, 205: 3535~3539.

［11］ Grabke H J. Surface and Grain boundary segregation on and in iron and steel ［J］. ISIJ International, 1989, 9 (7): 529~538.

［12］ Mahieu J, De Cooman B C. Study of Hot-dipgalvanizing of Al alloyed TRIP steels ［J］. Iron&Steelmaker, 2002, 29: 29~34.

［13］ Hertveldt I, Craenen J, De Cooman B C. Structure of the inhibition layer after hot-dip galvanizing of Ti-IF-DDQ, Ti-Nb IF-DDQ and Ti-Nb + P IF-HSS substrates ［J］. TMS Annual Meeting, 1998: 13~25.

［14］ De Cooman B C, Mahieu J, Maki J. Phase transformation and mechanical propertiesof Sifree C-Mn-Al transformation induced plasticity-aided steel ［J］. Physical Metallurgy and Materials Science, 2002, 33 (8): 2573~2580.

［15］ Eynde X V, Servais J P, Lamberigts M. Investigation into the surface selective oxidation of du-alphase steels by XPS, SAM and SIMS ［J］. Surf Interf Anal, 2003, 35: 1004~1014.

［16］ Khondker R, Mertens A, Mc Dermid J R. Effect of annealing atmosphere on the galvanizing behavior of a dual-phase steel ［J］. Materials Science and Engineering A, 2007, 463: 157~165.

［17］ Parezanovic I, Spiegel M. Influence of dew point on the selective oxidation of cold rolled DP and IF-steels ［J］. The Journal of Corrosion Science and Engineering, 2003, 6 (32).

［18］ Cvijovic I, Parezanovic I, Spiegel M. Influence of H_2-N_2 atmosphere composition and annealing duration on the selective surface oxidation of low carbon steels ［J］. Corrosion Science, 2006, 48: 980~993.

［19］ Bellhouse EM, Mertens AIM, Mc Dermid J R. Development of the surface structure of TRIP steels prior to hot-dip galvanizing ［J］. Materials Science and Engineering A, 2007, 463: 147~156.

［20］ Mahieu J, Claessens S, Cooman D B C. Galvanizability of High Strength for Automotive Applications ［J］. Metallurgical and Materials Transactions A, 2001, 32: 2905~2908.

［21］ Kim M S, Kwak J H, Kim J S, et al. Galvanizability of Advanced High Strength Steels 1180 TRIP and 1180CP ［J］. Metallurgical and Materials Transactions A, 2009, 40: 1903~1910.

［22］ 李九岭. 带钢连续热镀锌 ［M］. 3 版, 北京: 冶金工业出版社, 2010.

［23］ Lin L, Cooman D B C, Wollants P. Effect of Aluminum and Silicon on Transformation Induced Plasticity of the TRIP Steel ［J］. J Mater Sci Technol, 2004, 20 (2): 135~138.

［24］ Song G M, Sloof W G, Vystave T, et al. Interface microstructure and adhesion of coating on TRIP steels ［J］. Materials Science Forum, 2007, 539~543: 1104~1109.

［25］ Mintz B. Review on the hot-dip galvanisability of low Si-TRIP and dual phase steels with

590MPa strengths ［C］. GALVATECH' 2001. Brussels，2001：551~559.

［26］ Gladman T，Holmes B，Pickering F B. Some effects steel composition on the formation and adherence of galvanized coatings ［J］. J. Iron and Steel Inst，1973，211 （11）：765~777.

［27］ 吴自施. 锰对热镀锌镀层组织与性能影响的研究 ［D］. 湘潭：湘潭大学，2010.

［28］ Mahieu J，Claessens S，De Cooman B C，et al. Surface and Subsurface Characterization of Si，Al and Palloyed TRIP aided Steelv ［C］. Galvatech 04-6th International Conference on Zinc and Zinc Alloy Coated Sheet Steels. Chicago，No. 2. USA：Association for Iron and Steel Techno logy，2004.

［29］ Liu H，He Y，Li L. Application of thermodynamics and Wagner model on two problems in continuous hot-dip galvanizing production line ［J］. Applied Surface Sciece，2009，256 （5）：1399~1403.

［30］ Mataigne J M，Lamberigts M，Leroy V. Proceedings of TMS Fall ［C］. Meeting Cincinnati，1991：21~23.

［31］ Satya V R，Jay M J，Ishita S，et al. Enhancement of heat transfer rate in air-atomized spray cooling of a hot steel plate by using an aqueous solution of non-ionic surfactant and ethanol ［J］. Applied Thermal Engineering，2014，64 （1~2）：64~75.

［32］ 张向宇，孙亦鹏，向小凤. 一种测量金属表面温度及辐射率的方法 ［J］. 动力工程学报，2014，34 （11）：873~877.

［33］ 许汉萍. 合金化热镀锌钢板冷却段温度场研究 ［D］. 武汉：武汉科技大学，2018：30~45.

［34］ 王福军. 计算流体动力学分析 ［M］. 北京：清华大学出版社，2004：28~32.

［35］ 陶文铨. 数值传热学 ［M］. 西安：西安交通大学出版社，1998：50~55.

［36］ 邓洋波，刘阳，朱公志. 低旋流燃烧和流动特性数值模拟研究 ［J］. 大连海事大学学报，2009 （4）：102~105.

［37］ Nikhin M，Issam M. Study of the influence of interfacial waves on heat transfer in turbulent falling films ［J］. International Journal of Heat and Mass Transfer，2013 （67）：1106~1121.

［38］ Ashwood A C，Vanden S J，Rodarte M A，et al. A multiphase，micro-scale PIV measurement technique for liquid film velocity measurements in annular two phase flow ［J］. International Journal of Multiphase Flow，2014 （67）：200~212.

［39］ 梁秀进，仲兆平. 基于 FLUENT 软件的有限速率模型对选择性非催化还原工艺的模拟 ［J］. 中国电机工程学报，2009，29 （35）：96~101.

［40］ 王晓东，黄久贵，李建中，等. 国内外镀锡板生产发展状况 ［J］. 上海金属，2008 （4）：45~48.

［41］ 刘连喜，刘建兵. 中国金属包装产业及包装材料的发展现状及趋势 ［J］. 河北冶金，2015 （7）：76~79.

［42］ 王爱红. 电镀锡板工艺发展概况及展望 ［J］. 中国金属通报，2017 （6）：122.

［43］ 黄久贵，李宁，蒋丽敏，等. 镀锡板耐蚀性研究及进展 ［J］. 电镀与环保，2003，23 （6）：5~9.

［44］ Mabbett I，Geary S，Warren D J，et al. Near Infrared Heat Treatment to Flow Melt Tinplate

［C］// Ecs Transactions，2013：155～164.

［45］ Horiguchi M，Kurokawa W，Matsubayashi H. Influence of Microstructure of Passivation Film of Tinplate on Prevention of Tin Oxide Growth ［J］. Tetsu to Hagane，1986，72（8）：1142～1148.

［46］ 成信刚. 镀锡板的无铬钝化 ［D］. 哈尔滨：哈尔滨工业大学，2006：3～20.

［47］ Qian B，Hou B，Zheng M. The inhibition effect of tan-nic acid on mild steel corrosion in seawater wet/dry cyclicconditions ［J］. Corrosion Science，2013，72（4）：1～9.

［48］ Tsai C Y，Liu J S，Chen P L，et al. A roll coating tung-state passivation treatment for hot-dip galvanized sheet steel ［J］. Surface and Coatings Technology，2011，205（21）：5124～5129.

6 先进冷轧高强钢的研究与开发

6.1 高强塑积汽车钢的研究与开发

6.1.1 新一代冷轧先进高强钢的研究背景

随着全球能源危机和环境恶化的日益加剧，安全、节能和环保已成为汽车制造业的发展潮流。全球各大钢铁企业纷纷致力于研制并开发成本低廉且兼具高强度和良好塑韧性的新型汽车用先进超高强钢，以减薄车身结构及零部件厚度，从而使汽车整体质量减轻、油耗和排放量减小。同时，超高强钢应用也使汽车碰撞安全性能得到了保证。故无论从经济成本、节能降耗还是安全性能角度看，先进超高强钢都是汽车用钢的最佳材料之一[1]。

通常高强钢可分为传统高强钢（Conventional High Strength Steel）和先进高强钢（Advanced High Strength Steel，AHSS）[2]。传统高强钢主要包括碳锰（C-Mn）钢、无间隙原子钢（Interstitial Free Steel，IF）、烘烤硬化钢（Bake Hardening Steel，BH）、高强度低合金钢（High Strength Low Alloy Steel，HSLA）。其基体组织都为单相铁素体，通过固溶强化、细晶强化和沉淀强化等强化机制来提高钢的强度，其屈服强度为 200~600MPa，伸长率在 10%~45% 之间。先进高强钢的发展通常分为三个阶段，如图 6-1 的 "香蕉图" 所示[3]。第一代 AHSS 主要包括低合金双相钢（Dual-Phase Steel，DP）、马氏体钢（Martensitic Steel，MS）、相变诱导塑性钢（Transformation Induced Plasticity Steel，TRIP）、复相钢（Complex Steel，CP）等。其基体组织为体心立方结构（BCC），主要通过相变强化及其他强化机制获得两相或多相组织，在提高强度的同时具有较好的塑性，强塑积通常在 20GPa% 以下[4]。其中双相钢作为商业化开发最成功的第一代先进高强钢，目前已成为高强车身结构件的主力钢种，强度级别包含 590MPa、780MPa、980MPa 和 1180MPa 等。由于双相钢具有屈服强度低、抗拉强度高、无屈服点延伸、均匀伸长率大、强塑性配合好、加工硬化能力强等特点，因此被广泛应用于外部面板、车盖板、车顶内板、撞击横梁、保险杠加强体等不同强度级别的汽车零部件[5]。与第一代 AHSS 相比，第二代 AHSS 包含更高的合金成分，基本的组织为面心立方结构（FCC）。其典型产品包括孪晶诱导塑性钢（Twinning Induced Plasticity Steel，TWIP）、轻质低密度钢（Light-Induced Plasticity Steel，L-IP）以及微观带诱发塑性钢（Microband-induced plasticity Steel，MB-IP）。通过控制合金成分和工艺窗口改变材料微观特性如奥氏体层错能及稳定性等，使其在变形过程中容易形成孪晶或微观带等从而极大提高塑性，强塑积可达到50GPa%以上。但由于较多合金元素的添加导致其成本较高，同时也极大地提升了相关加工过程的难度[6]。此外，高锰TWIP钢在使用过程中容易出现氢致裂纹、延迟开裂等问题，这大大限制了第二代AHSS的应用。综上，第一代AHSS添加的合金元素少，成本低，但其伸长率较低；而第二代AHSS的力学性能极其优异，但添加的合金元素较多，同时加工难度较高。在此基础上，为了采用较低的合金成分来实现超高强度和良好塑性的匹配，进一步提出了第三代AHSS的概念[7]。淬火配分钢（Quenching and Partitioning Steel，Q&P）、中锰钢（Medium Manganese Steel，M-Mn）以及超高成型钢（Super High Formability Steel，SHF）等成为第三代先进高强钢的代表，其强塑积介于20~50GPa%之间。第三代AHSS的主要思想为在第一、第二代AHSS的基础上，设计相对较低的合金含量，通过淬火-配分或者逆转变退火等方法，促进组织中亚稳奥氏体的生成，利用其特有的TRIP效应来提高塑性和成型性能。

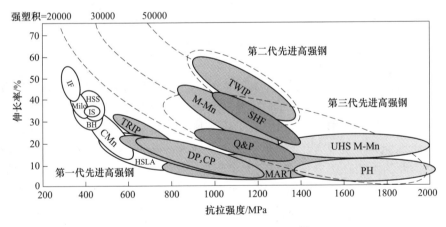

图6-1　先进高强钢的发展历程[3]

6.1.2　高强度淬火配分钢的研究与开发

6.1.2.1　Q&P钢工艺路线及性能

2003年，J. G. Speer基于马氏体的变温相变特性、碳在铁素体/奥氏体间的溶解度差异以及碳能够发生低温配分等提出一种能获得马氏体和富碳残余奥氏体混合组织的新型热处理工艺，即淬火配分工艺（Q&P）[8,9]。经典Q&P工艺关键点在于：（1）全奥氏体化淬火，配分过程仅发生在马氏体和未转变奥氏体之间，未转变奥氏体主要以板条结构存在[10]。（2）在马氏体开始和结束温度之间的淬火（终点）温度精确可控。温度太高马氏体含量不足，随后等温配分过程将可能发生贝氏体相变；温度太低，则影响保留下来的残余奥氏体含量[11]。（3）Si、Al 等推迟了碳化物的形成，拓展了配分工艺窗口。但是随着配分温度的提高和配分时间的延长，马氏体板条宽化、碳化物析出等回火特征逐步表现出来[10,12]。由此可见，理想的 Q&P 钢对淬火温度、配分温度和时间等工艺参数具有很高的敏感度和依赖性。典型的 Q&P 工艺示意图及各阶段组织演变如图 6-2 所示[13]。

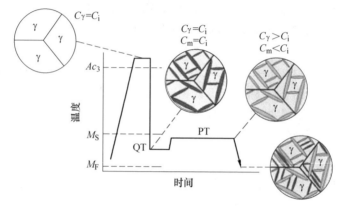

图 6-2　典型 Q&P 工艺路线及组织演变图解[13]

美国科罗拉多矿业学院的 Speer 和 Matlock，英国利兹大学的 Edmonds 以及巴西里约热内卢天主教大学的 Rizzo 等最早聚焦 Q&P 工艺基本理论、热/动力学基础及相关实验研究，提出了 Q&P 工艺的限制条件碳平衡（Constrained carbon equilibrium，CCE）模型[8,14~16]。荷兰代尔夫特 Santofimia 等对配分过程界面迁移、相变行为及组织表征等方面进行了大量研究[17~21]，并利用热、动力学模型计算了界面迁移特性与界面特性（共格、半共格、非共格）之间的相互关系，预测了界面迁移及反向界面迁移现象的存在[19,20]，该现象采用原位 TEM 观察的方式得到了证实[21]。另外，高精度三维原子探针（APT）与聚焦离子束（FIB）的结合为直接测定特定位置下马氏体与邻近残余奥氏体的元素配分行为提供了强有力的证明，如图 6-3 所示[22]。作为一种充分利用残余奥氏体相变诱导塑性（TRIP）效应的钢种，Q&P 钢中残余奥氏体机械稳定性与形貌、尺寸、晶体学取向及分布位置等因素有关。根特大学的 Knijf 等利用原位 EBSD 设备研究了 Q&P 钢中残奥尺寸、形貌及局部晶体学取向与其机械稳定性的关系，并揭示了残余奥氏体向马氏体相变的特征[23]。此外，应用同步辐射 X 射线衍射仪可以精确测定变形过程中不同相内的位错密度，还能实时了解材料织构与相组成的变化情况[24]。近年来，Q&P 概念从最初的低碳 TRIP 体系不断延伸，现在已经广泛应用到众多钢种及领域，如马氏体不锈钢、热冲压钢、中锰钢等[25~27]。

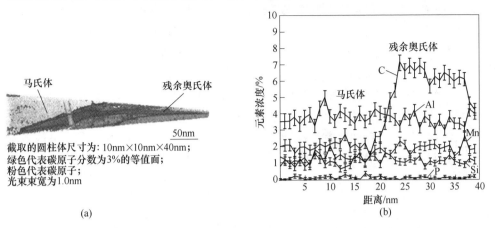

截取的圆柱体尺寸为：10nm×10nm×40nm；
绿色代表碳原子分数为3%的等值面；
粉色代表碳原子；
光束束宽为1.0nm

(a)　　　　　　　　　　　　　　(b)

图 6-3　原子探针（APT）元素配分结果分析（扫书前二维码看彩图）
(a) 马氏体和邻近薄膜奥氏体；(b) 对应元素分析[22]

国内对 Q&P 钢研究起步稍晚，主要包括上海交通大学的徐祖耀[28]，北京交通大学的高古辉[29]以及东北大学许云波[30]等，研究内容主要针对 Q&P 钢的力学性能优化和特征结构表征等。其中，徐祖耀等基于 Nb、Mo 析出强化提出了淬火-配分-回火（Quenching-Partitioning-Tempering，Q-P-T）工艺，在碳配分的基础上引入Nb、Mo 等微合金析出，实现了 Q&P 钢在不损失塑性条件下的进一步强化[31,32]。高古辉等在 Q&P 工艺的基础上引入无碳化物贝氏体基体，提出了 BQ&P（Bainite-Based Quenching and Partitioning）的工艺概念，该工艺能够进一步提升 Q&P 钢的力学性能，并通过提高裂纹尖端的应变硬化能力实现韧性的提高[33]。

许云波等在国内较早开展 Q&P 钢研究，以低碳硅锰系成分为基础，提出"热轧-动态配分（DQ&P）"工艺概念，通过调整金属内部能量状态、控制晶粒尺寸及位错密度，促进 TRIP 效应的最大化，有效提高材料的强塑性[10,34]。研究发现[30,34]，马氏体相变温度区间采用连续冷却方式动态配分（等效配分时间1~2s）的试样和传统等温配分（配分时间1~15min）处理的试样具有相似的残余奥氏体含量，然而前者的 TRIP 效应明显优于后者，其原因在于等温配分过程提高了残余奥氏体的碳含量和碳分布均匀性，进而使整体残余奥氏体过于稳定。通过对不同拉伸变形试样中残余奥氏体含量及碳含量的分析发现，平均碳含量低于1.5%（质量分数）的残余奥氏体具有更加明显的形变诱导马氏体相变行为。另外，由动态配分钢中高达16%左右的残余奥氏体的存在可以看出热轧变形奥氏体状态可能促进碳配分过程，进而在极短的时间中完成了奥氏体的稳定化。在此基础上，在实验室条件下开发了热轧直接淬火分配钢的原型钢，抗拉强度为1300~1600MPa，强塑积为22~25GPa%。在此基础上，针对冷轧高强 Q&P 钢特征组织、配分行为、力学性能、残奥稳定性及断裂行为等进行系统研究，采用初始结构调控、C/Mn 协同配分以及变形协调优化等方法开发出 980~1470MPa 级 Q&P 钢工业化原型技术。针对传统工业连续退火线一步过时效工艺，重点研究了新鲜马氏体/奥氏体岛状颗粒（M/A）的形成机制、贝氏体和马氏体交互作用机理以及外延铁素体对冷却速率的依赖关系等问题。引入贝氏体转变促进碳配分动力学，同时优化 M/A 岛形貌、尺寸和分布，解决了一步配分 Q&P 钢强度塑性不能兼顾的难题[35]。在临界区 Q&P 工艺下通过调控外延铁素体可实现奥氏体中碳浓度的不均匀分布，进而影响后续马氏体相变及其他各组成相随淬火温度呈现多阶段变化特征[36,37]。淬火试样中低温部分的膨胀改变如图 6-4 所示[37]。

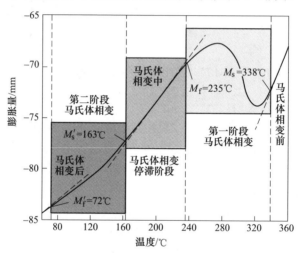

图 6-4　淬火试样中低温部分的膨胀改变

6.1.2.2　国内 Q&P 钢工业试制现状

Q&P980 钢是宝钢第一种完全意义上的首发产品，目前已在多种车型上实现了商业化应用，可用于形状较复杂的车身结构件和安全件，如 A/B 柱加强板、车门铰链加强板等。2015 年，宝钢第一卷 Q&P1180GA 钢成功下线，其拥有 1200MPa 的超高抗拉强度，同时具有 15% 以上的高延展率，首次实现了 980MPa 强度以上级别高强钢的锌层合金化，具有更好的焊接、涂装、耐热和耐腐蚀性能[38,39]。2019 年宝钢在抗拉强度 1500MPa 的高性能冷轧淬火延性钢 Q&P1500 方面实现突破。该钢种在合金成分相近的情况下，伸长率是同级别马氏体钢的 2~3 倍，可实现复杂零部件的冷冲压制造，为汽车厂提供了同级别热冲压钢的替代方案，在生产效率、综合成本和轻量化效果等方面都有明显的优势[40]。可以说，宝钢经过近十年的努力，已经在 Q&P 钢方面形成了从 980MPa、1180MPa 到 1500MPa 级别比较完备的产品体系，Q&P980 和 Q&P1180 分为普冷和热镀锌两类产品，特别是采用"预氧化-还原"热镀锌技术，宝钢较好解决了高 Si、Mn 含量 Q&P 钢的可镀性问题，能够满足不同的市场需求。图 6-5 为宝钢 Q&P980 钢典型组织和力学性能[13]，其在传统低碳硅锰系高强钢的成分基础上，采用先进的淬火-提温配分技术，实现了马氏体+铁素体+残余奥氏体多相组织。宝钢 Q&P 钢利用马氏体带来的超高强度和残余奥氏体的 TRIP 效应，能实现较高的加工硬化能力，因此比同级别超高强钢拥有更高的塑性和成型性能[41]。

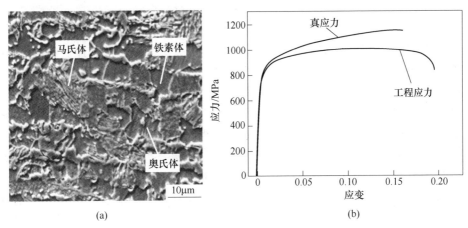

图 6-5　宝钢 Q&P980 典型组织及力学性能[13]

（a）典型组织；（b）力学性能

　　2013 年鞍钢成功实现 Q&P980 和 Q&P1180 冷轧板的工业化生产，2016 年鞍钢完成了 Q&P 钢（冷轧淬火配分钢）企业标准的制定。2017 年，鞍钢在国内率先生产出性能合格的 1400MPa 强度级别 Q&P 钢工业卷，成为全球极少数具备 Q&P 钢批量供货能力的钢铁企业之一[42,43]。宝钢、鞍钢的吉帕级 Q&P 钢产品的开发依赖于具有高温退火、超快速冷却和淬火提温功能的高强专用退火机组。事实上，即使是专用退火线也很难精确控制淬火终点，此外马氏体中碳陷阱造成碳损失、回火效应和贝氏体生成的不可避免、碳化物析出与微合金元素交互作用等问题都不同程度影响"淬火+提温配分"工艺的实际效果，例如商业化"两步配分" Q&P 钢中残余奥氏体体积分数较少（一般≤10%），断后伸长率难有进一步的提升。东北大学许云波等研究表明：（1）临界区及外延铁素体的调控可促进未转变奥氏体碳富集，确保更多残余奥氏体的保留，同时有益于材料塑性的提升。（2）临界区退火将大幅度降低未转变奥氏体马氏体点（M_s），受限于工业连退生产设备，实际一次淬火温度往往高于最佳淬火温度，不可避免导致无碳贝氏体生成并常见于"两步配分" Q&P 钢的微观组织。合理地利用无碳贝氏体生成有助于改善钢的力学性能。首先，无碳贝氏体的生成过程伴随着 C 元素向周围奥氏体中扩散，由于贝氏体内部缺陷少于马氏体，使得 C 元素扩散得更彻底，有助于稳定更多的残余奥氏体；其次，贝氏体的抗回火性能更好，与传统工业连续退火生产线的过时效段时间相匹配（400~600s）[22,23]；最后，等温贝氏体的引入扩大了一次淬火温度范围，拓宽了工艺窗口，降低了对连退生产线设备能力和精度控制的要求。（3）在二次淬火过程中，如果奥氏体没有足够稳定，部分奥氏体会相变生成新鲜马氏体。尽管新鲜马氏体的出现消耗一定量的 C 元素，但是 M/A 结构存在的新鲜马氏体对基体强化作用不容忽视[35]。

　　基于上述研究成果，在实验室和中试条件下对一步配分工艺进行了系统、深入的研究，提出了适用于工业产线的工艺路线及退火窗口，全球首次在不具有淬火提温功能的传统连续退火线上实现 Q&P 的工业化生产，实现屈服强度 550~700MPa、抗拉强度 980MPa 以上、伸长率 A_{50} 大于 25% 的优良性能。图 6-6 为该钢的典型组织和力学性能。拉伸及成型性能达到了同级别与商业化 Q&P 钢水平，其中残奥体积分数（10%~15%）和断后伸长率指标具有明显的优势。在此基础上，对于冷轧 Q&P980 的点焊性能和局部成型性能开展研究，获得了局部成型性能与成分、工艺的依赖关系，并开发了适用于新钢种的电阻点焊工艺。在此示范下，国内其他钢铁企业也纷纷利用其传统连续退火线实现 Q&P980 钢的生产。该技术突破了高强 Q&P 钢对专用退火线过度依赖的局限性，对新一代先进高强钢的推广和应用具有积极的意义。

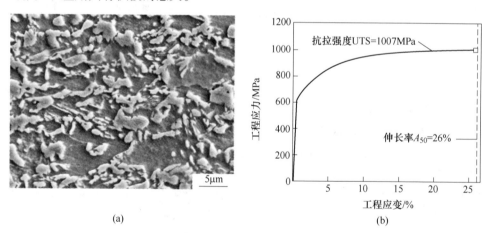

（a）　　　　　　　　　　　　　　　　　（b）

图 6-6　东北大学开发的 Q&P980 工业产品的典型组织和力学性能
（a）典型组织；（b）力学性能

6.1.3　高强度 Mn-TRIP 钢的研究与开发

　　中锰钢是在第二代高锰 TWIP 钢基础上发展起来的第三代先进高强钢的典型代表之一。其中锰含量对比第二代钢大幅度减小，通常控制在 5%~12% 范围内。通过在马氏体基体上的奥氏体逆相变过程，实现锰元素从铁素体向奥氏体中的充分富集，从而获得铁素体+奥氏体组织，在室温变形过程中通过亚稳奥氏体TRIP效应可以达到30~50GPa%高强塑积。同时残余奥氏体的存在（或通过TRIP效应），促进材料内部裂纹钝化或闭合，提高显微组织的抗裂纹扩展能力，进而改善冲击韧性。此外，中锰钢中合金成本较低，除Mn元素以外，通常以C、Si和Al等常规元素为主，也有少量添加Nb、V和Ti等微合金元素的情况。

20世纪70年代Miller等[44]对冷轧超细晶Fe-0.1C-6Mn（质量分数，%）钢的单轴拉伸性能进行研究，获得抗拉强度1062MPa、总伸长率30.5%的优异强塑性能匹配，并评价了中锰钢作为汽车用钢的优势。20世纪80年代美国Morris等[45]研究高强韧钢时发现通过奥氏体逆相变可使5%Mn钢获得约30%亚稳奥氏体和超细晶铁素体组织。2007年美国科学家Heimbuch[46]率先提出了高强塑积汽车钢的概念。同年，在美国汽车/钢铁联盟DOE和NSF的支持下启动了为期三年的第三代汽车钢研发工作。韩国、日本、中国等国家也紧随其后启动各自的研发计划，开展第三代钢的研究。De Cooman等[47~49]研究表明，对初始组织为马氏体的中锰钢进行大压下变形可获得高位错、高缺陷、高储能的冷轧态组织，有利于Mn在后续逆相变退火中较快配分至奥氏体中。Bhadeshia、Yoo、Seo等[50~52]揭示了奥氏体形貌特征、晶粒尺寸及取向因子等对中锰钢中奥氏体稳定性及其TRIP效应的影响机制。Lee等[53]分析了Fe-0.05C-(45-49)Mn（质量分数，%）钢中奥氏体逆相变机制及其与退火升温速率的依赖关系。Merwin、Gibbs等[54,55]以Fe-0.1C-7Mn、Fe-0.2C-5Mn中锰钢为对象研究了塑性变形过程中的应变分配及临界区退火路径的影响。Mn-Al系中锰钢通常在逆转变基础上得到具有两类晶粒尺寸分布的组织结构，即粗大δ铁素体、超细晶铁素体与奥氏体的混合组织，应力-应变曲线具有连续屈服特征，综合力学性能良好，且适合于目前的连退生产线，具有良好的发展潜力[56]。Suh等[57]研究表明，添加Al元素可通过提高A_3温度扩大两相区，缓解奥氏体逆相变与马氏体再结晶的矛盾，有效抑制碳化物析出。Seo等[52]研究发现，3%Al中锰钢塑性变形过程δ铁素体作为软相承担主要变形量，这为保证实验钢连续屈服、解决局部Lüders应变问题提供了途径。Qin等[58]指出，9Al钢低温退火时κ-carbide在铁素体内呈纳米颗粒状，高温退火时在奥氏体内呈片层状，形成B_2、D03等有序相而强化基体。Dini和Lee等[59,60]认为中锰钢中Al、Si达到一定含量时，变形机制为TRIP+TWIP协同进行，具有更好增强增塑效果。

国内钢研集团、北科大、东北大学等研究院所和高校在第三代中锰钢汽车钢方面也进行了积极的探索。董翰等[61,62]利用"多相、亚稳与多尺度"的组织调控思路和奥氏体逆相变原理，开发了以超细晶铁素体+奥氏体为典型组织的系列化高强塑积中锰钢。唐荻等[63,64]以Fe-(0.1-0.2)C-(5-7)Mn中锰钢为研究对象，应用淬火配分及淬火回火等工艺分别获得强度1000~1250MPa，32%~46%

的高强塑性中锰钢。罗海文等[65]通过 V 微合金化+温轧方法获得高强塑性中锰含 V 钢，抗拉强度 1200MPa，伸长率 60%~70%。黄明欣等[66]应用深冷处理+临界区退火工艺控制奥氏体晶粒大小及稳定性，获得了抗拉强度达到 1027MPa、伸长率 46% 的 TWIP+TRIP 钢。丁桦等分别对 0.2%C-8%Mn-3%Al 以及 0.2%C-11%Mn-4% Al 中锰钢进行淬火-回火工艺，得到抗拉强度 880~1100MPa，总伸长率 35%~ 40% 的强塑性能[67,68]。

东北大学许云波等围绕合金减量化设计、δ 铁素体作用、残余奥氏体增韧以及富 Cu 相组织演变机理等开展研究工作，取得以下研究成果：（1）揭示了含 δ 铁素体中锰钢临界区轧制和热处理工艺对锰配分行为及其组织性能的影响规律。双退火工艺下生成的块状奥氏体或低临界区轧制温度下获得板条奥氏体有效调整了奥氏体稳定性及 TRIP 效应进程，改善加工硬化行为及强塑性匹配，可以使 δ 铁素体中锰钢抗拉强度提升至 960MPa 以上，且伸长率保持在 43% 左右[69]。（2）通过逆转奥氏体热稳定性和残余奥氏体力学稳定性的综合调优，可使残余奥氏体在-80℃下发生 TRIP 效应，缩短裂纹扩展距离，缓解应力集中，提高塑性变形能力，抑制裂纹萌生和扩展，如图 6-7 所示。优异热稳定性保证了残余奥氏体在-80℃稳定存在，较低力学稳定性强化了冲击变形中的 TRIP 效应，降低了裂纹扩展路径的平均长度，显著提高了裂纹扩展功[70]。（3）发现将 Cu 引入中锰钢可形成富 Cu 相强化基体，促进逆转奥氏体以渗碳体为质点形核。以 7% Mn 等浓度面重构的 C、Mn 富集颗粒的三维形貌及其 Si 浓度面处沿箭头方向的原子分布如图 6-8 所示。明确了富 Cu 相的演变规律和强化效果，揭示了逆转奥氏体形成在削弱晶界 Mn 偏聚、较少脆性渗碳体，进而抑制沿晶脆性断裂方面的作用机理。针对中锰钢高屈服强度和优异塑韧性无法兼得的难题，设计了 Cu 析出强化型中锰钢，通过调控富 Cu 相析出强化与奥氏体塑韧化的耦合强韧化效果，将断后伸长率 24% 中锰钢板屈服强度提升至 1005MPa[71,72]。

在工业实践方面，2010 年钢铁研究总院和太钢合作试制出抗拉强度 700~ 900MPa，强塑积不小于 30GPa% 的钢板[73]。2015 年宝钢实现了中锰钢材料和零件的全球首发。该材料包括冷轧 CR980MPa 级、热镀锌 GI980MPa 级和热镀锌 GI1180MPa 级，用于"后地板左右连接板"等汽车零部件的试制。韩国、日本和法国也已经完成中锰钢的实验室研发工作，准备进行工业化试制[38]。

可以看出，近 10 年来中锰钢呈现"研究热、应用冷"的现象，总体仍处于小规模试制阶段，关键工业化技术没有实现突破。其主要原因在于，合金元素（碳、锰和铝等）含量的增加，给传统流程体系下的冶炼、连铸、轧制、热处理等装备与工艺带来了很大的挑战。例如连铸坯偏析裂纹、粗大 δ 铁素体所致的加工脆性、冷轧板长吕德斯带以及可焊性差等瓶颈问题严重制约着中锰钢的生产实践和商业化应用。为此，东北大学许云波等创新性提出"减量化 Mn-TRIP

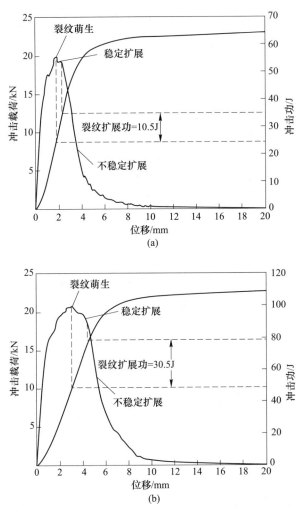

图 6-7 两相区退火试样在-80℃冲击试验的载荷/冲击功-位移曲线[70]
（a）一步退火试样载荷/冲击功-位移曲线；（b）两步退火试样载荷/冲击功-位移曲线

钢"的概念，提出"双尺度（微米/纳米）+双结构（板条/等轴颗粒）"组织设计思想，利用 C/Mn 协同配分有效提高溶质原子配分效率，实现了奥氏体晶粒尺寸、形貌特征、体积分数和稳定性的最优匹配，优化了材料塑性流动和变形协调行为，大幅度提高了材料强度、塑性以及成型性能，开发了超高成型性 HEL-SHF 钢（约 3% Mn）工业化原型技术。新钢种力学性能优异，抗拉强度约为 1000MPa，伸长率在 40% 以上。在此基础上，进一步开发出系列化 1200 ~ 1400MPa 级超高成型钢（SHF）的工业化原型技术如图 6-9 所示[38]，该技术突破了第三代钢在现有工艺及装备下的瓶颈问题，具有广阔的应用前景。

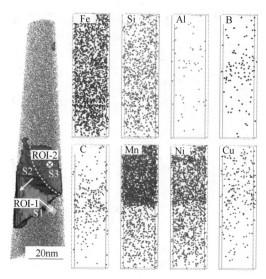

图 6-8　以 7% Mn 等浓度面重构的 C、Mn 富集颗粒的三维形貌及其 Si
浓度面处沿箭头方向的原子分布图[71]（扫书前二维码看彩图）

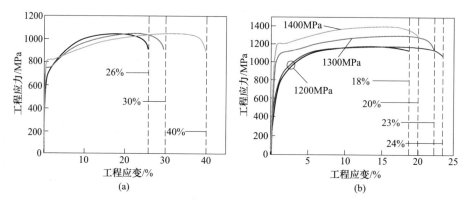

(a)　　　　　　　　　　　　(b)

图 6-9　典型 1000~1400MPa 级超高成型钢工程应力-应变曲线[74]
（a）1000MPa 级超高成型钢工程应力-应变曲线；
（b）1200~1400MPa 级超高成型钢工程应力-应变曲线

6.2　高强度热成型钢产品开发

6.2.1　引言

　　随着国家对汽车行业节能减排要求的不断提高，轻量化已经成为汽车行业的重要发展趋势。研究[74]表明，汽车质量每降低 10%，可节省燃油消耗 6%~8%。车身轻量化是在保证汽车碰撞安全性的前提下通过高强度材料或低密度材料的使用和车身结构的优化来降低车身质量。钢铁材料因其强度高、生产和回收成本低等优势，占车身材料的比重一般在60%以上，并且在短期内具有不可替代的作用[75]。目前，用于冷冲压成型的先进高强度钢和用于热冲压成型的压力淬火硬化钢均可冲压成型为各种具有复杂形状的三维结构的车身零件，材料的高强度、良好的伸长率和断裂应变赋予了构件良好的碰撞变形抗力和断裂抗力，已经成为汽车车身结构件的最主要材料。

冷冲压成型是指在室温下进行冲压成型，要求材料在室温和不同应力状态下具有良好的塑性变形能力以冲压成复杂形状零件。为了实现1000MPa以上高强度钢的冲压成型，全球正致力于开发超高伸长率的第三代先进高强钢，如中锰钢、淬火-配分（Q&P）钢和δ-相变诱发塑性（δ-TRIP）钢等。这些新型高强度钢的抗拉强度可以达到1000~1200MPa，同时能确保伸长率再达15%~40%，相比于双相钢、低合金TRIP钢等而言，强度和伸长率均有大幅度的提升[76]。但是材料强度提升必然造成模具磨损严重、回弹大、成材率低等问题，且第三代先进高强钢面临着冶炼、生产工艺稳定性等多方面因素限制，除了980MPa和1180MPa级的Q&P钢外，其余技术尚未实现大规模的工业化生产和应用[77]。

热冲压成型是指将钢板加热至奥氏体化状态，在高温下进行冲压成型并在模具内快速淬火生成马氏体的一种零件成型方式，这种先成型后硬化的工艺过程完美地解决了强度与成型性间的矛盾[78]。具体工艺：零件板坯首先在加热炉中加热至约930℃形成均匀的全奥氏体组织，机械手将其转移至压机，合模冲压时其温度为700~800℃，冲压成型时为全奥氏体状态，抗拉强度约200MPa、伸长率高于40%。模具中的冷却水系统维持模具表面温度为50~100℃，冲压成型的同时通过模具导热淬火形成全马氏体组织。最后零件装配完成后白车身进行涂装烘烤，在150~180℃保温10~20min，该烘烤过程对零件进行低温回火，使该马氏体组织的高强度钢同时兼具良好的伸长率和断裂应变，确保其拥有良好的变形抗力和断裂抗力。热冲压钢强度高于冷冲压用第三代先进高强钢，且回弹小，成材率高，所以热冲压钢的产量及其在汽车白车身上应用的比例越来越高[79]。目前工业应用的热冲压钢主要为22MnB5钢，抗拉强度约为1500MPa，伸长率为5%~7%。为达到更好的汽车轻量化效果，相关研究人员正在对更高强度、更高伸长率、更高断裂应变的热冲压钢进行探索，以赋予热冲压成型构件更好的碰撞断裂抗力。

本节首先分析了构件碰撞断裂抗力对热冲压钢力学性能的要求，然后总结了本书作者以及其他研究人员在更高强度、更高伸长率、更高断裂应变的热冲压钢方面的研究进展，最后介绍了热冲压钢Al-Si镀层技术的新发展及最近在提高热冲压Al-Si镀层板断裂抗力方面的技术突破。

6.2.2　汽车轻量化对热冲压钢强度与伸长率及断裂应变的要求

为保证碰撞安全性，汽车构件需要有足够的抵抗碰撞入侵的能力，以确保构件在允许的范围内变形，防止乘员受伤，同时依靠良好的变形能力吸收碰撞带来的能量。Akisue 和 Usuda[80]研究指出，钢板抵抗碰撞入侵力（F_{av}）和抗拉强度（σ_U）、钢板厚度（t）呈正相关。

$$F_{av} = KE^{0.4}\sigma_U^{0.6}t^{1.8} \tag{6-1}$$

式中　K——常数；

　　　E——弹性模量。

由式（6-1）可知，在保证原有吸能性的前提下，可通过提升材料的强度实现零件的减薄。式（6-1）在 20 世纪 90 年代提出，不包含与断裂相关的伸长率和断裂应变等参量，当时汽车应用的钢板抗拉强度普遍低于 800MPa，此时，钢板具有优异的伸长率和断裂应变，可保证在侵入量允许的范围内不发生灾难性的断裂（比如碎片飞出或者断口移动距离较大而伤害到乘员），因此，材料强度决定的构件变形抗力是主导构件碰撞性能的唯一力学性能参量。以此类推，当使用强度达到 1500MPa 的热冲压钢来取代 800MPa 钢可实现 20% 以上的减重；如果强度达到 2000MPa，取代 1500MPa 的钢可进一步减重 10%~15%。因此，研发强度达到 1800MPa 以上的新一代热冲压钢是持续实现车身轻量化的关键材料创新技术。

通常来讲，钢板的伸长率和断裂应变随着强度的升高而降低。较低的伸长率和断裂应变会导致构件因局部应变超过材料断裂所允许的最大应变而发生开裂，如图 6-10 所示。对于强度超过 1500MPa 的热冲压钢来说，除了强度和厚度外，其构件抗碰撞性能还与其断裂抗力有关，因此，该类材料的强度、伸长率和断裂应变均是决定其断裂抗力的关键力学性能参量。材料的伸长率与其加工硬化能力

（a）　　　　　　　　　　　　　　　　　　　　（b）

图 6-10　汽车零件弯曲压溃吸能实验

（a）汽车零件弯曲压溃吸能试验设备；（b）热冲压件压溃后的裂纹扩展

正相关，较高的加工硬化能力可提高均匀伸长率延迟颈缩的发生，从而提高总伸长率。例如，双相（DP）钢和相变诱发塑性（TRIP）钢分别因双相效应的应力分配与 TRIP 效应提高了材料变形过程中的加工硬化率，从而赋予其良好的均匀伸长率。高的伸长率和加工硬化能力可以延迟零件在碰撞压溃过程中局部应变集中的开始，类似于延迟拉伸过程中颈缩发生的机理，从而提高零件的断裂抗力。通用汽车公司的有关研究[81]证实了中锰热冲压钢的伸长率提高到 10% 能够将压溃吸能提升 20%。因此，提高伸长率是热冲压钢发展的关键目标之一。

　　绝大多数汽车车身结构件在碰撞过程中发生弯曲变形，此时构件承受的变形状态接近为平面应变。已有研究[82~85]表明，热冲压钢构件的碰撞性能与其平面应变下的弯曲性能有关。在德国汽车工业协会制定的 VDA 238-100 三点尖弯曲测试标准[86]中，发生弯曲变形的钢板宽度远大于其厚度，且弯曲冲头半径极小，导致钢板同样承受平面应变的应力状态。正因如此，当前汽车工业界普遍采用该方法来快速衡量热冲压钢的断裂应变。图 6-11（a）为 VDA 238-100 弯曲示意图，其中 α 为弯曲角。在弯曲过程中，材料内层承受压应力，材料外层承受拉应力，如图 6-11（b）所示。当弯曲载荷达到峰值时，材料外表面受拉应力影响开始出现裂纹，此时的弯曲角亦达到最大值（即最大弯曲角 α_{max}）。由于 α_{max} 可以评价材料弯曲性能，因此在国际上许多汽车企业都将 α_{max} 与拉伸性能作为衡量材料力学性能的指标。除此之外，当弯曲角为 α_{max} 时，材料外表面所受应变达到其在平面应变条件下不发生断裂时所能承受的最大应变值，即弯曲断裂应变。相比 α_{max} 而言，弯曲断裂应变（α_{max} 对应的材料外表面等效应变）更直接地评价材料在平面应变条件下的断裂极限，同时该结果可直接作为材料的断裂极限应变用于整车 CAE（Computer Aided Engineering）碰撞分析，并成为判断构件是否发生碰撞断

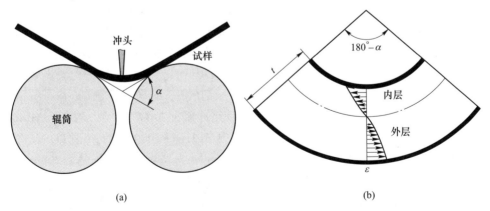

图 6-11　VDA 238-100 弯曲示意图与弯曲过程中的厚度方向应变的分布

（a）VDA 238-100 弯曲试验；（b）弯曲时的应变状态

α—弯曲角；t—板厚；ε—主应变

裂失效的重要参量。较高的 α_{max} 象征着该材料具有更高的弯曲断裂应变。因此，提高热冲压钢的 α_{max} 也已成为当前热冲压钢发展的关键方向之一。

若保证相同的吸能效果，热冲压钢可通过以下三种途径提高构件变形抗力及断裂抗力以实现零件的减薄：（1）在伸长率及断裂应变不降低的前提下提高强度；（2）在强度和断裂应变不降低的前提下提高伸长率，延迟构件局部应力集中提高碰撞性能；（3）在强度和伸长率不降低的前提下提高弯曲断裂应变。针对第一种途径，本书作者在热冲压钢中添加 V 微合金元素，在保证其断裂应变的同时大幅提升了热冲压钢的强度[87,88]。针对第二种途径，本书作者及其他研究人员借鉴了冷冲压用第三代先进高强钢的相关概念及物理冶金机理，在热冲压钢设计中引入淬火-配分（Quenching and Partitioning，Q&P）思想[89~95]或采用中锰成分[95~97]进行热冲压方面探索，利用变形时残余奥氏体的 TRIP 效应大幅提升了热冲压钢的伸长率。为了避免热冲压时钢板表面产生氧化铁皮，通常在钢板表面涂镀 Al-Si 镀层，本书作者[98]针对 Al-Si 镀层容易导致热冲压钢断裂应变不足的问题，研究了 Al-Si 镀层对热冲压钢断裂应变与抗延迟开裂的影响机理，并开发出改善 Al-Si 镀层热冲压钢断裂应变的技术，以满足第三种途径热冲压钢减重需求。以下将分别详细介绍上述方面的研究进展。

6.2.3　1.8~2.0GPa 强度级别的热冲压钢

目前工业上广泛应用的热冲压车身安全构件使用的是抗拉强度为 1500MPa 级别的 22MnB5 钢[99]。如前所述，维持断裂抗力不降低的前提下提高热冲压构件的变形抗力才能进一步实现汽车轻量化，也就是说，提高热冲压钢强度的同时必须维持其伸长率和断裂应变不降低。C 是提高马氏体强度最有效的元素，增加钢中的 C 含量可大幅提高热冲压钢的强度。Naderi[100]以 22MnB5 为基础，增加其 C 含量至 0.33%（质量分数，下同），淬火后抗拉强度可达 2000MPa，但其断后伸长率仅 2.5%。因此，单纯依靠增加钢中 C 含量提升热冲压钢的强度必然导致其韧塑性的大幅下降，不能达到汽车轻量化的目的。

世界各大钢铁公司均对更高强度的热冲压钢展开了研究。德国 Thyssen Krupp 公司开发了基于 34MnB5 成分的 1900MPa 级热冲压钢 MBW 1900；瑞典 SSAB 集团基于 37MnB4 成分推出了 2000MPa 级热冲压钢 Docol 2000 Bor；韩国 POSCO 公司开发了 2000MPa 级热冲压钢 HPF 2000；Arcelor Mittal 公司也开发了 2000MPa 级热冲压钢 USIBOR 2000[101]。本书作者没有搜集到上述钢种的拉伸曲线以及反映其碰撞断裂应变的三点尖弯曲角度等详细信息。

本书作者基于 22MnB5 合金成分，设计了 V 微合金化的新一代热冲压成型钢 34MnB5V，在把 C 含量由 0.22% 增加至 0.34% 的同时，添加 0.11%~0.30% 的 V，成分见表 6-1[87]。

表 6-1　22MnB5 和 34MnB5V 的化学成分[87]

钢种	C	Si	Mn	Ti	B	V	Fe
22MnB5	0.22	0.22	1.33	0.029	0.0031	—	余量
34MnB5V	0.34	0.32	1.39	0.030	0.0025	0.11~0.30	余量

VC 析出粒子能够钉扎奥氏体晶界，抑制晶粒的长大，细化奥氏体晶粒和淬火后的马氏体板条群、板条束等亚结构尺寸[102]。图 6-12（a）和（b）分别为 22MnB5 和 34MnB5V 在 900℃加热 4min 后的原奥氏体晶界。22MnB5 原奥氏体平均晶粒尺寸为 8.7μm，而相同加热条件下 34MnB5V 原奥氏体平均尺寸为 3.9μm。如图 6-12（c）和（d）所示，经 TEM 观察，淬火后 34MnB5V 的组织为板条马

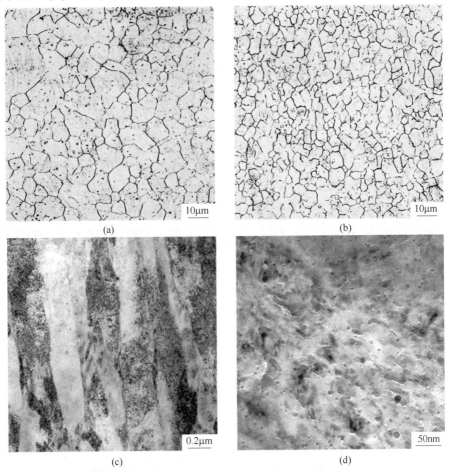

图 6-12　22MnB5、34MnB5V 原奥氏体晶界和 34MnB5V 的 TEM 图像
（a）22MnB5 原奥氏体晶界；（b）34MnB5V 原奥氏体晶界；
（c）34MnB5V 淬火板条马氏体；（d）VC 析出

氏体，并且马氏体板条内弥散分布着大量 5～20nm 的 VC 析出粒子[88]。根据 34MnB5V 的合金设计，经固溶度积计算 V 元素在 900℃仅有一部分固溶，因此，初始组织中的纳米级 VC 在奥氏体化短时间加热过程中大部分不会溶解，尤其在热冲压钢中添加 Ti 以确保固溶 B 提高淬透性，V 与 Ti 形成的复合碳化物其热力学稳定性会进一步提高，大量纳米级 VC 粒子弥散分布于奥氏体中，最后保留至马氏体中。有研究[103,104]表明，马氏体中 C 含量超过 0.3%时会形成大量孪晶马氏体，严重恶化钢的断裂抗力。虽然 34MnB5V 中添加了 0.34%的 C，但 VC 析出降低了马氏体中的 C 含量，所以有效抑制了孪晶马氏体的生成。

图 6-13（a）和（b）为 22MnB5 和 34MnB5V 钢热冲压淬火并模拟涂装（170℃，20min）回火后的工程应力-应变曲线（JIS5 标准试样）和三点尖弯曲角度-载荷曲线。测试前采用磨床去除拉伸试样和三点弯曲试样表面的脱碳层，最终实验样品的厚度为 1.4mm。弯曲测试采用德国汽车工业协会制定的 VDA238-100 三点尖弯曲测试标准。22MnB5 抗拉强度为 1477MPa，屈服强度为 1136MPa，均匀伸长率为 5.2%，总伸长率为 7.4%；34MnB5V 抗拉强度为 1971MPa，屈服强度为 1558MPa，均匀伸长率为 5.9%，总伸长率为 8.3%。22MnB5 在最大载荷下的三点尖弯曲角度 α_{max} 为 62°，34MnB5V 的 α_{max} 为 64°。34MnB5V 热冲压后强度的提高主要源于纳米级 VC 析出粒子产生的析出强化作用和 VC 析出导致的晶粒细化。通常情况下，钢的断裂抗力随着强度的提升而下降，而 34MnB5V 较 22MnB5 强度大幅提升的同时其均匀伸长率和总伸长率也均得到了提升，三点尖弯曲角度相当。纳米级 VC 析出粒子是改善 34MnB5V 伸长率的主要因素，位错需绕过该 VC 质点才能得以继续移动，在第二相粒子周围产生并积累大量的几何必须位错[105~107]，对位错运动的阻碍可实现析出强化并提高其加工硬化能力，析出强化本身并不能提高韧塑性，对于固有塑性较差的马氏体而言，提高材料的加

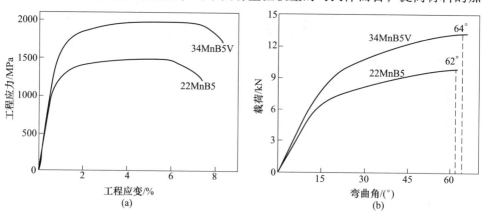

图 6-13　22MnB5 和 34MnB5V 的拉伸曲线和三点尖弯曲载荷-角度曲线
（a）拉伸曲线；（b）三点尖弯曲载荷-角度曲线

工硬化能力，可推迟颈缩的发生而改善其均匀伸长率。

2017年，新一代热冲压成型钢34MnB5V在本钢集团完成了批量试制与工业化生产，并成功地作为车门防撞梁材料应用于北汽新能源"LITE"车型，如图6-14所示，这是2000MPa级热冲压钢全球首次批量化工业应用。34MnB5V钢零件实车碰撞测试时车门防撞梁发生大量变形吸收碰撞能量而未发生断裂，充分说明该材料具有良好的塑性和较高的弯曲断裂应变。

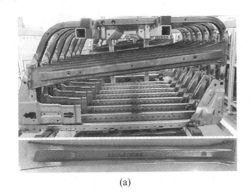 

(a)   (b)

图6-14 34MnB5V热冲压钢车门防撞梁和实车碰撞测试

（a）车门防撞梁；（b）实车碰撞

6.2.4 高伸长率热冲压钢

6.2.4.1 Q&P在热冲压钢中的尝试

TRIP钢中的奥氏体在塑性变形过程中发生马氏体相变，增加了加工硬化率，延迟了颈缩的出现，最终提高了TRIP钢的强度和均匀伸长率。2003年，Speer等[108]提出了采用Q&P工艺在马氏体基体中稳定奥氏体的热处理方式，将奥氏体化后的钢板快速淬火至M_s（马氏体相变开始温度）与M_f（马氏体相变结束温度）之间的某个温度，形成一定量的马氏体和未转变奥氏体，然后在该淬火温度（一步Q&P处理）或者以上某个温度（两步Q&P处理）等温，使C原子从过饱和的马氏体配分至周围的未转变奥氏体内，提高未转变奥氏体的稳定性，从而在室温下获得由马氏体和残余奥氏体组成的混合组织，马氏体基体确保材料具有高的强度，同时利用奥氏体在变形过程中的TRIP效应获得良好的强度与塑性匹配。图6-15（a）和（b）分别为Q&P工艺和热冲压成型工艺的示意图。可以看出，两种工艺除含有相似的奥氏体化环节外，前者包含等温淬火与等温碳配分环节，而后者工艺路径中仅有淬火环节却不存在可用于碳配分的工艺空间。将Q&P工艺中的碳配分引入热冲压钢预期可获得更高的强度和塑性。

近年来已有学者在Q&P工艺与热冲压成型工艺耦合方面开展了相关研究。

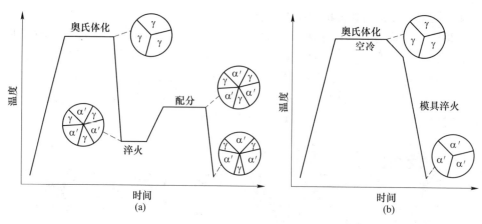

图 6-15　Q&P 工艺与热冲压成型工艺的示意图

（a）Q&P 工艺；（b）热冲压过程

Liu 等[89,90]根据"变形+相变+碳配分"耦合的设计思想，在奥氏体化环节对 0.22%C-1.58%Mn-0.81%Si 钢施加变形，达到细化晶粒目的，随后将其淬火至 300℃进行等温碳配分，最终获得了板条马氏体与纳米级尺寸残余奥氏体的混合组织。Seo 等[91]在热冲压钢中加入 Si 元素或复合加入 Si、Cr 元素，该钢经两步 Q&P 处理后的组织中含有马氏体、无碳贝氏体与残余奥氏体，研究表明，马氏体与贝氏体铁素体中的碳在等温配分环节中扩散至奥氏体内。Linke 等[92]在典型热冲压钢 22MnB5 成分基础上改变 Si 元素含量，并对其分别进行一步 Q&P 与两步 Q&P 处理，结果表明，Si 元素含量对热冲压钢中的残余奥氏体体积分数具有重要影响。Zhu 等[93]采用两步 Q&P 处理使 30CrMnSi2Nb 钢获得了 11.2%的残余奥氏体，并确定出最佳的配分温度及配分时间分别为 425℃与 20s。上述研究中的热冲压钢最终所得的室温力学性能如图 6-16 所示。对比典型热冲压钢 22MnB5 发现，Q&P 工艺与热冲压成型工艺耦合的确有潜力改善热冲压钢的塑性。但需要注意的是，Q&P 工艺涉及两个至关重要的等温环节，即等温淬火与等温配分，而热冲压成型工艺中的连续淬火环节不能实现精准控制。虽然通过加热模具或利用额外的保温装备可以在热冲压成型过程中实现等温淬火与等温配分的目的，但是热冲压件的生产周期、生产成本与能耗均会相应增加。正因如此，这两种工艺的耦合在实际工业应用中具有明显的局限性。

在马氏体相变过程中，钢中的 C 原子主要存在形式为：（1）间隙固溶[110]；（2）扩散至位错或板条边界等处[111]；（3）受回火或自回火影响形成碳化物[112]或扩散至周围的奥氏体内[113]。这就表明，已经形成的马氏体板条在随后的冷却过程中 C 原子有时间进行扩散至上述（2）或（3）的位置。热冲压钢在模具淬火环节中连续地发生马氏体转变，若可以抑制在高温（接近于 M_s）形成

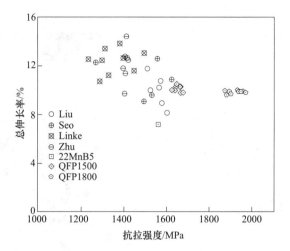

图 6-16　22MnB5 与不同处理工艺下热冲压钢的力学性能[90~94]，参照 JIS5 标准试样尺寸[109]

的马氏体析出自回火碳化物，那么这部分马氏体中过饱和的 C 原子就可能配分至相邻的未转变奥氏体中，从而提高未转变奥氏体的稳定性使其保留至室温，这正是本书作者近期所提出的淬火-闪配分（Quenching and Flash-Partitioning，Q&FP）概念[94]用于改善热冲压钢塑性的核心思想。为了提高热冲压成型过程中发生动态碳配分的可能性，Q&FP 概念需要遵循以下原则：（1）提高 M_s；（2）抑制碳化物的形成。前者主要通过降低合金成分中的 Mn 元素含量去实现，较高的 M_s 有利于增强 C 原子向马氏体板条外扩散的能力。后者则依赖于 Si 元素抑制马氏体中渗碳体析出的作用，Si 在渗碳体中的溶解度接近于零，因此渗碳体析出需要 Si 完全扩散至渗碳体之外，在马氏体相变的短时间内 Si 无法进行这种长程扩散从而抑制渗碳体析出。虽然 Si 不能完全抑制过渡性碳化物析出，但是过渡性碳化物尺寸细小，淬火-配分-回火（Quenching-Portioning-Tempering，Q-P-T）QP&T 钢正是利用尺寸细小的过渡性碳化物析出改善材料韧性并提高强度[114]。Si 的添加抑制了马氏体自回火现象，促使碳向未转变奥氏体中配分，从而提高残余奥氏体含量及其稳定性[115]。

　　目前，本书作者基于 Q&FP 概念已设计开发出 1500MPa 级与 1800MPa 级热冲压钢，简称为 QFP1500 和 QFP1800。添加 1.5%Si 有效的抑制热冲压工艺模压淬火过程中渗碳体的析出，同时通过合金设计提高 M_s 至 400℃以上。利用平面模具进行热冲压成型时所用的工艺参数如下：加热温度为 930℃，加热时间为 5min，模具温度为室温，保压时间为 10s。图 6-17 为 QFP1500 与 QFP1800 经热冲压处理后的显微组织。两种热冲压钢板条马氏体中均获得约 7%的残余奥氏体，并且残余奥氏体呈薄膜状分布于马氏体板条之间。马氏体板条的平均厚度约为 200nm，而残余奥氏体的平均厚度约为 20nm，残余奥氏体实际尺寸与 C 在奥氏体相中扩散距离的计算结果极为接近[94]。

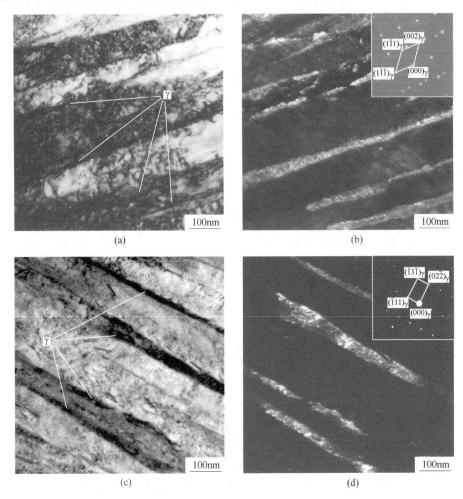

图 6-17　淬火-闪配分热冲压钢的 TEM 像

（a），（b）QFP1500 TEM 明暗场像；（c），（d）QFP1800 TEM 明暗场像

　　图 6-18 为 22MnB5、QFP1500 与 QFP1800 的工程应力-应变曲线（JIS5 标准试样）。可以看出，基于 Q&FP 概念设计的热冲压钢在均匀伸长率与总伸长率方面均明显优于 22MnB5。22MnB5 淬火后组织全为马氏体，而 QFP1500 与QFP1800 中的残余奥氏体在塑性变形过程中发挥 TRIP 效应，提高了加工硬化率，延迟了颈缩的产生，这是 QFP1500 与 QFP1800 塑性提高的根本原因。通过图 6-16 可以看出，采用 Q&FP 概念与在热冲压成型过程中引入 Q&P 工艺都可以获得性能优异的热冲压钢，但是后者在实际工业应用中具有局限性，而前者基于当前热冲压件的工业生产条件，不会造成工艺与成本等问题。

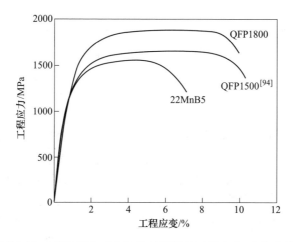

图 6-18 22MnB5 与 Q&FP 热冲压钢的工程应力-应变曲线

6.2.4.2 中锰热冲压钢

中锰钢是目前冷冲压用第三代先进高强钢的研究热点，Mn 的质量分数一般在 5%～10%之间，通过临界区退火实现马氏体向奥氏体部分逆相变，得到铁素体和奥氏体的双相组织，同时发生 C、Mn 向奥氏体的配分使逆相变奥氏体稳定到室温，并利用奥氏体在变形过程中的 TRIP 效应提高强度和塑性[115,116]。

董翰等[95,96]基于 C、Mn 体系中锰钢，在临界区或者完全奥氏体化退火后，在 450～650℃之间进行冲压成型，即中锰钢温成型技术，如图 6-19（a）所示。其工艺用传统热冲压生产线即可实现，冲压后抗拉强度为 1400～1800MPa，总伸长率在 10%～15%之间，其典型的力学性能如图 6-19（b）所示，相比 22MnB5

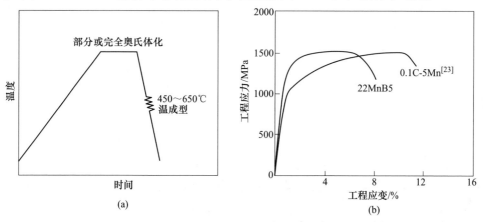

图 6-19 中锰钢温成型的工艺路线图及其典型的拉伸曲线

（a）中锰钢温成型工艺；（b）拉伸曲线

伸长率大幅提升（A_{50}，ASTM A370—2014）。

本书作者从解决热冲压钢镀层问题出发，重新进行了成分和工艺设计。能提供阳极保护的 Zn 镀层以优异的防腐蚀性而在冷成型钢板上广泛应用，但是在热冲压过程中，奥氏体化过程会引起 Zn 层的熔化，进而诱导奥氏体晶界易于开裂。基于 Fe-C 相图，钢的共析温度是钢实现奥氏体化的最低温度。本书作者通过提高钢中锰的含量以降低共析 C 含量，同时增加 C 的含量使之接近共析 C 含量，最终使奥氏体化温度低于 Fe-Zn 合金包晶转变温度（782℃，Zn 与 Fe 合金化后最高允许的固态温度）。结合 Q&P 原理，通过添加 Si、Al 元素抑制回火过程中碳化物的生成。设计钢的化学成分为 Fe-0.3C-7Mn-1Si（质量分数（%），下同），淬火温度为室温，使之在淬火至室温下仍保存有一定量的残余奥氏体，并在随后的回火过程中实现 C 元素在奥氏体中的扩散，以控制残余奥氏体的稳定性，该淬火-回火配分（Quenching-Tempering & Partitioning，Q-T&P）工艺如图 6-20（a）所示。在准静态单向拉伸变形中，中锰热冲压钢中的残余奥氏体在变形过程中发生 TRIP 效应，提高了钢的加工硬化率从而提高其伸长率。以此为基础设计的中锰热冲压钢已在 2015 年第 5 届国际热冲压 CHS² 会议上报道[97]，其性能远超普通热冲压钢 22MnB5，抗拉强度为 1800~2000MPa，伸长率为 12%~16%（A_{50}，ASTM A370—2014），如图 6-20（b）所示。

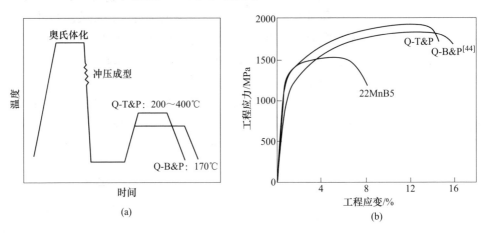

图 6-20　中锰热冲压钢淬火-回火配分和淬火-烘烤配分的工艺路线图及其典型拉伸曲线
（a）Q-T&P 和 Q-B&P 工艺；（b）拉伸曲线

上述 Q-T&P 工艺可实现热冲压钢强度和伸长率的大幅提升，但是回火工序（回火温度高于 200℃）的额外增加，则会降低现有生产线的生产效率和增加生产成本。

实际生产过程中白车身会经过涂装回火（回火温度 170~180℃）工艺。基于此，本书作者在 Q-T&P 热冲压钢基础上，开发了钒微合金化热冲压钢 Fe-0.19%

C-7.5%Mn-1.2%Si-0.15%V[117]，使之在涂装过程中完成 C 元素在奥氏体中的扩散，而不额外增加生产工序。较高 Mn 的添加降低了奥氏体化温度，同时利用 VC 析出钉扎原奥氏体晶界，而进一步细化原奥氏体晶粒至 2.6μm。最终得到板条宽度仅为 5nm 的残余奥氏体，使之通过 150~180℃ 的涂装回火即可完成 C 元素在奥氏体内的扩散，而达到稳定奥氏体的目的，该淬火-烘烤配分（Quenching-Baking & Partitioning，Q-B&P）工艺如图 6-20（a）所示。回火后，残余奥氏体的体积分数为 12%，变形过程中残余奥氏体逐渐相变为马氏体，实现了 1800MPa 的抗拉强度和 16% 的伸长率，如图 6-20（b）所示。与传统 22MnB5 相比，中锰热冲压钢伸长率明显提高，其断裂应变也明显提高。相关研究[81]通过三点尖弯曲、双缺口拉伸和叠层冲击等评价方法有效证明了中锰热冲压钢的断裂韧性明显优于 22MnB5 钢。中锰热冲压钢中原始奥氏体晶粒的细化和超级稳定的残余奥氏体对于其断裂应变的提高有关键作用。此外，基于 Q-B&P 工艺，通过轻质元素 Al 的添加，设计了一种低密度中锰热冲压钢，同样实现了高伸长率和高断裂应变，其门梁压溃吸能较 22MnB5 高出 15.8%[118]。

6.2.5 高断裂抗力的 Al-Si 镀层热冲压成型钢

无镀层热冲压板料通常在带有 N₂ 等保护气体的加热炉内加热到 900℃ 以上进行奥氏体化，但是将板料从加热炉转移至模具并成型的过程中不可避免在空气中暴露，表面严重氧化，生产过程中需要对脱落在模具内的氧化铁皮进行及时清理，这样严重降低了生产效率[119]；另外，还需要对成型后的零件进行喷丸或喷砂等处理以去除氧化层，导致零件尺寸精度降低，且由于工序的增加造成零件成本升高[98]。而 Al-Si 镀层技术可避免氧化铁皮的产生，从而有效解决上述技术痛点，同时还可提高热冲压钢服役过程中的耐腐蚀性能，目前已经广泛地应用于热冲压成型技术中。

Al-Si 镀层技术由 Arcelor Mittal 公司最早提出并应用，采用热浸镀工艺在 670℃ 左右进行涂覆生产，镀层典型合金成分为 87Al-10Si-3Fe，预涂覆镀层厚度为 20~33μm[120]，其中外层 Al 金属层相（其中包含少量富 Si 相）厚度为 20~25μm，在基体与外层中间为 Fe-Al-Si 金属间化合物层，其厚度约为 5μm[121]，工业应用的 Al-Si 镀层热冲压用钢热浸镀态镀层组织如图 6-21（a）所示（标准金相方法制样，未经腐蚀，扫描电镜像）。该预涂覆板须在 930℃ 左右根据厚度不同加热 4~8min 进行奥氏体化处理后，再进行热冲压成型和模具内淬火形成 1500MPa 的马氏体组织。纯 Al 的熔点仅约 660℃，87Al-10Si-3Fe 的熔点比 660℃ 更低，因此该加热过程中表面的金属 Al 层会部分液化。但随着基体中的 Fe 与预涂覆的合金层相互扩散形成熔点远高于奥氏体化温度（930℃）的 Fe 与 Al 的金属间化合物，表面不会再有液相出现。该预涂覆层加热过程中的相转变和组织演化详细过程已有大量的研究报道[121~124]。图 6-21（b）展示了 1.4mm 厚的 Al-Si 预涂覆板经过 930℃ 加热 5min 的奥氏体化处理（工业上正常的加热工艺条件）并热冲压成型后的镀层组织结构。镀层结构主要分为五层（定义最外层为第一层），第一层和第三层为 FeAl$_2$ 相，第二层和第四层为 Fe$_2$SiAl$_2$ 相，第五层为富 Al、Si 的 α-Fe 相。金属间化合物层为脆硬相，其硬度高达 HV700~1000[98]，因此热冲压之后金属间化合物层极易形成微裂纹（见图 6-21（b））。

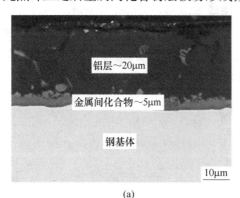
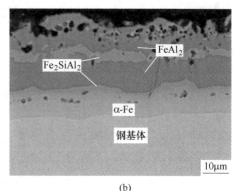

（a）　　　　　　　　　　　　　　　　（b）

图 6-21　预涂覆 25μm 厚的 Al-Si 镀层热冲压钢的 SEM 像
（a）热冲压前；（b）热冲压后

Al-Si 镀层板避免了无镀层板在生产与应用过程中出现的诸多问题，被定义为第二代热冲压成型技术，目前在热冲压钢应用中其占比高达 60% 以上。但是，在评价热冲压钢弯曲断裂应变时发现，预涂覆镀层厚度为 25μm 的常规 Al-Si 镀层产品热冲压后合金化的镀层总厚度约为 40μm，其弯曲断裂应变对比无镀层产品降低 20% 以上。例如，宝马汽车有关无镀层板的材料标准 WS 01007—2012[125] 即要求材料最大载荷下所对应的弯曲角 α$_{max}$（VDA238-100）大于等于 60°，而通用汽车材料标准 GMW14400—2019[126] 要求 Al-Si 镀层板的 α$_{max}$≥50°。目前，Al-Si 镀层板的断裂应变较无镀层板的断裂应变降低被认为是由于无镀层板热冲压过程中其表面形成了能大幅度提高其弯曲断裂应变的 10~40μm 厚的铁素体脱碳层（其硬度仅约 HV200）[127]。然而，Al-Si 镀层板涂覆层在合金化过程中的界面移动导致的 C 原子迁移却无人考虑过。事实上，如图 6-22（a）所示，Al-Si 镀层板在热冲压加热以及奥氏体化过程中，硼钢基体中的 Fe 元素向 Al-Si 镀层中扩散，Al-Si 镀层中的 Al、Si 元素向硼钢基体中扩散。在 Al、Si、Fe 元素扩散过程中，Al-Si 镀层合金化致使镀层与基体界面向硼钢基体方向移动，此时镀层中形成合金化层（FeAl$_2$ 和 Fe$_2$SiAl$_2$）和相互扩散层（α-Fe），而这两者均不含 C，因此认为 C 只能向基体侧扩散，导致基体与相互扩散层的界面的附近形成 C 富集，在淬火过程中形成脆性高碳马氏体，显著降低了 Al-Si 镀层产品的弯曲断裂应变。

如图 6-22（b）所示，如果将镀层减薄，Al-Si 总量降低，则可降低合金化层中 Al 与 Fe 金属间化合物的配位数，从而降低合金化扩散的浓度驱动力，镀层与基体界面迁移距离缩短，可降低硼钢基体表面的碳富集程度，淬火后界面处的马氏体脆性将得到改善，进而提高了 Al-Si 镀层热冲压钢的断裂应变和抗延迟开裂性能。

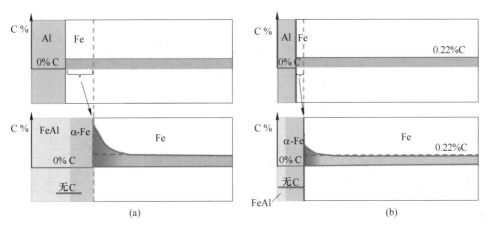

图 6-22　Al-Si 镀层合金化之后与硼钢基体界面间高碳致脆模型

（a）预涂镀厚度为 25μm 的常规镀层板；（b）预涂镀厚度为 10μm 的高韧性镀层板

　　预涂覆层厚度为 10μm 的 Al-Si 镀层板热浸镀态组织如图 6-23（a）所示，其，中外层 Al 相厚度约 5μm，Fe-Al-Si 金属间化合物层厚度和常规镀层相比没有明显变化（约 5μm）。经过 930℃加热 5min 的奥氏体化处理并热冲压后的镀层组织结构如图 6-23（b）所示，相互扩散层 α-Fe 占整个镀层结构的百分比较常规镀层增加，而脆性相 Fe-(Al，Si) 金属间化合物层厚度大幅降低。图 6-24（a）和（b）分别为常规（25μm）和薄（10μm）Al-Si 镀层板热冲压后马氏体（α'）基体与

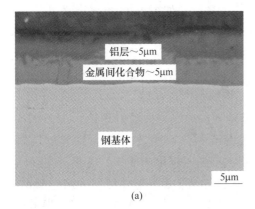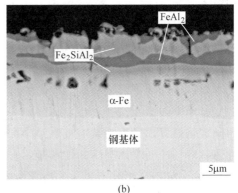

图 6-23　预涂覆约 10μm 厚的 Al-Si 镀层热冲压钢的 SEM 像

（a）热冲压前；（b）热冲压后

α-Fe 相界面处的 C 元素浓度分布。25μm 厚 Al-Si 镀层板热冲压后在 α′基体与 α-Fe 相界面处 C 元素浓度急剧升高，形成厚度约为 1.5μm 的 C 富集带，其 C 含量为基体 C 含量的 2~3 倍；而高断裂应变 Al-Si 镀层板（10μm）冲压后界面处并未检测到明显的 C 富集。这一实验结果证实了 Al-Si 镀层合金化导致其与硼钢基体界面间高碳致脆的理论设想。

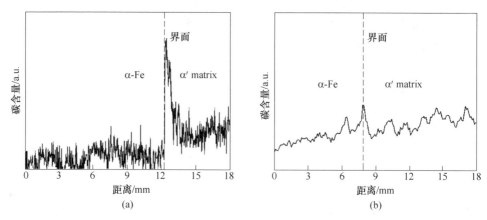

图 6-24　Al-Si 镀层板热冲压后 α′基体与 α-Fe 相 C 浓度分布
（a）预涂镀厚度为 25μm 的常规镀层；（b）预涂镀厚度为 10μm 的高韧性镀层

另外，Lawrence 等[128]研究发现，预涂覆层厚度为 30μm Al-Si 镀层的 35MnB5 钢板与其无镀层板相比，VDA 最大弯曲角 α_{max} 降低了约 35%，他们认为在热冲压奥氏体化过程中 H 原子可穿过 Al-Si 镀层扩散到钢板基体中，而冷却过程中由于合金化层的存在 H 原子很难扩散出去，进入热冲压钢基体材料中的可动 H 原子使 Al-Si 镀层板在热冲压后具有较高的氢致开裂敏感性，其伸长率和 VDA 最大弯曲角 α_{max} 较无镀层板大幅度降低。虽然他们提出了 Al-Si 镀层板更多吸附 H 原子导致材料发生氢致脆，但可动 H 原子只是氢致开裂的必要因素之一，材料本身固有的断裂应变这一更重要的因素则被所有研究者们忽略掉了。本书作者认为 Al-Si 镀层合金化之后与硼钢基体界面间 C 富集是导致材料韧性降低的物理本质，进而使得镀层板具有较高的氢致开裂敏感性。

基于上述 Al-Si 镀层合金化之后与钢基体界面间高碳致脆的理论，本书作者团队成功开发出了高断裂应变新型 Al-Si 镀层技术[98]，突破了现有 Al-Si 镀层热冲压钢断裂应变难以提高的技术瓶颈。无需改变常规镀层的成分，可直接在钢厂现有的 Al-Si 镀层板生产线上进行钢板的预涂覆处理，镀层整体厚度为 8~14μm。2019 年，在某钢厂进行了 1500MPa 级高断裂应变 Al-Si 镀层热冲压钢的工业化试制，1.4mm 厚的平面模淬火试样 VDA238-100 标准三点尖弯曲最大载荷下的弯曲角达到 65°~70°，较常规镀层产品的 54°~58°弯曲性能提升了 20% 以上，为通用

汽车发布新材料标准 GMW14400—2019[126] 中高断裂应变 Al-Si 镀层热冲压钢
VDA 最大弯曲角不小于 60° 的要求提供了数据支撑。另外，针对批量试制的
1.4mm 厚高断裂应变镀层前保险杠分别进行了热冲压淬火及涂装烘烤后零件的弯
曲压溃吸能测试，结果显示，在裂纹产生之前，其构件的压溃吸能性能较常规镀
层产品提升约 28%，如图 6-25（a）和（b）所示。热冲压零件压溃开裂并放置
14 天后，高断裂应变 Al-Si 镀层（10μm）产品未发现裂纹继续扩展或开裂（见
图 6-25（c）），延迟开裂风险大大降低，充分显示了良好的断裂应变性能；而常
规镀层（25μm）产品对应位置裂纹继续扩展，大应变区域亦产生新裂纹，均为
脆性沿晶断裂（见图 6-25（d）和（e））。

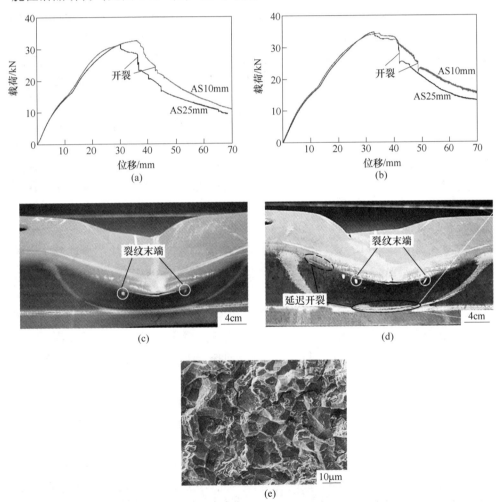

图 6-25　Al-Si 镀层热冲压零件涂装烘烤之后的弯曲载荷-位移曲线以及压溃后裂纹扩展情况

（a）淬火状态下的弯曲压溃结果；（b）淬火+回火后的弯曲压溃结果；（c）10μm 镀层零件
压溃 14 天后裂纹扩展；（d）25μm 镀层零件压溃 14 天后裂纹扩展；（e）脆性断裂形貌

6.2.6　结论与展望

近年来，在提高热冲压钢的强度、伸长率和弯曲断裂应变，以及 Al-Si 镀层板断裂应变等研究领域已取得较大进展，为进一步实现汽车车身轻量化奠定了基础。部分研究成果已成功实现工业化应用，但其中的一些科学机理还需进一步深入揭示。

（1）通过 V 微合金化，实现了尺寸为 5~20nm 的 VC 析出颗粒在热冲压后马氏体中弥散分布，以细晶强化、纳米析出强化与马氏体强化相结合的复合强化方式，实现了 34MnB5V 钢热冲压零件强度达到 2000MPa；与此同时，因大量 VC 的析出降低了基体中的 C 含量，有效抑制了脆性孪晶马氏体的生成，使其同时保持了与 1500MPa 的 22MnB5 钢相当的伸长率和弯曲断裂应变。目前，已实现 2000MPa 级 34MnB5V 热冲压钢的批量工业化应用。各生产工艺下 VC 的析出、溶解、长大行为，以及 VC 对热冲压钢组织演化、强韧化机制、弯曲断裂应变和抗延迟开裂的影响机理等仍在深入研究中。

（2）通过创新材料设计并在热冲压成型过程中采用淬火-闪配分（Quenching and Flash-Partitioning）工艺引入残余奥氏体，实现了 1500~1800MPa 抗拉强度和约 10% 的伸长率，该合金体系为简单的 Fe-C-Si-Mn，且其热冲压工艺与现有产线完全匹配。目前该工艺稳定性、汽车应用评价有待进一步研究；另外，还需从科学上深层次研究 TRIP 效应与材料弯曲断裂应变间的关系，以期获得良好塑性的同时兼具高弯曲断裂应变。

（3）在中锰成分体系下，基于 VC 析出和低温奥氏体化实现了超细原奥氏体晶粒尺寸（2~3μm），获得了纳米级厚度奥氏体薄膜（约 5nm），利用汽车车身的烘烤涂装工艺即可实现碳在低温（170℃，20min）下配分，残余奥氏体的 TRIP 效应使得该热冲压钢达到 1800MPa 强度兼具约 15% 的伸长率。其热冲压制造工艺与现有热冲压生产线完全匹配，但中锰钢的批量工业化生产还有若干问题需要解决，另一方面，还需从科学上进一步研究 TRIP 效应与弯曲断裂应变间的关系。

（4）提高热冲压钢的强度、伸长率、弯曲断裂应变均使其构件断裂抗力提高，但材料的伸长率、弯曲断裂应变对构件的断裂抗力的影响机理及定量关系还不完全清楚，有待进一步深入研究。

（5）相对于裸板，Al-Si 镀层板具有良好的抗高温氧化性、耐腐蚀性以及在精简工序、提升零件质量等方面的优势，因此 Al-Si 镀层技术是热冲压钢应用的主要技术方向，但是其弯曲断裂应变和抗延迟开裂性能比裸板大幅降低。现已初步理解导致 Al-Si 镀层板韧性下降的本质原因，因镀层合金化过程中界面迁移导致相互扩散层 α-Fe 相与马氏体界面处形成富碳区域，该区域的高碳马氏体导致了弯曲断裂应变下降、延迟开裂风险增大。通过减小镀层厚度可以降低碳富集程度从而改善镀层板韧性。新型 Al-Si 镀层 22MnB5 的弯曲断裂应变较目前镀层技术提高 20% 以上，突破了 Al-Si 镀层板相对于裸板唯一的技术局限，使 Al-Si 镀层板全面替代裸板成为可能。

解决材料的强度与塑性和韧性间的矛盾是材料科学工作者一直追求和探索的目标，在汽车钢这种每年千万吨级大规模工业应用的材料上，将其强度大幅提高而不牺牲其伸长率和断裂应变是多年来汽车钢发展的目标。根据本章探讨的汽车轻量化对热冲压钢材料本身及镀层热冲压钢强度、塑性和断裂应变等力学性能参量的要求，通过本章中所述的基础理论研究和技术创新，最终实现了高弯曲断裂应变 2000MPa 级 Al-Si 镀层热冲压钢的工业化生产，1.4mm 厚钢板性能达到抗拉强度 1940MPa、VDA 最大弯曲角 59.5°，对比 Al-Si 镀层 22MnB5 钢实现了强度跃迁的同时弯曲断裂应变也提升，预期能更好地满足汽车碰撞安全性和轻量化设计的需求。这将实现其他高强度钢无法比拟的轻量化效果，而 Al-Si 镀层技术的全新突破也将带来全球供应链格局的改变，再加上使用规模的扩大带来的成本下降，热冲压技术将主导未来高强钢在汽车上的应用。

6.3 高局部成型性能汽车用双相钢的研究与开发

随着汽车工业和钢铁工业的发展，汽车用钢的研发要求和标准也在不断变化，汽车用钢铁材料正朝着更高强度、更高塑性、较低成本和易加工成型等方向发展。使用高强度汽车钢，汽车轻量化取得了明显效果，但是在更高燃油效率、更加环境友好、更高安全性能的目标下，汽车轻量化仍需要进一步发展。

双相钢作为先进高强钢的重要分支，由低碳钢和低碳低合金钢经两相区处理或控制机制而得到，主要由铁素体和马氏体组成，具有屈强比低、初始硬化率高、强塑性匹配较好等特点而被广泛应用于汽车制造业中。近年来在国内外各大汽车制造企业所生产的汽车中，相对于其他高强度汽车钢如低合金高强钢、马氏体钢、相变诱发塑性钢等，双相钢在车身中所占比例更高。双相钢在汽车中的广泛应用不仅归功于其在实现车身轻量化的作用，还在于其能够提高车身结构的抗凹陷能力，保证汽车安全性方面的贡献。

6.3.1 高强度双相钢的局部成型问题

冷轧双相钢虽然具有强塑性匹配性较好的特点，但是在实际应用过程中仍然存在亟待解决的问题。其中具有代表性的问题便是局部成型开裂问题，如图 6-26 所示。由于铁素体与马氏体力学性能差异较大，在成型过程中变形协调性较差，两相界面处的应力应变集中不易得到有效释放，从而引起微裂纹与孔洞的萌生，并最终造成开裂。然而，除了铁素体与马氏体在力学性能上的差异之外，冷轧双相钢的成型性能还取决于铁素体与马氏体的分布特征，即双相钢的组织均匀性。

图 6-26　典型的局部成型开裂照片

有研究指出了冷轧双相钢组织均匀性与成型性能之间的关系：当马氏体的分布方式以沿轧制方向连续分布为主时，即呈现带状分布特征时，其扩孔率、弯曲角度以及伸长率均较低。当马氏体均匀离散地分布于铁素体基体时，双相钢具有良好的成型性能。研究发现，变形过程中剪切带穿过带状马氏体，造成马氏体断裂，为成型开裂提供裂纹源[129]（见图 6-27），从而显著降低局部成型性能。因此，马氏体与铁素体带状分布是造成冷轧双相钢成型过程发生开裂的重要原因。消除冷轧产品中的带状组织、提高组织均匀性，是提高局部成型性能的重要手段。

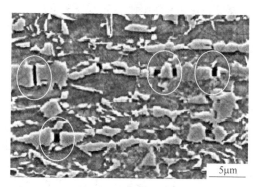

图 6-27　变形过程中裂纹萌生于带状马氏体

6.3.2　高强度双相钢的组织遗传性与均匀性

两相区退火工艺参数、冷轧初始组织是影响冷轧双相钢的组织均匀性的重要因素。缓慢加热、适当的两相区退火温度以及等温时间有利于获得均匀的双相组织。但是在一定条件下，尤其是采用快速加热时，冷轧退火后的组织均匀性下降，甚至出现明显带状组织。

对于带状马氏体的形成机制，我们研究发现，其一，由于 C、Mn 的微观偏析，热轧组织中本身存在带状珠光体，这种带状珠光体经冷轧后进一步拉长；其二，热轧组织中大块的珠光体经冷轧后沿轧制方向拉长。通过热轧→冷轧→连续退火过程的组织演变特征可以发现，这种珠光体的带状分布对成品钢马氏体分布具有很强的遗传作用，如图 6-28 所示。

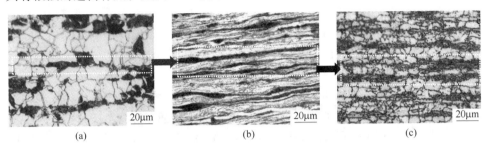

(a) (b) (c)

图 6-28　带状组织在热轧—冷轧—连续退火过程中的演变
(a) 热轧态；(b) 冷轧态；(c) 退火态

弄清热轧—冷轧—连续退火全链条的组织演变规律，通过改善工艺方案及初始组织，提高退火后组织均匀性，并掌握冷轧高强钢产品的成型性能控制机理，对于高成型性能冷轧双相钢的生产、提升冷轧高性能钢材的产品质量和竞争力具有重要的实际意义。

近年来，我们在热轧—冷轧—连续退火一体化控制技术方面进行了大量研究。针对汽车用冷轧双相钢等品种，研究了热轧、冷轧及连续退火过程中的组织演变规律以及合金元素、热轧、冷轧和连退工艺对相变、析出行为及连续退火过程中的铁素体再结晶和相变行为的影响规律。

6.3.2.1　初始组织对双相钢组织均匀性的影响

图 6-29 为实验钢在两相区处理之前的组织状态，其主要不同之处在于渗碳体的分布不同。1 号实验钢渗碳体呈条带状分布，而 2 号实验钢渗碳体均匀分布

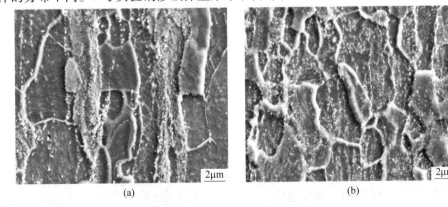

(a) (b)

图 6-29　实验钢两相区退火前渗碳体在显微组织中的分布
(a) 1 号实验钢；(b) 2 号实验钢

于铁素体基体上。渗碳体的分布将影响两相区退火过程中奥氏体的形核位置。

图 6-30 为快速连续加热时，实验钢在 760℃ 等温 120s 退火后的显微组织。对于 1 号实验钢，奥氏体的形核位置主要集中在珠光体内部的铁素体与渗碳体界面处，并且沿轧制方向呈带状分布，并有少量奥氏体在铁素体晶界之间以及铁素体晶粒内部形成。在两相区退火后奥氏体形核位置的带状分布造成马氏体的带状分布，降低组织均匀性。

2 号实验钢中奥氏体的形核位置则相对分散，铁素体晶界、铁素体晶粒内部以及多个铁素体晶界的交叉处由于渗碳体的弥散分布都能够为奥氏体提供理想的形核位置，对于两相区退火后获得均匀细小的双相组织十分有利。

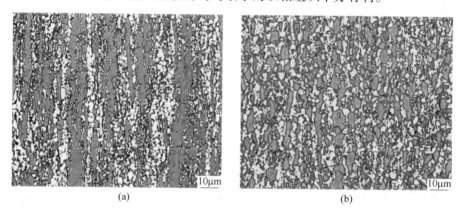

图 6-30   快速连续加热时实验钢在 760℃ 退火后的显微组织
(a) 1 号实验钢；(b) 2 号实验钢

6.3.2.2   铁素体再结晶对双相钢组织均匀性的影响

研究表明，在一定加热条件下铁素体再结晶与相变将发生相互作用，当奥氏体相变先于铁素体再结晶发生时，前者可对后者产生抑制作用，从而影响双相钢的组织特征[130~132]。从组织均匀性控制角度考虑，铁素体再结晶对相变的影响将对组织均匀性产生影响。在一定加热条件下，铁素体再结晶的发生程度与初始组织中的储存能密切相关。本节通过连续加热与分步加热的方式，控制两相区退火前的再结晶程度，研究再结晶程度对奥氏体分布特征的影响，进而探究铁素体再结晶对组织均匀性的影响规律。

1 号实验钢分别采用连续加热条件，预先在 660℃ 等温 25s 和 143s 后继续加热至 760℃ 等温时间 10s 退火后的显微组织如图 6-31 所示。三种加热方式下，奥氏体相变前铁素体再结晶体积分数依次增加。从组织形态看，随着两相区退火前铁素体再结晶体积分数的增加，退火后的马氏体由带状分布向沿多边形铁素体晶界网状分布转变，组织均匀性显著提高。

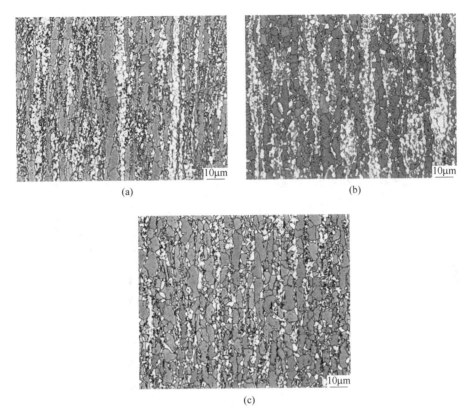

(a)　　　　　　　　　　　　　　　(b)

(c)

图 6-31　不同加热方式下 1 号实验钢在 760℃ 等温 10s 退火后的显微组织
(a) 连续加热；(b) 分步加热等温 25s；(c) 分步加热等温 143s

　　如前所述，连续加热时 1 号实验钢退火后马氏体呈带状分布主要原因是退火过程中奥氏体于富碳珠光体处形核。与连续加热过程不同的是，分步加热在控制铁素体再结晶分数的同时还影响碳的连续富集程度，使两相区退火前的显微分布状态发生改变。在 660℃ 等温的过程中，渗碳体分布离散化，避免了奥氏体形核位置在珠光体内部过度集中。同时，两相区退火前铁素体再结晶能够充分进行，减少或消除了奥氏体相变对铁素体再结晶的抑制作用，获得一定数量的等轴状再结晶铁素体，使奥氏体在再结晶铁素体晶界处形核数量增加，从而改变了退火后马氏体的分布特征。

　　2 号实验钢分别采用连续加热条件，预先在 660℃ 等温 24s 和 70s 后继续加热至 760℃ 等温时间 10s 退火后的显微组织如图 6-32 所示。

　　对于 2 号实验钢，连续加热时奥氏体在未再结晶铁素体晶界及基体上形核，造成退火后组织均匀性有所下降。由于铁素体晶界形状是影响 2 号实验钢退火后马氏体分布特征的主要因素，因此提高两相区退火前铁素体的再结晶体积分数有

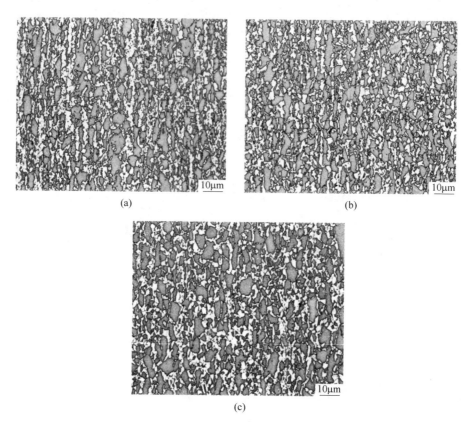

图 6-32　2 号实验钢在 760℃ 等温 10s 退火后的显微组织
（a）连续加热；（b）分步加热等温 24s；（c）分步加热等温 70s

利于退火后获得均匀的双相组织。在 660℃ 等温过程中，避免了高温阶段奥氏体相变对铁素体再结晶的抑制作用，保证了再结晶过程的充分进行，为奥氏体形核提供了等轴铁素体晶界，使奥氏体沿铁素体晶界呈均匀网状分布，改善了退火后双相钢的组织均匀性。

　　由此可见，提高两相区退火前铁素体的再结晶体积分数可以有效地减轻或消除不同初始组织实验钢退火后马氏体的带状分布特征。

6.3.3　双相钢的力学性能与成型性能控制

　　加热速率、退火温度等连续退火工艺参数与双相钢的组织和性能都有着直接的关系，同时结合不同的初始组织对双相钢的组织和性能会产生很大影响。由于初始组织中渗碳体分布的差异，造成不同实验钢在退火过程中具有不同奥氏体相变规律；而且由于铁素体的再结晶体积分数与奥氏体相变之间的相互作用关系，在奥氏体相变之前铁素体再结晶的状态，会影响奥氏体相变的规律，从而影响室温组织中的马氏体分布形态。通过调整退火工艺参数，可以得到不同的马氏体分布状态。基于此，本节将对比研究马氏体分布状态对冷轧双相钢力学性能和成型性能的影响，在保证双相钢高强度的前提下，寻求改善其局部成型性能的方法。

对冷轧后经不同工艺参数退火后的钢板（厚度为 1.2mm）进行弯曲实验，弯曲实验参照 ASTM E 290—2014 三点弯曲标准，如图 6-33 所示。采用弯曲半径为 0.6mm 的楔形压头，弯曲过程中钢板下表面出现肉眼可见裂纹时停止实验，并记录相应的弯曲角度；如果弯曲至极限位置仍未见裂纹，则后续将试样继续对折至180°，观察其表面是否有裂纹出现。

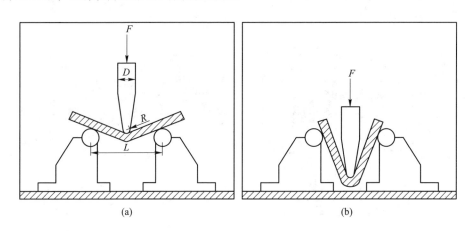

图 6-33　弯曲实验示意图
（a）弯曲开始阶段；（b）弯曲结束

图 6-34 为 1 号和 2 号钢在 5℃/s 的加热速率条件下，在 780℃和 820℃退火后的显微组织。可以看出，随退火温度升高，组织中硬相比例升高。两种退火温度下，1 号钢的组织均呈现出明显的带状特征，而 2 号钢中马氏体分布均匀，未发现明显的带状特征。

实验钢的力学性能参数见表 6-2。可以看出，退火温度由 780℃升高至 820℃时，抗拉强度没有升高，反而略有降低，伸长率略有提高。其主要原因在于两相区加热过程中，退火温度的升高提高了的奥氏体分数，相应的奥氏体中碳浓度降低，从而导致冷却过程中形成了一部分贝氏体组织，这在 2 号钢 820℃退火组织中尤为明显（见图 6-34（d）中箭头所示）。贝氏体的存在是这一强度特征的主要原因。

同时，贝氏体的引入也是随退火温度升高伸长率升高的一个原因。此外，随退火温度升高，铁素体再结晶更加充分，也有助于伸长率的提高。但对比 1 号和 2 号钢 780℃条件对应的伸长率发现，虽然 2 号钢中带状组织明显改善，但其强塑性与 1 号钢类似。可见，带状组织的改善并不能显著提高总伸长率。

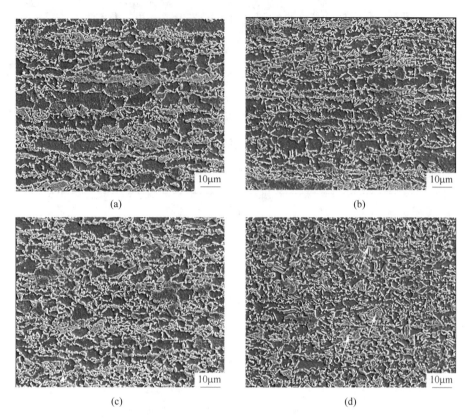

图 6-34　实验钢两相区退火后显微组织

（a）1 号实验钢 780℃；（b）1 号实验钢 820℃；（c）2 号实验钢 780℃；（d）2 号实验钢 820℃

表 6-2　实验钢不同温度退火后的力学性能

序号	退火温度/℃	屈服强度/MPa	抗拉强度/MPa	伸长率/%
1 号	780	350	851	19.6
	820	354	824	20.3
2 号	780	354	847	20.2
	820	389	836	22.1

　　另外，当退火温度较低时，1 号实验钢显微组织中马氏体呈连续带状分布在铁素体周围，并且组织中还存在少部分未再结晶铁素体，这种显微组织形貌的不均匀性将导致拉伸变形过程裂纹通过硬脆的马氏体而连续扩展，同时带状分布的马氏体可能使铁素体的变形受到约束，也会使双相钢的拉伸变形性能恶化。

　　图 6-35 为 1 号和 2 号钢弯曲试样截面照片。1 号钢在 780℃ 及 820℃ 退火后的试样经过弯曲实验后均发生开裂，裂纹出现时的弯曲角度分别为 120° 与 135°。2 号钢在 780℃ 退火后的试样裂纹出现折弯开裂的角度为 135°，而退火温度为

820℃时试样折弯180°均未发生折弯开裂。

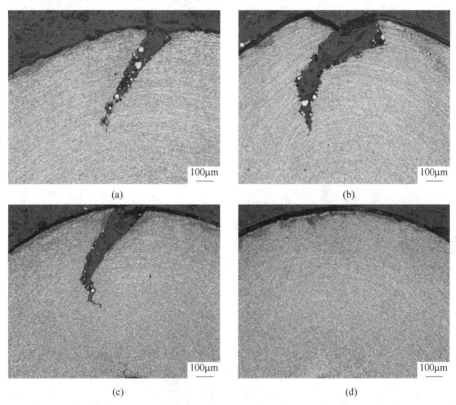

图 6-35　弯曲试样的截面照片

（a）1 号实验钢 780℃；（b）1 号实验钢 820℃；（c）2 号实验钢 780℃；（d）2 号实验钢 820℃

　　众所周知，双相钢中铁素体与马氏体硬度相差较大导致变形匹配性差，是双相钢成型性能较差的一个原因。在此基础上，马氏体的体积分数与分布都会影响到裂纹的萌生与扩展，从而影响弯曲性能。对比 1 号和 2 号钢 780℃条件对应的极限弯曲角度发现，虽然两者力学性能十分接近，但由于 2 号钢有效提高了马氏体分布的均匀性，其弯曲性能显著提高。此外，如前所述，随退火温度升高，马氏体中有效 C 浓度降低，相应的贝氏体组织的引入将有助于降低软硬相之间的硬度差，从而提高弯曲性能。

　　对铁素体-马氏体组织的双相钢通过工艺条件控制，得到了不同的马氏体分布状态，如严重程度不同的带状分布、均匀弥散分布及铁素体晶界处均匀分布等，如图 6-36 所示。根据国际标准 ASTM 1268—2019 计算各向异性指数（Anisotropy Index，AI），以表征带状分布严重程度。利用折弯极限角度与 180°的比值（Bending Ratio，BR）表示折弯能力。表 6-3 为不同工艺条件对应的力学性能、弯曲性能与 AI 值。

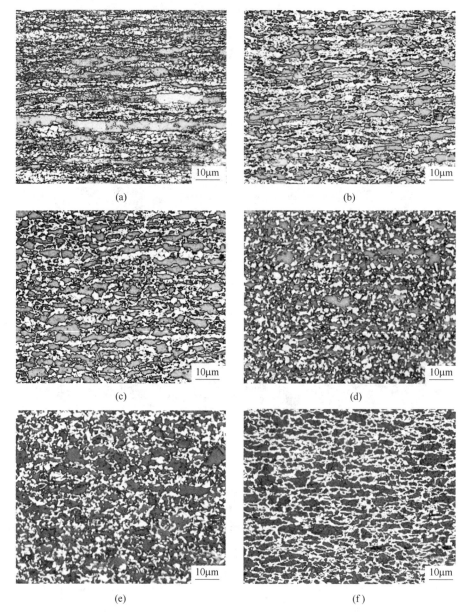

图 6-36　不同马氏体分布状态的铁素体-马氏体组织
（a）1 号钢工艺 A；（b）1 号钢工艺 B；（c）1 号钢工艺 C；
（d）2 号钢工艺 D；（e）2 号钢工艺 E；（f）2 号钢工艺 F

　　图 6-37 所示为折弯能力与抗拉强度×各向异性指数的对应关系。可以看出，两者之间呈较好的线性关系。另外，摘取了 Resenberg 等人[133] 的实验数据结果并拟合，同样呈现出了类似规律。可见，双相钢的折弯性能除了受马氏体分布影响

外，还与强度因素有关。由于双相钢强度主要与其晶粒尺寸、硬相分数等因素影响有关[134,135]。因此，我们认为，双相钢的折弯性能受到马氏体分布、晶粒尺寸、马氏体体积分数等多因素综合影响。

表6-3 不同工艺条件对应的力学性能、弯曲性能与AI值

工艺编号	屈服强度 /MPa	抗拉强度 /MPa	伸长率 /%	BR	AI
A	496±7	971±6	13.5±0.3	0.51±0.02	3.42±0.10
B	385±5	851±8	19.6±0.2	0.67±0.02	2.48±0.07
C	342±4	780±7	20.9±0.2	0.79±0.01	1.42±0.05
D	501±8	948±5	14.1±0.3	0.73±0.02	1.24±0.09
E	378±3	847±4	20.2±0.2	0.86±0.02	1.09±0.06
F	331±4	788±4	23.2±0.1	1±0.00	1.04±0.03

综上所述，高强度双相钢弯曲性能的改善可以从几方面入手：（1）提高马氏体分布的均匀性；（2）在满足力学性能的前提下通过晶粒尺寸、马氏体体积分数等因素调节抗拉强度；（3）通过引入部分贝氏体，降低软硬相硬度差。通过热轧-冷轧-连续退火全流程的组织调控，控制双相钢中的相组成、各相的形态、分布等特性，改善其强度、塑性与成型性能匹配，对于高性能双相钢的开发具有实际意义。

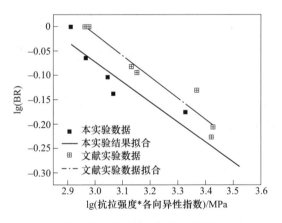

图6-37 弯曲性能的影响因素

参 考 文 献

[1] 王存宇，杨洁，董瀚，等 . 先进高强度汽车钢的发展趋势与挑战 [J]. 钢铁，2019，

54 (2)：7~12.

［2］马鸣图，Shi M F. 先进的高强度钢及其在汽车工业中的应用［J］. 钢铁，2004，39（7）：68~72.

［3］Matlock D K, Speer J G. Design considerations for the next generation of advanced high strength sheet steels［C］. Proc. of the 3rd International Conference on Structural Steels, ed. by. C. Lee, the Korean Institute of Metals and Materials, Seoul, Korea, 2006：774~781.

［4］唐荻，米振莉，陈雨来. 国外新型汽车用钢的技术要求及研究开发现状［J］. 钢铁，2005，40（6）：1~5.

［5］马鸣图. 先进汽车用钢［M］. 北京：化学工业出版社，2008.

［6］Aydin H, Essadiqi E, Jung I, et al. Development of 3rd generation AHSS with medium Mn content alloying compositions［J］. Materials Scienceand Engineering：A, 2013, 564：501 ~ 508.

［7］Kwon O, Kim S K, Kim G. Proceedings of the 21st Conference on Mechanical Behaviors of Materials［C］. Changwon, Korea, 2007.

［8］Speer J G, Matlock D K, De Cooman B C, et al. Carbon partitioning into austenite after martensite transformation［J］. Acta Materialia, 2003, 51 (9)：2611~2622.

［9］Speer J G, Rizzo F C, Matlock D K, et al. The "quenching and partitioning" process：background and recent progress［J］. Materials Research, 2005, 8 (4)：417~423.

［10］Tan X D, Xu Y B, Yang X L, et al. Effect of partitioning procedure on microstructure and mechanical properties of a hot-rolled directly quenched and partitioned steel［J］. Materials Science & Engineering：A, 2014, 594 (594)：149~160.

［11］Speer J G, Edmonds D V, Rizzo F C, et al. Partitioning of carbon from supersaturated plates of ferrite, with application to steel processing and fundamentals of the bainite transformation［J］. Current Opinion in Solid State & Materials Science, 2004, 8 (3~4)：219~237.

［12］Santofimia M J, Zhao L, Sietsma J. Microstructural Evolution of a Low-Carbon Steel during Application of Quenching and Partitioning Heat Treatments after Partial Austenitization［J］. Metallurgical and Materials Transactions A (Physical Metallurgy and Materials Science), 2009, 40 (1)：46~57.

［13］Wang L, Speer J G. Quenching and Partitioning Steel Heat Treatment［J］. Metallography, Microstructure, and Analysis, 2013, 2 (4)：268~281.

［14］Edmonds D V, He K, Rizzo F C, et al. Quenching and partitioning martensite—A novel steel heat treatment［J］. Materials Science & Engineering：A (Structural Materials, Properties, Microstructure and Processing), 2006, 438~440 (none)：25~34.

［15］Clarke A J, Speer J G, Matlock D K, et al. Influence of carbon partitioning kinetics on final austenite fraction during quenching and partitioning［J］. Scripta Materialia, 2009, 61 (2)：149~152.

［16］Clarke A J, Speer J G, Miller M K, et al. Carbon partitioning to austenite from martensite or bainite during the quench and partition (Q&P) process：A critical assessment［J］. Acta Materialia, 2008, 56 (1)：16~22.

［17］ Santofimia M J, Zhao L, Petrov R, et al. Characterization of the microstructure obtained by the quenching and partitioning process in a low-carbon steel［J］. Materials Characterization, 2008, 59（12）: 1758~1764.

［18］ Santofimia M J, Zhao L, Sietsma J. Overview of Mechanisms Involved During the Quenching and Partitioning Process in Steels［J］. Metallurgical & Materials Transactions A, 2011, 42（12）: 3620~3626.

［19］ Santofimia M J, Zhao L, Sietsma J. Model for the interaction between interface migration and carbon diffusion during annealing of martensite-austenite microstructures in steels［J］. Scripta Materialia, 2008, 59（2）: 159~162.

［20］ Santofimia M J, Speer J G, Clarke A J, et al. Influence of interface mobility on the evolution of austenite-martensite grain assemblies during annealing［J］. Acta Materialia, 2009, 57（15）: 4548~4557.

［21］ De Knijf D, Santofimia M J, Shi H, et al. In situ austenite-martensite interface mobility study during annealing［J］. Acta Materialia, 2015, 90: 161~168.

［22］ Tan X D, Ponge D, Lu W J, et al. Carbon and strain partitioning in a quenched and partitioned steel containing ferrite［J］. Acta Materialia, 165, 2019: 561~576.

［23］ De Knijf D, Föjer C, Kestens L A I, et al. Factors influencing the austenite stability during tensile testing of Quenching and Partitioning steel determined via in-situ Electron Backscatter Diffraction［J］. Materials Science & Engineering A, 2015, 638: 219~227.

［24］ Allain S Y P, Gaudez S, Geandier G, et al. Internal stresses and carbon enrichment in austenite of Quenching and Partitioning steels from high energy X-ray diffraction experiments［J］. Materials Science & Engineering A, 2018, 710: 245~250.

［25］ Zhu B, Liu Z, Wang Y N, et al. Application of a Model for Quenching and Partitioning in Hot Stamping of High-Strength Steel［J］. Metallurgical & Materials Transactions A, 2018, 49（4）: 1~9.

［26］ Mola J, De Cooman B C. Quenching and Partitioning（Q&P）Processing of Martensitic Stainless Steels［J］. Metallurgical & Materials Transactions A, 2013, 44（2）: 946~967.

［27］ HajyAkbary F, Jilt S, Goro M, et al. Analysis of the mechanical behavior of a 0.3C-1.6Si-3.5Mn（wt%）quenching and partitioning steel［J］. Materials Science & Engineering A, 2016, 677: 505~514.

［28］ 徐祖耀. 将淬火—碳分配—回火（Q-P-T）及塑性成形一体化技术用于 TRIP 钢的创议［J］. 热处理, 2010, 25（4）: 1~5.

［29］ Gao X L, Gao G H, Guo H R, et al. Effect of bainitic transformation during BQ&P process on the mechanical properties in an ultrahigh strength Mn-Si-Cr-C steel［J］. Materials Science & Engineering A, 2017, 684: 598~605.

［30］ Tan X D, Xu Y B, Yang X L, et al. Austenite stabilization and high strength-elongation product of a low silicon aluminum-free hot-rolled directly quenched and dynamically partitioned steel［J］. Materials Characterization, 2015, 104: 23~30.

［31］ 徐祖耀. 用于超高强度钢的淬火—碳分配—回火（沉淀）（Q-P-T）工艺［J］. 热处理,

2008, 23（2）: 1~5.

［32］ Zhou S, Zhang K, Chen N L, et al. Investigation on high strength hot-rolled plates by quench-ing-partitioning-tempering process suitable for engineering［J］. ISIJ International, 2011, 51: 1688~1695.

［33］ Gao G H, Zhang H, Gui X L, et al. Enhanced ductility and toughness in an ultrahigh-strength Mn-Si-Cr-C steel: The great potential of ultrafine filmy retained austenite［J］. Acta Materialia, 2014, 76: 425~433.

［34］ Xu Y B, Tan X D, Yang X L, et al. Microstructure evolution and mechanical properties of a hot-rolled directly quenched and partitioned steel containing proeutectoid ferrite［J］. Materials Science and Engineering: A, 2014, 607: 460~475.

［35］ Gu X L, Xu Y B, Peng F, et al. Role of martensite/austenite constituents in novel ultra-high strength TRIP-assisted steels subjected to non-isothermal annealing［J］. Materials Science and Engineering: A, 754, 2019: 318~329.

［36］ Peng F, Xu Y B, Han D T, et al. Significance of epitaxial ferrite formation on phase transfor-mation kinetics in quenching and partitioning steels: modeling and experiment［J］. J Mater Sci, 54, 2019（18）: 12116~12130.

［37］ Peng F, Xu Y B, Li J Y, et al. Interaction of martensite and bainite transformations and its dependence on quenching temperature in intercritical quenching and partitioning steels［J］. Ma-terials & Design, 181, 2019: 107921.

［38］ 任秀平. 高强及超高强汽车用钢的研发进展［N］. 世界金属导报, 2015（B04）.

［39］ 周澍, 钟勇, 王利. 1.2GPa 淬火—配分（Q&P）钢的成形特性研究及应用［J］. 宝钢技术, 2016（6）: 36~41.

［40］ 水文. 宝钢股份高性能冷轧淬火延性钢 QP1500 全球首发［N］. 世界金属导报, 2019（A05）.

［41］ 万荣春, 付立铭, 王学双, 等. 1180MPa 级超高强度汽车薄板钢的延迟断裂性能［J］. 金属热处理, 2017, 42（1）: 91~93.

［42］ 叶舟. 国内首卷第三代超高强汽车用钢 QP1400 在鞍钢下线［N］. 鞍钢日报, 2017.

［43］ 王亚东, 刘宏亮, 王亚芬, 等. Q&P 钢的研究现状及前景展望［J］. 金属世界, 2018（3）: 18~21.

［44］ Miller R L. Ultrafine-grained microstructures and mechanical properties of alloy steels［J］. Metallurgical & Materials Transactions B, 1972, 3（4）: 905~912.

［45］ Niikura M, Morris J W. Thermal processing of ferritic 5Mn steel for toughness at cryogenic tem-peratures［J］. Metallurgical Transactions A, 1980, 11（9）: 1531~1540.

［46］ Heimbuch R. Overview: Auto/Steel partnership. www. a-sp. org.

［47］ Lee S J, Lee S, De Cooman B C. Mn partitioning during the intercritical annealing of ultrafine-grained 6% Mn transformation-induced plasticity steel［J］. Scripta Materialia, 2011, 64（7）: 649~652.

［48］ Lee S, Lee S J, De Cooman B C. Reply to comments on "Austenite stability of ultrafine-grained transformation-induced plasticity steel with Mn partitioning"［J］. Scripta Materialia,

2012, 66（10）：832~833.

［49］ Lee S, Estrin Y, De Cooman B C. Constitutive Modeling of the Mechanical Properties of V-added Medium Manganese TRIP Steel ［J］. Metallurgical and Materials Transactions A, 2013, 44（7）：3136~3146.

［50］ Bhadeshia H K D H, Edmonds D V. Bainite in silicon steels：new composition-property approach Part 1 ［J］. Metal Science, 1983, 17（9）：411~419.

［51］ Yoo C S, Park Y M, Jung Y S, et al. Effect of grain size on transformation-induced plasticity in an ultrafine-grained metastable austenitic steel ［J］. Scripta Materialia, 2008, 59（1）：71~74.

［52］ Seo C H, Kwon K H, Choi K, et al. Deformation behavior of ferrite-austenite duplex lightweight Fe-Mn-Al-C steel ［J］. Scripta Materialia, 2012, 66（8）：519~522.

［53］ Han J, Lee Y K. The effects of the heating rate on the reverse transformation mechanism and the phase stability of reverted austenite in medium Mn steels ［J］. Acta Materialia, 2014, 67：354~361.

［54］ Gibbs P J, De Moor E, Merwin M J, et al. Austenite Stability Effects on Tensile Behavior of Manganese-Enriched-Austenite Transformation-Induced Plasticity Steel ［J］. Metallurgical & Materials Transactions A, 2011, 42（12）：3691~3702.

［55］ Arlazarov A, Gouné M, Bouaziz O, et al. Evolution of microstructure and mechanical properties of medium Mn steels during double annealing ［J］. Materials Science & Engineering A（Structural Materials：Properties, Microstructure and Processing）, 2012, 542（none）：31~39.

［56］ De Cooman B C, Lee S. 第三代汽车用钢中锰钢的开发 ［C］// 第二届汽车用钢生产及应用技术国际研讨会, 鞍山, 2013.

［57］ Suh D W, Park S J, Lee T H, et al. Influence of Al on the Microstructural Evolution and Mechanical Behavior of Low-Carbon, Manganese Transformation-Induced-Plasticity Steel ［J］. Metallurgical & Materials Transactions A, 2010, 41（2）：397~408.

［58］ Lu W J, Zhang X F, Qin R S. κ-carbide hardening in a low-density high-Al high-Mn multiphase steel ［J］. Materials Letters, 2015, 138：96~99.

［59］ Dini G, Najafizadeh A, Monir-Vaghefi S M, et al. Predicting of mechanical properties of Fe-Mn-（Al,Si）TRIP/TWIP steels using neural network modeling ［J］. Computational Materials Science, 2009, 45（4）：959~965.

［60］ Lee S, Lee K, De Cooman B C. Observation of the TWIP+TRIP Plasticity-Enhancement Mechanism in Al-Added 6% Medium Mn Steel ［J］. Metallurgical and Materials Transactions A, 2015, 46（6）：2356~2363.

［61］ Cao W Q, Wang C, Shi J, et al. Microstructure and mechanical properties of Fe-0. 2C-5Mn steel processed by ART-annealing ［J］. Materials Science & Engineering A, 2011, 528（22~23）：6661~6666.

［62］ Shi J, Sun X, Wang M, et al. Enhanced work-hardening behavior and mechanical properties in ultrafine-grained steels with large-fractioned metastable austenite ［J］. Scripta Materialia,

2010, 63 (8)：815~818.

[63] 齐章国, 唐荻, 郑红红, 等. 退火温度对中锰 Q&P 钢组织性能的影响 [J]. 材料热处理学报, 2015, 41 (7)：42~47.

[64] 李振, 赵爱民, 唐荻, 等. 低碳中锰热轧 TRIP 钢退火工艺及组织演变 [J]. 工程科学学报, 2012, 34 (2)：132~136.

[65] Hu B, He B B, Cheng G J, et al. Super-High-Strength and Formable Medium Mn Steel Manufactured by Warm Rolling Process [J]. Social Science Electronic Publishing, 2019 (174) 131~141.

[66] He B B, Luo H W, Huang M X. Experimental investigation on a novel medium Mn steel combining transformation-induced plasticity and twinning-induced plasticity effects [J]. International Journal of Plasticity, 2016, 78：173~186.

[67] Cai Z H, Ding H, Ying Z Y, et al. Microstructure evolution and deformation behavior of a hot-rolled and heat treated Fe-8Mn-4Al-0. 2C steel [J]. Journal of Materials Engineering and Performance, 2014, 23 (4)：1131~1137.

[68] Cai Z H, Ding H, Misra R D K, et al. Unique impact of ferrite in influencing austenite stability and deformation behavior in a hot-rolled Fe-Mn-Al-C steel [J]. Materials Science and Engineering A, 2014, 595：86~91.

[69] Xu Y B, Hu Z P, Zou Y, et al. Effect of two-step intercritical annealing on microstructure and mechanical properties of hot-rolled medium manganese TRIP steel containing δ-ferrite [J]. Materials Science & Engineering A, 2017, 688：40~55.

[70] Zou Y, Xu Y B, Hu Z P, et al. Austenite stability and its effect on the toughness of a high strength ultra-low carbon medium manganese steel plate [J]. Materials Science & Engineering A, 2016, 675：153~163.

[71] Zou Y, Xu Y B, Han D T, et al. Combined contribution of Cu-rich precipitates and retained austenite on mechanical properties of a novel low-carbon medium-Mn steel plate [J]. Journal Material Science, 2019, 543：438~454.

[72] Zou Y, Xu Y B, Han D T, et al. Aging characteristics and strengthening behavior of a low-carbon medium-Mn Cu-bearing steel [J]. Materials Science and Engineering：A, 2018, 729：423~432.

[73] 董瀚, 王存宇, 时捷, 等. 高强高塑第三代汽车钢的研发 [C] // 第二届汽车用钢生产及应用技术国际研讨会, 鞍山, 2013.

[74] 李军, 路洪洲, 易红亮, 等. 乘用车轻量化及微合金化钢板的应用 [M]. 北京：北京理工大学出版社, 2015：3.

[75] 马鸣图, 易红亮. 高强度钢在汽车制造中的应用 [J]. 热处理, 2011, 26：9.

[76] Yi H L, Sun L, Xiong X C. Challenges in the formability of the next generation of automotive steel sheets [J]. Mater. Sci. Technol. , 2018, 34：1112.

[77] Lee Y K, Han J. Current opinion in medium manganese steel [J]. Mater. Sci. Technol. , 2015, 31：843.

[78] Chang Y, Li X D, Zhao K M, et al. Influence of stress on martensitic transformation and me-

chanical properties of hot stamped AHSS parts [J]. Mater. Sci. Eng. , 2015, A629: 1.

[79] Taylor T, Clough A. Critical review of automotive hot-stamped sheet steel from an industrial perspective [J]. Mater. Sci. Technol. , 2018, 34: 809.

[80] Akisue O, Usuda M. New types of steel sheets for automobile weight reduction [J]. Nippon Steel Tech. Rep. , 1993, 57: 11.

[81] Lu Q, Wang J, Liu Y, et al. Impact toughness of a medium-Mn steel after hot stamping [A]. 6th International Conference on Hot Sheet Metal Forming of High-Performance Steel [C]. Warrendale: Association for Iron & Steel Technology, 2017: 737.

[82] Larour P, Pauli T, Kurz T, et al. Influence of post uniform tensile and bending properties on the crash behavior of AHSS and press-hardening steel grades [A]. International Deep Drawing Research Group Conference in Tools and Technologies for the Processing of Ultra High Strength Steels [C]. Graz: TU Graz, 2010: 27.

[83] Larour P, Naito J, Pichler A, et al. Side impact crash behavior of press-hardened steels-correlation with mechanical properties [A]. 5th International Conference Hot Sheet Metal Forming of High-Performance Steel [C]. Auerbach: Verlag Wissenschaftliche Scripten, 2015: 281.

[84] Kurz T, Larour P, Lackner J, et al. Press-hardening of zinc coated steel -characterization of a new materials for a new process [J]. IOP Conf. Ser. : Mater. Sci. Eng. , 2016, 159: 1.

[85] Cheong K, Omer K, Butcher C, et al. Evaluation of the VDA 238~100 tight radius bending test using digital image correlation strain measurement [J]. J. Phys. : Conf. Ser. , 2017, 896: 012075.

[86] VDA 238~100: Plate bending test for metallic materials. 2010.

[87] 易红亮, 刘宏亮, 常智渊, 等. 热冲压成形用钢材、热冲压成形工艺及热冲压成形构件 [P]. 中国专利, 10535069.3, 2016.

[88] Chang Z Y, Liu Z Y, Liu H L, et al. Microstructures and mechanical properties of an ultra-fine grained 2GPa press-hardening steel [A]. 6th International Conference on Advanced Steels [C]. Jeju: Korean Federation of Science & Technology Societies, 2018: 93.

[89] Liu H P, Jin X J, Dong H, et al. Martensitic microstructural transformations from the hot stamping, quenching and partitioning process [J]. Mater. Charact. , 2011, 62: 223.

[90] Liu H P, Lu X W, Jin X J, et al. Enhanced mechanical properties of a hot stamped advanced high-strength steel treated by quenching and partitioning process [J]. Scr. Mater. , 2011, 64: 749.

[91] Seo E J, Cho L, De Cooman B C. Application of quenching and partitioning (Q&P) processing to press hardening steel [J]. Metall. Mater. Trans. , 2014, 45A: 4022.

[92] Linke B M, Gerber T, Hatscher A, et al. Impact of Si on microstructure and mechanical properties of 22MnB5 hot stamping steel treated by quenching & partitioning (Q&P) [J]. Metall. Mater. Trans. , 2018, 49A: 54.

[93] Zhu B, Liu Z, Wang Y N, et al. Application of a model for quenching and partitioning in hot stamping of high-strength steel [J]. Metall. Mater. Trans. , 2018, 49A: 1304.

[94] Cai H L, Chen P, Oh J K, et al. Quenching and flash-partitioning enables austenite staliza-

tion during press-hardening processing [J]. Scr. Mater. , 2020, 178: 77.

[95] Chang Y, Wang C Y, Zhao K M, et al. An introduction to medium-Mn steel: Metallurgy, mechanical properties and warm stamping process [J]. Mater. Des. , 2016, 94: 424.

[96] Li X, Chang Y, Wang C, et al. Comparison of the hot-stamped boron-alloyed steel and the warm-stamped medium-Mn steel on microstructure and mechanical properties [J]. Mater. Sci. Eng. , 2017, A679: 240.

[97] Yi H L, Du P J, Wang B G. A new invention of press-hardened steel achieving 1880MPa tensile strength combined with 16% elongation in hot-stamped parts [A]. 5th International Conference on Hot Sheet Metal Forming of High-Performance Steel [C]. Auerbach: Verlag Wissenschaftliche Scripten, 2015: 725.

[98] 易红亮, 常智渊, 刘钊源, 等. 热冲压成形构件、热冲压成形用预涂覆钢板及热冲压成形工艺 [P]. 中国专利, 10401259.5, 2018.

[99] Karbasian H, Tekkaya A E. A review on hot stamping [J]. J. Mater. Process. Technol. , 2010, 210: 2103.

[100] Naderi M. Hot stamping of ultra high strength steels [D]. Aachen: University of Aachen, 2007.

[101] Rana R, Singh S B. Automotive steels: design, metallurgy, processing and applications [M]. Cambridge: Woodhead Publishing, 2017: 387.

[102] Yang G, Sun X, Li Z, et al. Effects of vanadium on the microstructure and mechanical properties of a high strength low alloy martensite steel [J]. Mater. Des. , 2013, 50: 102.

[103] Bhadeshia H, Honeycombe R. Steels: microstructure and properties [M]. Oxford: Butterworth-Heinemann, 2017: 111.

[104] Kelly P M, Nutting J. The martensite transformation in carbon steels [J]. Proc. R. Soc. London, Ser. , 1960, A259: 45.

[105] Ohmori A, Torizuka S, Nagai K. Strain-hardening due to dispersed cementite for low carbon ultrafine-grained steels [J]. ISIJ Int. , 2004, 44 (6): 1063.

[106] Song R, Ponge D, Raabe D, et al. Overview of processing, microstructure and mechanical properties of ultrafine grained bcc steels [J]. Mater. Sci. Eng. , 2006, A441 (1~2): 1.

[107] Jia N, Shen Y F, Liang J W, et al. Nanoscale spheroidized cementite induced ultrahigh strength-ductility combination in innovatively processed ultrafine-grained low alloy medium-carbon steel [J]. Sci. Rep. , 2017, 7 (1): 2679.

[108] Speer J G, Matlock D K, De Cooman B C, et al. Carbon partitioning into austenite after martensite transformation [J]. Acta Mater. , 2003, 51: 2611.

[109] Hanlon D N, Van Bohemen S M C, Celotto S. Tensile elongation of strong automotive steels as function of test piece geometry [J]. Mater. Sci. Technol. , 2015, 31: 385.

[110] Krauss G. Martensite in steel: strength and structure [J]. Mater. Sci. Eng. , 1999, A273~275: 40.

[111] Hutchinson B, Hagström J, Karlsson O, et al. Microstructures and hardness of as-quenched martensites (0.1%~0.5%C) [J]. Acta Mater. , 2011, 59: 5845.

[112] Matsuda H, Mizuno R, Funakawa Y, et al. Effects of auto-tempering behaviour of martensite on mechanical properties of ultra high strength steel sheets [J]. J. Alloys Compd., 2013, 577：661.

[113] Hsu T Y. Design of structure, composition and heat treatment process for high strength steel [J]. Mater. Sci. Forum, 2007, 561~565：2283.

[114] 戎咏华，陈乃录，金学军，等. 先进高强钢及其工艺发展 [M]. 北京：高等教育出版社，2019.

[115] Luo H, Shi J, Wang C, et al. Experimental and numerical analysis on formation of stable austenite during the intercritical annealing of 5Mn steel [J]. Acta. Mater., 2011, 59：4002.

[116] 阳锋，罗海文，董瀚，等. 退火温度对冷轧7Mn钢拉伸行为的影响及模拟研究 [J]. 金属学报，2018，54：859.

[117] Hou Z R, Opitz T, Xiong X C, et al. Bake-partitioning in a press-hardening steel [J]. Scr. Mater., 2019, 162：492.

[118] Pang J C, Lu Q, Wang J F, et al. A new low density press hardening steel with superior performance [A]. 7th International Conference Hot Sheet Metal Forming of High-Performance Steel [C]. Auerbach：Verlag Wissenschaftliche Scripten, 2019：123.

[119] 王凯. 热成形钢铝硅及锌基镀层组织转变与形变开裂研究 [D]. 武汉：华中科技大学，2017.

[120] 涂覆的钢带材、其制备方法、其使用方法、由其制备的冲压坯料、由其制备的冲压产品和含有这样的冲压产品的制品 [P]. 中国专利，80056246.4，2006.

[121] Windmann M, Röttger A, Theisen W. Phase formation at the interface between a boron alloyed steel substrate and an Al-rich coating [J]. Surf. Coat. Technol., 2013, 226：130.

[122] Fan D W, Kim H S, Oh J, et al. Coating degradation in hot press forming [J]. ISIJ Int., 2010, 50：561.

[123] Fan D W, De Cooman B C. Formation of an aluminide coating on hot stamped steel [J]. ISIJ Int., 2010, 50：1713.

[124] Grigorieva R, Drillet P, Mataigne J M, et al. Phase transformations in the Al-Si coating during the austenitization step [J]. Solid State Phenom., 2011, 172~174：784.

[125] WS 01007：Materials for components made of hot-formed steels without coating. 2012.

[126] GMW14400：Pre-coated or uncoated heat-treatable sheet steel. 2019.

[127] Choi W S, De Cooman B C. Characterization of the bendability of press-hardened 22MnB5 steel [J]. Steel Res. Int., 2014, 85：824.

[128] Lawrence C, Sulistiyo D H, Jung S E, et al. Hydrogen absorption and embrittlement of ultra-high strength aluminized press hardening steel [J]. Mater. Sci. Eng. A, 2018, 734：416.

[129] Rèche D, Sturel T, Bouaziz O, et al. Damage development in low alloy TRIP-aided steels during air-bending, Mater. Sci. Eng. A, 2011, 528：5241~5250.

[130] Chbihi A, Barbier D, Germain L, et al. Interactions between ferrite recrystallization and austenite formation in high-strength steels [J]. Journal of Materials Science, 2014, 49（10）：3608~3621.

[131] Xuehui Z. Effect of Interaction Between Recrystallization and Transformation on Microstructure of Dual Phase Steel [J]. Ironmaking & Steelmaking, 2009.

[132] Deng Y G, Di H S, Zhang J C. Effect of Heat-Treatment Schedule on the Microstructure and Mechanical Properties of Cold-Rolled Dual-Phase Steels [J]. Acta Metallurgica Sinica (English Letters), 2015, 28 (9): 1141~1148.

[133] Resenberg G, Sinaiova I, Hvizdos P, et al. Development of Cold-Rolled Dual-Phase Steels with Tensile Strength Above 1000MPa and Good Bendability [J]. Metall. Mater. Trans A, 2015, 46: 4755~4771.

[134] Chang P H, Preban A G. The effect of ferrite grain size and martensite volume fraction on the tensile properties of dual phase steel, Acta Metallurgica, 1985, 33: 897~903.

[135] Park M, Shibata A, Tsuji N. Effect of Grain Size on Mechanical Properties of Dual Phase Steels Composed of Ferrite and Martensite [J]. Mechanical Behavior and Failure of Materials, 2016, 1: 811~816.

7 难变形金属带材温轧工艺与技术

温轧是指在材料回复温度以上、再结晶温度以下的温度范围内进行的轧制过程，其轧制温度介于冷轧温度和热轧温度之间。由于温轧时材料的加工硬化得到一定的回复，与冷轧相比，材料的屈服强度低、塑性高，同时温轧制品的表面光洁度和尺寸精度要比热轧的好[1]。温轧适用于加工一些在常温条件下塑性差、变形抗力大、不适合进行冷轧的难变形金属与合金，也可以用来加工那些虽能冷轧，但工艺流程复杂、能耗高、生产效率低的金属与合金。本章主要介绍常温下难变形金属带材的温轧工艺和关键技术。

7.1 难变形金属温轧工艺概述

随着现代工业化和科技的迅速发展，在航空航天、轨道交通、工程结构、石油化工、智能机器人、武器装备等领域对材料的性能和用途指标不断提高，对新材料的需求日益增长，对材料的高温强度、低温强度、韧性、蠕变性能、抗疲劳性、耐腐蚀等性能要求与日俱增，许多具有优良性能和用途的材料被开发出来，以满足社会日益增长的需求，其中有很多新材料是难变形金属。

难变形金属一般是指具有常温塑性低、变形抗力大、变形温度区间窄等特点的一类金属及其合金材料，通常包括高硅电工钢、镁及其合金、超高强钢、高温合金、钛合金、高强度铝合金等金属。由于难变形金属的这些特点，在常温下塑性加工成型较为困难，通常需要提高温度进行塑性变形。

7.1.1 温轧工艺

对于钢铁材料的温轧，也即通常说的铁素体轧制，又称为相变控制轧制或低温形变。通常钢带材的奥氏体轧制工艺要求较高的加热温度、开轧温度、终轧温度以及较低的卷取温度，铁素体区轧制工艺由于在较低的温度下进行粗轧变形、在铁素体区完成精轧，同时采用较高的卷取温度，使铁素体组织晶粒粗大，从而降低了带钢的变形抗力，并提高塑性。与相同化学成分的奥氏体轧制产品相比，铁素体轧制生产的热轧钢板具有强度低、塑性好的特点；作为冷轧原料，在冷轧时可以大幅度降低变形抗力，减少生产能耗，并能生产出更薄规格、更高尺寸精度冷轧钢板，且冷轧钢板的力学性能也好。通过铁素体轧制技术，还可生产出伸长率高、深冲性能良好的热轧带卷，实现"以热代冷"。温轧工艺作为一项新技术，应用在金属薄带的生产中具有以下特点[2]：

（1）轧件加热后组织产生回复软化，使材料塑性增加、变形抗力减小，适用于加工在常温条件下不适于冷轧的难变形金属和合金，是难变形金属薄带的重要成型工艺。

（2）轧件表面质量和厚度精度较热轧产品大幅提高，虽然总体上不如冷轧产品，但采取润滑措施后能进一步提高表面质量。

（3）带材加热温度较低，减少了加热设备和资金投入，既节约能源又降低成本。由于温度相对较低，没有热轧的过度氧化和烧损等缺陷，有利于酸洗过程的进行和提高成材率，并减少酸洗线的堵塞。

（4）进入精轧机组的轧件温度较低，减少了轧辊温升及其引起的疲劳裂纹破坏，可以大幅降低工作辊的磨损，有利于延长轧辊使用寿命。

（5）由于使用的卷取温度高，使带钢在完成冷却前完成再结晶并消除变形晶粒，省去了专门的退火生产线，简化了工艺，降低了成本。

（6）适合于由中等厚度的连铸坯直接进行轧制生产出需要的薄带，提高板卷的深冲性能，其产品可部分替代冷轧薄板产品，大幅降低生产成本。

（7）轧制产品由于变形抗力小、塑性高，加工成型性能优于普通热轧产品，有利于后续的冷轧工序，提高生产效率以及扩大产品品种规格范围，或者低成本的加工一些虽能冷轧，但工艺流程复杂、能耗高、生产效率低的金属与合金。

7.1.2　温轧技术的发展现状

早在 20 世纪 70 年代中期，比利时的 Appell[3] 进行了几种碳钢在铁素体温区控轧的可行性研究，首次提出了铁素体轧制——温轧的概念。随后日本的 Hayashi 等人[4] 在住友金属公司进行了深冲板的铁素体轧制工艺生产试验。到 20 世纪 90 年代初，比利时钢铁研究中心成功地开发出了铁素体轧制工艺，并于 1994 年成功实现了工业化生产。由于铁素体区轧制的成本优势与技术优势，国外钢铁公司针对超低碳带钢的温轧工艺争相开发。1993 年，美国 LTV 钢铁公司也成功实现铁素体区温轧的工业化生产[5]。意大利阿维迪钢铁公司通过铁素体轧制工艺在 ISP 薄板坯连铸连轧机组上，生产出了组织性能优良的超薄规格热轧板带卷。其他公司，诸如德国亿科集团和蒂森·克虏伯公司、墨西哥希尔萨公司等钢企也都成功实现温轧工艺的产业化，并获得了良好的经济效益[6]。日本川崎制铁和新日铁公司也已实现了超深冲冷轧 IF 钢板的工业化生产。其中，奥地利奥钢联公司开发出的 Pony MillTM 技术[7]，可在不降低生产率和产能的条件下实现热带的铁素体轧制，并能生产出最薄为 0.8mm 的热轧产品。

温轧技术研究在发达国家进行得比较早，国内的相关研究相对较晚，目前主要集中在科研院校与一些国有大型钢铁企业[8]。早在1998年，东北大学和宝钢率先进行了IF钢的铁素体轧制研究，如今宝钢已有2050mm和1580mm热轧线成功地实现了批量工业生产。2003年，东北大学与鞍钢进行了铁素体轧制的工业化生产试验合作，生产出了 r 值为2.8~2.9的冷轧钢板。东北大学RAL国家重点实验室采用温轧工艺在小变形条件下获得了结合良好的不锈钢复铝板[9]。北京科技大学新金属材料国家重点实验室通过热处理与温轧相结合的方式获得了塑性较高的 Fe_3Si 基合金[10]。2016年，首钢京唐公司热轧2250mm生产线首次实现了Ti-IF钢铁素体区轧制。武钢2016年与东北大学展开了对高硅电工钢 Fe-6.5%Si 的薄带连铸-温轧生产实验线的开发合作。近年国内钢企新建的薄板坯连铸连轧生产线多采用或者预留了铁素体轧制工艺，如武钢、唐钢、珠钢和邯钢等的CSP生产线均具备铁素体区的轧制能力，但真正实现规模化工业生产的还不多。

可以看出，中温轧制技术的应用具有明显的工艺优势，但也具有相当的技术难度。尤其是过程温度等工艺条件的苛刻约束，目前国内外真正实现铁素体轧制的批量化工业生产的企业还不多，对于其中涉及的过程温度控制等工艺，至今仍需进行研究与完善。

在实际生产中，要实现难变形金属薄带钢的温轧工艺过程，过程温度不易控制是一个无法忽视的问题，尤其是薄带在辊缝变形区、传输辊道等的接触传热以及在空气中的对流和辐射散热，如图7-1所示。以带钢的铁素体轧制工艺为例，其温轧时较低的精轧温度和较高的卷取温度是铁素体区轧制工艺难以调和的矛盾[11]。由于精轧终轧温度较低，而卷取温度较高，需要带钢在精轧机到卷取机间的输送过程中温降少，尤其传统的产线的输送辊道较长，如不增加设备、能源和资金投入，将难以控制带钢的温降。为控制轧件的组织织构和轧机负载、提高轧件质量，薄带的温轧常常还需要采取润滑工艺措施。另外，铁素体轧制并不适

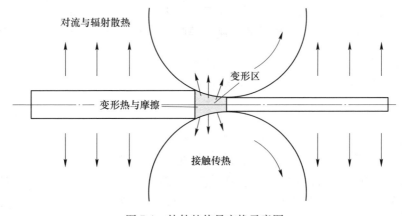

图7-1 轧件的热量交换示意图

用于所有钢种，当碳含量超过 0.04% 时，随着温度的降低，钢的温轧屈服应力升高较快，变形困难，国内外研究表明，铁素体轧制工艺适合于低碳、超低碳钢的生产。

在长流程的薄带生产过程中，轧件在传输过程的热损失相当可观，需要提高带材的传输速度、设置卷取箱或加热器以保证卷取温度。为此，采用短流程的薄带连铸-温连轧工艺是一种实现薄带温轧工艺行之有效、经济节约的选择，也是钢铁业最具挑战性的技术。东北大学 RAL 国家重点实验室设计开发了高硅钢薄带"连铸-温轧"半工业化生产线，为难加工金属材料的生产提供了可行的技术方案。图 7-2 为其工艺布置示意图，采用感应加热技术或火焰加热技术对带材进行提温，通过轧辊加热技术对轧辊表面温度进行提温，并设有卷取保温箱对带材进行卷取、加热和保温，旨在充分保证轧件的卷取和温轧的过程温度维持在目标范围。

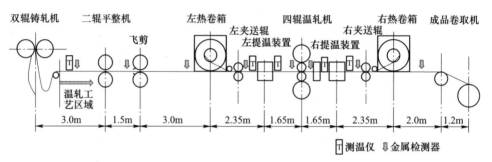

图 7-2　薄带铸轧实验机组的工艺设备布置示意图

7.1.3　难变形金属塑性加工

具有一种或多种优异的性能，但制备与加工成型困难的一类金属材料，称为难变形金属材料。这类材料往往因为制备加工工艺复杂、成材率、生产效率低等原因，导致成本高，应用范围受到限制。因此，发展难加工材料的短流程高效制备加工技术受到广泛重视[12]。

7.1.3.1　Fe-6.5%Si 合金及其现状

高硅电工钢是 Si 元素含量达到 6.5%（质量分数）的一类合金，即 Fe-6.5%Si 合金，是一种典型的难变形金属。由于 Fe-6.5%Si 合金优异的软磁性能，有着巨大的应用前景，推动着各国投入大量资源进行开发和研究。

在硅钢片中，Si 含量对其磁感应强度、铁损等性能有显著影响，含硅量在 6%~8% 的硅钢有最优异的软磁特性。其原因在于，在硅钢中随着 Si 含量的增加，铁素体发育更加充分，硅钢的初始导磁率和最大导磁率更高，并在 6%~8%

处达到峰值，此时磁滞损耗显著降低。当硅含量在 7%~12% 时，硅钢的电阻率最大，接近非晶合金，涡流损耗降至最低；与此同时，硅含量的增加也使硅钢的磁致伸缩系数下降，并在 Si 含量为 6.5% 时约为零。由于 Fe-6.5%Si 具有电阻率高、磁晶各向异性常数低、磁致伸缩系数几乎为零等特点，是制造低噪音、高效率、低铁损、节能铁芯的理想材料，特别适合用于制造高性能电机、高频变压器、扼流线圈以及高频下的磁屏蔽器等[13,14]。

随着 Si 含量的提高，Si 的固溶强化导致硅钢的屈服强度、抗拉强度和硬度都大幅增大，由于弱有序相 B_2 相和强有序相 DO_3 的出现，材料伸长率急剧下降，脆性明显增大。高硅钢的强度比其他硅钢材料高很多，同时塑性却低很多。Fe-6.5%Si 是一种又硬又脆常温下难以进行塑性加工的材料，给其进一步加工带来了诸多困难，发展受到严重制约。研究表明，Fe-6.5%Si 合金从高温到低温依次经过 A_2 无序相区、B_2 有序相区和 B_2+DO_3 有序相区，发生 $A_2 \rightarrow B_2$ 相转变、$B_2 \rightarrow DO_3$ 相转变以及 $DO_3 \rightarrow B_2+DO_3$ 相的转变[15]。Fe-6.5%Si 合金 $A_2 \rightarrow B_2$ 相和 $B_2 \rightarrow DO_3$ 相的转变温度[16]分别为 770℃ 和 600℃。Fe-6.5%Si 合金的韧化增塑方法主要是降低合金结构的有序度，包括破坏合金的长程有序度、抑制较高有序相的形成、减少有序畴的大小等方法。

1966 年，T. Ishizaka 等人[17]采用热轧-冷轧法首次制备出了 0.3mm 厚的 Fe-6.5%Si 薄带，随后各国展开了对高硅钢薄带的实用化生产工艺的探索。在国外，苏联（俄罗斯）、美国、日本等竞相展开了对高硅钢的轧制生产工艺的研究，取得了一系列成果，开发了快速凝固法、轧制法、CVD 法、PCVD 法、粉末直接轧制法等制备高硅钢薄材制品的方法。俄罗斯开发了"热轧-温轧-冷轧"的三轧法获得高硅钢的工艺，但附加工艺较为复杂；日本钢管公司开发出通过轧制生产无取向高硅钢片的工艺。N. Tsuya 和 K. I. Arai 通过急冷工艺生产出了 0.03~0.1mm 高硅钢的方法[18]。但目前仅有日本钢铁工程控股公司（JFE）通过化学气相沉积渗硅法（CVD 法）实现了 Fe-6.5%Si 薄带的工业化生产，不过该工艺也存在工艺复杂、生产效率不高、环境污染大、综合成本高等问题。

在国内，东北大学自 2008 年以来，针对 Fe-6.5%Si 薄带连铸的机理和技术开发进行了系统的研究，基于"薄带连铸-热轧-温轧-冷轧"工艺，王国栋等人[19]开发了一种取向高硅钢的制备方法，通过省去高温退火前的脱碳流程及简化初次再结晶工艺，提高了高硅钢铸带的低温成型性能。上海交通大学林栋梁、林晖等人通过调整成分并配合适当的热处理工艺，也显著改善了高硅电工钢的塑性加工性能[20]。

由于快淬法生产的高硅钢薄带尺寸有限，CVD 法工艺复杂，粉末直接轧制法难以控制杂质，并且轧制产品具有成分均匀、表面质量好、利于工业化生产等优点。通过轧制法低成本高效地获得高硅钢薄带，一直是硅钢发展的重要方向。

薄带连铸-温轧法结合了薄带连铸和温轧的工艺优势，是生产高硅钢薄材备受关注的工艺。

7.1.3.2　其他难变形金属

其他难变形金属包括以下几种。

（1）镁及其合金。镁及其合金是目前最为轻质的结构金属材料，其密度是钢的1/4、铝的2/3，具有质轻、导电性好、导热性佳、电磁屏蔽性强等特点。力学性能方面，镁合金屈服强度和拉伸强度接近铝合金，比强度高、比刚度大、耐冲击、耐磨损，并有极佳的防震减噪性能和散热性能，切削加工性好，同时易于回收、利于环保。基于镁合金的这些优点，使其在国计民生许多方面有着重要应用，尤其是厚度在1mm以下级别的镁合金薄材在微电子、航空航天、电子器件、交通运输等领域有着巨大的应用前景。在汽车轻量化的背景下，镁合金也越来越受汽车行业的关注。

镁合金是典型的密排六方晶体结构，在室温下仅仅有一个滑移面，在这个滑移面上只有三个密排方向，即有三个滑移系。因此，在室温下，镁合金的塑性非常低，冷轧镁合金道次变形量一般为5%左右，总的变形量约为25%，随后当进一步增加变形量时就出现非常严重的边裂和裂纹，这说明在冷轧镁合金板材时的累积压下率不能过大，一般只有25%；而且采用冷轧方式轧制镁合金时生产效率低下，能源消耗大，边裂严重或导致无法生产。但是当使用温轧工艺时，即当变形温度达到230℃时，激活了高温滑移面（棱柱面），镁合金的塑性大大改善，每道次压下率可以达到30%以上。在宝钢研究院液压张力温轧机上，AZ31镁合金变形温度达到280℃时，单道次变形量可以达到60%，总变形量高达90%，可以轧制出薄规格的镁合金板带材[21,22]。

（2）高温合金。高温合金是指在600℃以上长期工作并承受一定应力的耐高温金属材料。该类合金由于高温强度和抗蠕变性能突出，抗氧化和抗热腐蚀性能优异，并且抗疲劳性能和断裂韧性较好，是军民用燃气涡轮发动机以及石油化工等领域热端部件不可替代的关键材料[23]。高温合金通常是以Fe、Co和Ni为基，并通过加入多种合金元素提高其高温性能，成分复杂。其中Ni基高温合金由于性能优越，在航空发动机、燃气轮机等重要承热结构部件上有着广泛应用[24]。

但镍基高温合金和其他难变形高温合金一样，在常温下由于变形抗力大、加工硬化严重而无法进行大变形塑性加工。对于这类合金，采用温加工成型工艺是实现塑性加工的有效方法，在高温时材料抗力减小、塑性和成型极限较室温时显著提升[25]。

（3）钛合金。根据组织的不同，钛合金有α型钛合金、β型钛合金及α+β型钛合金三大类。钛合金具有强度高、耐蚀性好、耐高温、耐低温等优良的综合性能，性能优异的高温结构钛合金、耐蚀钛合金、高强钛合金广泛用于航空航天、武器制造、石油化工等各个领域。钛合金切削加工性差、难以变形加工，温成型工艺是其合适塑性加工方法。

（4）其他难变形金属。通过中频感应加热工艺进行中温轧制可以完好地保存轴承扁钢 GCr15 的球化组织，并且降低变形抗力[26]。对深冲钢 BIF2 在非结晶铁素体区进行强润滑轧制，可以避免在热轧期间产生对深冲性能有害的剪切织构，同时生成有利织构[27]。在高速钢 W18Cr4V 钢的拉拔生产工程中，当其盘条拔至 ϕ4.8mm 时，预热到 280~320℃，可减少拔断现象，并省略 2~3 次中间退火和酸洗，温加工工艺具有明显的技术优势[28]。

随着经济的发展，各种难变形金属的应用日益广泛，并不断有新的特种金属及其合金材料被开发出来，这些难变形金属材料的变形加工研究也日益受到青睐。

7.2 薄带温轧工艺装备及关键技术

由于温轧产品厚度与冷轧接近，厚度范围在 0.1~5mm 之间，这样就带来新的问题：与传统热轧相比，环境温度对带材温度影响显著，轧辊接触热损失造成降温过大，而大部分难变形金属材料可加工温度工艺窗口较窄，因此薄带温轧变形过程温度控制成为新的技术难题，下面针对薄带温轧工艺装备及关键技术进行探讨。

7.2.1 可连续生产的温轧工艺装备

以高硅钢电工钢薄带铸轧-温轧工艺为例，根据目标品种的生产工艺要求，确定如图 7-3 所示的薄带连铸-温轧工艺流程[29]。

其中从"备料"到"喷气冷却/防氧化保护"为连铸工艺段，从"平整/夹送"到"定尺分段/重卷"为温轧工艺段，其核心装备为卷取式温轧机组，该工艺轧制过程的工艺设备布局如图 7-2 所示，主要设备包括：二辊平整机、飞剪、左/右卷取机及热卷箱、四辊温轧机、成品卷取机。

（1）二辊平整机。温轧工艺区与铸轧工艺区通过辊道连接，原料带由铸轧机弧形导板和输出辊道送至二辊平整前运输辊道，进入温轧工艺区。铸轧原料带运送到平整机时带钢温度控制在 1100℃以上，在该温度区间，高硅钢变形抗力较低，有较好塑性，可采用较大压下率进行平整。具体压下量需要根据实际铸轧坯料的板形情况确定，要保证平整完成后的带钢有较好的板形，能够顺利完成后续运送和轧制。

平整机轧辊采用火焰加热方式保持温度，在平整过程中消除板形缺陷和表面的铸造缺陷，速度与铸机速度相匹配。平整机设备如图 7-4 所示，平整机工作机

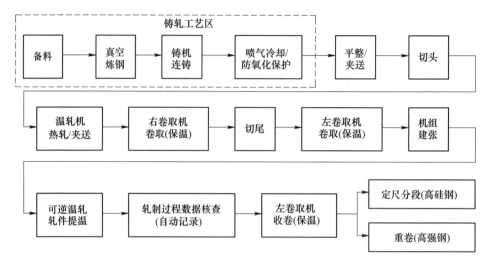

图 7-3 薄带铸轧试验机工艺流程图

座由机架、底座、辊系等组成，两扇牌坊由上枕和下枕联接后再用螺栓联接在底座上，采用全液压压下，上辊采用弹簧实现轧辊平衡。主传动部分由一台主电机、柱销联轴器、减速机、齿轮座、万向接轴等组成。

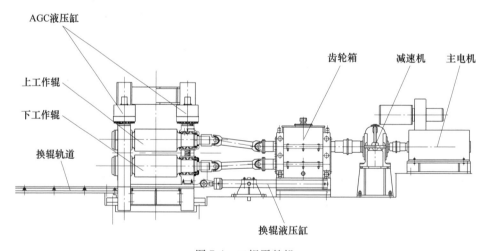

图 7-4 二辊平整机

（2）飞剪。铸带经过平整夹送后，由辊道运输到飞剪处。合格的铸轧带在飞剪处进行切头/尾操作，不合格铸轧带由飞剪进行碎断，并对废料进行收集处理。飞剪及前后设备如图 7-5 所示。

（3）左/右卷取机及热卷箱。铸带头部依次穿过左夹送辊、四辊温轧机、右夹送辊，通过右热卷箱内穿带导向托板，穿入带水冷芯轴的预热卷筒缝隙。控制

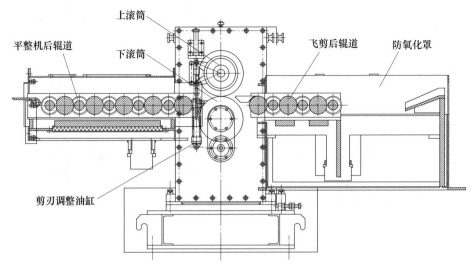

图 7-5　飞剪及前后设备

系统检测到头部穿带到位后，右卷取机迅速逆时针转动，当转 2~3 圈后头部被带钢压紧，右热卷箱穿带导向托板落下，调节右卷取机与轧机速度匹配关系，保持设定张力继续卷取。铸带尾部在飞剪处切掉，尾部通过轧机后，停止在右提温装置内，然后开始铸带尾部向左卷取机的穿带操作。在左右夹送辊与轧机之间，由于距离较长，带钢的温降较大，为保证带钢进入轧机时的温度，采用轧件提温装置对带钢进行加热，最高加热温度可达 800℃。

左卷取机穿带操作与右侧相同，铸带尾部依次穿过四辊温轧机、左夹送辊，通过左热卷箱内穿带导向托板，穿入带水冷芯轴的预热卷筒缝隙。控制系统检测到头部穿带到位后，左卷取机顺时针转动，同时右卷取机、四辊轧机和夹送辊辅助送料，当带尾在左卷取机卷筒上缠绕 2~3 圈后，左热卷箱穿带导板放下，调节左卷取机、右卷取机与轧机速度匹配关系，保持设定张力，开始后续轧制过程。两侧的卷取机都配备 CPC 自动调整装置，保证卷取对中和轧制过程的带钢边部对齐。

热卷箱由保温材料、耐火材料和电加热器组成，通过电加热器可以将热卷箱内温度控制在一定范围，从而保证卷取机中带材的温度，热卷箱最高温度可以达到 1000℃。如果轧制过程出现断带等故障，可打开热卷箱门，由外部机械手卸料。如图 7-6 所示，卷取机安装于轧机左右两侧，用于轧制过程中带钢的存储和张力控制。为保证带材在卷取机中的温度，在卷筒外部安装了热卷箱。为保证穿带过程中带钢顺利进入卷筒缝隙，在热卷箱底部安装导向托板和导向辊，导向托板采用液压驱动升降。

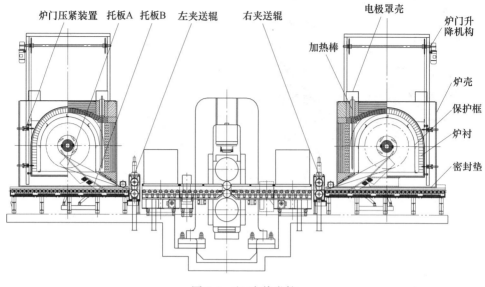

图 7-6 左/右热卷箱

（4）四辊温轧机。四辊温轧机是温轧机组的核心设备，工作辊采用芯部导热油方式，用于连铸带钢的可逆轧制。首先在铸轧薄带进行穿带轧制时，保证原料温度在 1000℃ 左右，进行 1~2 道次的大压下量轧制。之后带钢温度控制在 800℃ 左右，经过多道次轧制，使带钢厚度达到 1mm 左右。适当降低带钢温度，将带钢温度保持在 500℃ 以上，每道次压下率在 5%~10%，轧制厚度达到 0.5mm 左右。带钢温度继续降低，通过温辊轧制保证轧制过程带钢温度 200℃ 左右，在保证板形良好的前提下继续轧制到成品厚度。

四辊温轧机设备如图 7-7 所示，轧机工作机座由机架部件、底座、工作辊系、支撑辊系等部件组成。两侧机架由上横梁和下横梁联接后用螺栓联接在底座上，机架及轴承座经精密加工，具有较高的垂直度、平行度和对称度。工作辊采用滚针轴承，在换辊端装有一个向心球轴承，用作承受轴向负荷。支撑辊采用四列短圆柱滚子轴承和一个向心球轴承，分别承受轧制径向力和轴向力。下支撑辊轴承座下面装有圆弧垫，轧辊产生弯曲变形时能自行调位，使轴承内各列滚子受载比较均匀，延长其使用寿命。

（5）成品卷取机。成品卷取机用于收集温轧后的成品卷，其卷筒涨缩方式为四棱锥液压涨缩，无钳口加套筒，底座采用浮动液压对中，有压辊、附带导向辊。轧制完成的带钢从左卷取机导出，运送到成品卷取机进行重新卷取，由卸卷小车完成卸料。

采用铸轧机-温轧机的组合形式，可实现高硅钢的铸轧-热轧-温轧-冷轧工艺流程。前期基础研究需要采用小批量或单片试样进行温轧工艺试验，在上述生产

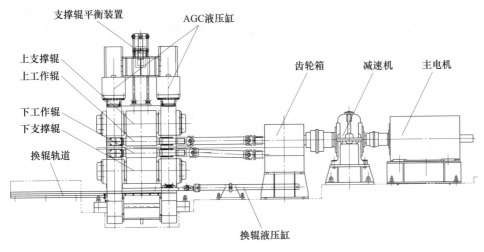

图 7-7　四辊温轧机

线上无法进行大量研究试验，为此东北大学研发了液压张力温轧机作为温轧工艺及材料研究实验平台。

液压张力温轧实验机结构紧凑、功能齐全，通过采用单片金属带材试样进行温轧工艺实验研究，具有方便快捷、经济灵活、控制精确的特点，可以再现工业生产线的温轧工艺条件，为工业实际生产提供较为贴近的实验研究数据，并且在实验机上还能实现一些在产线上难以实现的工艺研究，得到更丰富的数据资料。作为较早对温轧实验机组进行研究与开发的单位，东北大学 RAL 国家重点实验室着手于实验设备的研发与应用，可以实现轧件的在线加热、轧辊温度的准确控制、微张力控制、轧件接触式自动测温、轧件厚度识别及控制等[30,31]，具体在第 9 章详细介绍。

7.2.2　关键温轧技术

如何保证变形区温度在合理的工艺窗口内是温轧成败的关键。轧件进入轧辊后，接触热传导和变形加工热对变形区温度的影响是与轧件厚度、轧件材质、轧制速度、变形量等因素相关的，而温轧过程中能够控制的工艺参数主要有轧制速度、变形量、轧件温度和轧辊温度。由于轧制速度和变形量影响轧制效率不能轻易改变，所以能在线调整的主要参数是轧件开轧温度和轧辊温度，因此轧件和轧辊加热技术是温轧的关键技术。

7.2.2.1　轧件加热技术

轧件快速提温的方法有多种，适合温轧的方法目前主要有：感应加热、火焰冲击加热和电阻加热，前两种方法在第 4 章连续退火技术中已有详细介绍，此处不再赘述。本节介绍一种低压大电流电阻加热方法，如图 7-8 所示，向右轧制时，左夹送辊和轧机之间的带钢作为被加热电阻；向左轧制时，右夹送辊和轧机之间的带钢作为被加热电阻。

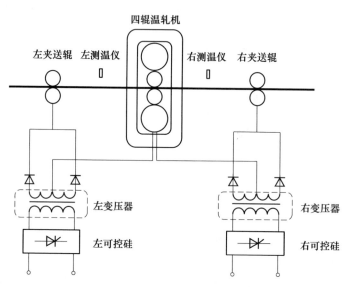

图 7-8　电阻加热原理

当对轧件通低电压大电流时，作为电阻本身会产生热量使温度升高。与此同时，轧件还会和周围的环境对流辐射换热、夹送辊及轧辊接触热传导等多种方式进行热交换。图 7-9 为轧件的温度控制框图，其中轧件温度控制器需要特殊设计。

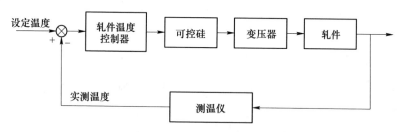

图 7-9　轧件温度闭环控制框图

因为被加热的轧件宽度和厚度不断变化导致其电阻的不断变化，单纯的 PID 温度控制器无法满足这种复杂状况下的温度控制精度要求，需要设计特殊的前馈控制器和采用特殊的控制手段实现温度控制。其中前馈控制器根据电阻加热数学模型计算预设定值，反馈控制器采用 PID 控制器。

PLC 通过设定可控硅控制量，改变电压输出，从而改变轧件的加热功率。前馈和反馈控制器的输出相加后，作为可控硅的控制量。

前馈控制器根据轧件的材料属性及尺寸、设定升温速率、设定温度、环境温度等参数综合计算轧件电阻加热时输入的电功率，薄板电阻加热的瞬态热平衡方程如下：

$$P_{elec} = P_{ht} + P_{rad} + P_{conv} + P_{cond} \tag{7-1}$$

式中　P_{elec}——加热电功率，W；

　　　P_{ht}——轧件的内能，使轧件的温度升高，W；

　　　P_{rad}——辐射产生的热量损失，W；

　　　P_{conv}——对流而产生的热量损失，W；

　　　P_{cond}——轧件和左右钳口及轧辊间的热传导而产生的热量损失，W。

具体计算公式如下：

$$P_{elec} = I^2 \rho_e \frac{l}{w\delta} \tag{7-2}$$

$$P_{ht} = \rho_g l w \delta c \frac{dT_{spl}}{dt} \tag{7-3}$$

$$P_{rad} = 2lw\varepsilon\sigma T_{spl}^4 \tag{7-4}$$

$$P_{conv} = 2\alpha lw(T_{spl} - T_{srd}) \tag{7-5}$$

$$P_{cond} = 4\lambda w\delta(T_{spl} - T_{clp})/l \tag{7-6}$$

式中　l——试样长度，m；

　　　T_{spl}——试样温度，K；

　　　w——试样宽度，m；

　　　T_{srd}——环境温度，K；

　　　δ——试样厚度，m；

　　　T_{clp}——钳口（轧辊）温度，K；

　　　ρ_g——试样材质密度，kg/m³；

　　　σ——玻尔兹曼常数，W/(m²·K⁴)；

　　　ρ_e——试样材质电阻率，Ω·m；

　　　t——时间，s；

　　　c——平均比热容，J/kg·K；

　　　I——电流，A；

　　　λ——导热系数，W/(m·K)；

　　　ε——试样的辐射系数；

　　　α——对流换热系数，W/(m²·K)。

由于薄板加热时，对流和热传导产生的热损失相对较小，可以忽略不计，因此只考虑内能和热辐射即可。

考虑到变压器的效率和功率因数，变压器的设定功率可由下式给出：

$$P_{\text{control}} = \frac{P_{\text{elec}}}{\eta \cos\varphi} \qquad (7\text{-}7)$$

式中　η——变压器效率；

　　　$\cos\varphi$——变压器功率因数。

这里，效率和功率因数分别取 0.7 和 0.75（实际应用中，效率和功率因数还与电缆选型有关，可以根据实测数据进行调整，也可以根据上一道次控制量的稳态输出进行下一道次用于自学习）。例如高硅电工钢加热到 873K 时，$P_{\text{elec}} = 24234\text{W}$，则 $P_{\text{control}} = 46160\text{W}$。

上述模型中，升温速度取零时，计算结果便是保温段功率设定值。前馈控制器计算出的可控硅的控制量 U_{ff}（取值 0~80）为：

$$U_{\text{ff}} = 80\,\frac{P_{\text{control}}}{P_{\text{max}}} \qquad (7\text{-}8)$$

式中　P_{max}——变压器额定功率。

U_{ff} 最大值取 80，是指最大控制量的 80%，剩余 20% 预留给反馈控制器的控制量 U_{fb}（取值：-20~20）。

前馈控制器的输出值和反馈控制器的输出值相加作为可控硅的总控制量：

$$U = U_{\text{ff}} + U_{\text{fb}} \qquad (7\text{-}9)$$

反馈控制器的输入信号为轧件设定温度和实测温度偏差，采用一个 PID 控制器对轧件温度进行闭环控制，输出信号为可控硅的反馈控制量 U_{fb}。

温度控制系统可以用带有时间延迟的一阶模型来描述：

$$G(s) = \frac{Ke^{-Ls}}{Ts + 1} \qquad (7\text{-}10)$$

式中　K——增益；

　　　T——时间常数；

　　　L——滞后时间；

　　　s——复变量。

在开环状态下，给定阶跃为 50% 的控制量，获得轧件温度的开环阶跃响应曲线，便可以离线计算模型参数，并在此基础上计算 PID 参数的预设定值。由于模型参数与轧件材质、尺寸、环境温度等因素相关，忽略影响较小的环境温度，还需要获得每种材质不同尺寸的轧件的温度阶跃响应曲线，并离线计算 PID 参数。控制系统根据不同材质和轧件尺寸进行变参数 PID 温度控制。

以尺寸 $l \times w \times \delta$ 为 $0.6 \times 0.1 \times 0.001\text{m}$ 的高硅电工钢为例，模型参数 $K = 0.0245$，$T = 14.96$，$L = 1.73$。PID 参数 $K_{\text{p}} = 9.543$，$T_{\text{I}} = 22.91$，$T_{\text{D}} = 0.33$。

前馈控制器和反馈控制器相结合的温度控制技术，可以保证轧件的加热速度和精度，并且能够在轧制过程中对轧件进行补温，保证了轧件的纵向温度均匀性。该技术已获得了成功应用，取得了良好的应用效果。

7.2.2.2　轧辊加热技术

轧件温度分为三个阶段：轧前温度、变形区温度和轧后温度。测温仪能够测量的只有轧前温度和轧后温度，变形区温度通常是无法测量的。变形区是薄板与轧辊接触的地方，未预热的轧辊会在瞬间将轧件温度降低。

图 7-10 为温轧变形区的温降曲线，轧辊表面温度为 22℃时，采用厚度为 2mm 的带钢，在边部和中心钻孔，热电偶嵌入其中，加热温度 408℃，轧制速度 0.05m/s，变形区瞬间温降超过 200℃。

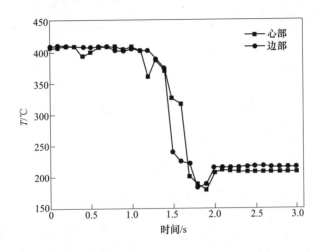

图 7-10　厚度 2mm 的带钢温轧时的变形区温降

为了减少轧辊对轧件的温降，温轧前对轧辊进行预加热是非常必要的。早在 1963 年，英国人费舍尔（易种淦译自 Journal of Metals，1963，Vol. 15，No. 11）就提出了"带加热轧辊装置的轧机"的概念，现有的轧辊加热方式有很多种，温轧机轧辊的加热方法从能源介质角度看，主要有电加热、流体加热和火焰加热三种。从加热手段看，主要有内加热和外加热两种。感应加热、电磁加热和电热蓄能体加热都属于电加热。东北大学 RAL 国家重点实验室对火焰加热、感应加热、流体加热分别进行了现场使用和效果验证。

A　火焰加热

如图 7-11 所示，在钨/钼板片轧制技术与新工艺开发项目中采用了轧辊外加热方式，采用燃气火焰加热从室温加热到 327℃需要 40min，减少了轧制过程中的热损失，极大地提高了钨/钼板片轧制效率。这种加热方式需要在轧机牌坊内布置燃气管路和燃烧喷嘴，需要有足够的空间。

图 7-11　钨/钼轧机轧辊火焰加热

B　感应加热

如图 7-12 所示，宝钢研究院液压张力温轧机的轧辊加热采用的是外加热方式，轧辊心部通冷却水，表面采用感应线圈加热，这种方式加热速度快，热惯性小，从室温加热到 200℃只需要 3min 左右；然而加热时需要轧辊转动，停止加热后温降较快，同辊温差约±10℃，适合轧制速度较高的工业生产。这种加热方式需要在轧机牌坊内留出足够空间布置感应加热器，且用电功率较大，投资较高。

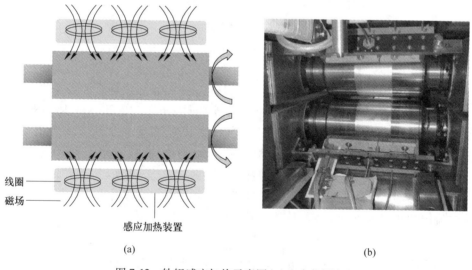

线圈

磁场

感应加热装置

(a)　　　　　　　　　　　　　　　　(b)

图 7-12　轧辊感应加热示意图(a)和实物图(b)

C　流体（热油）加热

如图 7-13 所示，重庆科学技术研究院液压张力温轧机采用了内加热方式，在轧辊心部通热油，热油最高温度 300℃，轧辊表面可达 270℃，轧辊表面从室温加热到 200℃需要 1h。由于轧辊是从内而外的加热，蓄能稳定，轧辊温度均匀性好，同辊温差约±2.5℃，在镁合金温轧过程中取得了良好的应用效果。这种方式加热速度慢，但是轧辊表面温度稳定，可靠性较好，投资较小，比较适合目前温轧机的轧辊加热。

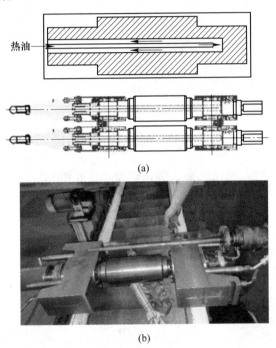

图 7-13　重庆科学技术研究院轧辊加热设计图(a)和实物图(b)

热油加热方式，如果不采用特殊设计，轧辊表面轴向温度是有梯度的，出油端温度高，旋转接头端温度低；经测量轴向温度的极差为 5.2℃，标准差为 2.3℃。

为提高轴向温度均匀性，采用有限元模拟和实验，做了在通油杆上开孔的实验研究，结果如图 7-14 所示：

（1）在通油管的左端开 1 个直径为 2mm 的圆孔，经测量轧辊表面轴向温度的极差为 2.2℃，标准差为 0.6℃。

（2）在通油管的左端和中间各开 1 个直径为 2mm 的圆孔，轴向温度极差为 1.5℃，标准差为 0.5℃。

同时通过模拟通油管深度对轧辊表面温度的影响如图 7-15 所示，可探究合理的轧辊中心钻孔深度，在保证轧辊表面温度均匀性的同时，减少钻孔深度。

温轧机的轧辊表面非常光亮，采用红外测温仪无法精准测温，而轧辊转动时

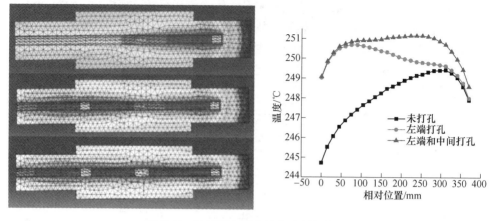

图 7-14　通油杆上开孔的实验研究结果

（扫书前二维码看彩图）

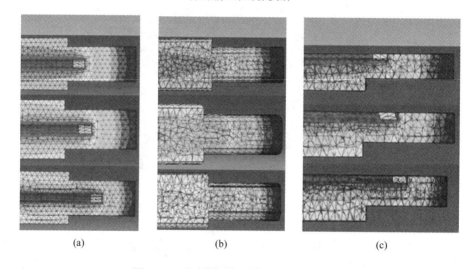

(a)　　　　　　　　　　　(b)　　　　　　　　　　　(c)

图 7-15　通油管深度对轧辊表面温度影响

（a）对称面；（b）Z 方向剖面；（c）X 方向剖面

（扫书前二维码看彩图）

接触式测温仪也时有测不准的情况，因此轧辊表面测温一直是生产现场的技术难题。采用热油加热方式，当油源温度固定时，轧辊内外达到热平衡后轧辊表面温度非常稳定，可以解决这一难题，这也是热油加热方式的优点之一。

高硅电工钢温轧技术从实验室到生产线，还有很多技术难题需要解决。例如：

（1）薄带低速温轧时宽展量比冷轧大得多，采用秒流量厚度控制时需要针对每种难变形金属在不同温度下的宽展量进行计算，还需要研究如何建立薄带温轧宽展模型。

（2）炉卷箱内带钢除了保温之外，有时候还需要加热提温，如何保证钢卷中心和表面的温度均匀性？

（3）薄带甩尾轧制时，没有张力，如何保证带尾的板形也是个技术难题。

（4）高硅电工钢脆性较大，如何保证头或尾进入炉卷箱内卷筒缝隙后，转动瞬间不被弄碎？

7.3 薄带温轧数学模型

过程计算机的主要功能是根据工艺要求制定轧制规程和加热温度规程。通过轧制数学模型计算辊缝、速度和张力的设定值，根据温度数学模型计算轧件加热温度和轧辊加热温度的设定值。下面分别介绍薄带温轧过程中的主要数学模型。

7.3.1 轧制规程设定模型

轧制数学模型是温轧轧制规程设定模型计算的基础，直接决定着设定计算的精度。设定计算所用的数学模型及其关系如图 7-16 所示。

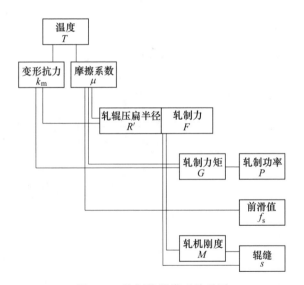

图 7-16 轧制数学模型关系图

轧制规程和轧机设定计算是过程控制系统的核心部分。合理的轧制规程能够降低能耗和轧辊磨损，获得良好的板形和表面光洁度，是温轧顺利进行的必要保障。

7.3.1.1 轧制规程计算

轧制规程的计算包括厚度制度、张力制度及速度制度的制定。轧制规程的制定原则是在保证安全连续生产的情况下获得最高的生产效益。对于单机架，要首先确定总的轧制道次。当轧制总道次数确定为某定值之后，使用迭代方法使得负荷在各轧制道次按要求的比例进行分配，并进行极值检查，如果有超出负荷极限的存在，则进行相应的修正，如果修正后仍不能保证轧制过程的顺利进行，则增加总轧制道次数。轧制规程的计算如图 7-17 所示，根据选定的轧制策略，对各道次的厚度进行负荷分配，得到最终的压下规程。

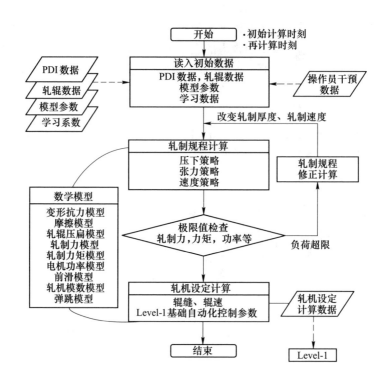

图 7-17　设定计算流程图

　　设定计算流程首先是原始数据的输入，其中包括钢种数据、轧机数据、模型参数等。接着判断是否需要进行规程计算，如图 7-18 所示的第一步，先是求出总的道次数，因为温轧机轧制的速度较低，主电机一般不会超出负荷，所以用轧机的最大轧制力来判断来料共需要几道次的轧制能轧到成品厚度。接着是首末道次的预设定，根据原始数据确定出首末道次的轧制参数，中间道次的厚度需要通过在无数途径中确定一个压下途径，假设有 n 个道次，则必须给出 $n-1$ 个约束条件。这 $n-1$ 个约束条件是各道次的负荷分配比。

　　轧制过程中，由于各道次的轧制力、轧制功率和压下率都是该道次入口厚度

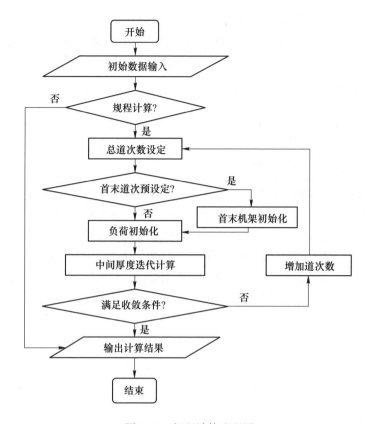

图 7-18　规程计算流程图

和出口厚度的函数，因此，可以将负荷函数 p_i 表示为：

$$p_i = f(h_{i-1}, h_i) \tag{7-11}$$

式中　h_i——第 i 道次出口厚度（$i=1, 2, \cdots, n$）。

若给定各个道次的负荷分配比为：

$$p_1 : p_2 : \cdots : p_n = \alpha_1 : \alpha_2 : \cdots : \alpha_n \tag{7-12}$$

式中　$\alpha_1, \alpha_2, \cdots, \alpha_n$——道次负荷分配系数。

那么可以获得如下的方程组：

$$\begin{cases} f_1(h_0, h_1, h_2) = p_1/\alpha_1 - p_2/\alpha_2 = 0 \\ f_2(h_1, h_2, h_3) = p_2/\alpha_2 - p_3/\alpha_3 = 0 \\ \qquad\qquad \vdots \\ f_{n-1}(h_{n-2}, h_{n-1}, h_n) = p_{n-1}/\alpha_{n-1} - p_n/\alpha_n = 0 \end{cases} \tag{7-13}$$

对上面的方程组，使用迭代方法对其求解。使用 Newton-Raphson 迭代法计算，首先计算方程组的 jacobi 矩阵 $J = f'(X^{(k)})$，然后根据 $X^{(k+1)} = X^{(k)} - J^{-1} f(X^{(k)})$ 获得下次迭代的初值，直至满足收敛条件。利用 Newton-Raphson 法，可以求得每个道次的出口厚度。得到各道次的入口厚度和出口厚度，再利用数学模型公式计算出各道次的主要参数。最后输出各个道次计算的数据值，包括各个道次的出口厚度、压下率、前后张力、变形抗力、轧制力、速度、功率及力矩等。

7.3.1.2　轧制规程极限值检查及修正

对计算得到的轧制规程需要进行如下的极限值检查，如果超限，根据不同的情况进行相应的处理。

A　轧制力极限值检查修正

如果有部分道次的轧制力出现超限情况，可以通过修正本道次的带钢出口厚度，减小压下率，以降低超限道次的轧制力。超限部分压下率根据负荷分配比分配到未超限道次上，重新根据轧制力按比例进行负荷分配计算，并再次进行极限值检查，通过循环计算直到所有道次的轧制力都在极限值范围内。设道次号 i（$i=1$，2，…，n，n 为总道次数），其中轧制力超限道次号为 j，轧制力不超限道次号为 k。按原负荷分配比例系数，由模型计算出的超限机架轧制力超限量为：

$$\Delta F_j = F_j - F_{\text{limit}\_j} \tag{7-14}$$

式中　ΔF_j——轧制力超限量；

　　　F_j——轧制力计算值；

　F_{limit_j}——轧制力极限值。

各超限道次轧制力超限量总和 $\text{sum}\Delta F$ 和非超限道次轧制力总和 $\text{sum}F$，由以下两个公式确定：

$$\text{sum}\Delta F = \sum \Delta F_j \tag{7-15}$$

$$\text{sum}F = \sum F_k \tag{7-16}$$

所有道次轧制力平均值为：

$$\text{Aver}F = \sum_{i=1}^{n} \frac{F_i}{n} \tag{7-17}$$

修正后超限道次负荷分配比例系数 α_j 和非超限道次负荷分配比例系数 α_k 由以下两个公式确定：

$$\alpha_j = \frac{F_{\text{limit}\_j}}{\text{Aver}F} \tag{7-18}$$

$$\alpha_k = \left(1 + \frac{\text{Sum}\Delta F}{\text{Sum}F}\right) \times \frac{F_k}{\text{Aver}F} \tag{7-19}$$

当在轧机上进行实验且把中间各道次负荷分配系数设为相同值时，若有一个道次轧制力超限，则中间各道次均超限，这时只能增加轧制的总道次数。

B 张力的极限值检查修正

进行张力设定时，是对单位张力进行设定，由于加工硬化的存在，可能会产生总张力的超限，因此有必要对总张力进行极限值检查和修正。

C 功率的极限值检查修正

某一道次的轧制功率超限，可以通过调整轧制速度进行修正。由于对任意轧制道次来讲，轧制功率是轧制速度的单调递增函数，因此，可以应用对分法快速地找到当轧制功率为最大值时轧制速度的值。若进行速度设定时仍然保持与连轧一样的秒流量相等，则速度的修正可以看作最末道次出口速度的修正。

若当前的出口速度为 v_n 时的轧制功率大于最大允许功率，那么用对分法搜索得到合理的 v_n。令 a 和 b 分别为出口最大速度 v_{max} 和出口最小速度 v_{min}，利用迭代 $v_n = (a+b)/2$ 获得下一个出口速度。在该速度下进行功率校核，如果仍然超限，则令 $a = v_n$、$b = v_{min}$，之后进行迭代计算 $v_n = (a+b)/2$ 获得下一个出口速度，并令 $v_{max} = v_n$；如果不超限，则令 $a = v_{max}$、$b = v_n$，之后进行迭代计算 $v_n = (a+b)/2$ 获得下一个出口速度，并令 $v_{min} = v_n$，进行多次（最多 20 次即可以获得较为理想的值）循环即可获得合理的出口速度 v_n。

7.3.1.3 轧机的设定计算

A 辊缝设定计算

在轧制过程中，轧件与轧机相互作用，轧件受轧机作用力产生塑性变形（当然也伴有微小的弹性变形），而轧机受轧件的作用力产生弹性变形，轧辊产生弯曲变形，影响到轧件的厚度和板形。由于薄板带的厚度和轧制时的压下量有时比轧机的弹跳值还要小，并且对不均匀的敏感性很大，所以必须对轧机的辊缝进行准确的设定，才能轧出符合要求的产品。

轧机辊缝的设定是通过出口厚度模型来确定的。首先通过轧机刚度标准曲线获得轧机刚度，可知：$S = h_{out} - \dfrac{F - F_{ZEROING}}{M} - C_S$，当目标出口厚度为 h_{out} 时，设定辊缝为 S。这里 F 为轧制力，$F_{ZEROING}$ 为辊缝调零轧制力，M 为轧机刚度系数，C_S 为补偿量。

B 张力设定计算

张力在冷轧过程中可以起到降低轧制力、防止带钢跑偏、补偿沿宽度方向轧件的不均匀变形等作用。实际中，若张力过大会把带钢拉断或产生拉伸变形，若张力过小则起不到应有的作用。因此，张力的合理设定对冷轧生产具有十分重要的意义。

轧制过程中张力的选择主要是指单位面积上的平均张应力 σ_T，即：

$$\sigma_T = \frac{F_T}{B} \qquad (7\text{-}20)$$

式中　σ_T——单位面积上的平均张力，kN/m^2；

　　　B——带钢的横截面积，m^2；

　　　F_T——作用于带钢横截面 B 上的张力，kN。

张力制度建立的原则是单位张力应当尽量选择较高一些，有利于降低轧制力从而提高温轧机的轧薄能力，但是不应超过带钢的屈服极限 σ_s，防止轧件拉断。根据经验，σ_T 的值为：$\sigma_T = (0.1 \sim 0.6)\sigma_s$ 具体取值，要考虑带钢的材质、板形、厚度波动、带钢的边部减薄等情况。对于单机架可逆式轧制，σ_T 值取 $\sigma_T = (0.2 \sim 0.4)\sigma_s$ 的范围内。在轧制中，若带钢中部出现波浪应减小张力，以防止拉裂和断带；若带钢边部出现波浪，则应适当增加张力，以消除边部波浪。张力大小的选择主要目的是获得良好的板形，并适当降低轧制总压力提高轧制效率。张力大小通常是根据经验数据设定的，可以选择入（出）口张应力为入（出）口变形抗力的 1/3 或 1/5，而当总张力超过卷取机所能提供的最大总张力时，设定总张力为卷取机最大张力。在实际实验过程中，通常给定一个单位张力值，在一个轧程的各个道次均保持该值不变。操作工可以根据目测的板形情况，实时调节张力大小。

C　速度设定计算

对于单机架可逆轧制，无须考虑秒流量相等的原则，只需根据主电机的负荷情况制定速度制度。由于电机负荷较小，并且为了节省实验材料消耗，便于数据采集，所以实验时通常采用较小的速度值。

7.3.2　温度计算模型

轧件与外界进行热交换时按传热方式分为：对流换热、辐射换热和接触换热。辊道运送和热卷箱保温加热过程需要考虑对流、辐射及接触换热；轧件夹送、平整和轧制过程需要考虑轧件与辊的接触传热，其中平整和轧制过程还要考虑摩擦热和加工热；整个温度变化过程还有相变潜热。其中摩擦热与相变潜热相比影响较小，在计算过程中不予考虑。另外，还需要建立空冷温度模型，用于验证温度计算模型中计算参数的可信度[29]。

7.3.2.1　空冷换热模型

空冷模型是为了验证所建立模型的换热系数、物理参数和修正参数的可靠性。空冷，即钢板悬在空气中降温过程，此时认为钢板上表面换热系数（h_{up}）和下表面换热系数（h_{down}）相等，且钢板表面换热系数等于对流换热系数与辐射换热系数的和，计算公式如下：

$$h_{up} = h_{down} = h_{con} + h_{rad}$$ (7-21)

式中　h_{con}——对流换热系数；

　　　h_{rad}——辐射换热系数。

当环境面积相对钢板表面无限大时，环境表面热阻无限小可忽略；又因为钢板上表面发出的辐射能全部辐射到空气中，即钢坯表面向周围环境的换热系数等于1。综上所述，空冷时钢板表面辐射换热系数计算如下：

$$h_{rad} = \frac{\varepsilon \sigma (T_s^4 - T_{env}^4)}{T_s - T_{env}}$$ (7-22)

式中　T_s——轧件温度，℃；

　　　T_{env}——环境温度，℃；

　　　ε——钢板黑度。

7.3.2.2　运输换热模型

运输过程较空冷复杂，不同轧线设备布置不同，本模型为上表面完全暴露在空气中。下表面考虑与辊道托板辐射换热，考虑运输辊道和带钢的接触换热。由于托板和轧件间隙很小，忽略空气对流换热（h_{con}）和空气导热（h_d），计算如下：

$$h_{down} = h_{rad} + h_{con} + h_d + h_t \frac{l}{L+l} \approx \frac{\varepsilon_1 \varepsilon_2}{\varepsilon_1 + \varepsilon_2 - \varepsilon_1 \varepsilon_2} \times \frac{\sigma (T_s^4 - T_t^4)}{T_s - T_t} + h_t \frac{l}{L+l}$$

(7-23)

式中　T_s——轧件温度，℃；

　　　T_t——托板温度，℃；

　　　L——运输辊道上的带钢总长度，mm；

　　　l——运输辊道上与辊道接触的带钢总长度，mm；

　　　ε_1——带钢黑度；

　　　ε_2——运输辊道的托板黑度。

当运输辊道的黑度等于带钢的黑度时（$\varepsilon = \varepsilon_1 = \varepsilon_2$），公式得到进一步简化：

$$h_{down} = \frac{\varepsilon}{2 - \varepsilon} \times \frac{\sigma (T_s^4 - T_t^4)}{T_s - T_t} + h_t \frac{l}{L+l}$$ (7-24)

7.3.2.3　轧制换热模型

即使平滑的接触面在微观上也并非完好的贴合。除此之外，两平面间的空隙、油污和固体杂质等也会影响热交换，而两接触面的热交换只在贴合点处发生。那么，换热系数就会与压应力、接触面硬度有关，压应力越大，物体表面硬度越小，接触面贴合点面积就越大，接触换热系数就越大。

根据轧制工艺的不同（轧制速度、压下量），采用不同的修正系数，接触换热系数计算模型采用如下公式：

$$h = a(v)\lambda\left[\frac{P(x)}{\sigma(T,\varepsilon,\dot{\varepsilon})}\right]^{1.7}, \lambda = \frac{\lambda_s\lambda_r}{\lambda_s + \lambda_r} \tag{7-25}$$

式中　$a(v)$——修正数，与轧制速度有关；

　　　h——待求的接触换热系数，$W/(m^2 \cdot K)$；

　　　P——变形区平均单位压力，MPa；

　　　σ——轧件流变应力，MPa；

　　　λ_s——轧件的热导率，$W/(m \cdot K)$；

　　　λ_r——夹送辊/平整辊/轧辊的热导率，$W/(m \cdot K)$。

　　除了接触换热系数，接触换热时间同样是影响温度的一个核心因素。本书认为带钢在轧制过程中只发生塑性变形，接触弧长等于变形区在咬入端轧件与轧辊的接触弧长，如下式：

$$L = \sqrt{R\Delta h} \tag{7-26}$$

　　相对应的接触时间计算如下：

$$t = \frac{L}{u} \tag{7-27}$$

式中　R——辊半径，mm；

　　　Δh——压下量，mm；

　　　u——轧件运行速度，m/s。

7.3.2.4　热卷箱换热模型

　　钢卷在径向传热时，由于钢卷间隙没有对流换热，且钢卷之间接触压力较小，钢卷等效换热系数可以按照辐射换热系数的 a 倍计算，然后通过实验数据反算出 a 的值：

$$h = ah_{rad} = a\frac{\varepsilon\sigma(T_{i-1}^4 - T_i^4)}{T_{i-1} - T_i} \tag{7-28}$$

式中　a——修正数；

　　　T_{i-1}——$i-1$ 层钢卷温度，℃；

　　　T_i——i 层钢卷温度，℃；

　　　ε——钢卷黑度；

　　　σ——斯特潘-玻尔兹曼常数，$5.67 \times 10^{-8} W/(m^2 \cdot K^4)$。

　　热卷箱的边界条件，即热卷箱内部环境与钢卷表面的换热系数是钢卷加热速度的关键影响因素。钢卷外径受到碳棒辐射、炉膛辐射以及炉内气体对流换热。由于碳棒温度难以测量可以只考虑辐射换热，然后引入修正系数，在后续试验中对模型加以优化。

7.3.3 变形区温度预测模型

变形区温度在生产线上无法直接测量，本节通过有限元模拟结合温轧实验，设计正交试验对轧件入口（初始）温度 T_{in}、轧辊（表面）温度 T_{roll}、接触传热系数 h_c、轧制速度 v、压下率 δ 和轧件厚度 H 共 6 个温轧工艺参数对 Fe-6.5%Si 合金温轧变形区温度的影响规律进行了研究，分析工艺参数对轧件的出口温度 T_{outlet} 的影响，建立轧制速度分别为 $0.1 \sim 1m/s$ 范围（高速）和 $0.01 \sim 0.1m/s$ 范围（低速）两个温轧速度范围的轧件变形区出口温度 T_{outlet} 数学模型，为温轧实验和工业生产提供理论分析数据[2]。

7.3.3.1 高速变形区出口温度模型

如图 7-19 所示，根据各温轧工艺因素对 T_{outlet} 的影响规律及其分析结果，建立 T_{outlet} 与各温轧工艺参数的关系式数学模型：将轧件温度、接触传热系数与 T_{outlet} 的关系设为一次函数关系，轧辊温度与 T_{outlet} 的关系设为二次函数关系，轧件厚度、压下率与 T_{outlet} 的关系设为三次函数关系，轧制速度与 T_{outlet} 的关系设为双曲线关系。

最后通过多次的多元线性数据回归，在 $0.1 \sim 1m/s$ 范围温轧轧件出口温度与各参数的关系式数学模型确定为：

$$T_{outlet}^{HS} = aH^3 + bH^2 + cH + dT_{in} + eT_{roll}^2 + f\,T_{roll} + gh_c + \\ h(1 + iv)^j + k\delta^3 + l\delta^2 + m\delta + n \tag{7-29}$$

式中　T_{outlet}^{HS}——高速温轧轧件出口温度，℃；

　　　T_{in}——轧件（入口）温度，℃；

　　　T_{roll}——轧辊（表面）温度，℃；

　　　h_c——轧件与轧辊之间的接触传热系数，$kW/(m^2 \cdot ℃)$；

　　　v——轧制速度，m/s；

　　　δ——压下率，%；

　　　H——轧件厚度，mm；

　　　$a \sim n$——待确定的回归系数。

根据实际数据建立 Fe-6.5%Si 薄板温轧变形区出口温度的数学模型，其数学表达式为：

$$T_{outlet}^{HS} = -3.6599H^3 + 20.1974H^2 - 25.5534H + 0.9338T_{in} + \\ 0.0006T_{roll}^2 - 0.1803T_{roll} - 0.9973h_c - 77.9542(1 + \\ 0.9355v)^{-8.3229} - 0.0799\delta^3 + 2.1935\delta^2 - \\ 16.9690\delta + 104.4053 \tag{7-30}$$

图 7-20 为所建立的数学模型对轧件出口温度的计算结果与正交设计试验模

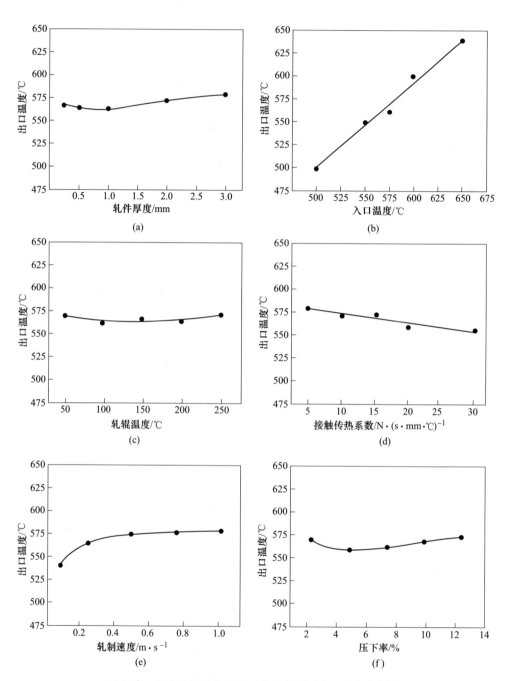

图 7-19　高速轧制时各因素对轧件变形区出口温度的影响

（a）轧件厚度；（b）轧件温度；（c）轧辊温度；

（d）接触传热系数；（e）轧制速度；（f）压下率

拟结果的对比图。由图中可以看出，数据结果在平分线的两侧的分布比较均匀，数学模型计算结果与正交试验模拟结果的误差在±11.5℃区间内，多数数值点分布在±7.5℃区间内，说明所建立的温度数学模型能较好地反映各个温轧工艺参数对 T_{outlet} 的影响情况，能够用以预估在各种温轧工况下的 T_{outlet} 数值。

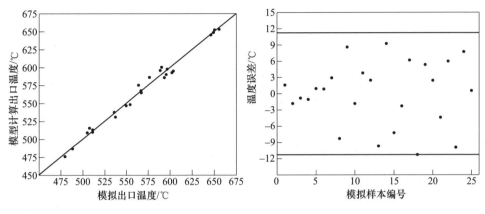

图 7-20 模拟结果与模型计算结果的对比

7.3.3.2 低速变形区出口温度模型

上一节给出了 Fe-6.5%Si 合金在 0.1~1m/s 范围内进行高速温轧时轧件变形区出口温度的变化规律，并建立了轧件出口温度数学模型。对于上述 Fe-6.5%Si 的高速温轧除了轧制速度取低值时的情况，轧件出口温降幅度一般都不是很大。这说明，0.25~3mm 厚度的 Fe-6.5%Si 薄板温轧时在辊缝变形区内的温降和轧制速度有密切的关系。

在金属薄带的温轧实际生产中，薄带的可逆轧制进行方向切换以及降速时，不可避免地会出现轧制速度低于 0.1m/s 的低速轧制的情况，此时变形区温度与高速时有所不同。

如图 7-21 所示，根据各温轧工艺因素对 T_{outlet} 的影响规律及其分析结果，将轧件温度和接触传热系数与 T_{outlet} 的关系设为一次函数关系，轧辊温度和轧件厚度与 T_{outlet} 的关系设为三次函数关系，压下率与 T_{outlet} 的关系设为指数函数关系，轧制速度与 T_{outlet} 的关系设为双曲线关系，通过多元线性数据回归，建立低速温轧 T_{outlet} 与各温轧工艺参数的关系式数学模型。

$$T_{outlet}^{LS} = aH^3 + bH^2 + cH + dT_{in} + eT_{roll}^3 + fT_{roll}^2 + gT_{roll} +$$
$$hh_c + i(1+jv)^k + l\exp(m\delta) + n \tag{7-31}$$

式中 $a \sim n$ ——待确定的回归系数。

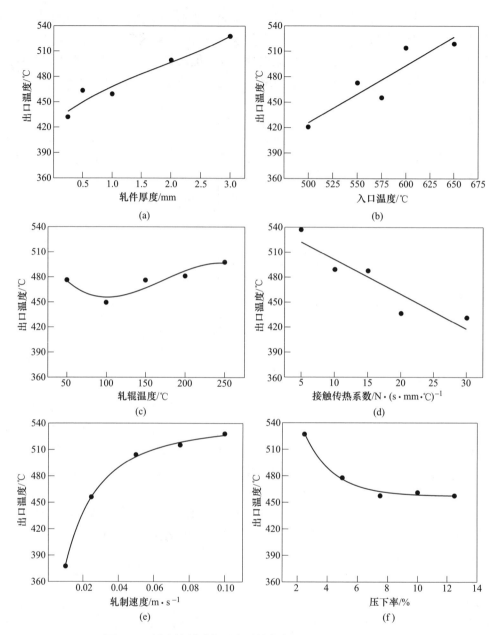

图 7-21　低速轧制时各因素对轧件变形区出口温度的影响

（a）轧件厚度；（b）轧件温度；（c）轧辊温度；（d）接触传热系数；（e）轧制速度；（f）压下率

低速温轧时 Fe-6.5%Si 薄板温轧变形区出口温度的数学模型为：

$$T_{\text{outlet}}^{\text{LS}} = 2.6276H^3 - 14.4531H^2 + 53.6056H + 0.6753T_{\text{in}} -$$
$$2.7880 \times 10^{-5}T_{\text{roll}}^3 + 0.0144T_{\text{roll}}^2 - 2.0639T_{\text{roll}} - 4.1725h_c -$$

$$301.2631(1 + 37.0393v)^{-1.9406} + 256.6153e^{-0.5202\delta} + 219.9792$$

$$(7-32)$$

图 7-22 为低速温轧数学模型对 T_{outlet} 的计算结果与正交试验模拟结果的对比，两者的数据结果在平分线的两侧分布比较均匀，数学模型计算结果与正交试验模拟结果的误差大多数分布在 ±30℃ 区间内，个别点误差偏大，说明数学模型能够预估在大多数低速温轧工况下的 T_{outlet} 值。低速温轧轧件出口温度模型预测精度的下降也说明低速温轧时轧件出口温度更易受各方面的影响产生波动，温控难度增大，低速温轧应尽量予以避免。

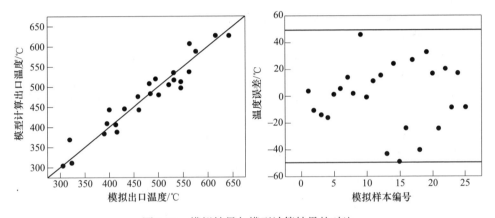

图 7-22　模拟结果与模型计算结果的对比

通过高速温轧和低速温轧模拟结果的对比发现，在各种温轧速度工艺下，轧制速度对轧件在辊缝变形区的接触热损失和出口温降影响都是最大的，接触传热系数、轧件厚度和压下率的影响次之，轧件温度和轧辊温度的影响最小。为减小轧件的出口温降，温轧速度应尽可能大，高速温轧对减小接触热损失有很好的效果。另外，在高速温轧时，轧辊温度的影响不大，但在轧件厚度较小或轧制速度较低时其影响增大，有必要提高轧辊温度以减小接触热损失。

参 考 文 献

[1] 胡可城. 中频感应加热中温轧制成形工艺及其应用 [J]. 上海金属, 1996, 18 (6): 57~59.
[2] 唐庸. 难变形金属薄带温轧变形区温度模型的研究 [D]. 沈阳: 东北大学, 2016.
[3] Bo Appell. Ferrite rolling [J]. Journal of Mechanical Working Technology, 1978, 2 (2): 197~203.

［4］ Hayashi C, Okamoto T. Manufacture of deep-drawing sheet by warm rolling ［J］. Sheet Metal Industries, 1978 (11): 1234~1244.

［5］ McManus G J, Writer F. Ferrite rolling of hot rolled sheet: Successful use of new technology could open doors ［J］. Iron and Steel Engineer, 1995, 72 (8): 53~54.

［6］ 毛新平. 薄板坯连铸连轧铁素体轧制工艺 ［J］. 钢铁, 2004, 39 (5): 71~74.

［7］ 任秀平. 板带轧制技术的最新进展 ［J］. 轧钢, 2002 (5): 36~39.

［8］ 李大亮. 铁素体轧制在传统热轧中宽带上的开发应用 ［J］. 河北冶金, 2014 (7): 22~24, 51.

［9］ 于九明. 有助复剂温轧不锈钢复铝板试验研究 ［J］. 东北大学学报 (自然科学版), 2002, 23 (6): 563~565.

［10］ 牛长胜, 王艳丽, 林志, 等. Fe_3Si 基合金降低温轧温度的研究 ［J］. 航空材料学报, 2002, 22 (4): 22~25.

［11］ 蔡珍, 韩斌, 刘洋, 等. 铁素体区轧制工艺应用现状及发展策略分析 ［J］. 轧钢, 2013, 30 (6): 41~44.

［12］ 谢建新. 难加工金属材料短流程高效制备加工技术研究进展 ［J］. 中国材料进展, 2010, 29 (11): 1~7.

［13］ 何忠治. 电工钢 ［M］. 北京: 冶金工业出版社, 1997: 25~28.

［14］ Beckley P. Electrical Steeks ［M］. South Wales: European Electrical Steels, 2009: 17.

［15］ Raviprasad K, Tenwick M, Davies H A, et al. The nature of ordered structures in melt spun iron-silicon alloys ［J］. Scripta Metallurgica, 1986, 20 (9): 1265~1270.

［16］ 莫远科, 张志豪, 谢建新, 等. 再结晶退火对高硅电工钢冷轧带材组织、有序结构和力学性能的影响 ［J］. 金属学报, 2016, 52 (11): 1363~1371.

［17］ Ishizaka T, Yamabe K, Takahashi T. Cold-Rolling and Magnetic Properties of 6.5% Silicon Iron Alloys ［J］. Journal of the Japan Institute of Metals, 1966, 30 (6): 552~558.

［18］ 李长生, 王浩, 蔡般, 等. 6.5%Si 硅钢的制备技术和发展前景 ［J］. 河南冶金, 2012, 20 (6): 1~9.

［19］ 王国栋, 张元祥, 王洋, 等. 一种取向高硅钢的制备方法. 中国, CN201410505834.8 ［P］. 2015-2-25.

［20］ 林栋梁, 林晖. 高硅钢及其制备方法. 中国, 200310108897.1 ［P］. 2004-11-10.

［21］ Tao Sun, Jianping Li. Method for Outlet Temperature Control during Warm Rolling of AZ31 Sheets with Heated Rolls ［J］. ISIJ International, 2017, 57 (9): 1577~1585.

［22］ 许征. 基于温轧实验机的温轧工艺数值模拟和实验研究 ［D］. 沈阳: 东北大学, 2014.

［23］ 陈国良. 高温合金学 ［M］. 北京: 冶金工业出版社, 1988: 35~39.

［24］ 王会阳, 安云岐, 李承宇, 等. 镍基高温合金材料的研究进展 ［J］. 材料导报, 2011, 25 (S2): 482~486.

［25］ 朱宁远, 夏琴香, 肖刚锋, 等. 难变形金属热强旋成形技术及研究现状 ［J］. 锻压技术, 2014, 39 (9): 42~47.

［26］ Matsuoka S. Effect of Lubrication Condition on Recrystallization Texture of Ultra Low C Sheet Steel Hot-Rolled in Ferrite Region ［J］. ISIJ International, 1998 (38): 633~638.

［27］ 王昭东，李自刚，何晓明，等．冷轧压下量对铁素体区热轧 Ti-IF 钢冷轧板的再结晶织
构特点和深冲性能的影响［J］．金属学报，2000，36（6）：613~617.

［28］ 赵志业．金属塑性变形与轧制理论［M］．北京：冶金工业出版社，1994：128~145.

［29］ 闫恩波．铸轧薄带热轧-温轧过程温度模型研究［D］．沈阳：东北大学，2016.

［30］ 孙涛，李建平，矫志杰，等．液压张力温轧机的研制与应用［M］．北京：冶金工业出版
社，2016.

［31］ 郝志强．液压张力实验轧机带钢温轧工艺与宽展模型的研究［D］．沈阳：东北大
学，2013.

8 酸洗冷连轧自动化

8.1 酸轧机组控制系统概述

酸洗冷连轧机组检测仪表沿轧制生产主轴线分布设置，用来检测轧材的关键参数，典型配置见表8-1。它为酸洗冷连轧机组实现生产过程自动化，加强生产管理，提高产品质量，保证设备安全提供重要的检测信息。这些机组检测仪表可以将其检测信息送入自动化控制系统完成相应的控制任务[1,2]。

表 8-1 机组的特殊仪表

仪表名称	编号	安装位置	用　途
测厚仪	X0	一机架前	一机架前馈
	X1	一机架后	一机架监控和二机架前馈
	X4	四机架后	用于五机架前馈
	X5A/X5	五机架后	用于五机架监控，采用双测厚仪互为备用
激光测速仪	LS1	一机架后	用于前滑修正和一二机架秒流量自动厚度控制
	LS2	二机架后	用于前滑修正和二机架秒流量自动厚度控制
	LS4	四机架后	用于前滑修正和五机架秒流量自动厚度控制
	LS5	五机架后	用于前滑修正和五机架秒流量自动厚度控制
板形辊	FM1	冷连轧的出口	用于带钢的平直度检测
张力计	TM1	1号转向辊后	1号活套张力
	TM2	3号张力辊组后	拉伸破鳞机的前张力
	TM3	6号张力辊组后	6号张力辊与一机架间张力
	TM4	一机架后	一二机架间张力
	TM5	二机架后	二三机架间张力
	TM6	三机架后	三四机架间张力
	TM7	四机架后	四五机架间张力
	TM08	五机架后	轧机出口张力
焊缝检测仪	WPD1	1号张力辊组后	带钢焊缝位置检测
	WPD2	1号活套出口	带钢焊缝位置检测

仪表名称	编号	安装位置	用　途
焊缝检测仪	WPD3	2 号活套出口	带钢焊缝位置检测
	WPD4	月牙剪前	带钢焊缝位置检测
	WPD5	3 号活套出口	带钢焊缝位置检测
	WPD6	1 号机架前	带钢焊缝位置检测

酸洗冷连轧机组的自动化控制系统分酸洗过程自动化级（酸洗 L2 系统）、酸洗基础自动化级（酸洗 L1 系统）、冷连轧过程自动化控制系统（冷连轧 L2 系统）和冷连轧基础自动化控制系统（冷连轧 L1 系统），并预留生产管理级接口（L3 系统）。

酸洗 L2 系统需要完成如下主要功能：

（1）连接酸洗 L1 系统、人机界面（HMI）系统、生产管理系统和冷连轧 L2 系统，与以上系统高效通讯，协调各部分间的数据传递。

（2）为酸洗 L1 系统提供生产设定参数、协调全线设备的运行，从酸洗 L1 系统收集产品生产实际数据和设备数据。

（3）管理产品原料数据和生产计划数据，指导生产人员进行酸洗生产。管理生产结果数据，为酸洗车间提供基本的数据查询管理功能和报表功能。

酸洗 L1 系统的相关控制程序一般通过可编程控制器（PLC）来完成，主要功能包括以下几个部分。

（1）酸洗入口段：传动设备的前进、后退，钢卷运输，钢卷的全自动开卷与焊接等功能。

（2）酸洗工艺段：破鳞拉矫机弯曲辊组和矫直辊组的压下量，酸洗区全线速度的协调优化，活套套量的动态调节，焊缝位置的全线跟踪与校正等功能。

（3）酸洗介质段：酸液温度、浓度喷射压力的动态调节，相关泵电机的传动控制，酸循环系统的循环控制，废酸废气实时排放等功能。

（4）酸洗出口段：月牙剪自动剪切，圆盘剪在线调节与自动换刀等功能。

酸洗段自动化系统与网络配置如图 8-1 所示。

面对冷轧机机组复杂的生产过程，冷连轧 L2 系统应具备如下功能。

（1）通讯功能：在整个冷连轧自动化控制系统的数据通讯过程中，冷连轧 L2 系统作为 L3 系统和冷连轧 L1 系统的纽带，应该保证与 L3 系统、冷连轧 L1 系统信息交换的精准、畅通。

（2）模型设定：模型设定的过程是根据工厂的生产计划信息，按照实际轧制要求，选择最优的轧制规范，并根据相关模型参数，完成轧制规程的设定计算，并将相关数据下发至冷连轧 L1 系统进行调节。在实际生产过程中，一般采用数学模型自适应的学习算法来提高模型的设定精度。

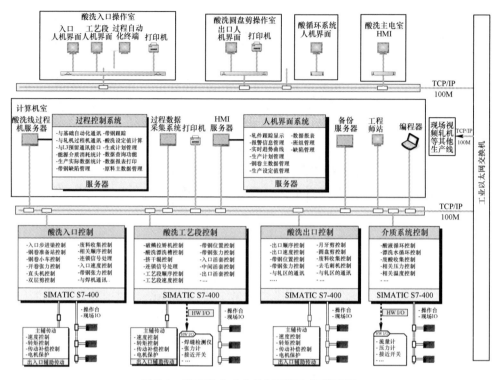

图 8-1　酸洗段自动化控制系统与网络配置

（3）带钢跟踪：带钢跟踪是冷连轧 L2 系统的中枢部分，主要任务是对冷连轧 L1 系统上传的钢卷状态信息进行实时的跟踪和修正，以便为轧制模型设定参数下发提供数据支持。

（4）记录报表系统：实时记录和打印设备状况和轧制数据，为产品质量分析和故障分析提供理论依据。报表系统通过报表管理画面实现报表的设定和启动，主要功能包括：酸洗设备信息、酸洗介质实时统计信息、钢卷轧制信息、生产数据报表、设备故障、换辊记录及产品质量评估等。

（5）故障记录系统：记录、显示故障时间和类型等信息，以便在发生故障时，及时有效地分析和查找故障原因。

冷连轧 L1 系统的相关控制程序一般通过西门子工艺控制系统（TDC）等来完成，主要功能包括以下几个部分。

（1）轧机入口段：张力辊组速度调节、焊缝在线校正、带钢自动对中等功能。

（2）轧机辅助段：乳化液系统液位、温度、流量的动态调节，液压站启停相关辅助控制等功能。

（3）轧机轧制段：自动厚度控制、自动张力控制、液压弯辊控制、自动板形控制、轧制速度控制等功能。

（4）轧机出口段：卷取机自动旋转、卷取、钢卷自动卸载与运输、飞剪在线剪切、记录成品数据等功能。

冷连轧段自动化系统与网络配置如图 8-2 所示。

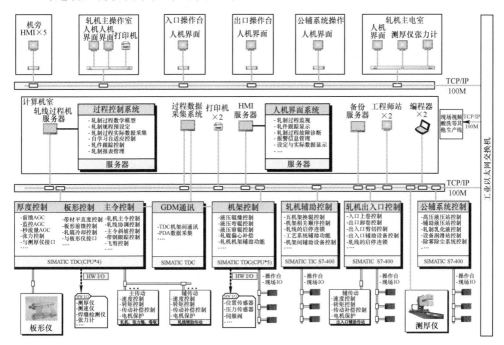

图 8-2　冷连轧自动化控制系统与网络配置

8.2　酸洗自动化控制系统

8.2.1　过程自动化控制系统

酸洗 L2 系统是酸洗冷连轧机组计算机控制系统的主要组成部分，根据生产计划进行相关设备设定值的计算，将设定值下发至酸洗 L1 系统执行，最终完成产品的生产过程，并实时记录保存相关的生产数据[3~5]。酸洗 L2 系统的主要模块如图 8-3 所示，主要模块包括：与酸洗 L1 系统通讯、与 L3 系统通讯、与轧机数据库通讯、数据管理、带钢跟踪、设定值计算、信号处理、人机界面、实时数据处理等。

8.2.1.1　数据管理

酸洗 L2 系统中采用 Oracle 数据库实现对各控制功能数据的存储，控制系统中的数据管理功能可分为：生产计划数据、过程数据、缺陷数据、设备数据等。

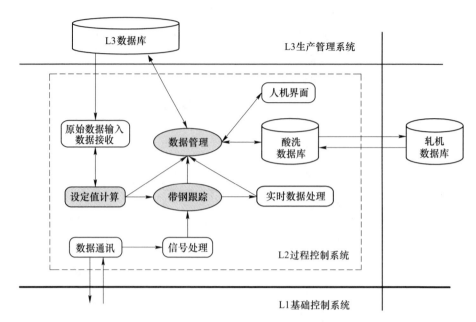

图 8-3　酸洗过程自动化控制系统功能结构

　　针对每个钢卷的生产过程数据统计，基本功能在酸洗 L1 系统完成。当钢卷离开酸洗生产线时，酸洗 L2 系统向酸洗 L1 系统发送钢卷离开生产线报文，该报文中包括酸洗 L1 系统收集的钢卷的生产实绩数据。酸洗 L2 系统收到该报文后，将该钢卷的生产实绩数据保存到数据库中[6]。

　　缺陷管理进程（DM）接收酸洗 L1 系统上传的缺陷报文。在圆盘剪后的表面检查站的操作台上，可输入带钢缺陷代码、严重程度、上下表面等信息。操作人员看到带钢表面有质量缺陷时，通过按操作台上的按钮，记录带钢缺陷开始。酸洗 L1 系统将该信息和缺陷起始位置信息一起发送给 DM 进程，DM 进程记录缺陷开始信息。当带钢有缺陷的部分完全通过表面检查台时，操作工在操作面板上放开按钮，基础自动化捕捉到该事件，记录缺陷结束的位置，将该信息发送给 DM 进程。DM 进程记录一个完整的缺陷数据，该缺陷数据被保存到数据库中。

　　设备数据管理分成两个部分：设备原始数据管理和设备运行数据管理。

　　（1）设备原始数据管理。设备原始数据是指设备在未上线使用时的特征数据，包括理化指标、物理尺寸、生产厂家、已经工作情况等。这部分数据由设备的生产厂家提供或设备维护厂家提供，在设备投入使用之前不会变化。酸洗线上圆盘剪的原始数据由圆盘剪生产厂家或圆盘剪修理厂家以出厂单据形式提供。

　　（2）设备运行数据管理。在生产过程中，设备的实际工作状态通过酸洗 L1 系统实时上传到酸洗 L2 系统中，统计设备的运行数据，保存到数据库中。

8.2.1.2 钢卷跟踪

酸洗部分的钢卷跟踪分成两个部分：入口步进梁到开卷机部分和焊机到轧机入口张力辊部分。生产计划里的带钢状态为 0；操作工手动上卷之后，带钢状态为 1，当带钢进入酸洗生产段（焊接完成）时，钢卷跟踪进程（MT）修改该带钢的当前状态为 2；当带钢头部到达圆盘剪时，钢卷状态修改为 3；当带钢完全进入轧机段，MT 将该带钢的当前状态修改为 4。钢卷跟踪的状态如图 8-4 所示。

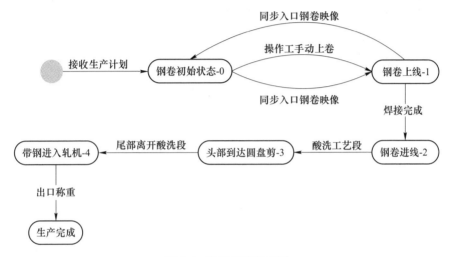

图 8-4　物料跟踪状态图

8.2.1.3 设定值计算

酸洗部分生产设定值包括如下设备的生产设定值[7]：入口矫直机（各辊的压下量）；切头剪（剪隙、搭接量）；焊机（焊接等级）；拉矫机（伸长率、1 号和 2 号辊压下量、反弯辊的压力，焊缝过拉矫机时，拉矫机的工作方式）；酸洗最大设定速度；圆盘剪（剪边宽度、剪隙、搭接量）；开卷机、1 号活套、酸洗段、2 号活套、3 号活套的带钢张力根据带钢截面积，其张力设定值由公式（8-1）计算得到。

$$F_Z = \left[\frac{F_1 - F_s}{q_1 - q_s} \times (q - q_s) + F_s\right] q \qquad (8-1)$$

式中　q——通过酸洗段带钢横截面积的实际值，m^2；

q_1——通过酸洗段带钢横截面积的最大值，m^2；

q_s——通过酸洗段带钢横截面积的最小值，m^2；

F_Z——带钢张力，N；

F_1——最大单位张力，N/m^2；

F_s——最小单位张力，N/m^2。

在新钢卷数据到达时，生产管理计算机通讯进程将钢卷数据和生产要求保存到数据库中，然后将钢卷卷号发送给 MT 进程，MT 进程通知设定值计算进程（SP）计算该钢卷的生产设定值，SP 进程将计算结果保存到数据库中。

8.2.2　基础自动控制系统

酸洗 L1 系统根据酸洗 L2 系统下发的生产计划进行开卷、焊接、酸洗工序。酸洗入口操作人员核对来料的钢卷信号后按下应答键，钢卷便进入过程控制序列中。酸洗 L1 系统从酸洗 L2 系统接收带钢生产序列、带钢设定值等数据，并根据现场实际工况执行相应的控制功能，其主要控制功能包括速度控制和张力控制[8]。

8.2.2.1　速度控制

机组的速度主要由主令张力辊组来完成，张力辊组电机的控制系统多采用转速电流双闭环调速系统。在负载发生突变扰动时，由于其作用位置在速度环之内，系统的抗负载扰动只能依靠转速来予以抑制，导致调节滞后[9]。当设定速度发生改变时，控制系统可通过电机使各辊实际速度迅速跟踪设定速度值，然而由于张力辊的质量以及结构过于庞大，故不能忽略张力辊转动惯量对电机控制辊速的影响；否则，各张力辊辊速跟踪一致性的问题将无法解决，易导致升降速过程中相邻辊之间带钢张力产生较大波动，不利于平稳变速。针对这一问题，在控制系统中引入惯量补偿环节，增加此环节相当于对系统施加一个外部的补偿转矩。

此外，还要考虑摩擦转矩对张力辊运行状态的影响，摩擦转矩分为静摩擦转矩和滑动摩擦转矩。正常情况下，静摩擦转矩存在于张力辊组启动的瞬间，而张力辊组在启动的瞬间需克服最大静摩擦力，运转后摩擦力不断变小。一般对静摩擦力的测量方法是：设置电机变频器操作模式为点动方式，由现场测试出电流补偿量。首先将电流限幅值设定为 0，然后不断增大电流限幅值，至张力辊组系统启动为止，此时系统的转矩值即为静摩擦转矩。就滑动摩擦转矩而言，其存在于系统的整个运行过程中，大小与速度有关。因此，补偿量需根据速度高低进行分区段补偿。带补偿值的单辊控制原理如图 8-5 所示。

张力辊组间各张力辊的速度同步采用主从控制的同步方式，1 号辊作为主速度张力辊，2 号辊和 3 号辊作为从速度张力辊。1 号辊的速度积分环节输出要同时作为 2 号辊和 3 号辊速度环输出。因此，一旦主张力辊转速受到影响，其积分环节输出将同时作用于 2 号和 3 号辊电机，在带钢逐级影响各辊之前，各电机已开始进行同步调整，大幅提高了系统调节的速度，如图 8-6 所示。

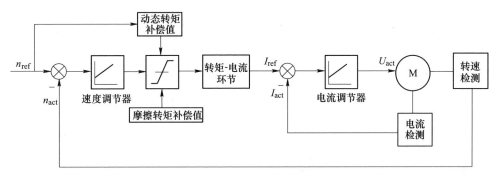

图 8-5 带补偿值的单辊控制原理图

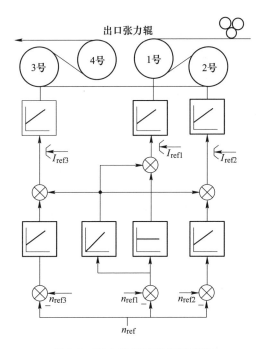

图 8-6 张力辊组同步控制策略

下面以酸洗工艺段为例说明生产线自动速度控制。

当 1 号活套套量小于优化后的套量限定值且入口段速度小于酸洗工艺段速度时，酸洗工艺段速度为：

$$v_{2\_1} = v_1 + (v_{2\_pset} - v_1) \sqrt{(\eta_{1\_act} - \eta_{1\_min})/(\eta_{1\_thresh} - \eta_{1\_min})} \qquad (8\text{-}2)$$

式中 v_1——入口段速度，m/s；

v_{2_pset}——工艺段预设定速度，m/s；

η_{1_act}——1 号活套实际套量；

η_{1_min}——1 号活套最小套量设定值；

η_{1_thresh}——1 号活套优化后的套量限定值。

当 2 号活套套量大于优化后的套量限定值且切边段速度小于酸洗工艺段速度时，酸洗工艺段速度为：

$$v_{2\_3} = v_3 + (v_{2\_pset} - v_3)\sqrt{(\eta_{2\_max} - \eta_{2\_act})/(\eta_{2\_max} - \eta_{2\_thresh})} \qquad (8\text{-}3)$$

式中　v_3——切边段速度，m/s；

η_{2_act}——2 号活套实际套量；

η_{2_max}——2 号活套最大套量设定值；

η_{2_thresh}——2 号活套优化后的套量限定值。

8.2.2.2　张力控制

酸洗线的张力控制对整个生产过程中每一个环节的正常运行都具有重要的作用。在张力控制精度要求较低的地方采用间接张力控制，如图 8-7 所示。在速度设定的基础上附加一个小的速度，使速度调节器饱和，再通过转矩限幅的方式达到张力控制的目的。

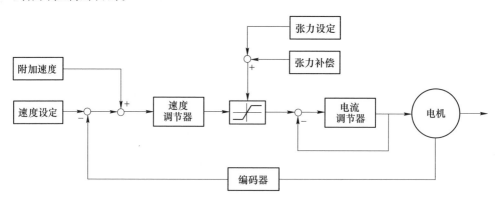

图 8-7　间接张力控制原理图

在张力控制精度要求较高的地方，采用直接张力控制与间接张力控制相结合的复合式张力控制方式，如图 8-8 所示。当张力差较大时，采用间接张力控制完成快速张力调节，张力波动小、不易形成振荡。当张力差较小时，采用直接张力控制，利用张力计测量带钢张力并与设定张力比较产生偏差信号，经张力调节器进行速度修正控制张力，提高了稳态控制精度。

活套的张力控制采用间接张力控制模式，速度设定值取决于活套入口速度和活套出口速度的速度差与活套层数的比值[10,11]。活套张力设定值和惯性补偿等各补偿值作为张力调节器的输入值，再通过转矩限幅的方式实现张力控制，如图 8-9 所示。

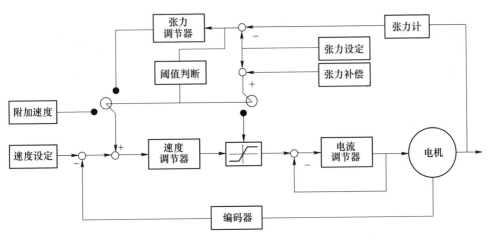

图 8-8 复合式张力控制原理图

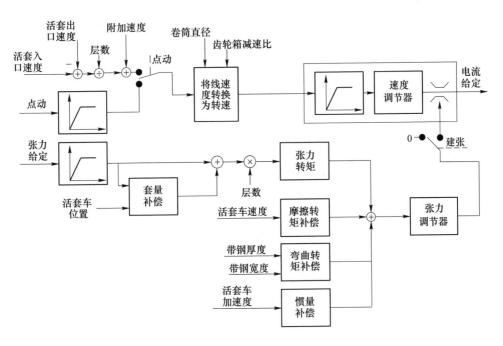

图 8-9 活套张力控制原理图

8.3 冷连轧自动化控制系统

8.3.1 过程自动化控制系统

冷连轧 L2 系统面向五机架轧机，按照功能将其划分为过程控制和非过程控制两部分。过程控制部分即模型设定系统，主要功能是模型优化、轧制参数设定和负荷分配计算，并下发给基础自动化系统[12,13]。非过程控制部分主要包括数据通讯、带钢跟踪、数据采集与处理、过程数据管理、生产过程管理、人机对话以及报表输出等辅助功能。冷连轧 L2 系统各部分功能之间的关系如图 8-10 所示。

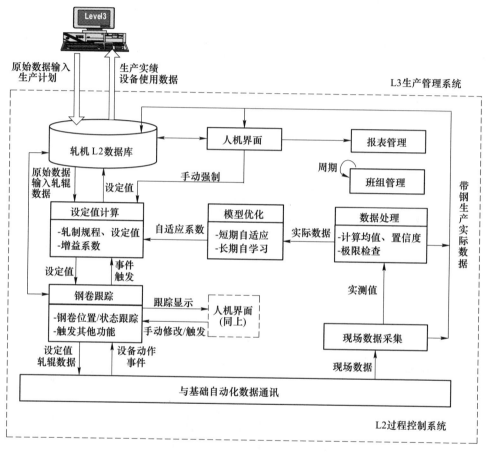

图 8-10　过程控制系统功能关系图

8.3.1.1　数据通讯

在实际生产线的数据传输过程中，冷连轧 L2 系统需同时与 L3 系统和冷连轧 L1 系统相互通讯传递数据信息，以保证各系统间的信息及时传递。因此，控制系统采用了多种通迅方式实现系统互联，如数据库互联通讯、Socket 通讯和 OPC 通讯等。各系统间的通迅如图 8-11 所示。

冷连轧 L2 系统与 L3 系统之间的通讯一般通过以太网完成。其中，L3 系统的

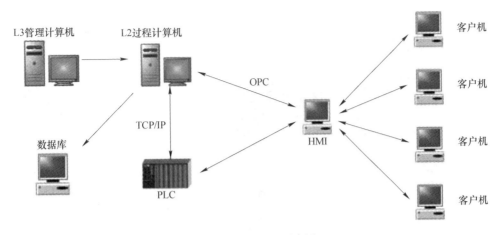

图 8-11 数据通讯示意图

服务器向冷连轧机组的冷连轧 L2 系统发送生产计划数据、原料数据和生产要求数据。冷连轧 L2 系统向 L3 系统发送生产进度、生产结果、交接班生产纪录数据、停机数据等[14]。

冷连轧 L2 系统与冷连轧 L1 系统间的通讯网络连接方式为工业以太网。由于冷连轧生产工艺复杂、各控制系统间的数据量大且实时性高，为提高传输效率和避免报文数据丢失，需要同时建立多个数据通讯连接。

8.3.1.2 钢卷跟踪

冷连轧 L2 系统中的钢卷跟踪功能主要是根据冷连轧 L1 系统上传的钢卷跟踪信息及生产设备动作信号，通过相关模型的计算与校正，在线修正整条生产线上的钢卷物理位置、焊缝位置及带钢状态等数据。同时，钢卷跟踪还要参与其他功能模块的启动，数据采集与发送的触发，以及轧机模型自适应等各类功能[15]。

对于整个酸洗冷连轧机组控制系统而言，从热轧来料在鞍座上待卷到轧制成成品的整个过程中，带钢的相关信息都被跟踪系统密切监视、记录。冷连轧机组的跟踪区域如图 8-12 所示。

8.3.1.3 模型设定系统

在冷连轧 L2 系统中，模型设定是最为重要的核心部分。其主要任务是根据轧制生产要求及相关数据，对轧制工艺参数进行计算，并利用得到的实测数据进行模型自适应，修正设定参数，不断提高参数设定的精度。其中，模型设定系统由三部分组成：数学模型、轧制规程设定及模型自适应[16]。图 8-13 是冷连轧模型系统功能框图。

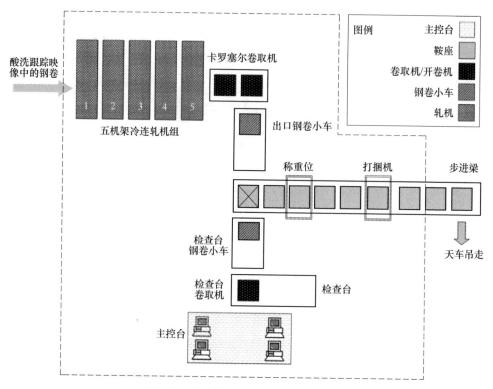

图 8-12 冷连轧机组的跟踪区域示意图

A 在线数学模型及模型自适应

根据构建方法的不同，数学模型可分为三种：理论型、统计型和理论统计型。在冷连轧控制系统中，数学模型多采用理论统计型模型。而轧制模型是由多个不同功能的子模型组成的，如轧制力模型、轧机功率模型、辊缝设定模型、摩擦系数模型及板形控制模型等各类模型[17~20]。各模型之间的相互调用关系如图8-14所示。

在稳定轧制时，主电机轴端所需力矩除轧制力矩外，还包括摩擦力矩、空转力矩等。在主电机输出力矩中，轧制力矩最大，该项可以通过理论模型计算获得，进而求出轧制功率；由于轧制过程中损失力矩的理论计算非常复杂、模型参数难以确定，因此轧制过程中的机械损失功率的计算难以通过理论模型获得。目前，在冷轧轧制模型系统中，一般通过电机效率补偿系数来修正电机功率[21]。但在实际生产中，由于轧制速度、轧制力等参数会发生变化，轧制过程的机械损失功率并不为固定值，因此传统计算轧机电机功率的模型具有一定局限性。为提高冷轧电机功率计算精度，采用理论计算与电机机械功率损耗测试回归相结合的计算模型，将冷轧机的电机输出功率分为轧制功率和机械功率损耗。其中，轧制

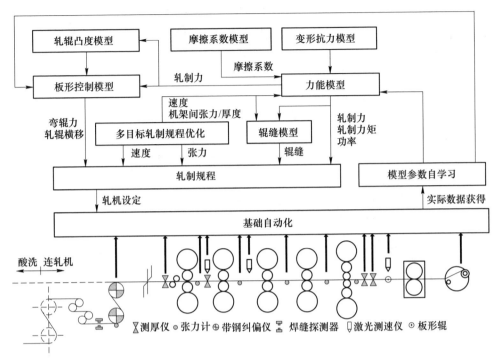

图 8-13 冷连轧模型系统功能框图

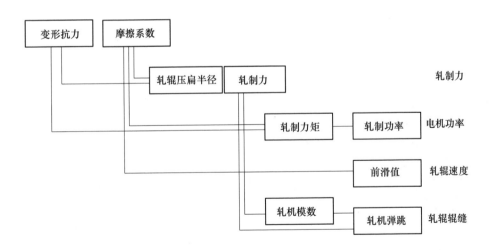

图 8-14 数学模型的相互调用关系

功率采用理论计算得到,而电机机械功率损耗采用实验测试数据回归方法获得。

在现场生产过程中,由于生产环境、轧制状态和来料性能的不断变化,轧制数学模型无法对整个轧制状态进行精准的描述。因此,需要引入模型自适应的方法，并通过实时采集轧制数据，对数学模型中的系数进行在线修正，来不断提高模型的设定精度^[22,23]。就冷连轧过程控制而言，其数学模型自适应根据速度不同可分为两种类型：低速自适应和高速自适应。

全连续冷连轧生产过程中，每卷带钢的轧制过程都包含了低速阶段的带头穿带轧制、升速运行、稳定高速轧制、降速运行及带尾剪切低速运行等阶段。而在每卷带钢的轧制过程中，低速阶段模型采用带钢带头数据计算低速自适应系数；高速阶段则通过高速稳定运行的数据确定高速自适应系数。当存在多个速度台阶时，以最高速数据为准。此外，在每一卷带钢的轧制过程中，低速自适应和高速自适应各运行一次，如图 8-15 所示。

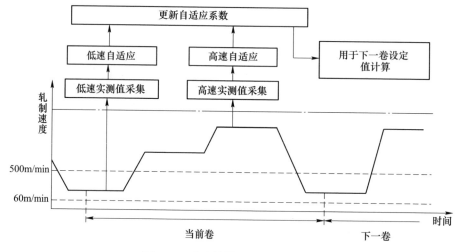

图 8-15　冷连轧模型自适应的方式

B　轧制规程的制定

轧制规程是冷轧过程中，为下一卷带钢轧制提供的轧制参数。控制系统根据来料带钢的相关性能、尺寸数据和成品要求等 PDI 数据以及轧机设备本身的机组能力，在满足工艺要求、设备性能和生产安全的基础上，制定的各机架轧制速度、负荷分配、张力分配等工艺参数^[24~28]。为使制定的轧制规程能够达到最优，同时也能摆脱对经验值的依赖，在实际生产过程中采用一种综合考虑产量最大化、产品质量和设备工艺要求等为目标的评价函数，设计过程如图 8-16 所示。

8.3.2　基础自动化控制系统

8.3.2.1　厚度控制系统

成品厚度精度主要靠厚度控制系统来完成，根据在线检测仪表的安装位置、执行机构控制能力以及作用情况，AGC 控制技术可分为以下几种形式。

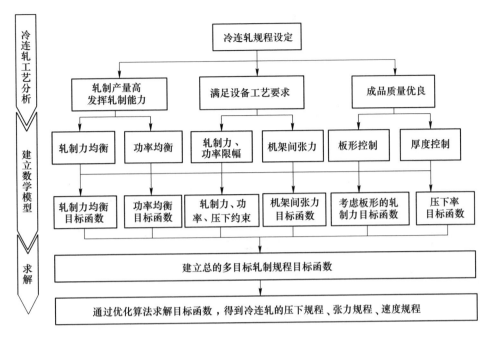

图 8-16 轧制规程优化设计过程示意图

A 前馈 AGC

前馈 AGC 是一种有效消除来料厚度波动的重要手段。其主要控制过程是在带钢尚未进入五机架冷轧机前，通过安装在机架入口的测厚仪检测出来料的厚度值，将反馈的偏差信号经系统处理后转化为控制量，并发送给执行机构完成对厚度的控制。典型的前馈自动厚度控制系统如图 8-17 所示。对于冷连轧机组而言，前馈 AGC 可通过调节本机架的辊缝，调节上游机架的速度，或调节本机架的速度的方式实现对带钢厚度的控制。

B 监控 AGC

监控 AGC 是采集轧机出口处测厚仪的厚差数据，通过控制系统调节辊缝或相邻机架速度来消除带钢的趋势性厚度偏差。冷连轧的监控 AGC 控制手段包括：调节本机架的辊缝，调节上游机架的速度，或调节本机架的速度三种。由于监控 AGC 采集的是轧机出口处的厚差信号，因此具有较大滞后，限制了其控制精度的提高。随着控制理论的发展，Smith 预估器等消除大滞后环节的算法被引入监控 AGC 中。现在监控 AGC 已经是厚度控制系统必不可少的部分，其控制结构如图 8-18 所示。

C 秒流量 AGC

秒流量 AGC 广泛应用于冷连轧机的厚度控制系统中，其原理是根据秒流量

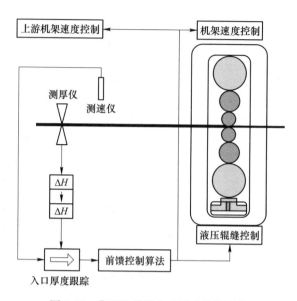

图 8-17　典型的前馈自动厚度控制系统

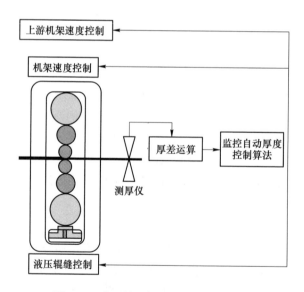

图 8-18　典型的监控自动厚度控制系统

相等原则，通过入口速度、入口带钢厚度以及出口带钢速度估算出口带钢厚度，并将估算的出口厚度与目标厚度比较，通过调节机架速度或辊缝消除厚度偏差。具体的消除手段包括：调整本机架辊缝、上游机架速度或本机架速度。典型的秒流量自动厚度控制系统如图 8-19 所示。

以某 1450mm 酸洗冷连轧现场为例，根据轧机仪表配置以及工艺情况，厚度

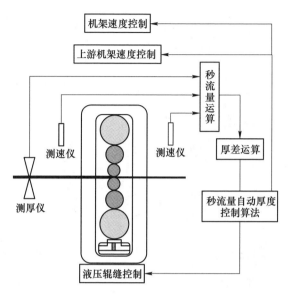

图 8-19 典型的秒流量自动厚度控制系统

控制系统包括以下控制功能：

（1）第一机架轧机前馈 AGC 系统。

（2）第一机架轧机监控 AGC 系统。

（3）第二机架轧机秒流量 AGC 系统。

（4）第五机架轧机前馈 AGC 系统。

（5）第五机架轧机监控 AGC 系统。

（6）第五机架轧制力补偿控制系统。

（7）轧机动态负荷平衡控制系统。

（8）轧机速度修正控制系统。

五机架冷连轧机厚度控制系统各功能分布状况如图 8-20 所示[29,30]。

8.3.2.2 张力控制系统

冷连轧张力控制系统根据系统结构可分为三种：直接张力控制、间接张力控制和复合张力控制。其中，直接张力控制方法是比较张力传感器直接检测的张力信号与系统设定值，将比较偏差作为控制器的输入量输入系统，经控制系统计算后输出至调节执行机构，从而控制张力。为了实时检测带钢的张力，现代冷连轧机组大多都在相邻机架间及轧机入口和轧机出口等区域内安装张力计。对于不同区域的张力控制方法也不尽相同，对于轧机出入口区域，多通过控制传动系统的设定转矩来保持张力恒定；而机架间张力一般根据 AGC 控制方式来确定控制方式。

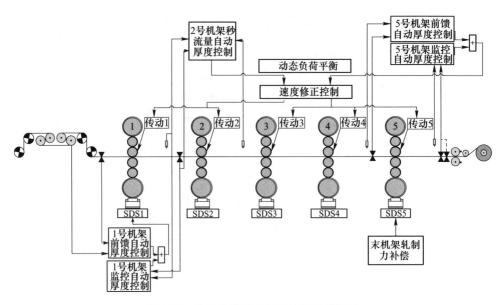

图 8-20　冷连轧机厚度自动控制系统框图

在轧机入口张力控制系统中，采用的是间接张力控制法。张力辊的传动电机工作在转矩控制模式下，通过转矩限幅的方式来维持张力在预设值，其系统原理如图 8-21 所示。而实际现场的入口张力辊采用的是四辊式，依据电机额定功率的不同，按比例分配张力设定。

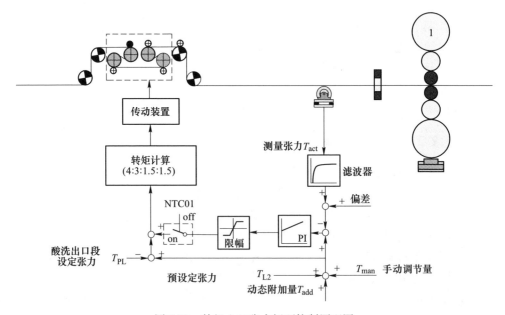

图 8-21　轧机入口张力闭环控制原理图

张力控制系统根据控制系统执行机构，可分为压下调张和速比调张。其中，压下调张法是通过不断调整下游机架的辊缝来保证相邻机架间张力恒定；而速比调张法则是调整相邻两机架之间的速比来保证机架间张力稳定。机架间张力控制主要有两种控制策略：常规张力控制（NTC）和安全张力控制（STC）。

常规张力控制的反馈信号由机架间的张力计提供，NTC 的控制任务为保持机架间的张力不受带钢厚度的影响。对于 1 和 2、2 和 3、3 和 4、4 和 5 机架间张力，系统对 2、3、4、5 机架（即下游机架）的液压辊缝控制系统进行作用。图8-22 为 NTC 控制框图。

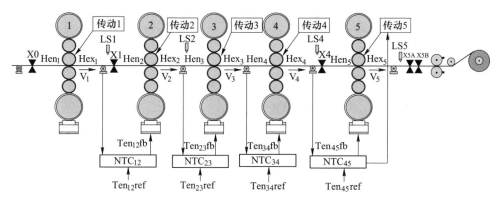

图 8-22　NTC 控制框图

STC 的作用是保证机架间张力始终处于安全的范围内。STC 通过修正速比来影响传动的速度以达到最终的控制目的。在此过程中，3 机架仍作为中心机架处理。STC 只在张力达到限幅值时对速度进行修正。当完成控制任务时，其输出量将很快归零。图 8-23 为 3 机架为中心机架时，STC 的控制框图。

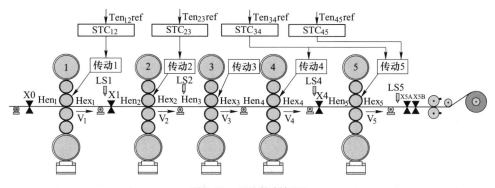

图 8-23　STC 控制框图

在平整模式下，4 和 5 机架间的张力通过对 5 机架的速度进行调节来完成（因此为了保证产品的表面质量，5 机架采用恒定轧制力进行轧制），此时可将 5 机架看作一组夹送辊。如果 NTC 已经无法控制张力偏差（张力偏差过大），则安全张力控制将参与控制。NTC 通过对下游机架的辊缝进行修正来控制机架间张力。但轧制力必须保持在一个限定范围内，该范围由过程自动化控制系统提供。如果实际张力超过其设定值，而实际轧制力也已经输出在限幅值上时，NTC将保持该限幅输出，当张力回到限幅范围内时，NTC 将继续完全接管对张力的控制。

在冷连轧机组生产过程中，整个系统的张力不仅在高速轧制时要求保持恒定，而且在加减速等非稳态过程中也要求保持恒定，这就要求张力控制系统能及时有效地补偿干扰因素引起的动态力矩。轧机出口的张力控制系统和入口张力控制系统相类似，其控制原理如图 8-24 所示。

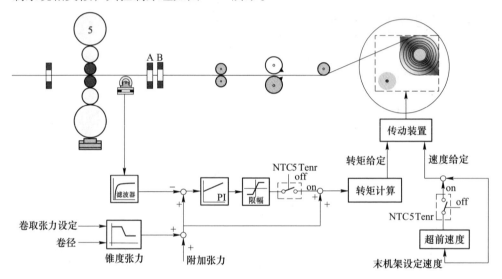

图 8-24　轧机出口张力闭环控制原理图

8.3.2.3　动态变规格控制

动态变规格控制是指在冷连轧机不停机的情况下，通过动态调整各个机架的辊缝、速度和机架间张力，来完成不同规格（厚度、宽度、材质等）带钢轧制的平稳过渡，并保证良好的厚度精度和生产效率[31]。

动态变规格过程控制可分为：变规格上升斜坡、变规格中间斜坡和变规格下降斜坡三段过程控制。带钢动态变规格开始后，当前机架的轧制参数设定值根据变规格上升斜坡平滑过渡至变规格中间值。在焊缝通过轧机过程中，设定值由变规格中间斜坡控制以保持恒定。在焊缝离开轧机后，设定值跟随变规格下降斜坡变换至后一卷规程的设定值。

根据焊缝前后钢卷的 PDI 数据，动态变规格模式分为无变规格、正常模式、困难模式和手动模式。针对正常模式或困难模式，控制系统需要为基础自动化计算变规格过程中的中间值、焊缝前后楔形段长度和轧机变规格速度等参数，动态变规格的执行流程如图 8-25 所示。

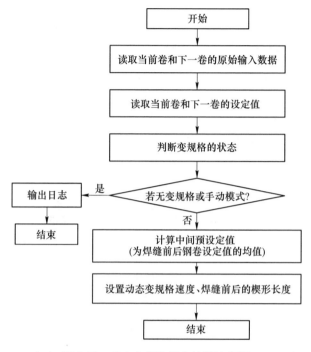

图 8-25　动态变规格设定计算流程图

动态变规格功能可以通过调整轧制参数将不同规格热轧带钢轧成同种规格的成品带钢，也可以根据生产计划将不同规格的热轧带钢轧成各种不同规格的成品带钢，还可以根据用户需要将同规格带钢分卷轧成质量或长度不同规格的成品带钢。

动态变规格控制最复杂的地方在于通过短时间内调整轧辊辊缝和轧机速度，将当前卷轧制规程切换到下一卷轧制规程。因此，整个变规格过程必须按照一定的规律完成，否则带钢的厚度、机架间张力会产生较大的波动。图 8-26 描述了动态变规格过程。

8.3.2.4　板形控制系统

冷轧板形控制系统因控制模式的不同分为开环控制和闭环控制两种。开环控制系统是应用在末机架并未配备板形检测装置的情形下，此时需要根据规定板宽及实际测试的轧制力使用相适应的数学模型计算得出调节量。闭环控制是应用在末机架配备板形检测装置的情形下，在稳定轧制时以实测板形信号为反馈信号，

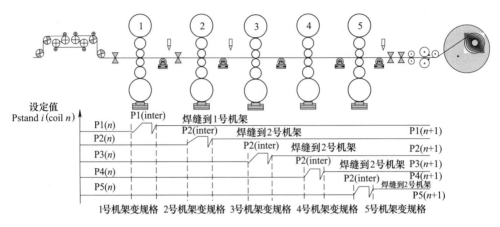

图 8-26　动态变规格流程图

计算板形偏差，通过相关数学模型计算出消除这些板形偏差的调节量，然后不断向板形调节机构发出调节量，从而对板形进行动态实时控制，最终获得稳定、良好的板形。其控制结构图如图 8-27 所示。

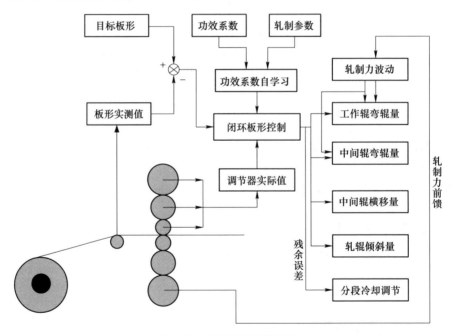

图 8-27　板形控制系统框图

随着现代冷轧技术发展，板形调节的手段也更加多样性。生产实践中更是需要采用各种板形调节手段达到消除板形偏差的目的，板形控制手段有着十分重要的意义。同时，调控功效函数被应用于描述轧机性能，可通过有限元仿真计算与轧机实验两种方法得出功效系数。在现场生产过程中，调控功效系数还会受到带钢宽度、轧制力以及中间辊横移位置等实际参数影响，因此为了满足实际生产中板形控制的要求，需要对板形调控功效进行在线自学习，得到板形调节机构的调控功效系数，并将控制功效系数应用于闭环板形控制系统中，提高板形控制精度。

参 考 文 献

[1] 轧制技术及连轧自动化国家重点实验室（东北大学）. 1450mm 酸洗冷连轧机组自动化控制系统研究与应用［M］. 北京：冶金工业出版社，2014.

[2] 陈龙官，黄伟. 冷轧薄板酸洗工艺与设备［M］. 北京：冶金工业出版社，2005.

[3] 叶纯杰. 热轧带钢紊流酸洗关键技术的研究［D］. 上海：华东理工大学，2013.

[4] 王力，朱晓岩，丁桦，等. 1450mm 酸洗机组自动化控制系统开发与应用［J］. 中国冶金，2015，25（10）：9~14.

[5] 王奎越，宋君，王军生，等. 鞍钢莆田 1450mm 酸洗过程控制系统的开发应用［J］. 鞍钢技术，2012，377（5）：17~20.

[6] 朱晓岩，王力，马更生，等. 1450mm 酸轧机组酸洗过程控制系统开发与优化［J］. 轧钢，2015，32（2）：68~71.

[7] 魏薇，高峰，刘文树，等. 酸轧联机酸洗二级过程控制系统概述［C］. 北京：第七届中国钢铁年会论文集（下），2009：164~167.

[8] 陈金山，谭文振. 连续酸洗基础自动化控制模块研究与应用［J］. 中国冶金，2017，27（4）：48~54.

[9] 王奎越，宋君，金耀辉，等. 酸洗冷连轧工艺过程速度与活套控制［J］. 鞍钢技术，2015，395（5）：28~31.

[10] 张乐宁. 全连续式酸洗线入口活套控制系统研究与设计［D］. 南京：河海大学，2006.

[11] 李同庆，陈先霖，王建国. 拉伸弯曲矫直机破鳞功能的研究［J］. 重型机械，1998，10（4）：27~29.

[12] 王军生，白金兰，刘相华. 带钢冷连轧原理与过程控制［M］. 北京：科学出版社，2009.

[13] 王国栋，刘相华，王军生. 冷连轧计算机过程控制系统［J］. 轧钢，2003，120（2）：41~45.

[14] 陈树宗，张欣，孙杰. 冷连轧生产过程同步数据的建立与应用［J］. 东北大学学报（自然科学版），2017，38（2）：239~243.

[15] 张殿华，陈树宗，李旭，等. 板带冷连轧自动化系统的现状与展望［J］. 轧钢，2015，32（3）：9~15.

[16] 陈树宗，张殿华，刘印忠，等. 唐钢 1800mm 五机架冷连轧机过程控制模型设定系统［J］. 中国冶金，2012，22（10）：13.

[17] 刘相华，胡贤磊，杜林秀. 轧制参数计算模型及其应用［M］. 北京：化学工业出版

社，2007.

[18] 王国栋，刘相华，王军生．冷连轧轧辊及工艺冷却润滑［J］．轧钢，2003，20（6）：42~46.

[19] 居龙，李洪波，张杰，等．基于多目标遗传算法的工作辊温度场计算与分析［J］．工程科学学报，2014，36（9）：1255~1259.

[20] Abdelkhalek S，Montmitonnet P，Legrand N，et al. Coupled approach for flatness prediction in cold rolling of thin strip［J］. International Journal of Mechanical Sciences，2011，53（9）：661~675.

[21] 陈树宗，李旭，彭文，等．基于数值积分与功率损耗测试的冷轧电机功率模型［J］．东北大学学报（自然科学版），2017，38（3）：361~365.

[22] Pires C T A，Ferreira H C，Sales R M. Adaptation for tandem cold mill models［J］. Journal of Materials Processing Technology，2009，209（7）：3592~3596.

[23] 白金兰，李东辉，王国栋，等．可逆冷轧机过程控制功率计算及其自适应学习［J］．冶金设备，2006，18（3）：1~4.

[24] 周富强，曹建国，张杰，等．基于神经网络的冷连轧机轧制力预报模型［J］．中南大学学报（自然科学版），2006，37（6）：1155~1160.

[25] 陈树宗，彭良贵，王力，等．冷轧四辊轧机弹性变形在线模型的研究［J］．中南大学学报（自然科学版），2017，48（6）：1432~1438.

[26] 陈琼．基于多目标优化的冷轧带钢压下规程优化［J］．中国西部科技，2011，10（34）：6~8.

[27] 赵志伟，侯宇浩，王伟志，等．基于参考点和差分变异策略的高维多目标冷轧负荷分配［J］．计量学报，2017，38（6）：730~733.

[28] Chen S Z，Zhang X，Peng L G，et al. Multi-objective optimization of rolling schedule based on cost function for tandem cold mill［J］. Journal of Central South University，2014，21（5）：17~33.

[29] 张浩宇，张殿华，蔡清水，等．冷连轧厚度自动控制的速度修正策略［J］．冶金自动化，2014（1）：40~44.

[30] 张浩宇，张殿华，孙杰，等．冷连轧末机架厚度控制优化策略［J］．轧钢，2013，30（6）：50~55.

[31] 王军生，矫志杰，赵启林，等．冷连轧动态变规格辊缝动态设定原理与应用［J］．钢铁，2001（10）：39~42.

⑨ 轧制工艺模拟和中试实验装备技术

9.1 轧制过程工艺模拟和中试实验技术概述

现代轧制过程中试研究创新平台，是以钢铁产品开发、工艺优化和技术创新为目的，实现钢铁生产全流程的工艺模拟，材料性能研究、检测以及用户技术研究的工业化实验设备集成。其特点是以物理模拟为手段，注重再现钢铁生产和使用过程中的核心工艺过程，通过在实验研究平台模拟生产过程，得到材料组织和性能的实验数据和生产工艺参数，为新产品开发、设备优化、技术进步、科研成果转化提供有效的研究开发手段，促进我国钢铁行业自主创新、技术进步和可持续发展。

轧制技术、装备和产品研发创新平台是集轧制工艺、中试理论、数据分析、数学模型、自动化控制和推广应用等集成化中试研究技术的结合，是衡量一个国家钢铁生产水平和科技研发能力的重要标志。我国钢铁工业在取得了举世瞩目成就的同时，也面临着很多问题，如高端技术、高端产品和先进生产装备长期依赖进口，缺少自主创新；产品结构不合理，同质化问题突出，钢铁生产资源消耗大、环境污染严重、成本高等。产生上述问题的一个重要原因是钢铁企业的自主研发能力薄弱，创新能力不强。尤其是用于工艺、装备研究和产品开发的实验设备非常落后，严重制约了企业的自主研发能力。缺少实验研究设备是我国钢铁行业的共性问题。

中试实验研究，集中的体现在冶炼、热轧、冷轧和后续热处理工艺过程研究最能接近实际生产和现场条件，特别是在工艺优化及新钢种开发方面，中间过程有大量的实验研究工作需要摸索。建立一套从炼钢→真空精炼→热轧→控制冷却→热处理→单片张力温轧→冷轧→模拟退火实验机组，将其作为最接近实际生产的实验手段，从而获得最直接的离线炼钢、轧制过程和控轧、控冷工艺数据。利用它作为中试的实验设备，与直接进行工业实验相比，可以大量的节省开发研究的时间和人力、物力的投入。与热力模拟实验相比，实验室炼钢、热轧和冷轧可以直接得到材料力学性能测试的试样，提供更为全面的实测工艺数据。中试实验线的建成将充分满足钢铁企业新工艺和新产品开发的迫切需要。

9.1.1　实验研究平台创新与发展

现代化的冶金生产过程，对冶炼、轧制、工艺、装备、产品的研究工作提出了严格的要求。一方面，我们不能用一炉几百吨的钢水做实验，也不能用一块几十吨的钢坯做实验，在现代化的生产线上进行研究开发是不现实的。人们期望用几十千克，甚至十几千克质量的试样代替几十吨重的板坯，用小规模的实验设备代替庞大的轧制和冷却设备，将巨大的冶金厂浓缩到一个实验装备平台上，用这种小规模的平台来反映大规模的现场的真实情况。另一方面，考虑到产品质量对生产过程参数的极端敏感性以及由此提出的对轧制过程控制精度的严格要求，轧制过程研究平台必须具有现场水平的控制精度、高度稳定性和柔性。这一点决定了轧制过程中试研究平台的装备和自动化必须可以与现场相媲美，甚至超过现场的水平。

一段时期以来，由于缺少实验研究设备，企业为了开发新钢种、新工艺，不得不在生产线上开展研究工作，这不仅影响生产，而且由于生产线设备复杂、工艺参数调整不灵活、实验条件控制困难、实验准备周期长、用料量大，造成研发工作效率低、周期长、成本高。不仅如此，当开发新产品所要求的工艺参数和设备功能超过实际生产装备的能力时，研究工作根本无法开展。为此，人们期望用几十千克的试样代替几十吨重的实际板坯，将庞大、复杂的生产工艺装备浓缩到系列化的实验设备上，在实验设备严格控制的实验条件下，模拟实际工业生产过程，获取最接近于工业化的工艺条件、材料变形、组织转变、力学性能之间的影响规律，从而获得可直接转化为生产的研究成果。这种研发方式必然大幅提高研究水平、缩短研发周期、降低研发成本，让研究成果迅速转化为生产力，提升企业的核心竞争力。

基于实验条件和工艺研究设备在轧制技术研发中的重要性，欧洲、日本和韩国的著名钢铁公司和研究机构很早就建立了各自的实验研究设备。但是，由于这些实验设备建设较早，限于当时的生产条件和控制水平，大多已难以满足当今技术和产品开发的需要。近年来，欧洲在研究工作中采用板坯镶嵌试样的方法在工业轧机上进行热轧实验，就反映出发达国家在实验研究手段方面所处的窘境。我国轧制实验研究装备的建设起步较晚，在 20 世纪只有少数钢铁企业有一点初级的实验设备，多数企业在实验研究设备方面处于空白，研究机构和高校的实验设备则更加落后。

正是在这样的背景下，东北大学轧制技术及连轧自动化国家重点实验室（RAL）于 20 世纪 90 年代末提出了轧制技术研究装备开发这一课题，成立了轧制技术中试研究创新团队。自 1997 年到现在，这个中试研究创新团队在学术带头人王国栋的带领下，通过与鞍钢、宝钢、首钢、济钢等国内钢铁企业合作，联合攻关，开发出集热轧实验机组、冷-温轧实验轧机、热模拟实验机、多功能连续退火实验机和热镀锌实验机等一系列企业研发急需，支撑企业自主创新的实验研发技术和实验设备。目前，已形成了功能完整、技术先进、覆盖钢铁生产流程的轧制技术、装备和产品研发创新平台，这些中试技术和研究设备为解决我国钢铁行业自主研发能力薄弱、研究手段匮乏、实验设备落后等共性问题奠定了坚实的基础，在钢铁行业获得高度认可。已经推广应用到鞍钢、宝钢、首钢、太钢、武钢、包钢、河北钢铁和台湾中钢等17家著名的钢铁企业，为解决企业发展中的技术难题，开发新钢种、新装备和新技术，提升企业的自主创新能力，增强企业的核心竞争力做出了重要贡献。

利用这样一个研究平台，我们可以以小试样、在严格控制的实验条件下，进行模拟工业条件的轧制实验，从而向企业提供可以应用于现场的研究结果，迅速实现研究成果的转化。这个过程必然大幅节省实验量，加速研究进程，缩短研究周期，迅速提升企业的核心竞争力，创新平台主要实验设备如图9-1所示。

图 9-1　轧制技术、装备和产品研发创新平台的实验设备

我国实验研究设备的开发和工业化中试研究平台的建立，极大地增强了我国轧钢行业的自主创新能力，为企业的腾飞插上了翅膀，为企业的持续发展装上了永不停歇的发动机，促进了我国轧制技术的发展和竞争力的提升。

近年来，由东北大学为鞍钢技术中心、宝钢集团技术中心、宝钢不锈钢技术中心、太钢技术中心、首钢技术中心、包钢技术中心、河北钢铁技术研究总院、武钢研究院、江苏省（沙钢）钢铁研究院和台湾中钢技术研发部等18个著名钢铁企业技术研发单位建设钢铁技术研发创新平台以及系列中试研究设备。通过系列化的中试研发平台的建设为我国钢铁冶金生产技术的研发，提高钢铁材料加工的性能，创造了优良的科技研发条件。一些原有的钢材品种，通过工艺优化，产品的性能得以提高，合金元素的用量可以节省；一些新的具有特殊性能的新钢种可以利用该技术研制开发出来，这将为我国国民经济的发展提供强有力的支撑。

9.1.2　中试实验设备功能定位

中试实验设备有如下功能定位。

（1）钢种对象：以普碳钢、管线钢、低合金钢、硅钢、耐蚀合金等品种的扁平材为主要研究对象。

（2）工艺对象：对上述钢种的热轧和轧后冷却、冷轧和热处理等领域为主要的研究开发领域，热轧过程兼顾热连轧和中厚板的生产。

（3）新产品开发功能：可以根据研究的需要，合理设计、精确控制材料的化学成分，在较宽的范围内调整炼钢、轧制、热处理的实验工艺参数，为进行新产品的开发提供工艺和设备条件。

（4）新工艺、新技术开发功能：通过现有设备的不同组合和配置以及工艺参数的调整和优化，可以进行新的工艺路线、新的生产技术的开发。

（5）生产过程模拟功能：可以针对企业现有的工艺流程和装备、现在生产的坯料和产品进行符合实际的模拟实验研究，并精确、完整采集各种实验数据，模拟实验得到试样的组织和性能与实际生产得到的组织和性能基本一致。

（6）工艺优化功能：针对已经生产的产品，通过中试实验进行化学成分和工艺参数的调整，从而提供与工业化大生产相一致的可靠的信息和具有重要参考价值的工艺参数，用于优化现有的生产工艺，降低生产成本，提高产品的性能。

（7）研究试样提供功能：实验所得试样与现有的实验、检测设备相配套，实验研究设备所能提供的试样尺寸应满足材料力学性能、使用性能、物理性能检测和组织分析仪器的需要。

（8）应用工艺过程控制计算机和基础自动化二级控制技术，对冶炼、热轧、冷轧、热处理和连续退火等工艺过程完全基于计算机系统的设定、优化和实验数据处理。

（9）建立一套实验过程管理执行系统（EES）项目规划并预留接口。EES可针对不同工艺研究人员提出的实验课题进行实验过程管理前期预设（冶炼、热轧、冷轧、连退实时数据采集和后期实验数据管理），包括实验进度或状态，材料准备，工艺数据采集和处理，实验结果汇总和成品试样管理等。

9.2　热轧实验技术和装备简介

热轧实验机组是轧制技术、装备和产品研发创新平台的重要组成部分，是进行热轧生产新品种、新工艺、新设备开发的重要研究手段，是将热轧实验室研究推向热轧创新成果产业化的重要环节。

自 1997 年开始，根据企业研发的迫切需求，东北大学为鞍钢技术中心建设了国内第一套大型热轧实验轧机。经过不断地优化和升级，到目前为止，热轧实验机组已成功应用于宝钢技术中心、首钢技术研究院、太钢技术中心、河北钢铁技术研究总院、鞍钢技术中心、包钢技术中心、江苏省（沙钢）钢铁研究院和台湾中钢技术研发部等多家钢铁科研院所以及河北工业大学、华北理工大学及安徽工业大学等高校，累积推广 20 余条，为热轧新产品、新工艺的研发，以及原有生产工艺的优化与改进提供了可靠的实验平台和研究手段；为钢铁企业改善产品性能，降低生产成本，提高核心竞争力提供助力。

热轧实验机组具有如下功能和特点：

（1）轧机采用高刚度二辊轧机，轧辊辊径与生产工艺设备相仿，具备良好的坯料咬入和轧制能力，可实现可逆轧制和单方向轧制，特别是具有较强的低温轧制能力。

（2）可轧坯料厚度与生产现场连铸坯厚度一致，可以实现生产轧机的轧制压缩比，使实验结果可以直接转化到实际生产上，这是国内外其他实验轧机所不具备的特点。

（3）上、下轧辊由两台直流电机通过复合式齿轮箱分别驱动，可实现同步轧制和异步轧制，特别适用钢铁材料和钛铝合金等有色金属材料的轧制工艺和材料的组织性能研究。

（4）轧机辊缝控制系统采用电动+液压压下形式，具有压下范围大且压下速度快等特点，大大提高轧制节奏，实现抢温轧制，结合高轧速和轧辊加热等功能可以有效控制薄规格成品厚度板材的终轧温度。

（5）轧机具有轧辊加热功能，轧辊加热温度在 $80 \sim 190$℃温度段调整，对于高强钢薄板材和难变形金属材料加工、温轧工艺和控制轧制意义重大。

（6）轧后控制冷却设备，可实现轧制道次间对轧件降温控制和轧后的在线热处理，满足钢铁材料及有色金属材料的控轧控冷工艺研究需求。

（7）应用轧制过程控制计算机和基础自动化二级控制技术，轧机主传动采用全数字可控硅直流传动，压下及辊道采用交流变频传动，其整个机组和控制过程完全基于计算机控制实现，过程机可进行轧制、冷却过程的设定、优化和实验数据处理。

（8）具有轧制力、扭矩、速度、轧件温度、轧辊温度以及冷却水流量等工艺数据检测能力和完善的试样数据检测与报表功能，可以提供翔实可靠的实验数据，适应工艺开发和研究的需要。

9.2.1 热轧实验工艺流程

热轧实验机组典型工艺设备布置如图 9-2 所示。热轧实验机组需兼顾中厚板及热轧带钢产品和工艺研发要求，具备两种典型的实验工艺流程。根据轧制工艺不同，这两种工艺流程又可再进行细分。

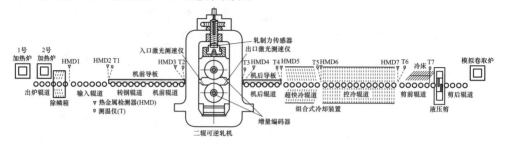

图 9-2　热轧实验机组典型工艺设备布置

9.2.1.1　中厚板热轧实验工艺流程

中厚板热轧实验工艺流程如图 9-3 所示。中厚板热轧实验工艺流程包括常规轧制工艺流程和控制轧制工艺流程。常规轧制工艺流程为：准备坯料→坯料入炉→加热至出炉温度→坯料出炉→高压水除鳞→运送至轧机进行成型轧制→转钢后进行展宽轧制→转钢后进行延伸轧制至成品→运送至轧后冷却系统进行冷却→运送至液压剪切机进行剪切（可选）→运送至冷床进行空冷→收集轧件进行后续组织性能测试。

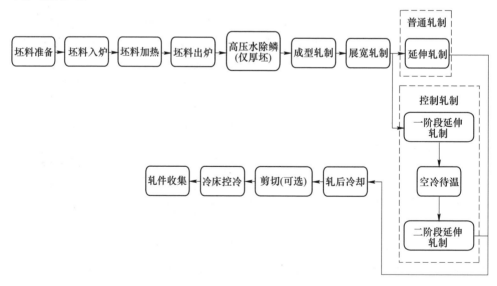

图 9-3　中厚板热轧实验工艺流程

控制轧制工艺将延伸轧制分成两个阶段，第一阶段延伸轧制完成后，轧件轧至待温厚度，需要在待温辊道上进行摆动待温，空冷至目标待温温度，然后进行第二阶段延伸轧制。其实验工艺流程如下：准备坯料→坯料入炉→加热至出炉温度→坯料出炉→高压水除鳞→运送至轧机进行成型轧制→转钢后进行展宽轧制→转钢后进行第一阶段延伸轧制至待温厚度→运送至待温辊道进行空冷待温→到达待温温度后进行第二阶段延伸轧制至成品→运送至轧后冷却系统进行冷却→运送至液压剪切机进行剪切（可选）→运送至冷床进行空冷→收集轧件进行后续组织性能测试。

9.2.1.2 带钢热轧实验工艺流程

带钢热轧实验工艺流程如图9-4所示。粗轧过程采用可逆轧制，精轧过程根据工艺要求，采用可逆轧制或单向轧制。其实验工艺流程如下：准备坯料→坯料入炉→加热至出炉温度→坯料出炉→高压水除鳞→运送至轧机进行可逆粗轧→粗轧完成后进行精轧（可逆或单向轧制）→运送至轧后冷却系统进行冷却→运送至液压剪切机进行剪切→运送至模拟卷取炉进行模拟卷取→收集轧件进行后续组织性能测试。

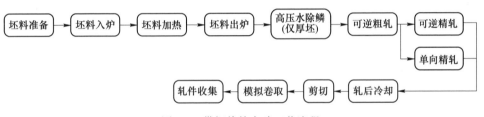

图9-4 带钢热轧实验工艺流程

9.2.2 高刚度热轧实验轧机

高刚度热轧机如图9-5所示，压下系统采用电动+液压压下方式，可实现快速电液联合摆辊缝和AGC（Automatic Gauge Control）功能，并可进行轧件平面形状控制。轧机的主传动装置由两台直流电机通过复合减速机、十字轴式联轴器分别传动上、下轧辊，上、下轧辊速度单独可调，不仅可进行同步轧制，还可以进行异步轧制，通过将剪切变形方式引入热轧轧制过程，实现降低轧制力、提高变形效率、细化晶粒以及改善轧件厚度方向组织均匀性的目的。

典型高刚度热轧实验轧机技术指标如下：

（1）轧机形式：高刚度二辊可逆轧机。

（2）最大轧制力：10000kN。

（3）轧制力矩：400kN·m。

（4）刚度系数：2.4MN/mm。

（5）最大开口：350mm。

图 9-5　高刚度热轧实验轧机

（6）轧制速度：0~2.4m/s，无级调速，正、反向切换时间小于1.5s。

（7）最大压下速度：12mm/s。

（8）最小成品厚度：1.8mm。

热轧实验机组要同时兼顾中厚板和热轧带钢产品及工艺研发需求，在轧制大质量、厚规格轧件时，轧件温度受轧制过程接触换热的影响较小；但进行小质量、薄规格实验时，轧件散热面积大，与冷辊接触时间长，轧制过程的接触换热对轧件温降影响非常大，表现为终轧温度偏低，无法达到工艺要求。在极端情况下，可能造成轧件温度过低，实验无法正常完成。为了更真实地模拟中厚板和热轧带钢的生产过程，热轧实验机组采用轧辊热油加热系统，对轧辊进行加热，提高轧辊表面温度，减少轧制过程中变形区的接触传热，从而提高轧件终轧温度。

轧辊内部热油循环原理如图9-6所示。在轧辊非传动侧开一个与轧辊轴向同心的不贯通孔，轧辊中心孔内放置一根导热油管，采用双流通旋转接头与轧辊端部进行固定连接，旋转接头外套不随轧辊转动；导热油由旋转接头进油口流入轧辊内部导热油管，再经由导热油管外壁与轧辊孔壁之间的环形缝隙，通过旋转接头回油口流入回油管路并流回油箱，完成与轧辊的热交换过程。为防止因轧辊加热导致轧辊轴承及润滑脂过热，轧辊两端轴承采用循环冷却水进行冷却。

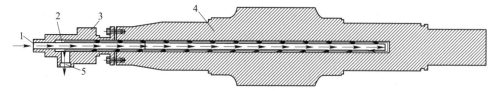

图 9-6　轧辊内部热油循环原理

1—进油口；2—导油管；3—旋转接头；4—轧辊；5—回油口

当热油温度分别为 170℃、190℃、199℃时，轧辊表面稳态温度分布曲线如图 9-7 所示。由图可以看出，轧辊辊面温度曲线呈中间高、两侧低的抛物线形。

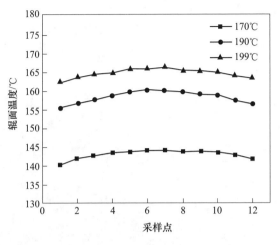

图 9-7　不同油温下轧辊表面温度分布

采用轧辊加热技术，并配合快速压下、快速轧制（快速换向）、快速对中技术可实现快速抢温轧制，大幅提高薄规格轧件的终轧温度。如图 9-8 所示，20mm 坯料经五个道次轧至 2.0mm，轧辊未加热时（23℃），终轧温度为 806℃；采用轧辊加热后（153℃），终轧温度为 893℃。

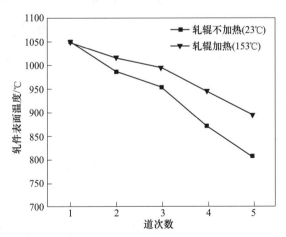

图 9-8　轧辊表面温度不同时各道次轧件出口温度对比

9.2.3　轧后组合式控制冷却系统

经过轧制的钢板，进入组合式冷却系统进行冷却。热轧实验机组对冷却系统的要求是高冷却能力和高冷却精度。组合式控制冷却机组布置在轧机出口辊道末端，如图 9-9 所示。组合式冷却系统由超快速冷却（UFC）装置和层流冷却（ACC）装置组成。UFC 装置采用上、下喷嘴独立加压供水控制，ACC 装置采用上、下喷嘴高位水箱供水。这种组合式控制冷却具有对带钢和钢板实行加速冷却（ACC）和直接淬火（DQ）两种冷却功能，冷却速率可以在空冷和淬火的冷却速度范围内进行调节。

图 9-9　组合式控制冷却系统

　　为满足不同规格、不同钢种和不同性能要求产品对于冷却速度的要求，组合式冷却系统具有以下几种冷却控制策略：

（1）超快速冷却模式。

（2）常规前段主冷模式。

（3）常规后段主冷模式。

（4）常规按组稀疏冷却模式。

（5）超快速冷却与常规冷却组合模式。

　　在组合式控制冷却系统中，轧件的冷却方式可以是通过式冷却，也可以是摆动式冷却，依轧件的厚度和长度等选择确定。轧件的终冷温度、冷却速度、冷却均匀性等可以通过快速阀门的开闭、水量调整、辊道速度及加速度调整进行控制。

　　在组合式控制冷却过程中，集管流量的精确控制是保证冷却规程精确执行、轧件冷后温度和最终组织性能的基础。集管流量控制的基本思想是：根据集管设定流量调整调节阀开口度，使实际流量与设定流量的偏差达到允许的范围之内。如图 9-10 所示，集管流量控制采用前馈设定控制+反馈微调控制方式。其中前馈设定控制是根据设定流量和集管流量-调节阀开口度关系曲线确定调节阀开口度初始设定值，并快速调整调节阀开口度至设定位置，使得实际流量迅速接近设定流量。反馈控制在前馈控制的基础上根据流量设定值与实际值的偏差，通过反馈控制算法对集管流量调节阀开口度进行微调，使流量偏差满足控制要求。通过前馈+反馈的控制算法，可以实现集管流量高精度、快速、稳定控制。

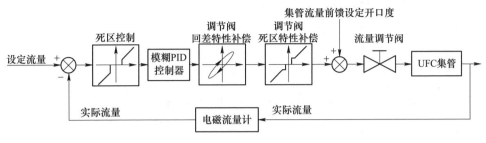

图 9-10　集管流量控制框图

集管流量控制的关键是获取精确的流量-开口度曲线，准确的流量-开口度曲线可提高前馈设定控制精度并缩短后续反馈调节时间。针对等步长开度标定方法精度低的问题，热轧实验机组组合式控制冷却系统采用变开口度步长方法自动标定流量-开口度曲线。在工艺和设备确定的集管流量使用范围内，根据预标定的集管流量-调节阀开口度曲线，通过等流量步长动态调整标定点调节阀开口步长，自动优化标定点分布，标定曲线斜率较大处标定点分布密集，而斜率较小处标定点分布稀疏，在标定点数量不增加的情况下有效提高了标定曲线的精度。采用分段线性拟合分别得到等开口度步长标定曲线和变开口度步长标定曲线，如图 9-11 所示。

选取超快冷第 1 组上集管和下集管进行流量控制精度测试。当设定流量为

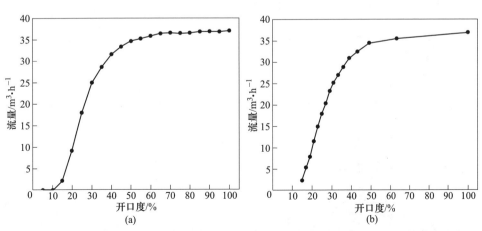

图 9-11　超快冷流量-开口度标定曲线

（a）等开口度标定曲线；（b）变开口度标定曲线

14m³/h 时，集管流量控制曲线如图 9-12 所示。集管流量偏差为±1.0m³/h。上集管经过一次反馈微调，下集管仅采用集管流量前馈设定即可满足流量精度要求。当设定流量分别为 8m³/h、10m³/h、12m³/h、14m³/h、16m³/h 和 18m³/h 时，经流量前馈设定+反馈微调控制，得到集管设定流量和实际流量偏差，见表 9-1。最大偏差为 0.71m³/h，集管流量具有较高的控制精度。

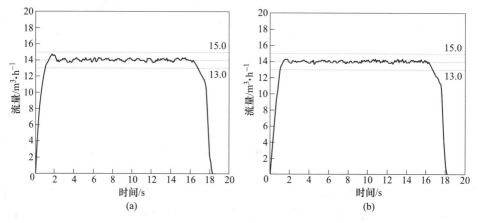

图 9-12　超快冷集管流量控制曲线

（a）第 1 组上集管设定流量为 14m³/h；（b）第 1 组下集管设定流量为 14m³/h

表 9-1　设定流量与实际流量偏差　　　　　　　　　　　　　（m³/h）

设定流量	1 号上集管最大流量偏差	1 号下集管最大流量偏差
8.0	0.55	0.62
10.0	0.37	0.42
12.0	0.56	0.63
14.0	0.53	0.36
16.0	0.46	0.55
18.0	0.71	0.68

9.3　冷-温轧制实验装备与技术

9.3.1　冷-温轧实验轧机

9.3.1.1　传统冷轧实验机

传统冷轧实验机多为单机架可逆形式，以工艺研究及钢种开发为目的的实验轧机普遍采用二辊或四辊可逆方式，两侧没有配备卷取机，可以使用单片原料进行轧制，但由于轧机两侧不能建立张力，不能很好地模拟实际冷轧生产工艺条件。两侧配备卷取机的可逆轧机，虽然可以建立张力轧制，但必须有成卷原料或者通过焊接引带才能在两侧建立张力。然而，在进行冷轧钢种开发的研究工作时，一般新钢种原料都是通过小炉冶炼的很少几片单片，传统的冷轧实验机都不能很好满足实验需求。

9.3.1.2 冷-温轧实验机

对于传统的冷轧实验机，开卷、卷取机械设备造价很高，且实验用料较多，不能满足短轧件（单片）恒张力冷轧实验的需要。因此，东北大学轧制技术及连轧自动化国家重点实验室在 985 工程科技创新平台资助下，在原有三连轧的基础上进行改造，建成了液压缸直拉式冷轧实验机。其采用单片试样轧制方案，轧机前后采用液压缸模拟单机架可逆冷轧机的两个卷筒，对轧件施加前、后张力并进行恒张力控制。

作为实验轧机，其工作性质、实验环境以及试样的轧制形式等与生产轧机有着本质的不同。在直拉式冷轧实验轧机的设计时，采用单片试样轧制方案，轧机前后采用液压缸模拟卷筒，对轧件施加前、后张力并进行恒张力控制，张力值可以通过安装在张力液压缸两侧的油压传感器间接测量或者通过张力传感器进行直接测量，如图 9-13 所示。这更适用于中试条件下的冷轧实验，适合品种开发时小炉冶炼提供的短轧件的冷轧实验和工艺研究。

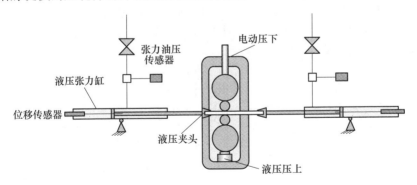

图 9-13 液压张力冷轧机设备示意图

温轧是针对常温下难变形的金属材料，在冷轧设备基础上，采用特殊手段对轧件进行加热，在特定温度范围内进行带张力轧制的一种新型短流程制备工艺[1~6]。加热温度在金属的常温组织回复温度与再结晶温度之间，由于温轧时材料的塑性变形能力得到一定的提高，与冷轧相比，材料容易变形，又没有热轧的缺点，因此，温轧轧制工艺受到普遍关注[7~10]。为了开展温轧工艺研究，RAL 实验室对其自主开发的高精度液压张力冷轧实验轧机进行了改造，在原有液压张力机构的基础上增加一套在线加热装置对单片试样进行在线电阻加热，在轧机两端安装测温仪，可实现从室温至800℃温度范围内的带张力恒温轧制工艺实验研究。

9.3.2　温轧实验装备技术创新

液压张力温轧机关键技术主要包括：在线试样加热、在线温度测量、液压微张力控制、厚度软测量、异步轧制。

9.3.2.1　在线试样加热

试样在线加热是东北大学 RAL 实验室采用在线电阻加热专利技术开发的单片试样带张力温轧工艺。利用电阻加热的方法直接加热轧制中的单片带钢试样，实现单片带材恒温轧制，这是温轧实验轧机所具有的独特功能，针对脆性较大的高强钢、高硅电工钢以及镁合金等在常温下难变形金属材料轧制工艺具有重要的作用。温轧技术的开发对金属材料特种轧制工艺性能研究和高端产品开发有着其他实验设备无法比拟的技术研究优势[11,12]。

对单片试样加热工艺过程：将特殊设计的液压夹持装置通过设置在轧机两端的液压张力油缸及具有绝缘隔离作用的液压钳口分别夹持在单片试样两端，采用可控硅调压系统将低电压大电流直接作用在单片试样上，通过温度控制器设定对试样进行在线通电加热，通过设在轧机两端口的温度测量仪对试样表面温度进行在线测量，PLC 温控系统将对带材加热目标温度进行温度闭环控制，从而获得较为稳定的试样在线工艺温度进行恒温轧制，通常对厚度在 3.5mm 的单片试样最高加热温度可以控制在 800℃左右，图 9-14 是液压张力温轧机加热原理示意图。

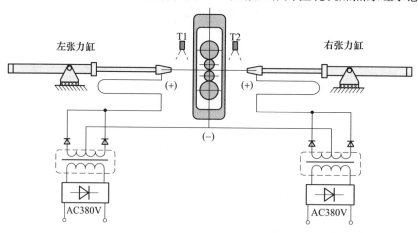

图 9-14　液压张力温轧机加热原理

9.3.2.2　在线温度测量

在对试样表面进行温度测量时，根据温轧工艺需要采用了两种测量方法，一是红外测温仪，二是接触式热电偶测温仪。红外测温仪测量温度比较方便，然而不同的金属材料、不同的表面氧化程度，其黑度系数是不同的，需要对各种情况进行黑度系数标定，而且容易失真。图 9-15 是硅钢加热实验过程中红外测温仪与试样表面焊接热电偶的测量数据比较，热电偶温度达到 660℃ 时，红外测温仪测量值为 370℃。

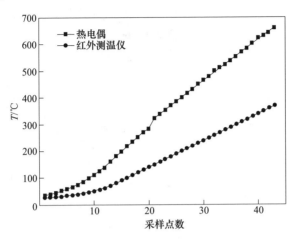

图 9-15　红外测温仪与热电偶温度比较

为此，RAL 实验室开发了接触式测温装置。装置由气动元件和接触滑片式热电偶测温元件组成，热电偶滑片就安装在气动测量头前端，通过控制电磁换向阀，改变活塞杆的运动方向，可以实现测温仪的往复升降。带钢（轧件）轧制过程中需要测量温度时，测温仪下降至带钢表面使其热电偶滑片与带钢表面滑动接触，可以用滑动接触的方法连续测量带钢表面温度；不需要测量温度时，测温仪通过气动缸离开轧件表面。采用接触式测温仪能够针对不同金属带材更加真实准确的测量轧件温度，达到精确控制轧件加热温度的目的。图 9-16 是接触式测温装置。

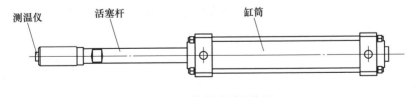

图 9-16　接触式测温装置

9.3.2.3　液压微张力控制

脆性金属温轧时要求张力非常小，需要进行微张力控制。这对张力缸运行滑轨的摩擦系数和张力缸密封阻尼要求较高，除此之外还需要精确的控制算法和快速的伺服响应系统[13~16]。

当张力液压缸工作在张力闭环时，通过伺服阀控制的进出油流量不仅用于张力液压缸张力调整，还要用于控制张力液压缸的运行速度，如果张力控制器仅采用一个 PID 控制器，在静止状态时可以实现较高的张力控制精度；而在轧制过程中，张力液压缸用于速度匹配的进出油流量远大于保持张力稳定的流量，仅采用一个 PID 控制器，无法快速响应轧制速度的变化，从而无法保证张力控制的精度。因此设计张力控制器包括两个部分：以速度为基准的前馈控制器和以张力为基准的反馈控制器，具体如图 9-17 所示。

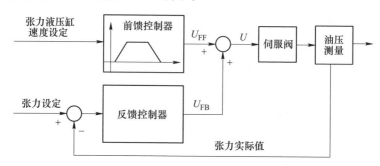

图 9-17　张力控制原理

前馈控制器的输入信号为张力缸的线速度预设定值，输出信号为伺服阀的前馈控制量。而张力缸的线速度预设定值需要精确的前滑和后滑系数，对于无法安装测厚仪的温轧机来说，轧制厚度预计算尤为重要。通过在左右张力液压缸内安装高精度的位移传感器测量轧件在轧机入口和出口的位移，开发了秒流量厚度预估模型和前后滑预计算模型，配合宽展预计算模型，厚度预计算精度可达微米级，同时获得了精度较高的前滑和后滑系数，实现了微张力控制。以 250mm 温轧机为例，张力控制范围在 0.2~1.5kN。

近年来，东北大学 RAL 实验室相继开发出具有轧辊加热功能的 450mm、350mm 和 250mm 多功能液压张力冷-温轧实验轧机并在相关钢铁行业技术中心和研究院所推广应用。

9.3.2.4　厚度软测量

由于液压张力温轧机的紧凑布局和工艺要求，无法在轧机本身安装测厚的装置，致使厚度测量无法直接获得，厚度的软测量法很好地解决了这一问题[17,18]。

液压张力温轧机轧制过程带钢厚度的软测量方法是通过两侧液压张力缸内的位移传感器精确测量两侧夹头夹持下的带钢位移变化量，按轧制过程的体积不变原则，间接测量出带钢厚度。

轧制过程体积不变原则用下式表示：

$$HL_H B = hL_h b \qquad (9-1)$$

式中　H——轧制过程入口带钢的厚度，mm；

　　　B——轧制过程入口带钢的宽度，mm；

　　　L_H——轧制过程入口带钢的位移变化量，mm；

　　　h——轧制过程出口带钢的厚度，mm；

　　　b——轧制过程出口带钢的宽度，mm；

　　　L_h——轧制过程出口带钢的位移变化量，mm。

对于液压张力温轧机进行带钢冷轧时，轧制前后带钢宽度的变化量很小，可以忽略，即认为 $B=b$，上式可简化为：

$$HL_H = hL_h \qquad (9-2)$$

对上式进行变换，得到公式：

$$h = H \times \frac{L_H}{L_h} \qquad (9-3)$$

对于第一道次，H 即为原料厚度，可以在实验开始前很方便地人工测量得到。实验过程中，可以通过轧机前后张力液压缸内的位移传感器精确测量带钢入口位移变化量 L_H 和出口位移变化量 L_h，通过上式即可得到出口带钢厚度 h 的精确测量值。

对于温轧过程，轧制前后带钢宽度的变化量不可忽略。如图 9-18 所示，120mm 宽的不锈钢，加热到 550℃，经过 5 道次温轧之后，宽度变成了124.14mm，宽展系数为 3.45%，与传统的热轧计算公式不一致，宽展后的宽度：

$$b = B + \Delta b \qquad (9-4)$$

式中　Δb——宽展值，mm。

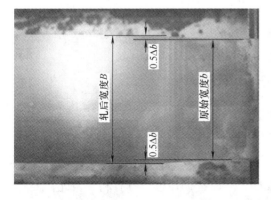
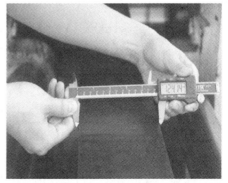

图 9-18　带钢温轧过程中的宽展

所以，根据体积不变原则：

$$HBL_{\mathrm{H}} = hbL_{\mathrm{h}} \tag{9-5}$$

引入宽展，可得：

$$HBL_{\mathrm{H}} = h \times (B + \Delta b) \times L_{\mathrm{h}} \tag{9-6}$$

对上式进行变化，得到公式：

$$h = H \times \frac{L_{\mathrm{H}}}{L_{\mathrm{h}}} \times \frac{B}{B + \Delta b} \tag{9-7}$$

通过上式可以看出，温轧过程中，在入口带钢的位移变化量 L_{H} 和出口带钢的位移变化量 L_{h} 通过轧机前后张力液压缸内的位移传感器精确测量的情况下，只需将宽展值 Δb 求出，即可求得带钢的出口厚度。

根据体积不变原则，已知原料厚度可以计算各道次轧件的出口厚度，具体厚度软测量公式如下：

$$h_m(n) = \begin{cases} \dfrac{L_m^{\mathrm{L}}(n) - L_m^{\mathrm{L}}(n-i)}{L_m^{\mathrm{R}}(n) - L_m^{\mathrm{R}}(n-i)} \times \dfrac{1}{1 + \alpha(m)} \times \overline{h}_{m-1}, \text{向右轧制} \\[4mm] \dfrac{L_m^{\mathrm{R}}(n) - L_m^{\mathrm{R}}(n-i)}{L_m^{\mathrm{L}}(n) - L_m^{\mathrm{L}}(n-i)} \times \dfrac{1}{1 + \alpha(m)} \times \overline{h}_{m-1}, \text{向左轧制} \end{cases} \tag{9-8}$$

式中　$h_m(n)$——第 n 时刻，轧件在第 m 道次的温轧机出口厚度；

　　　$L_m^{\mathrm{L}}(n)$——第 m 道次第 n 时刻的温轧机左侧轧件有效变形区长度；

$L_m^{\mathrm{L}}(n-i)$——第 m 道次第 $n-i$ 时刻的温轧机左侧轧件有效变形区长度，i 取值为大于 1 的整数，用于保证分母有足够的长度，例如向左轧制时 $L_m^{\mathrm{L}}(n) - L_m^{\mathrm{L}}(n-i) \geqslant 20\mathrm{mm}$；

　　　$L_m^{\mathrm{R}}(n)$——第 n 时刻的温轧机右侧轧件有效变形区长度；

$L_m^{\mathrm{R}}(n-i)$——第 $n-i$ 时刻的温轧机右侧轧件有效变形区长度；

　　　$\alpha(m)$——第 m 道次的宽展系数；

　　　$\overline{h}_{m-1}$——轧件在第 $m-1$ 道次的温轧机出口厚度平均值，当 $m-1 = 0$ 时，$\overline{h}_0 = H$，H 表示原料厚度。

根据厚度软测量值 $h_m(n)$ 即可实现厚度自动控制。

9.3.2.5　异步轧制

在金属材料性能提高的途径中，细化晶粒一直以来受到研究工作者的青睐。依据 Hall-Petch 关系，晶粒尺寸的减小，可以有效提高强度。在塑性变形机制方面，晶粒尺寸的减小也可弱化内应力集中，对改善韧性也十分有利。因此，金属材料的晶粒细化对强度及韧性都有提高，也对改善综合性能有利[19~26]。

剧烈塑性变形（Severe Plastic Deformation，SPD）是金属材料晶粒细化的一种有效途径。剧烈塑性变形机制是对变形金属材料施加较大的塑性变形，使得金属承受剪切变形或者复杂应变过程，促使金属晶粒充分破碎，从而达到细化晶粒的效果。等通道挤压、高压扭转、多向锻造等剧烈塑性变形方式大多适用于小轧件的制备，效率低，性能控制不稳定，不能实现大规模的工业生产。异步轧制技术通过两个轧辊间不对称的状态，可增加剪切变形，将剪切变形带入工业生产，赋予剧烈塑性变形高效工业化意义。

在同步轧制中，轧件两个表面与轧辊接触的中性点在水平方向是重合的，因此轧件承受单向压缩变形。而异步轧制技术改变了轧件与轧辊接触的状态，通过三种不同的方式，使得上下两个接触弧的中性点发生偏移，从而在两个中性点区域内形成方向相反的作用力，对轧件施加剪切变形，形成搓轧效应。分离中性点的方式主要有三种，对应三种不同的异步轧制形式：相同辊径、相同摩擦系数、不同轧辊圆周速度的异步轧制（异速异步轧制）；不同轧辊直径、相同摩擦系数、相同轧辊圆周速度异步轧制（异径异步轧制）；相同辊径、不同摩擦系数、相同圆周速度的异步轧制（异摩异步轧制）。异速异步轧制的结构简图如图 9-19（a）所示，假设 $v_2 > v_1$，则下轧辊与轧件接触弧的中性点向出口侧移动，上轧辊与轧件接触弧的中性点向入口侧倾斜。轧件在下接触弧部位承受指向出口侧的剪切力，而在上接触弧部位承受指向入口侧的剪切力。异径异步轧制结构简图如图 9-19（b）所示，假设 $R_2 > R_1$，中性点的偏移及轧件表面承受的剪切力方向与异速异步轧制相同。异摩异步轧制结构简图如图 9-19（c）所示，假设 $\mu_2 > \mu_1$，轧件的中心点偏移及上下面承受力方向与上两种方式相同。

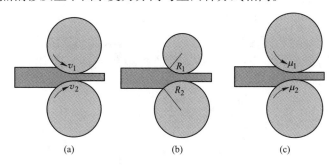

图 9-19 异步轧制形式图

如上所述，异步轧制相对于同步轧制增加了剪切变形，使得轧件的受力状态发生了变化。若考虑同步轧制时轻微摩擦造成的摩擦力，则同步与异步轧制时单元体受力状态如图 9-20 所示。由图可知，异步轧制时合力作用面相互平行，而同步轧制时合力作用面成一定倾角。

正因为上述的不同应力状态，使得轧件在异步轧制中变形形式也相应的不同，轧件在承受压缩变形的同时也承受着剪切变形。针对两个变形的先后问题，上海交通大学丁毅等人做了一些研究，认为压缩变形在前，剪切是在压缩变形的基础上，并将这一过程做了如图 9-21 的图解。

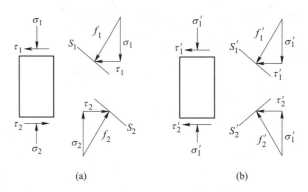

图 9-20　异步（a）及同步（b）轧制单元体受力状态示意图

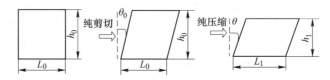

图 9-21　异步轧制变形分解图

异步轧制中由于增加了剪切力，金属在变形过程应力分量也不同于同步轧制。假设同步及异步的变形为平面变形，轧件只在轧向（设定 x 方向）及厚度方向（设定 z 方向）发生变形，而在横向（设定 y 方向）没有流动。则同步承受的应变 ε_x、ε_z，而异步轧制则增加了剪切应变 ε_{xz}。假设金属的等效应变公式采用公式（9-9），可以明显发现在相同压下量的条件下，异步轧制比同步轧制中可以对轧件施加更大的等效应变。

$$\varepsilon_{eq} = \sqrt{\frac{2}{9}} \sqrt{(\varepsilon_x - \varepsilon_y)^2 + (\varepsilon_y - \varepsilon_z)^2 + (\varepsilon_z - \varepsilon_x)^2 + 6(\varepsilon_{xy}^2 + \varepsilon_{yz}^2 + \varepsilon_{zx}^2)}$$

$$(9-9)$$

在同步轧制及异步轧制中，上式 ε_y、ε_{yz} 为零。

与常规轧制相比，异步轧制具有显著降低轧制压力与轧制扭矩，降低能耗，减少轧制道次，增强轧薄能力，改善产品厚度精度和板形，提高轧制效率的优点。特别对于轧制变形抗力高、加工硬化严重的极薄带材，其节能效果更加显著。

依据金属学相关知识可知，塑性应变的增加将引起畸变能的增大，对金属的相变及回复再结晶都将产生影响。针对异步轧制细化晶粒方面的问题，很多材料科技工作者开展了相关方面的研究工作，并取得了显著效果。

目前，国内外对轧制镁合金板材进行的研究多采用普通的对称轧制，所制备的镁合金板材存在强烈的基面织构，这对其后续成型极其不利。异步轧制具有独特的变形特征，可改变所制备材料的组织和性能。因此，一些学者已经开始对镁合金异步轧制过程中的变形机理和变形规律展开了研究。

实验研究表明，在轧制条件相同的情况下，常规轧制与异步轧制 AZ31 镁合金板材的金相组织存在明显区别，常规轧制板材的晶粒组织中存在大量的孪晶，而异步轧制板材的晶粒组织中孪晶很少；与常规轧制相比，异步轧制板材的晶粒较细小，且晶粒大小更加均匀。这表明，在其他变形条件相同的情况下，异步轧制更有利于动态再结晶的发生，从而促进晶粒细化和等轴化。

丁茹等人采用异径异步轧制方法，在 350℃ 时轧制 AZ31 镁合金，研究异径异步轧制对晶粒细化的作用。其结果表明异步轧制可以细化晶粒，轧后镁合金形成等轴晶，拉伸性能得到改善。Somjeet Biswas 等人也对异步轧制镁合金做了研究。如图 9-22 所示，在室温轧制中，可观察到变形后的晶粒沿轧制方向呈拉长状态，并可观察到晶粒在局部区域内较小，而在相邻的区域内则较大。

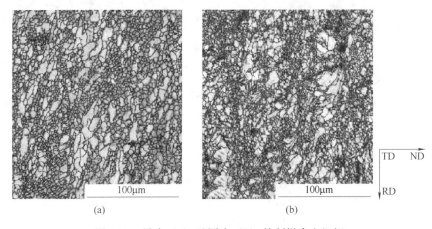

(a)　　　　　　　　　　　　　　　(b)

图 9-22　异步（a）及同步（b）轧制镁合金组织

相邻道次间轧件旋转方式的不同，对应有四种不同的路径，各自的路径中剪切变形的叠加形式不同，最终晶粒的破碎形式也不同。在异步轧制中可以通过改变轧件的旋转来改变剪切变形的叠加形式。

若轧件在相邻道次间同一轧辊与轧件的接触面没有发生变化，则轧件在两次轧制中剪切变形方向没有发生变化（单向轧制）；相反，若轧件在轧制过程中，相邻道次间同一轧辊与轧件的接触面发生变化则剪切变形的方向相反（可逆轧制）。这两种方式对轧制微观组织的影响，L. L. Chang 等做了相关方面的研究，轧制变形材料为镁合金，实验过程为冷轧及后续退火，部分结果如图 9-23 所示。图中清晰显示出，单向轧制中金属形成一个宏观剪切变形带且与轧制方向成一定夹角；而在可逆轧制中则观察到两个不同方向的宏观变形带存在。

为了进一步证实获得的结论，他们又做了 EBSD 分析，如图 9-24 所示。在单

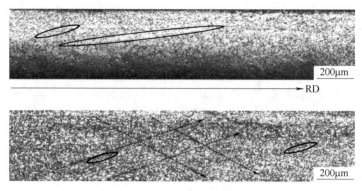

图 9-23　异步轧制镁合金变形带

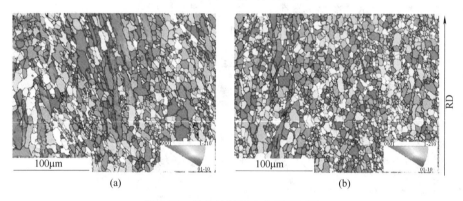

图 9-24　异步轧制镁合金 EBSD 图

（a）单向轧制；（b）可逆轧制

（扫书前二维码看彩图）

向轧制中晶粒为拉长状态，在可逆轧制中轧件为等轴状态。

　　Watanabe 等还研究了异步轧制温度对 AZ31 镁合金的室温力学性能和织构的影响。研究表明，轧制温度对 AZ31 镁合金的强度影响不大。当轧制温度从 573K 降至 473K 时，伸长率由 13.6%增加到 18.5%，异步轧制板材的延展性约为常规轧制的 1.5 倍，基面织构取向由正常向轧制方向倾斜了 5°~8°。Kim 等也认为，异步轧制制备的镁合金板材，可减弱镁合金板材的 {0002} 基面织构、细化晶粒、提高力学性能。

　　宝钢研究院液压张力冷/温轧机采用双电机实现异步轧制，重科院液压张力冷/温轧机采用更换异步齿轮改变速度实现异步轧制，如图 9-25 所示。

　　在宝钢研究院液压张力冷/温轧机上进行了高强钢的异步轧制，经比较异步轧制有利于厚度减薄和减小轧制力，具体如图 9-26 所示。

　　参考 W. J. KIM 采用 3∶1 的异步比轧制镁合金，在 RAL 异步轧机上做了镁合金板的异步轧制实验，4mm 厚的镁合金在炉内加热到 400℃，设定压下量

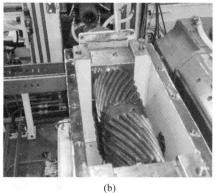

(a)   (b)

图 9-25 异步轧制技术实施

（a）宝钢研究院双电机异步；（b）重科院异步齿轮

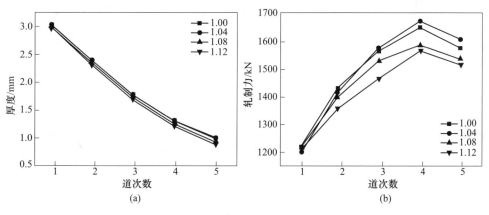

(a)   (b)

图 9-26 异步轧制对厚度和轧制力的影响

（a）异步轧制对厚度的影响；（b）异步轧制对轧制力的影响

20%，异步比为 1.5∶1 时，轧制后的镁合金表面就出现裂纹，如图 9-27 所示；增加异步比到 1.7∶1 时，轧辊和轧件之间打滑，实验无法进行。

分析裂纹出现的原因是轧辊没有加热，导致变形区温降剧烈（经测量轧机出口轧件温度为 160~190℃），超出镁合金温轧的工艺窗口。

异步比为 3∶1 的镁合金异步轧制不容易实现，表面打滑的问题不好解决。该问题有待下一步进行实验验证。

9.3.2.6 HMI

HMI（Human Machine Interface）即人机界面，它是操作员与控制系统交流的平台。温轧实验装备的人机界面系统采用的是西门子 WinCC（Windows Control

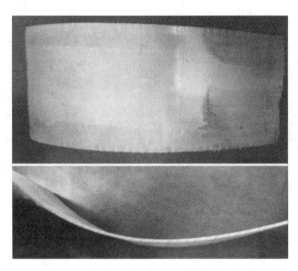

图 9-27　异步比为 1.5∶1 时的镁合金温轧

Center）监控软件，该软件以其特有的监控和数据采集、报警记录及变量记录等功能，存储历史数据并支持历史数据查询，为温轧实验的过程监控提供了有力的保障。

A　温轧实验装备 HMI 系统主要功能

HMI 系统有以下主要功能：

（1）显示和记录轧制过程中的各种工艺参数和系统、设备的状态信息。

（2）对于轧制过程中出现的故障和报警信息进行归档记录。

（3）接收操作人员输入的数据并将数据传送给 PLC 和过程计算机。

（4）接收操作人员发出的命令，远程控制轧线辅助设备的运行。

（5）数据采集与报表系统：实验坯料数据录入、修改、保存，记录实验过程中采集的实际数据、历史数据查询及数据报表打印等。

B　温轧实验装备 HMI 系统的 WinCC 项目组态

HMI 系统的 WinCC 项目组态内容如下：

（1）安装 SIMATIC WinCC V7.4（注意安装软件所需的硬件要求和软件要求）。

（2）新建 WinCC 项目并组态多用户项目（多用户系统由一台服务器和多个客户机组成）。

（3）设置项目属性（常规、更新周期、快捷键、选项、操作模式、用户界面和设计）。

（4）设置计算机属性（常规、启动、参数、图形运行系统和运行系统）。

（5）在变量管理器中组态变量及通信。WinCC 与自动化控制系统间的通信是通过通信驱动程序来实现的，而 WinCC 项目与控制系统的数据交换是通过过程变量来完成的。

（6）组态画面（画面布局、绘制图形、编辑图形对象的静态属性和动态属性、插入控件并编辑、动态向导）。

（7）过程值归档。在 WinCC 运行系统中查看过程值归档步骤如下：

1）在变量记录中组态过程值归档。其中最重要的一项是将需要归档的过程变量（在变量管理器中已经建立的过程变量）添加到变量记录中。

2）在图形编辑器中插入趋势控件或趋势表格控件，并组态控件。其中最重要的一项是将需要在趋势中显示的过程变量从归档过程变量（在变量记录中建立的归档过程变量）中选择出来并添加到控件中。

3）在项目的计算机属性的启动列表中选择"变量记录运行系统"选项。

（8）消息报警。在 WinCC 运行系统中查看消息报警步骤如下：

1）在报警记录中组态消息。设置报警的消息块、消息类型、报警的归档和添加组态消息，其中最重要的一项是在变量管理器中选择消息变量（如果消息变量不是 BOOL 型变量需要选择消息位）。

2）在图形编辑器中插入报警控件，并组态控件的属性。

3）在项目的计算机属性的启动列表中选择"报警记录运行系统"选项。

C WinCC 项目的驱动连接

a WinCC 与 SIMATIC S7 PLC 的通信

WinCC 与 SIMATIC S7 PLC 的通信无论用哪种通信方式，都需要在 WinCC 的变量管理器中添加"SIMATIC S7 Protocol Suite. chn"驱动程序。添加 S7 驱动程序后产生了在不同网络上应用的 S7 协议组。用户需要在其中选择与其物理连接相应的通道单元，与 S7 PLC 进行逻辑连接。

S7-300/400 与 WinCC 之间的通信不需要 STEP7 软件组态，只需要在组态软件 WinCC 上设置相关通信参数和在作为服务器的计算机上设置相应的网络连接。

S7 PLC 与 WinCC 之间的以太网通信：

（1）Industrial Ethernet-工业业态网。例如通过 CP 343-1 实现自动化系统 S7-300 通信，通过 CP 443-1 实现自动化系统 S7-400 通信。

（2）Industrial Ethernet（Ⅱ）-工业业态网（Ⅱ）。在 WinCC 中可以使用不同的通信处理器，例如 CP 1613，可以通过通道单元"工业以太网（Ⅱ）"对第二个通信处理器进行寻址。

（3）TCP/IP 通信方式。WinCC 通过工业以太网 TCP/IP 协议与自动化系统 PLC 通信连接。

b WinCC 与 SIMATIC S7-1500 的通信

如图 9-28 所示，在 WinCC 项目中打开变量管理器→添加新的驱动程序→

SIMATIC S7-1200，S7-1500 Channel→点击"OMS+"右键"新建连接"。

设置 PLC S7-1500 通信参数，即设置 PLC S7-1500 的 IP 地址和"子网掩码"参数，如图 9-29 所示。

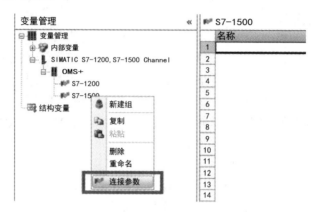

图 9-28　新建 S7-1500 连接

图 9-29　S7-1500 通信连接参数设置

与 PLC S7-1500 建立了通信后，在连接下建立变量组和变量，在画面中连接变量管理器中的变量。变量的数据类型和地址与 PLC S7-1500 一致，从而实现了 PLC S7-1500 与 HMI 系统中的 WinCC 画面的数据的实时传输。

D　轧制规程的保存和调用

通过编译 WinCC 的 VBS 脚本，实现"保存操作员规程"和"调用操作员规程"功能。温轧实验装备在自动轧钢过程中调用"计算机程序"实现自动轧钢，也可以操作员在轧钢过程中手动干预、修改设定规程并将规程保存到计算机。轧钢之前操作员既可以调用"计算机程序",也可以"调用操作员规程"实现自动轧钢。

VBS 的过程是存放在模块中的,可以把过程建立在已存在的模块或还需新建的模块中。在创建一个新过程的时候,WinCC 自动地为过程分配一个标准的名字"procedure#"(#代表序号),可以在编辑窗口中修改过程名,以便动作能够调用此过程。当保存过程后,修改后的过程名就会显示在其中。过程名必须是唯一的。在全局脚本中定义的过程可以在全局脚本中或在图形编辑器中的 VBS 动作中调用。运行过程中执行动作时,包含过程的整个模块都会被调用。

温轧实验装备操作员只需要在 WinCC 的"轧制过程主画面"中点击"保存操作员规程"按钮,就会自动弹出保存规程的路径的窗口画面,只需要输入规程名称即可将操作员规程自动保存到计算机。当需要调用规程时操作员只需要在 WinCC 的"轧制过程主画面"中点击"调用操作员规程"按钮,就会自动弹出已经保存规程的文件名称的窗口画面,只需要点击已经保存的规程的文件名称即可实现轧制规程的调用。

E 历史数据的获取

在轧制过程中或轧制结束后,调用 WinCC 的趋势画面或报警记录画面查看历史记录数据;可以根据实验完成的时间,随时调用出这一期间 WinCC 存储在数据库中的任一个过程值,将数据导入 Excel 中,并生成相应的曲线,可以进行数据的分析及比对。利用 WinCC 的 VBS 脚本实现这一功能的前提是,必须利用 WinCC 软件将需要保存到数据库的过程值进行变量的长期或短期归档并保存。图 9-30 是将 WinCC 中的历史数据保存到 Excel 中的 VBS 脚本程序流程图。

9.3.3 代表性温轧实验

9.3.3.1 高硅电工钢

采用工作辊辊径 90mm,对 Fe-3.5% Si 合金进行微张力温轧,原料尺寸($T \times W \times L$)为 0.22mm×100mm×600mm,终轧厚度为 0.05mm,轧制规程见表 9-2。

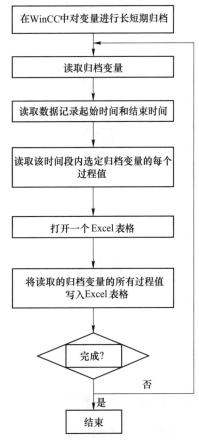

图 9-30 WinCC 历史数据保存程序流程图

表 9-2　极薄带硅钢温轧轧制规程

道次	辊缝 /mm	轧制力 /kN	轧制速度 /m·s⁻¹	左张力 /kN	右张力 /kN	温度 /℃	出口厚度 /mm
1	0.2	354	0.09	2.2	2	220	0.115
2	0.12	389	0.1	2.5	2.8	170	0.086
3	0.08	395	0.11	3	3	150	0.071
4	0.06	422	0.12	2.8	2.8	常温	0.064
5	0.04	434	0.13	2.6	2.6	常温	0.055
6	0.02	426	0.13	2.5	2.5	常温	0.051

9.3.3.2　镁合金

采用 185mm 直径的工作辊，进行镁合金微张力温轧，镁合金原料尺寸（$T \times W \times L$）为 4.0mm×200mm×1000mm，终轧厚度为 1.5mm，轧制规程见表 9-3。

表 9-3　镁合金温轧轧制规程

道次	辊缝 /mm	轧制力 /kN	轧制速度 /m·s⁻¹	左张力 /kN	右张力 /kN	温度 /℃	出口厚度 /mm
1	3.540	313	0.056	2.40	2.50	380	3.422
2	3.245	329	0.061	2.40	2.30	385	2.830
3	2.995	243	0.065	2.10	2.20	400	2.544
4	2.744	267	0.068	2.10	2.00	410	2.129
5	2.525	254	0.075	2.00	2.00	420	1.796
6	2.323	219	0.080	1.90	1.90	430	1.595
7	2.132	176	0.085	1.90	1.90	430	1.535
8	2.173	132	0.090	1.90	1.90	430	1.493

将厚度为 1.5mm 的镁合金板分段并继续温轧得到厚度 0.5mm 的镁板，板形良好。

9.4　连续退火模拟实验技术和装备

连续退火模拟实验机是根据物理模拟的思想和方法，模拟再现冷轧带钢在连续退火过程中的加热、冷却和炉内气氛等工艺过程和现象，进而获得退火工艺与材料组织性能及表面质量之间的关系，为冷轧新产品、新工艺的开发，组织性能和表面质量的研究以及实际生产工艺优化服务。

9.4.1　连续退火模拟实验机研发背景

连续退火工艺对冷轧带钢产品的表面质量、微观组织、织构状态、力学性能和物理化学性能都有重要影响，在生产中得到广泛应用[27,28]。由于冷轧带钢产品的性能与连续退火工艺密切相关，因此产品的开发必须与工艺开发紧密结合。为了能精确、迅速和经济地考察不同工艺对最终产品性能的影响，研发人员需要有工艺调整灵活、参数控制精确的退火实验设备，以便能在最短的时间内，利用最少的材料消耗，获得高度可重复的退火工艺过程参数和退火试样，通过对退火试样的组织性能分析，建立起退火工艺参数和组织性能之间的关系，进而为大生产的工艺优化提供参考。

为了满足上述工艺和产品开发的要求，可以将实际生产线按 $1:n$ 的比例缩小建立实验线，但是，这样的实验线非常昂贵，而且工艺不灵活，工艺调整周期长，实验需要消耗大量材料和人力。各种加热炉或盐浴炉是常用的热处理设备，但是，这些设备缺乏有效的冷却控制的手段，难以满足连续退火复杂冷却路径控制要求。

鉴于上述原因，钢铁企业和科研院校等部门十分迫切地需要有一种能模拟连续退火工艺过程，可以灵活调整或中断加热和冷却循环周期，具有大范围参数调整能力，同时又可以提高实验效率，降低实验费用的实验研究设备，冷轧带钢连续退火模拟实验机正是能满足上述研发需求的先进实验设备。

9.4.2 单片试样加热和冷却计算

连续退火模拟实验机利用大电流低电压变压器对试样进行电阻加热，采用喷气或喷雾方法对试样进行冷却。因此，实验机加热系统的设计首先需要确定加热和冷却系统的参数，掌握加热和冷却过程中试样的温度变化规律和温度场分布。为此，我们利用电、热学理论和有限元方法对薄板试样电阻加热和冷却过程进行了分析，确定加热和冷却系统的参数，为实验机的设计提供了参考依据。

9.4.2.1 加热计算

薄板试样电阻加热系统的原理如图 9-31 所示。试样装夹在一对电极之间，变压器通过电极给试样通以大电流，使试样升温。试样温度的控制通过计算机、可控硅、热电偶和电流互感器组成的闭环系统实现。由于受变压器二次侧绕组横截面积的限制，变压器的输出电流存在一个上限，因此，在加热不同厚度的试样（电阻值不同）时，为了能充分发挥变压器的效率，保证输出电流在变压器允许的范围内，变压器应具备多档电压输出的特性。

由于电极是水冷的，温度很低，因此在水冷电极与高温试样之间存在导热

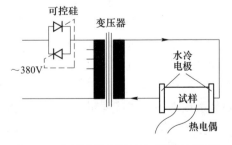

图 9-31 薄板试样电阻加热系统的原理图

换热，结果将造成试样温度场的梯度分布，即试样中间区域温度高，两边与电极相邻区域温度低。将温度差在一定范围内的中间区域定义为试样的均温区，该均温区的大小是模拟实验机的一个重要指标。

A　薄板试样电阻加热计算[29]

试样电阻加热时输入的电功率 P_{elec}，一部分转变为试样的内能（P_{inner}），使试样的温度升高；另一部分则用于弥补因辐射（P_{rad}）、对流（P_{conv}）以及水冷电极导热（P_{cond}）等方式而产生的热量损失。试样以一定的升温速率加热时各部分功率计算如下：

$$P_{elec} = P_{inner} + P_{rad} + P_{conv} + P_{cond} \tag{9-10}$$

$$P_{elec} = I^2 R = I^2 \rho_e \frac{l}{bh} \tag{9-11}$$

$$P_{inner} = c\rho_s lbh \frac{dT_{spl}}{dt} \tag{9-12}$$

$$P_{rad} = 2\varepsilon\sigma lb T_{spl}^4 \tag{9-13}$$

$$P_{conv} = 2\alpha lb(T_{spl} - T_{gas}) \tag{9-14}$$

式中　l，b，h——试样长度，宽度和厚度，m；

T_{spl}，T_{gas}——试样温度和环境介质温度，K；

ρ_s——试样密度，kg/m^3；

σ——玻耳兹曼常数，$W/(m^2 \cdot K^4)$；

ρ_e——试样电阻率，$\Omega \cdot m$；

t——时间，s；

c——平均比热容，$J/(kg \cdot K)$；

I——电流，A；

ε——试样的辐射系数；

α——对流换热系数，$W/(m^2 \cdot K)$。

因电极导热产生的热损失由于是三维的，难以进行解析分析，一般可根据经验确定。

从上述热平衡方程可以看出，当试样的长度和宽度确定后，加热所需的电功率主要取决于试样的材质、厚度、升温速率和对流换热系数等。

以一定加热速率将试样加热到不同温度所需输入功率和损失功率的计算结果如图9-32所示。可以看出，加热输入的电功率主要用于试样内能的增加和弥补高温时的热辐射，因对流和导热损失的热功率很少。当温度升高到1150℃时，因热辐射损失的功率甚至超过了试样升温所需的功率。

B　试样温度场、应力应变场的有限元分析[30]

直接电阻加热方式导致试样的温度场分布不均匀，表现为电极附近温度低，

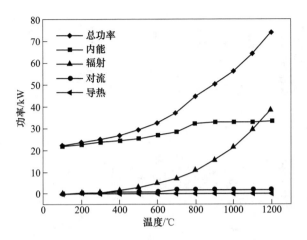

图 9-32　试样加热功率随温度变化的规律

中间温度高，存在一个温度均匀区。由于温度的不均匀，试样因热应力产生变形。为了分析试样的温度场和应力应变场，分别建立试样加热的电-热耦合有限元模型和试样变形分析的热-力耦合有限元模型，模型考虑了电极与试样之间的接触导电和传热，考虑了试样的对流和辐射散热；获得了试样温度场、应力应变场的分布规律，并通过试样端部开槽的方法提高试样温度的均匀性，减小变形。

图 9-33 所示为试样加热的温度场、应力场和应变场以及不同加载电压条件下试样的平衡温度计算结果。可以看出，无论是温度场，还是应力应变场，都存在不均匀性，并且温度梯度大的区域，相应的应力和变形也越大，与实际加热的规律一致。

C　试样温度场和应变场优化

为了提高试样的均温区范围，减小试样变形，本研究提出了试样边部开槽的技术方案，并对开槽位置和尺寸进行优化设计，取得良好效果。优化后的应变场如图 9-34 所示，应变更集中于开槽区域，并且应变值也更高，但无变形区域比未开槽试样明显扩大。

9.4.2.2　冷却计算

试样的冷却速率和均匀性是连续退火模拟实验机的重要指标，主要由冷却喷嘴的结构和布置决定。对于圆孔阵列喷嘴而言，喷嘴圆孔直径、圆孔间距和喷嘴距试样的距离是需要优化的参数。圆孔阵列喷气冷却的计算方法如下[31]。

试样以一定速率冷却需要导出的热功率可以利用式（9-12）计算，而试样热量的导出是通过喷气对流换热和辐射换热实现的，可利用式（9-13）和式（9-

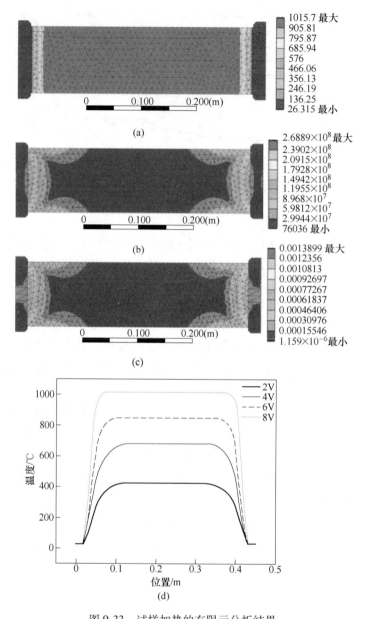

图 9-33　试样加热的有限元分析结果

（a）温度场；（b）应力场；（c）应变场；（d）不同加载电压时试样平衡温度场

（扫书前二维码看彩图）

14）计算，试样冷却的热平衡方程为：

$$P_{inner} = P_{rad} + P_{conv} \tag{9-15}$$

在利用式（9-12）~式（9-14）计算时，dT_{spl}/dt 为试样的冷却速率，T_{gas} 为冷

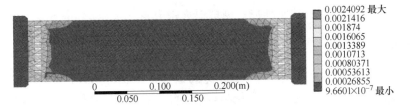

图 9-34 开槽后试样的应变分布
（扫描书前二维码看彩图）

却气体的温度，α 为喷气冷却的强制对流换热系数，可由下式计算：

$$\alpha = C_r n \omega^{0.89} S^{-0.11} \left(\frac{H}{d} \right)^{-0.346} \tag{9-16}$$

$$C_r = 0.0257 \frac{\lambda}{\nu^{0.89}} \tag{9-17}$$

式中 n——喷嘴形状系数，扁气流 $n=1$，圆气流 $n=0.3 \sim 0.6$；

　　　λ——冷却介质导热系数，$kcal/(m \cdot h \cdot K)$；

　　　ν——运动黏度系数，m^2/s；

　　　ω——气流喷出速度，m/s；

　　　S——气流间距，m；

　　　H——喷嘴距试样的距离，mm；

　　　d——喷嘴圆孔直径，mm。

　　根据式（9-12）~式（9-17）可以对试样喷气冷却过程进行计算，优化喷嘴结构和布置，确定冷却介质流速，为冷却系统设计提供参考依据。

9.4.3 带钢连续退火模拟实验机设备

连续退火模拟实验机的主要特点和功能如下：

（1）利用单片试样进行实验，效率高，成本低，工艺参数调整灵活。

（2）采用电阻加热方式，速率高，控温精确，并且冷却过程中仍然可以小电流加热，实现比空冷更慢的冷却速率，满足特殊退火工艺研究的要求。

（3）采用喷气和喷雾两种冷却方式，冷却速率范围大，最大冷却速率可达 600℃/s，可用于高强钢等特殊钢种的研究。

（4）冷却速率和冷却路径可精确控制，利用同一种成分的材料可以获得不同的微观组织和力学性能，并且重现性好，满足柔性退火的要求。

（5）具有保护气氛，可以开展冷轧产品退火表面性能研究，实现光亮退火。尤其是保护气氛的氢含量和露点可以精确控制，因此可以研究不同合金成分的冷轧板在不同保护气氛条件下退火时的表面性能，实现选择性氧化退火以及黑皮钢的还原退火，这对开发高强钢汽车板以及冷轧板无酸洗生产技术和涂镀技术具有重要意义。

（6）具有试样张力控制功能，模拟退火张力。

9.4.3.1　单炉室连续退火模拟实验机

本实验机针对 600mm 长、300mm 宽的试样，单工位的设计思想和喷气、喷雾组合式冷却装置，实现了大尺寸试样高冷速、复杂冷却路径控制和保护气氛退火，结构简单，成本低，为带钢连续退火工艺研究，先进冷轧产品开发和退火表面质量研究提供了先进手段[32]。图 9-35 所示为实验机照片。

图 9-35　单炉室连续退火模拟实验机

实验机主要技术指标如下：
（1）适合钢种：普碳钢、高强钢、不锈钢和硅钢。
（2）试样尺寸：600mm×300mm×（0.2~3.0）mm（长×宽×厚）。
（3）退火气氛：H_2、N_2 和 H_2O 的混合气体，H_2 含量 0~100%。
（4）加热温度：≤1200℃。
（5）加热速率：≤50℃/s（1mm 厚试样）。
（6）冷却速率：喷气冷却≤100℃/s，气雾冷却≤600℃/s（1mm 厚试样）。
（7）露点范围：-60℃~5℃。
（8）张力：≤1000kN。

9.4.3.2　双炉室连续退火模拟实验机

图 9-36 所示为双炉室连续退火模拟实验机。该实验机有两个退火炉室，并利用隔离密封装置将两个炉室隔离，每个炉室可以建立不同的退火气氛，进而实现两种退火气氛的快速变换，为先氧化后还原的退火工艺过程的实现奠定基础。

该模拟实验机主要功能如下：
（1）连续退火工艺研究，冷轧钢种开发。

图 9-36 双炉室连续退火模拟实验机

（2）双炉腔，实现氧化和还原气氛切换。

（3）缓冷和无氧化快速冷却功能。

（4）超越大生产工艺范围的连退工艺模拟实验（加热、均热、冷却、时效等）。

（5）氢气气氛下的还原退火工艺模拟实验。

（6）高露点气氛条件下的退火工艺模拟实验。

实验机主要技术指标如下：

（1）适用于各种深冲钢的连续退火，不锈钢的光亮退火、硅钢的脱碳、先进高强钢的退火及合金元素的选择性氧化等退火和热处理技术的研究。

（2）试样尺寸：450mm×240mm×(0.15~3.0)mm（长×宽×厚）。

（3）退火气氛：H_2、N_2、H_2O 的混合气体，氢气含量 0~100%。

（4）加热温度：室温~1200℃，试样有效范围（240mm×200mm）内的温度均匀性±5℃。

（5）加热速率（从室温至900℃）：样品厚度 0.3mm 时最大 300℃/s；样品厚度 1mm 时最大 100℃/s。

（6）喷气冷却速率（氮氢混合气，从900℃到400℃）：样品厚度 0.3mm 时，最大 150℃/s；样品厚度 1mm 时，最大 100℃/s。

（7）喷雾冷却速率（无氧化冷却）：最大 400℃（1mm 厚试样，从 900℃到 400℃）。

（8）露点范围：−50℃~30℃（气源露点保证−60℃）。

（9）张力范围：最大 20kN，随加热温度可调。

9.4.3.3 三炉室连续退火模拟实验机

三炉室退火实验机是为满足取向硅钢研究的需要而设计的，三个炉室之间设置气氛隔离装置，实验机采用小试样，利用电阻加热方法控制脱碳和渗氮过程中试样的温度；在三个炉腔内分别形成氧化、还原和渗氮气氛，可实现试样连续脱碳、还原过渡和渗氮工艺过程，制备出微观晶粒组织以及碳、氮元素含量满足要求的退火试样，为取向硅钢退火工艺研究和产品开发提供了崭新的研究手段。图9-37为三炉室连续退火模拟实验机照片，实验机的主要技术参数如下：

（1）钢种：取向和无取向硅钢。

（2）试样尺寸：薄板试样为 450mm×120mm×（0.2~3）mm （长×宽×厚）。

（3）加热温度：最高 1370℃。

（4）加热速率：0~100℃/s 范围内可调（2.3mm 厚试样，1200℃以下）。

（5）冷却速率：喷气冷却 0~100℃/s，600℃以下冷速小于 30℃/s（0.8mm厚试样，氮气冷却，气源压力 0.8MPa）；喷雾冷却，冷却速率 0~200℃/s（2.3mm 厚试样）。

（6）张力：0~10MPa。

（7）退火气氛：N_2，H_2，H_2O 和 NH_3，气氛组分可调可控。

1 号炉腔露点可在 30~60℃之间调节，氢气比例 0~100%。

2 号炉腔露点可在 -30~15℃之间调节，氢气比例 0~100%。

3 号炉腔露点可在 -40~15℃之间调节，氢气比例 0~100%，可通 NH_3，氨气比例 0~20%。

图 9-37　三炉室连续退火模拟实验机

9.4.4　硅钢连续退火中试实验线

取向硅钢在退火过程中经历复杂的温度和气氛历程，并且工艺窗口狭窄，因此，针对取向硅钢退火工艺的研究需要特殊的实验设备。为满足取向硅钢产品开发和连续退火工艺研究的需要，克服常规退火炉存在的问题，东北大学轧制技术及连轧自动化国家重点实验室研制开发了一条取向硅钢连续退火和涂层中试实验线。实验线具有与大生产相同的工艺流程，采用卷对卷的方式实现连续脱脂清洗、加热、脱碳、还原、渗氮、冷却、涂层、烘干固化处理等功能，开卷、卷取张力和退火张力可独立控制。与大生产线不同的是，实验线工艺速度低，退火炉短，在这样的条件下要保证不同工艺炉段的温度差别和气氛差异困难极大（大生产线由于速度高，炉子长，可以在不同工艺段之间设置较长的过渡区，因此不同工艺段的温度和气氛互不干扰）。同时，实验研究需要探索不同工艺参数的组合来考察工艺对材料组织性能的影响规律，这要求实验设备具有较高的柔性。为此，实验线采用了多炉段组合式退火炉设计方案，其特点是脱碳、还原和渗氮工艺段可以柔性组合，长度可适当调整，充分满足不同工艺段退火时间调整的需要。为实现多炉段组合的思想，隔离不同工艺段退火温度和气氛，研制开发了"双隔离密封辊+差压排气"的炉段隔离装置，成功解决了实验线短炉体退火温度和气氛隔离问题。

9.4.4.1 实验线的设备构成、平面布置及工艺流程

实验线的照片如图 9-38 所示，具体平面工艺布置如图 9-39 所示，总长度约 24m，总宽度 4.4m，总高度约 4m。在实验线的右侧设置有二层平台，设备分上下两层布置。上层从右向左依次布置有 2 号纠偏辊、退火炉、喷气冷却和 3 号纠偏辊等设备，下层从左向右依次布置有开卷机、转向夹送辊、入口分断剪、焊接机、脱脂清洗装置、热风烘干、1 号纠偏辊、1 号张力辊和张力调节装置等入口设备。2 号张力辊、MgO 涂层机、烘干固化炉、出口分断剪、张力测量装置和卷取机等涂层和出口设备布置在实验线的左侧。在退火炉下面的传动侧，就近布置有三套加湿器，分别用于调节退火炉脱碳段、还原过渡段和渗氮段气氛的露点，其中脱碳段退火气氛的露点最高可达 65℃。三套气体分析系统设置在退火炉下面的操作侧，分别用于测量脱碳段、还原过渡段和渗氮段气氛的 H_2 含量、O_2 含量和露点温度。渗氮段的气体分析系统还有 NH_3 分析仪，用于测量渗氮炉内的残 NH_3 含量。

(a)   (b)

图 9-38 硅钢连续退火（a）和 MgO 涂层（b）中试实验线

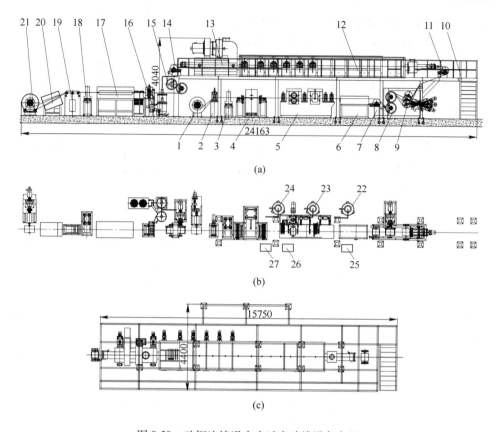

图 9-39　硅钢连续退火中试实验线设备布置

（a）主视图；（b）地面设备俯视图；（c）二层平台设备俯视图

1—开卷机；2—夹送转向辊；3—入口剪；4—焊机；5—脱脂清洗机；6—热风烘干机；7—1 号纠偏辊；

8—1 号张力辊；9—退火张力控制装置；10—二层平台；11—2 号纠偏辊；12—退火炉；

13—喷气冷却装置；14—3 号纠偏辊；15—2 号张力辊；16—MgO 涂层机；17—涂层烘干机；

18—出口剪；19—张力测量装置；20—卷取前加热装置；21—卷取机；22—脱碳气氛加湿器；

23—还原气氛加湿器；24—渗氮气氛加湿器；25—脱碳气氛分析仪；

26—还原气氛分析仪；27—渗氮气氛分析仪

实验线的工艺流程如下：

开卷→夹送转向→入口剪切→焊接→脱脂清洗→烘干→1 号纠偏→1 号
张力辊→张力调整机构→2 号纠偏辊→加热脱碳→还原过渡→渗氮→喷气冷
却→3 号纠偏辊→2 号张力辊→MgO 涂层→烘干固化→出口剪切→张力测量→
卷取。

9.4.4.2　实验线的主要技术参数

实验线的技术参数是根据取向硅钢连续退火和涂层工艺的特点以及实验研究

的需要确定的，确定的原则是既要有超越实际生产线的能力和参数调整范围，同时又要兼顾投资的经济性以及实验成本和效率。本实验线的主要技术参数具体如下：

（1）带钢规格：最大 200mm（宽）×（0.15~0.8）mm（厚）。

（2）卷重：最大 1000kg。

（3）料卷内径：$\phi610mm$。

（4）工艺速度：最大 5m/min。

（5）退火炉炉温：最高 1100℃，13 个独立控温区。

（6）张力：开卷最大 25MPa，卷取最大 100MPa，退火炉张力最大 15MPa。

（7）MgO 涂层：涂覆量 5~10g/m²（单面），涂液温度<5℃。

（8）烘干炉：温度最高 600℃，两段控温。

（9）脱碳气氛：H_2 含量最高 80%，氧含量<$5×10^{-4}$%（5ppm），露点最高 65℃。

（10）还原气氛：H_2 含量最高 80%，氧含量<$5×10^{-4}$%（5ppm），露点最高 -20℃。

（11）渗氮气氛：H_2 含量最高 80%，氧含量<$5×10^{-4}$%（5ppm），露点最高 -20℃，残NH_3 含量最高 10%。

9.4.4.3 应用效果

取向硅钢脱碳、渗氮和涂层后要达到的效果如下：退火后组织均匀，晶粒尺寸 18~30μm，碳含量小于 0.003%（30ppm），氮含量在 0.015%~0.03%范围内，脱碳和渗氮在带钢横向和纵向上要均匀；表面氧化层厚度 2~3μm，成分主要为 SiO_2 和 Fe_2SiO_4，并且比例合理；MgO 涂层厚度要求在 5~8g/m² 范围内，双面厚度均匀一致。实验线的应用效果如下。

A 脱碳、渗氮效果

图 9-40 所示为初次再结晶退火后的宏观组织，可以看出，退火后组织均匀，为单一铁素体，平均晶粒尺寸约为 26μm。表 9-4 为某工艺条件下脱碳和渗氮后材料中的 C 和 N 元素含量的化学分析检测结果，C 含量平均为 0.001425%（14.25ppm），N 含量平均约为 $2.75×10^{-2}$%（275ppm），且不同部分 C、N 含量比较均匀，脱碳和渗氮效果满足取向硅钢要求。

表 9-4 脱碳和渗氮处理后材料中 C 和 N 元素的含量 （%）

元素	1 号样品	2 号样品	3 号样品	4 号样品	平均
C	0.0014	0.0013	0.0014	0.0016	0.001425
N	0.025	0.026	0.026	0.028	0.0275

图 9-41 所示为脱碳和渗氮后带钢横截面的 SEM 照片，可以看出，带钢表面有一层厚度为 2~3μm 的氧化层，成分主要为 SiO_2 和 Fe_2SiO_4。该氧化层在脱碳工艺段的氧化性气氛中形成，在还原过渡段和渗氮段的高氢低露点还原性气氛中经过一定程度的还原而最终形成。脱碳过程中形成氧化层，其成分和厚度对后续的渗氮过程影响很大，也对高温退火时硅酸镁底层的形成有影响，因此需要精确控制。后续渗氮测试结果和高温退火硅酸镁底层的观测结果表明，本实验线的氧化层控制良好。

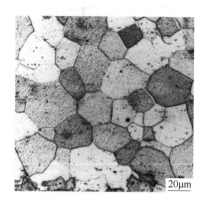

图 9-40　连续退火后
硅钢的宏观组织

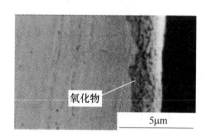

图 9-41　连续退火后硅钢表面氧化层

B　MgO 涂层效果

图 9-42 所示为涂覆 MgO 后的硅钢带，目测涂层厚度均匀，无气泡、漏涂、流挂、皱皮等缺陷。采用称重法测量不同部位样品的涂覆量，结果见表 9-5。可以看出，涂覆量控制准确，带钢上下表面涂层厚度均匀。对高温退火后的样品进行 SEM 观察和分析，结果如图 9-43 所示。可以看出，经高温退火后，带钢表面形成了均匀连续的硅酸镁玻璃底层，厚度约 5μm。从硅酸镁底层的形成状态可以

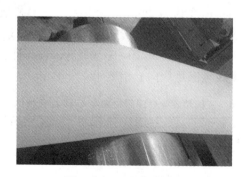

图 9-42　MgO 涂层效果

看出，利用本实验线，脱碳渗氮退火后带钢表面的氧化层和 MgO 涂层均能满足取向硅钢的要求。

表 9-5　MgO 涂层厚度检测结果　　　　　（g/m²）

样　　品	涂覆重量	
	上表面平均值	下表面平均值
1 号	6. 23	5. 82
2 号	6. 17	6. 01
3 号	6. 35	6. 14
4 号	6. 27	6. 09

图 9-43　高温退火后硅酸镁底层

9.5　中试实验研究平台信息管理系统

9.5.1　建立信息管理系统的重要意义

9.5.1.1　信息的概念

信息与数据和知识密切相关，是人们对客观事物的认识过程达到不同阶段的产物。从数据到信息到知识，是认识从低级到高级的成长转化过程，随着层次加深其外延、深度和价值逐步提升。数据是信息的来源，信息是知识的基础，信息是连接数据与知识之间的桥梁，知识是信息凝练的结果[33~35]。

数据是记录客观事物可鉴别的符号，在中试实验平台控制系统中数据是通过传感仪器感知的，反映实验过程中试样或设备运行状态的信号，以文本、数字或图像等形式表示，是原始的未经分析处理的记录，与其他数据之间尚没有建立联系。

信息是相互关联的带有某种目的性的结构化组织化的数据，中试平台控制系统通过传感器感知并上传数据然后进行数据处理，使数据之间建立相互联系，将数字、图像等形式的数据解释成具有特殊意义的信息。

知识是对事物内在规律和原理的认识，是对信息的进一步加工和应用的结果。在中试实验研究平台系统中，将数据与信息、信息与信息在实验过程中建立有意义的联系，体现信息的本质和经验，信息转化成知识能够积极地指导实验研究的运行和管理。

数据只有转变成信息才会成为有价值的资产，目前我国加快了信息化建设的步伐，不断加强信息的基础设施，逐渐扩大信息的应用范围。信息管理系统在企业管理中的综合管理层和决策层得到快速推广应用，应用水平得到稳步提高。生产资料、生产工具和劳动对象在信息化迅速发展进程中发生了质的飞跃，信息技术转化成劳动工具，信息资源作为劳动对象转化为经济和社会发展的主要战略资源，信息化、知识化、智能化的生产成为新时代生产力的代表，促使传统的信息管理逐步向知识管理发展。

9.5.1.2　建立信息管理系统的意义

中试实验平台是研究人员从事研究工作中不可缺少的一部分，也是研究人员实现工艺创新的重要途径，通过中试实验平台可以采集到大量的实验数据。例如一块试样经过冶炼、轧制、控冷、性能检验、图片及数据分析和数据处理，一个实验研究周期所获得的信息量可达1G，冷轧一块试样得到的信息量为1.5G，连续退火一组试样得到的信息量为2~3G。这些数据是通过实验研究过程得到的宝贵资源，必须进行科学的管理和科学处理。

建立强大的智能化的实验过程数据信息处理、分析系统，采用人工智能、最优控制信息网络数据库，对在中试实验过程中所采集最新数据信息进行数据挖掘、处理、分析，给出轧制过程的规律，用最接近于生产现场的中试实验研究信息所获得翔实可靠的技术信息开发品种或指导工艺生产，将具有重要的作用。

中试实验平台网络系统，是将中试工厂中每一个单体实验设备的计算机系统通过现场数据总线、高速工业以太网多元接口连接到信息管理系统上，将所有的中试实验研究信息，工艺过程控制信息，包括离线获得的金相照片、力学性能测试结果等，传输和储存到局域网的分布式数据库中，经数据中心计算机分析处理后，在网络系统的信息终端可以得到信息处理结果。研究人员根据其所承担的课题任务和职责权限对实验结果进行技术信息处理。

中试实验平台信息管理系统具有严格保密和统一管理能力，该系统具有完善的实验过程基础自动化系统（L1级）和实验过程数据监控自动化系统（L2），为实验过程的数据采集、数据分析及数据处理做好了充分准备。信息管理系统通过分布式信息采集和集中式信息管理保证了实验过程信息的连续性、完整性、可靠性、保密性及长效性等。分布式信息采集就是针对每台单体设备实验过程信息单独采集、存储和管理；集中式信息管理是通过信息管理服务器可以随时查询调用平台上所有单体设备以及数据中心的数据库进行综合统计分析，集中式管理有利于实验数据的系统化完整化，完整体现某块试样经历炼钢、轧钢、热处理、检化验等一系列处理过程所留下的详细信息，有助于实验过程分析的合理进行。

通过中试实验平台不仅可以获得实验过程数据，同时可以获得经过分析处理的结果信息，科研人员将中试实验平台中获得的研究成果进一步凝练转化成知识应用于生产现场，科研人员通过知识在生产实践中的不断应用获得智慧。

9.5.2　信息管理系统的总体设计

总体设计主要是将系统分析阶段所建立的系统逻辑方案转换成具体的、计算机可实现的技术方案，是信息系统开发中质量得以保证的关键步骤，是系统开发的重要阶段。实验信息管理系统总体设计包括网络通信设计、功能设计、数据库设计、代码设计、模块设计、系统流程图设计、人机界面设计、数据存储设计及输入输出设计等。下面简要介绍系统网络通信设计、功能设计及数据库设计。

9.5.2.1　网络通信设计

随着以太网技术的发展，100Mbps 以太网和吉比特以太网为目前主流技术[36~38]，吉比特以太网技术的数据传输速率达 1000Mbps，适用于网络主干网的连接或者对实时通信速率要求高的控制计算机，100Mbps 以太网适用于通过交换机或集线器连接到客户端计算机或打印机等终端设备。交换机在以太网中的使用提高了整个以太网络的性能和每台设备的可用带宽，减少了差错及冲突产生的概率。因此系统中的主交换机可以采用带路由功能的交换机，特点是数据交换速度快、路由效率高、数据转发过程由第二层交换模块处理、多个子网互联时只是与第三层交换模块进行逻辑连接，简化了物理连接，保护了用户的投资。

图 9-44 为中试实验研究平台管理系统网络布置的一个实例，主交换机与终端交换机之间距离通常较远可以采用多模光纤连接的千兆网，终端交换机和计算机、PLC 及其他终端设备之间可以采用百兆网通过超五类屏蔽双绞线连接；接入点 AP 作为无线通信的中心站点通过局域网外网接入终端连接，所有与之关联的无线工作站均由它来控制。AP 既保证各无线工作站之间的通信，也为它们提供了对有线局域网的访问。

中试平台管理系统服务器与自动化控制系统的二级过程机、人机界面与 PLC 之间可以通过工业以太网实现通信，实验过程数据采集服务器（DAS）通过 TCP/IP 或 OPC 等通信协议实现与 PLC 之间的信息交换，同时获取来自一级基础自动化的基础数据信息，并将收集的结果存储到数据库，或将处理过的信息发送给 HMI 显示；二级过程机（PCS）与 HMI 及 PLC 之间分别保持数据通信，从 HMI 获取经过人工修正的原始数据（PDI）进行工艺规程计算，将计算结果发送给 PLC 执行。通信协议的使用是根据编程软件所支持协议类型选择，大部分 PLC

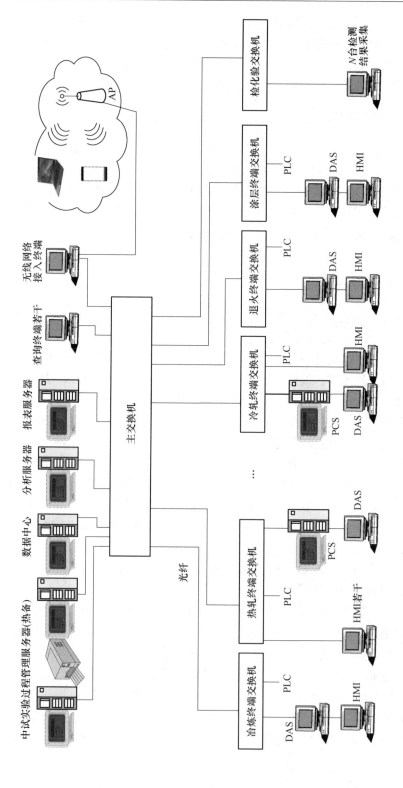

图 9-44　中试实验平台计算机系统网络拓扑结构

产品都支持 TCP/IP 协议或 OPC 协议实现通信。中试实验平台管理系统服务器、数据采集服务器及数据分析服务器通过 ADO、ODBC、OLEDB 等方式访问数据中心。

在人机界面进行实验参数设定和对电气设备的操作指令通过工业以太网传送到 PLC，把各设备的状态和工艺过程数据、电气参数及故障由 PLC 收集通过工业以太网发送给 HMI 显示，各 PLC 彼此之间通过以太网或者 Profibus DP 网实现控制信息及数据的传送。分析服务器通过数据库接口访问数据中心服务器提取数据进行分析处理，将分析结果记录到数据中心服务器。移动客户端可以通过 AP 接入点访问无线网络接入终端，并进一步访问数据中心服务器，实现移动客户端的信息查询与报表功能。

9.5.2.2 系统功能设计

A 管理系统基本功能

中试平台信息管理系统的基本功能是对实验过程数据进行采集、分析处理、存储、管理检索，转化成信息并传递给控制层，同时向有关管理人员提供有用的信息[39]。

（1）数据采集。对中试平台来说基础数据采集的作用是将分布在不同的实验设备中的实时采集的信息及录入的信息收集起来。在数据的收集过程中，一般要经过明确采集目的优化采集方案，制订采集计划，采集和分类汇总等环节。为了方便数据采集可以分别为每套实验设备配备一台数据采集计算机完成实验过程数据采集及基础处理工作。

（2）数据分析处理。若想将实验和检化验过程中通过多种方法采集到的基础数据转化成为对企业及研究人员有用的信息，必须经过综合分析处理，包括鉴别真伪、排错校验、分类整理与加工分析等诸多内容。数据处理的方法包括排序、分类、归并、查询、统计、结算、预测、模拟以及进行各种数学运算，可以设立专门的数据分析服务器完成数据分析处理工作。

（3）信息的传输。经过加工分析处理后的数据转变成信息向两个主要方向传递，一个是向上传递给管理层；一个是向下传递给执行控制层。

（4）信息的存储。加工处理后整合的信息大多数具有长期反复的利用价值，因此需要选择容量大且查询方便的数据库存储信息以利于随时调用。当存储的实时信息量较大时需要依靠先进的信息存储技术。信息的存储包括逻辑组织和物理存储两个方面，逻辑组织是把大量的信息组织成合理的关联结构，依据信息之间的内在关系组织存储数据。物理存储是指将信息存储在适当的物理介质上，为了保证数据存储的安全性数据存储服务器可以选择自带备份功能硬盘结构，例如磁盘阵列。

（5）信息的检索。中试实验平台信息存储的目的是给企业及研究人员提供实验信息的再利用及明确进一步的研究方向，面对存储于各种介质上的庞大数据，如果没有先进的检索方式则研究人员很难获得科学的、完整的、合理的数据信息。信息检索与信息存储存在不可分割的关系，迅速准确地检索依赖于先进科学的存储。为了方便检索需要对信息进行科学的分类与编码，选择先进的存储数据库和检索工具，数据库的存储和检索方式最终决定着检索速度的快慢。

（6）信息的输出。信息输出的目标是按管理职能的要求，保质保量及时地输出信息。衡量一个实验研究平台信息管理系统的有效性不在于数据采集、数据分析处理、信息存储、信息传输等环节，而在于信息输出的时效、精度与数量等是否真正充分满足了企业及研究人员的需求。

B　管理系统功能设计

系统功能设计是为了实现企业目标服务，因此中试实验研究平台管理系统功能必须根据满足企业需求的最终目标来设计。首先需要确定功能是否与目标一一对应及功能实现目标的程度，一个功能对应多个目标则面临结构混乱及实现困难；其二要考虑功能的输出是否满足系统目标的信息需求；最后功能设计还要兼顾合理性、完整性、可行性及独立性。

管理系统功能设计方法常用的有两种，一种是归纳法，是自下而上的方式来设定功能，也就是从现状出发从底层到顶层整理当前系统的业务内容，这种方法的特点是充分利用对系统当前状态调研过程中收集的材料，首先针对最底层的每一项作业进行深入研究，然后按功能归类和隶属结构关系逐步融合成若干个较大的功能，逐级向上形成功能的层次结构。归纳法的优点是底层功能不易遗漏、设计入手容易，适用于团队合作设计较大复杂的系统；缺点是系统的总体概念薄弱，总体架构要到设计结束才能获得，对系统设计人员的综合能力要求较高。另一种设计方法是演绎法，是自上而下逐步分解的功能设计方法，即从系统总体目标出发由顶层到底层进行设计，和归纳法相反从系统顶层开始，首先分析系统主要业务划分成若干个主要的功能，然后对这些功能再分别进行扩展，逐步细化，越向下划分反映的业务就越具体，划分最终结果得到系统功能结构图。演绎法的优点是总体目标不容易跑偏符合结构化的逻辑思维，缺点是由于分析过程是自顶层向底层进行，因此可能会遗漏某些细枝末节的业务处理，要求系统设计人员对系统所涉及的所有业务必须了解得非常透彻且有较强的分析设计能力，演绎法适合较小管理系统的设计。

中试实验平台管理系统的功能设计可以采用上述两种方法相结合的形式进行功能设计，一方面根据系统的主要实现目标使用演绎法进行顶层功能设计，另一方面利用归纳法将底层作业归纳总结汇聚功能，最后做好两方面汇集的接口工作，这样设计的优势在于目标明确不盲目、工作效率高。图9-45为中试实验平台信息管理系统的顶层功能设计的一个实例。

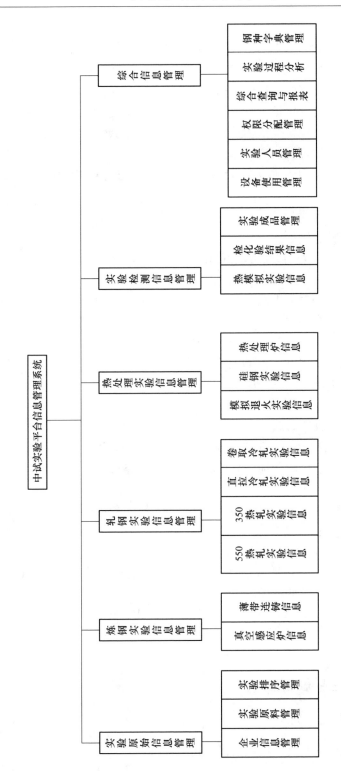

图 9-45 中试实验平台管理系统顶层功能设计

9.5.2.3　数据库设计

信息管理系统的主要任务是通过分析处理大量的数据获得管理所需要的信息，因此建立一个良好的数据库，使整个系统都可以迅速、方便、准确地调用和管理所需的数据，是评价信息管理系统开发工作好坏的主要指标之一。中试实验研究平台数据库设计就是要依据数据流程图和数据字典设计出满足企业要求、符合中试研究平台应用环境的数据库，其中涵盖了企业或研究人员所需处理的所有数据，包含研究人员期望对数据进行的所有处理，同时具备容易操作、方便维护以及高效运行等特点。

A　数据库设计原则

数据库的设计原则如下：

（1）应尽可能满足科学管理和使用维护方便的要求。

（2）保持信息的正确性、一致性和完整性，注意把同一方面的内容、同一管理层次的要求，相对集中地组织在一起，这样既可全面地反映客观事物，又能集中反映出其每一个侧面。

（3）减少数据冗余。由于反映不同侧面的数据集合之间是有交集的，不可避免地会产生数据的冗余，在设计时需要妥善处理，使数据冗余降低到最低限度，避免由于数据的不一致性所带来的问题。

B　数据库设计步骤

数据库设计有如下步骤。

（1）数据库结构设计：包括实体命名、分析实体之间一对一、一对多、多对多的关系，确定实体的属性、分析属性间的约束条件，确定属性的类型、长度和取值范围。

（2）操作特性设计：是指关系数据库的查询、数据处理和报表处理等应用方面的特性设计。它包括数据库的查询、插入、删除及修改等动态操作特性设计，确定操作的条件、内容及结果。

（3）设计数据库：包括数据库的需求分析、逻辑设计、物理设计、子模式设计、应用程序设计及调试等。

（4）数据库维护：设计除了保证数据库系统能高效而灵活地检索和处理数据，还要保证库中的数据不受外界环境的干扰和损坏，安全性保护、完整性保护、并发控制及库恢复等都属于数据库维护。

9.5.3　信息管理系统的应用

9.5.3.1　基础应用

信息管理系统的基础应用包括以下几个方面。

（1）解决信息孤岛问题。企业一般在建立中试实验系统时通常以实现某个特定的应用、满足局部的需求为目的，很少从整个实验平台的角度去进行总体规划，缺乏整体网络构思和设计[40]。因此这些独立的实验系统虽然能够实现单一实验设备的信息集成管理，但不同实验设备之间的信息却很难集成和共享，大大限制了中试信息系统在企业研究领域中的作用。中试实验设备大多是分散、独立的，多数以完成单一物理模拟过程为主，信息查询和用户交互只针对单一设备，基本是各自具有一定功能的单体设备信息系统，信息组织缺乏规范化，信息编码不统一，源数据重复采集，很少有数据共享和同步更新。这些信息孤岛相互独立和各自封闭，使得大量的信息资源不能发挥应有的作用，效率低下严重阻碍了人们对信息的获取，并成为制约企业信息化建设和资源共享的重要"瓶颈"。通过中试平台的集成系统，使各个信息孤岛中分布的、异构的数据以统一的形式存放在一个数据库中，信息资源共享，多角度分析研究数据，缩短研究成果应用到实际生产线的周期，增强企业竞争力。

（2）高效的信息管理。保持数据在编码、度量单位、参考角度等方面的一致性；信息系统将不同来源的数据存储数据库中，然后进行计算并将这些数据以更简单、通俗易懂的形式表现出来，保持处理过程的一致性；系统能够识别意外事件，提供异常报告，提高意外事件可见度；通过对历史数据的多角度综合分析，可以更深刻地发现、认识、理解问题。中试实验信息系统集成在保持数据一致性和可访问性、过程一致性等要求的基础上，将来自多个实验系统和检测系统的信息进行整合，实现管理信息的有效应用，便于查找和检索，使管理者能够及时、准确地了解实验研究的进行状态，从中发现潜在研究价值找出研究方向，进行有效的决策。

（3）优化实验流程。该系统一方面能够消除实验流程中的手工操作，防止数据的重复记录，实现实验过程具体操作层面上的业务流优化；另一方面，优化需要经历多个实验处理的信息流，通过建立数据仓库，实现信息共享，为研究人员提供集成信息，这些信息可以用来分析研究成果判断研究趋势。通过建立统一数据库、远程通信网络及标准化的集成系统，可以优化实验流程、降低实验成本、提高研究效率。

（4）增进与客户关系。中试平台实验系统可以通过对客户开放促进企业与客户间的相互了解，使企业能够更全面地了解客户对新产品的未来需求，更方便、快捷地获得客户的新产品订单。通过中试平台信息集成能够充分利用所掌握的客户信息，对海量的、分散的客户数据进行分析，挖掘企业潜在客户，发现客户的未来潜在需求。

9.5.3.2　高级应用

通过对中试实验研究平台管理系统海量数据挖掘研究存在于大数据中的事务

运行客观规律，并分析处理成有价值的信息以辅助决策者完成技术改进、知识管理以及推动管理思想转变等。

（1）数据挖掘。数据挖掘是从数据中发现趋势或模式的过程，是从信息中获得知识的重要信息分析方法，从历史信息中找出有效的、新颖的、有潜在价值的、易于理解的数据。因此成为决策支持系统的辅助工具，能为决策者提供决策所需要的数据、信息和背景材料，帮助决策者明确决策目标和识别问题，建立自修改决策模型，提供各种备选方案并对各种方案进行评价和选优，为正确决策提供有益帮助。

（2）知识管理。知识管理是企业信息化发展的更高阶段，如果说管理信息系统是将数据转化为信息，并使信息为企业设定的目标服务，那么中试实验研究平台的知识管理是将相关信息与研究人员的认知能力结合起来，将信息转化为知识，通过知识的创造和应用来提高企业的创新能力，不断改进生产工艺最终实现企业目标。

（3）推动企业管理思想转变。中试实验平台信息管理系统通过对实验过程信息收集、存储、传输、加工和输出等实现辅助企业研究人员进行实验分析和事务处理。一般企业的决策不以数据挖掘的结果作为真正的决策而是将信息管理系统作为一个辅助参考，主要采用以目标驱动决策的方法进行决策。大数据概念的出现给决策者带来了新的思潮——数据驱动决策。数据驱动决策并不是说管理者可以完全依赖数据，管理者要做一个提问的专家，能够控制总体方向，然后由数据来告知答案。有学者提出，将传统的"目标驱动策略"与"数据驱动策略"结合起来，形成双向决策模型，使企业能更好地从传统"目标驱动决策"逐步转向"数据驱动决策"，使企业管理者逐渐相信数据说的"话"。

参 考 文 献

[1] 谢建新. 常温下难变形金属材料短流程高效制备加工技术研究进展 [J]. 中国材料进展，2010，29（11）：1~7.

[2] Fu Huadong, Zhang Zhihao, Pan Hongjiang, et al. Warm/cold rolling processes for producing Fe-6.5wt% Si electrical steel with columnar grains [J]. International Journal of Minerals, Metallurgy and Materials, 2013, 20 (6)：535~540.

[3] 谢建新，付华栋，张志豪，等. 一种高硅电工钢薄带的短流程高效制备方法 [P]. CN201010195520.4，2010-05-31.

[4] Bolfarini C, Silva M C A, Jr A M J, et al. Magnetic properties of spray-formed Fe-6.5%Si and Fe-6.5%Si-1.0%Al after rolling and heat treatment [J]. Journal of Magnetism and Magnetic Materials, 2008, 320 (1)：e653~e656.

[5] Li Haoze, Liu Haitao, Liu Yi, et al. Effects of warm temper rolling on microstructure, texture and magnetic properties of strip-casting 6.5 wt% Si electrical steel [J]. Journal of Magnetism and Magnetic Materials, 2014, 370 (1): 6~12.

[6] Liu Haitao, Liu Zhenyu, Sun Yu, et al. Development of λ-fiber recrystallization texture and magnetic property in Fe-6.5 wt% Si thin sheet produced by strip casting and warm rolling method [J]. Materials Letters, 2013, 91 (1): 150~153.

[7] Friedrich H, Schumann S. Research for a "new age of magnesium" in the automobile industry [J]. Journal of Materials Processing Technology, 2001, 117 (1): 276~281.

[8] Li H, Liang Y F, Yang W, et al. Disordering induced work softening of Fe-6.5 wt% Si alloy during warm deformation [J]. Materials Science & Engineering A, 2015, 628 (1): 262~268.

[9] Fu H D, Zhang Z H, Yang Q, et al. Strain-softening behavior of an Fe-6.5 wt% Si alloy during warm deformation and its applications [J]. Materials Science and Engineering A, 2011, 528 (1): 1391~1395.

[10] Huang X S, Suzuki K, Chino Y. Annealing behaviour of Mg-3Al-1Zn alloy sheet obtained by a combination of high-temperature rolling and subsequent warm rolling [J]. Journal of Alloys and Compounds, 2011, 509 (1): 4854~4860.

[11] 花福安, 李建平, 赵志国, 等. 冷轧薄板轧件电阻加热过程分析 [J]. 东北大学学报 (自然科学版), 2007, 28 (9): 1278~1281.

[12] 孙涛, 李建平, 王贵桥, 等. 液压张力温轧实验轧机薄带在线加热温度控制 [J]. 东北大学学报 (自然科学版), 2016, 37 (10): 1398~1402.

[13] 孙涛, 王贵桥, 吴岩, 等. 直拉式可逆冷轧实验轧机张力控制技术 [J]. 东北大学学报 (自然科学版), 2012, 33 (4): 529~530.

[14] Li Jianping, Sun Tao, Niu Wenyong, et al. Flow control of servo valves for tension cylinders based on speed feedforward [C]. Proceedings of the 31st Chinese Control Conference, 2012: 7615~7618.

[15] Zhang Dianhua, Zhang Hao, Sun Tao, et al. Monitor automatic gauge control strategy with a Smith predictor for steel strip rolling [J]. Journal of University of Science and Technology Beijing, 2008, 5 (6): 827~832.

[16] Sun Tao, Wang Jun, Liu Xianghua. A method to improve the precision of hydraulic roll gap [C]. The 5th International Symposium on Advanced Structural Steels and New Rolling Technologies, 2008: 707~711.

[17] 胡贤磊, 赵忠, 矫志杰, 等. 中厚板厚度的在线软测量方法 [J]. 钢铁研究学报, 2006, 18 (7): 55~58.

[18] 李海青, 黄志尧. 软测量技术原理及应用 [M]. 北京: 化学工业出版社, 2000: 111~125.

[19] 刘珍光. 异步热轧工艺对容器钢组织性能影响研究 [D]. 沈阳: 东北大学, 2013.

[20] 丁毅. 异步轧制制备超细晶纯铁及其组织和性能研究 [D]. 上海: 上海交通大学, 2009.

[21] 张文玉, 刘先兰, 陈振华. 异步轧制 AZ31 镁合金板材的组织和晶粒取向 [J]. 机械工

程材料，2007，31（12）：19~23.

[22] 丁茹，王伯健，任晨辉，等. 异步轧制 AZ31 镁合金板材的晶粒细化及性能 [J]. 稀有金属，2010，34（1）：34~37.

[23] Somjeet Biswas, Dong-Ik Kim, Satyam Suwas. Asymmetric and symmetric rolling of magnesium: Evolution of microstructure, texture and mechanical properties [J]. Materials Science and Engineering A, 2012, 550: 19~30.

[24] Chang L L, Kang S B, Cho J H. Influence of strain path on the microstructure evolution and mechanical properties in AM31 magnesium alloy sheets processed by differential speed rolling [J]. Materials and Design, 2013, 44: 144~148.

[25] Watanabe H, Mukai T, Ishikawa K. Differential speed rolling of an AZ31 magnesium alloy and the resulting mechanical properties [J]. Journal of Materials Science, 2004, 39: 1477~1480.

[26] Kim W J, Hwang B G, Lee M J, et al. Effect of speed-ratio on microstructure and mechanical properties of Mg-3Al-1Zn alloy in differential speed rolling [J]. Journal of Alloys and Compounds, 2011, 509: 8510~8517.

[27] 张贵春，张宁峰. 冷轧带钢连续退火机组的技术特点及应用 [J]. 江西冶金，2009，29（5）：39~42.

[28] 何建峰. 汽车用薄钢板的连续退火技术 [J]. 钢铁研究，2004，39（4）：39~42, 51.

[29] 花福安，李建平，赵志国，等. 冷轧薄板试样电阻加热过程分析 [J]. 东北大学学报（自然科学版），2007，28（9）：1278~1281.

[30] 滕双双. 钢板电阻加热有限元模拟研究 [D]. 沈阳：东北大学，2017.

[31]《钢铁厂工业炉设计参考资料》编写组. 钢铁厂工业炉设计参考资料（下册）[M]. 北京：冶金工业出版社，1979：193~195.

[32] 王文乐，花福安，李建平，等. 冷轧带钢连续退火模拟实验机的开发及其性能 [J]. 东北大学学报（自然科学版），2009，30（9）：1274~1277.

[33] 丰斓，李文国，徐香坤. 管理信息系统教程 [M]. 北京：北京理工大学出版社，2017.

[34] 赵鹏. 管理信息系统 [M]. 重庆：重庆大学出版社，2014.

[35] 林海涛，李志荣. 管理信息系统 [M]. 成都：电子科技大学出版社，2017.

[36] 王晓东，张选波. 网络通信与网络互连 [M]. 北京：高等教育出版社，2014.

[37] 海涛. 计算机网络通信技术 [M]. 重庆：重庆大学出版社，2015.

[38] 黎连业，张晓冬，贾真贵，等. 局域网技术与组网方案 [M]. 北京：中国电力出版社，2012.

[39] 吴庆州. 管理信息系统 [M]. 北京：北京理工大学出版社，2017.

[40] 何勇，郑文钟. 管理信息系统的原理方法及其应用 [M]. 杭州：浙江大学出版社，2005.

索　引

A

Al-Si 镀层　78，248，249

B

板形　4，5，22，23，24
薄带连铸　271，272
边部减薄　4，31，35
变厚度轧制　40
变形区温度　295
变形区形状因子　52，54

C

残余奥氏体　10，222，223
差厚板　40，41，61，62
超快速退火　160，161，164
磁性能　161

D

带状组织　250，251，255
断裂应变　231，232

G

感应加热　114，115，147
高强度双相钢　249
高强塑积　2，9，220
过程自动化　305，311

H

厚度控制　286，316，317
后滑　46，49
后张力　339

J

基础自动化　312，316，323
减量化　1

K

抗拉强度　9，77，169
控制冷却系统　335
控制系统　194，302，305

L

冷连轧　19，302，311
冷轧　6，8，162，220，249
连续退火模拟　354，359，362

M

马氏体　239，245，253，256

N

难变形金属　269
内氧化　175，176

Q

Q&P 钢　221
汽车轻量化　2，3，41，232
前滑　43，46
前张力　59
趋薄轧制　42，43，62
屈服强度　56，68，220，256
趋厚轧制　43，44

R

热冲压　232，234，237

热镀锌　8，9，176

热轧实验轧机　333

T

TRIP 效应　221

抬起速度　48，52，53

W

外氧化　176，177

温轧　269，340，349，350

无铬钝化　203，206，211

无取向硅钢　146，164

无氧化快速冷却技术　155，156，157

X

吸能盒　98

细晶强化　220，248

先进高强钢　1，2，113，160，220

信息管理系统　367，368，369

Y

压溃特性　98

延迟开裂　221，245，248

氧化动力学　175

咬入条件　43

一体化工艺　10，251

元素配分　222

Z

再结晶织构　161，164

轧制　1，2，5，6

张力控制　319，321，322

罩式退火　65

直接火焰冲击　114，151

中锰钢　221，226，227

中试实验设备　156，330

中性盐雾试验　83

轴向压溃试验　101